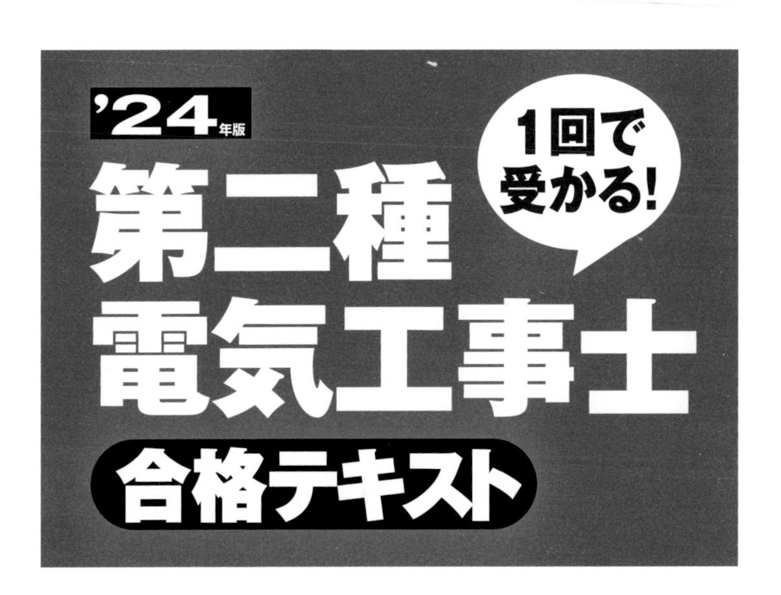

成美堂出版

本書の使い方

①攻略ポイントを確認する

第二種電気工事士試験の攻略ポイントを押さえたうえで，本文をよく読みましょう。

②赤シートを活用する

本文を赤シートでかくして読みましょう。見えない用語が頭の中で補えるようになるまで何度も繰り返しましょう。

③過去問を解く

始めはHintをたよりに問題を解き，解き終わったら解説とPointをよく読みましょう。間違えていたら，もう一度本文で確認しましょう。

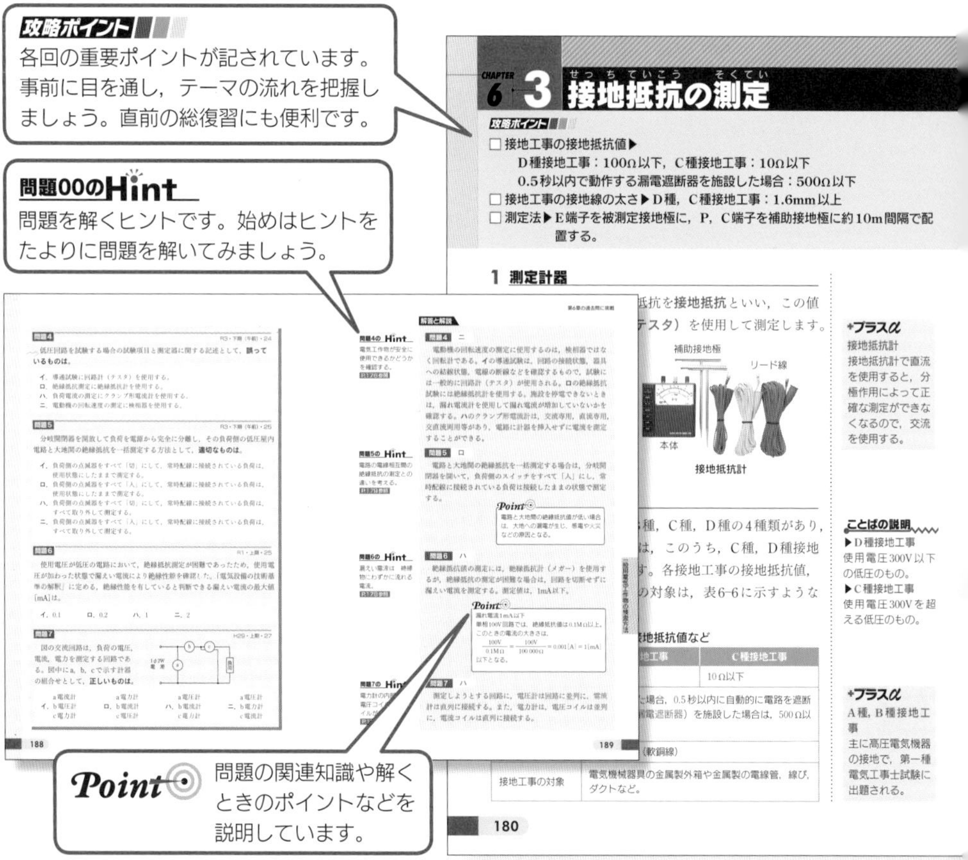

攻略ポイント
各回の重要ポイントが記されています。事前に目を通し，テーマの流れを把握しましょう。直前の総復習にも便利です。

問題00のHint
問題を解くヒントです。始めはヒントをたよりに問題を解いてみましょう。

Point
問題の関連知識や解くときのポイントなどを説明しています。

④別冊で計算の基礎を固める

基礎編では，問題を解くために必要な数学的知識を，応用編では，第二種電気工事士の基礎となる電気的な考え方を学習します。

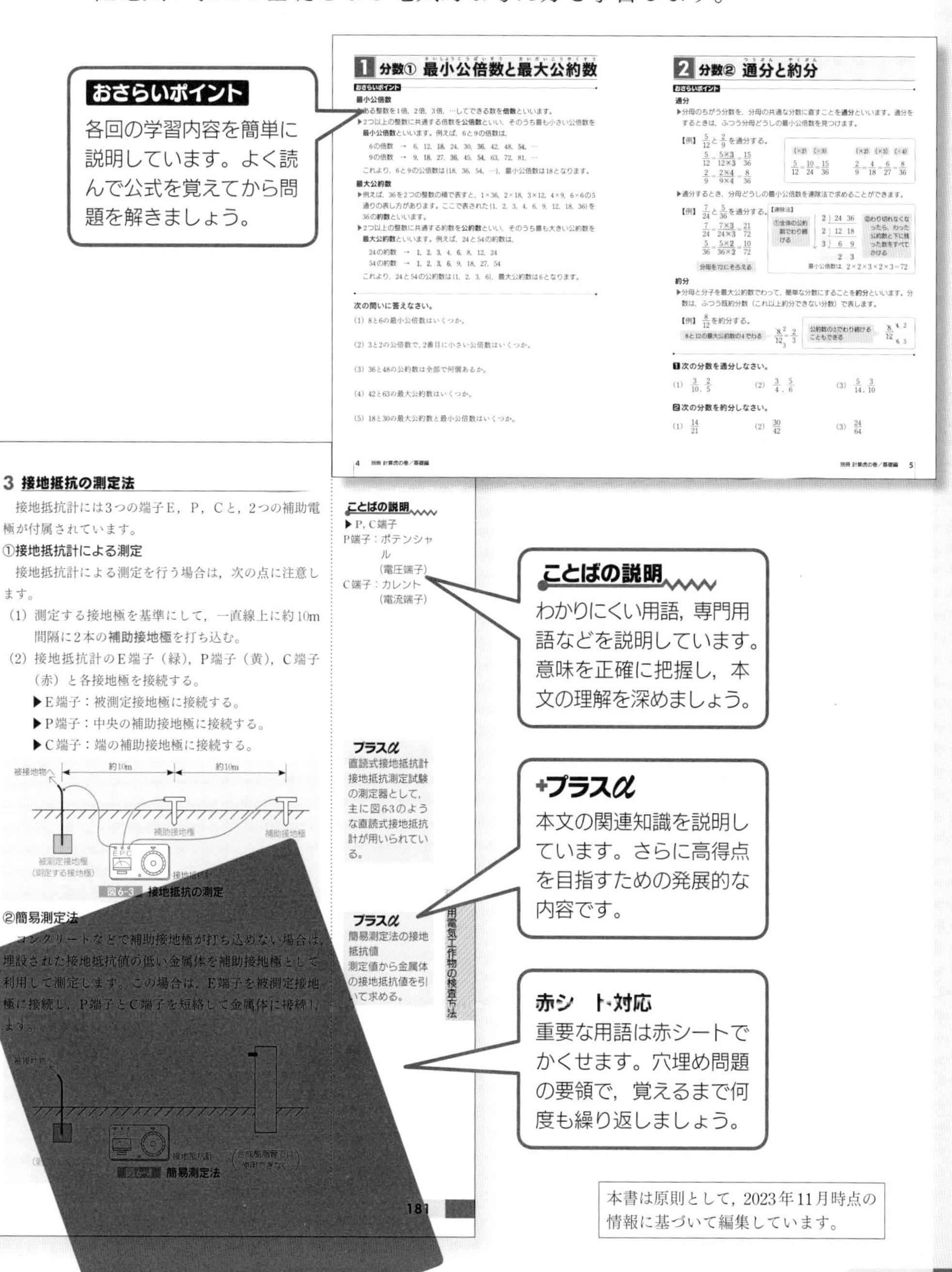

本書は原則として，2023年11月時点の情報に基づいて編集しています。

目次

第2章 図記号 49

第3章 電気に関する基礎理論 73

第4章 配電理論と配線設計 *107*

第5章 電気工事の施工方法 *135*

第6章 一般用電気工作物の検査方法 175

第7章 法令 195

第8章 配線図 215

別冊「計算虎の巻」

材料と器具

第1章

CHAPTER 1

1 配線器具(点滅器類)

攻略ポイント

- □ 3路スイッチは2箇所，4路スイッチは3箇所以上の任意点滅に使用する。
- □ パイロットランプ（表示灯）の使用法▶常時点灯，同時点滅，異時点滅
- □ 位置表示灯内蔵スイッチは，電灯「切」で表示灯が点灯する。
- □ 確認表示灯内蔵スイッチは，電灯「入」で表示灯が点灯する。

点滅器類

点滅器（スイッチ）は，主に電灯や小型の電気機器に使用されます。使用する目的や場所によっていろいろな種類があります。

+プラスα
極数
スイッチにより開閉できる回路の線数。単極，2極，…と表す。

表1-1 点滅器類

①	単極スイッチ	1箇所からの電灯の点滅に使用する。
②	3路スイッチ	2箇所からの電灯の点滅に使用する。
③	4路スイッチ	3箇所以上からの電灯の点滅に使用する。

①
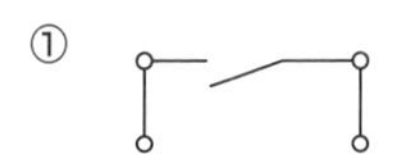

②
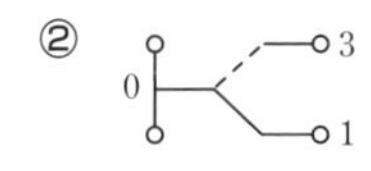

③
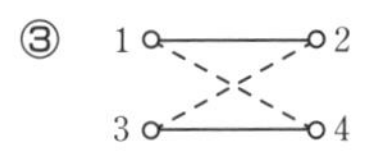

① 単極スイッチ（電灯を1箇所から点滅）

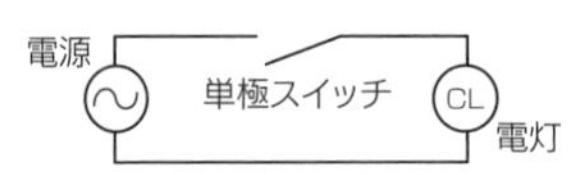

図1-1 単極スイッチ回路

ことばの説明
▶交流電源
▶シーリング（天井直付）

② 3路スイッチ（電灯を2箇所から点滅）

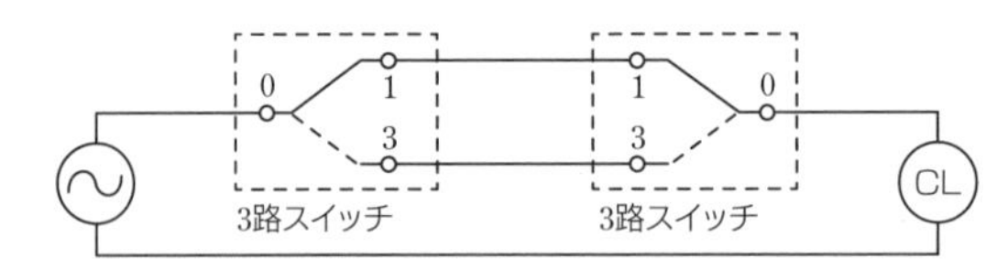

図1-2 3路スイッチ回路

③ 4路スイッチ（電灯を3箇所以上から点滅）

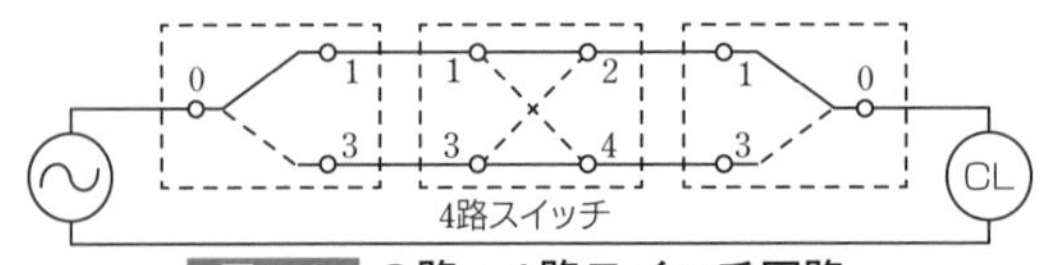

図1-3 3路・4路スイッチ回路

+プラスα
点滅箇所
点滅箇所を増やすときは，3路スイッチの間にある4路スイッチの数を増やす。例えば，5箇所から点滅できるようにするには，3路スイッチ2個と4路スイッチ3個で配線する。

④	位置表示灯内蔵スイッチ	電灯が［切］のとき，内蔵の表示灯が点灯する。
⑤	確認表示灯内蔵スイッチ	電灯が［入］のとき，内蔵の表示灯も点灯する。
⑥	パイロットランプ	スイッチの位置や電灯の動作状態を表示する。

④

⑤
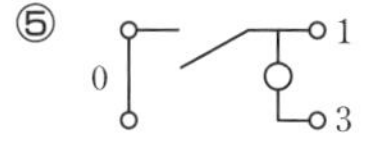

⑥
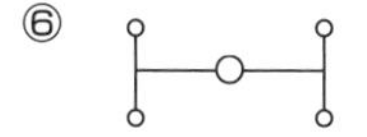

パイロットランプ（表示灯）は，常時点灯，電灯と同時点滅，電灯と異時点滅の3つの使い方があります。また，スイッチに内蔵されたものとスイッチとは別置のものがありますが，結線は同じです。

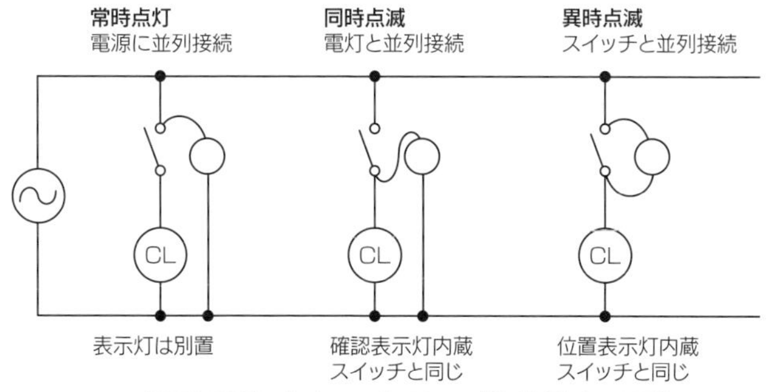

図1-4 パイロットランプを使用する回路

スイッチには他に次のようなものがあります。

⑦	プルスイッチ	電灯を引きひもで点滅させる。
⑧	ペンダントスイッチ	電気機器コードの末端に取り付ける。
⑨	キャノピスイッチ	電灯器具のフランジ内に取り付けて引きひもで点滅させる。
⑩	リモコンスイッチ	リモコン配線に使用する。
⑪	自動点滅器	周囲の明暗に応じて自動的に動作する。
⑫	調光器	電灯の明るさを調整する。

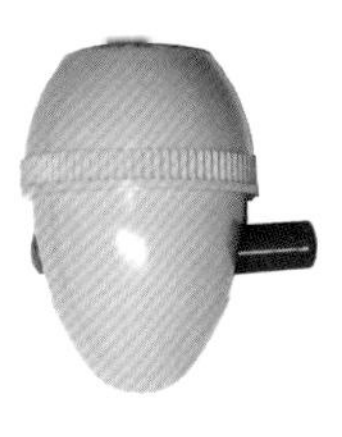
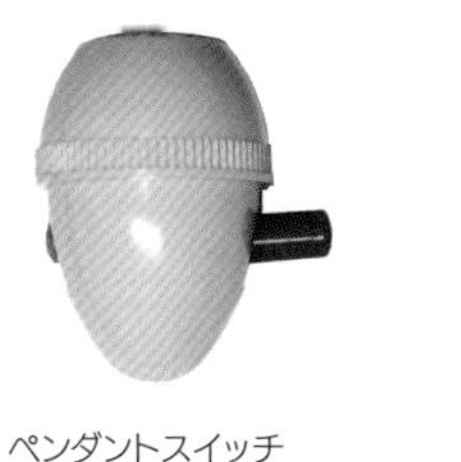
ペンダントスイッチ

キャノピスイッチ

+プラスα
パイロットランプ

パイロットランプの内部は，放電管と抵抗が直列接続されている。

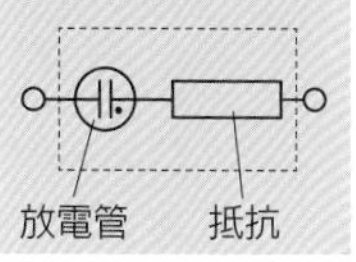

ことばの説明

▶パイロットランプ ○

CHAPTER 1-2

配線器具(コンセント・過電流遮断器)

攻略ポイント

- □コンセントの極配置 ▶ 単相100V用は縦2本，単相200V用は横2本。
- □配線用遮断器(定格電流30A以下)は，①定格電流の1倍の電流では動作しない。
  ②定格電流の1.25倍の電流で60分以内，2倍の電流で2分以内に動作する。
- □ヒューズ(定格電流30A以下)は，①定格電流の1.1倍の電流では溶断しない。
  ②定格電流の1.6倍の電流で60分以内，2倍の電流で2分以内に溶断する。

1 コンセント

コンセントは，電気機器を使用するための電源の受口です。家庭や職場に設置されている単相100Vのコンセントは，図1-5のように電源に接続されています。

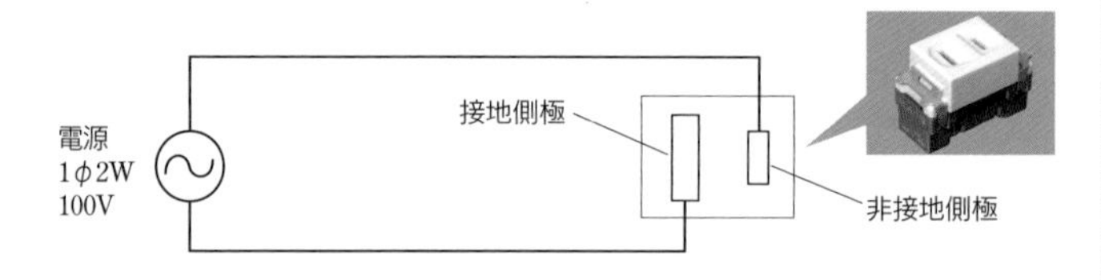

図1-5 コンセント回路

コンセントの電源受口となる刃受の形は，単相用・三相用，使用電圧，定格電流，また，接地極の有無などで表1-2のように決められています。

表1-2 コンセントの極配置（刃受）

	一般		接地極付	
	15A	15A, 20A	15A	15A, 20A
単相100V用	125V 15A	125V 15A・20A	125V 15A	125V 15A・20A
単相200V用	250V 15A	250V 15A・20A	250V 15A	250V 15A・20A
三相200V用	250V 15A・20A		250V 15A・20A	

＊実物写真はP.55～56を参照。

+プラスα
単相と三相
一般住宅などには2本線による単相が，工場などには3本線による三相が使用されている。

ことばの説明
▶1φ2W
単相の電力を2本の電線で負荷に送る方式を「単相2線式」といい，「1φ」は「単相」を，「2W」は「2線式」を表す。

+プラスα
単相100V 20A専用コンセント
・一般

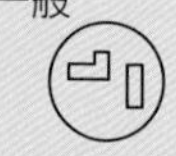

125V 20A
・接地極付
125V 20A

2 過電流遮断器の特性

過電流遮断器は電路に過負荷電流や短絡電流が流れたとき，電路を自動的に遮断する器具で，配線用遮断器とヒューズがあります。配線用遮断器は，電磁力またはバイメタルの熱作用により過電流を検出し，電路を自動的に遮断するものです。

ヒューズは，鉛合金などでできており，過電流によって発生する熱で溶け落ちて電路を自動的に遮断するものです。

配線用遮断器

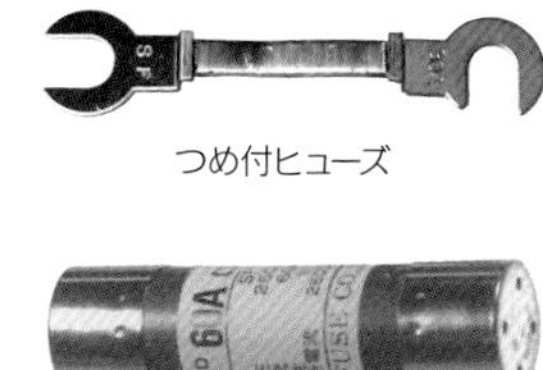
つめ付ヒューズ

筒形ヒューズ

①配線用遮断器の特性と動作時間

(1) 定格電流の1倍の電流で自動的に動作しないものと定められている。

(2) 定格電流の1.25倍，2倍の電流が流れたとき，表1-3の時間内に自動的に動作するものと定められている。

表1-3 配線用遮断器の動作時間

定格電流	定格電流の1.25倍の電流	定格電流の2倍の電流
30A以下	60分以内	2分以内
30A超50A以下	60分以内	4分以内

②ヒューズの特性と溶断時間

(1) 定格電流の1.1倍の電流に耐える（溶断しない）ものと定められている。

(2) 定格電流の1.6倍，2倍の電流が流れたとき，表1-4の時間内に溶断するものと定められている。

表1-4 ヒューズの溶断時間

定格電流	定格電流の1.6倍の電流	定格電流の2倍の電流
30A以下	60分以内	2分以内
30A超60A以下	60分以内	4分以内

ことばの説明

▶過負荷電流
電気機器では定格電流，電線では許容電流を超えて流れる大きな電流をいう。一定以上の電流が流れ続けると機器や電線の焼損，絶縁劣化などが生じる。

▶短絡電流
導体が接触し，線間の抵抗が0Ωに近い状態で流れる大きな電流。

▶バイメタル
P.35参照

▶定格
電気機器を安全に使用するための使用限度。電圧・電流などの値で示される。

CHAPTER 1

3 工事材料(電線・ケーブル)

攻略ポイント

- □電線の太さは，単線は直径[mm]で，より線は公称断面積[mm^2]で表す。
- □600Vビニル絶縁電線(IV)▶最高許容温度は，60℃
- □MIケーブル▶最も耐熱性に優れる。
- □ビニルキャブタイヤケーブル・ビニルコード▶電気を熱として利用しない電気機器に使用される。

1 電線

電線の心線となる導体には，単線とより線があります。単線は，断面が1本の導体で，より線は，同じ太さの素線（単線）を何本かより合わせたものです。電線の太さは，単線は直径[mm]で表し，より線は公称断面積[mm^2]で表します。

ことばの説明

▶心線
電線，ケーブル，コードなどの中心部にある導線。

▶公称断面積
（素線1本分の断面積）×（素線数）で求める。求めた合計値は区切りの良い値に直す。

2 絶縁電線

絶縁電線は，導体にビニル，ゴムなどの絶縁物を被覆した電線をいいます。

表1-5 絶縁電線

名称（記号）	構造	用途など
600Vビニル絶縁電線（IV）	導体（軟銅線） 塩化ビニル	屋内配線として最も広く使用される。最高許容温度は60℃
引込用ビニル絶縁電線（DV）	導体（硬銅線） 塩化ビニル	屋外からの引込線として使用される。より合わせ形と平形がある。
屋外用ビニル絶縁電線（OW）	導体（硬銅線） 塩化ビニル	屋外配線として使用される。
600V二種ビニル絶縁電線（HIV）	導体（軟銅線） 耐熱性ビニル	屋内配線として使用され，耐熱性に優れる。最高許容温度は75℃

3 ケーブル

ケーブルは，絶縁電線を束ね，その外部を絶縁物や金属などのシース（外装）で被覆した電線をいいます。

+プラスα
ケーブルは絶縁電線にくらべ，機械的強度が高い。

表1-6 ケーブル

名称(記号)	構造	用途など
600Vビニル絶縁ビニルシースケーブル・平形(VVF)	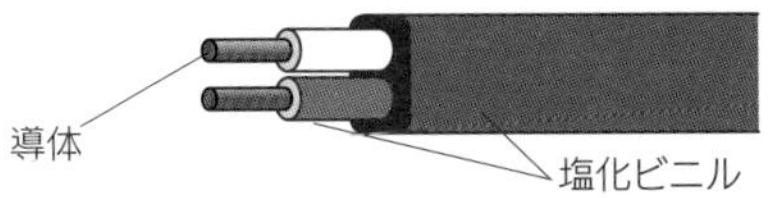 導体 塩化ビニル	屋内・屋外・地中用として使用される。絶縁電線を数本まとめて平形に仕上げたもの。最高許容温度は60℃
600Vビニル絶縁ビニルシースケーブル・丸形(VVR)	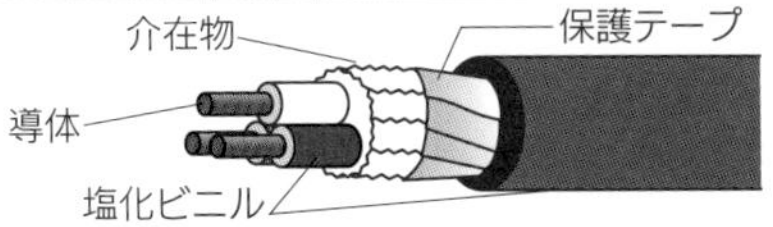 介在物 保護テープ 導体 塩化ビニル	屋内・屋外・地中用として使用される。絶縁電線を数本まとめて丸形に仕上げたもの。最高許容温度は60℃
600V架橋ポリエチレン絶縁ビニルシースケーブル(CV)	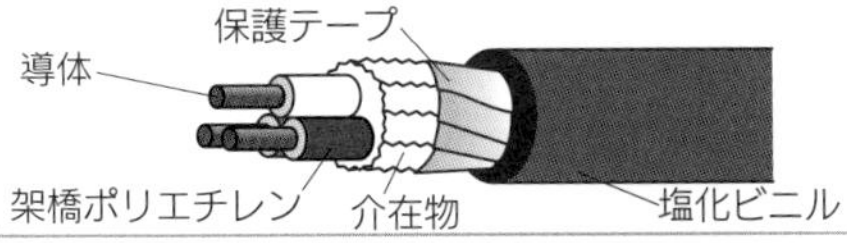 保護テープ 導体 架橋ポリエチレン 介在物 塩化ビニル	屋内・屋外・地中用として使用される。絶縁性,耐熱性に優れる。最高許容温度は90℃
600Vポリエチレン絶縁耐燃性ポリエチレンシースケーブル・平形(EM－EEF)	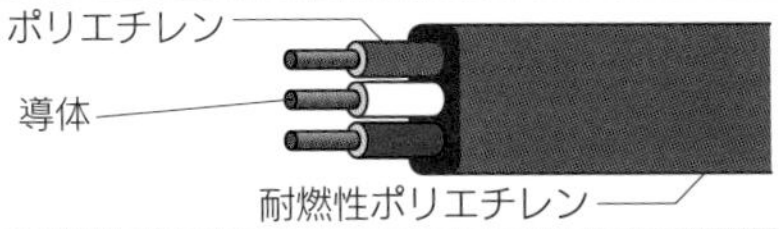 ポリエチレン 導体 耐燃性ポリエチレン	環境に無害な絶縁物を使用したケーブル。EMはエコマテリアルの略。
MIケーブル(MI)	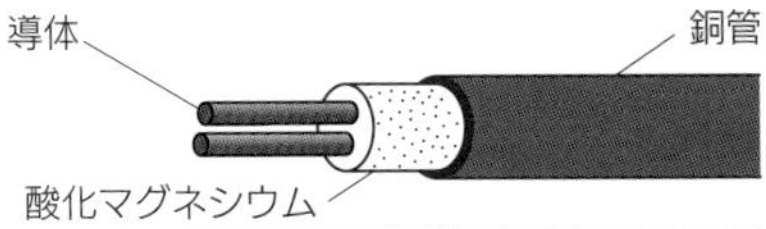 導体 銅管 酸化マグネシウム	耐熱性に最も優れたケーブル。無機絶縁ケーブルともいう。
ビニルキャブタイヤケーブル(VCT)	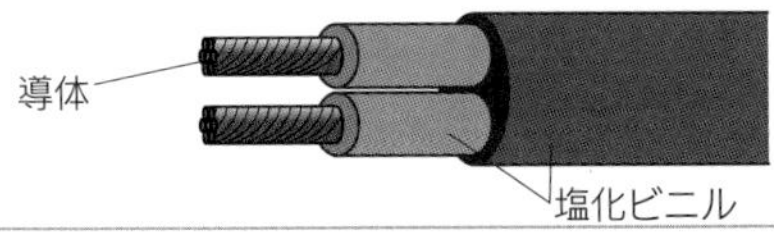 導体 塩化ビニル	電気を熱として利用しない電気機器の移動電線として使用される。

4 コード

コードは,細い導体を多数より合わせた心線に絶縁物を被覆した電線で,電気機器などに付属する移動電線として使用されます。

ことばの説明

▶電球線
白熱電球に使用される電線。

表1-7 コード

名称	構造	用途など
丸打ちゴムコード	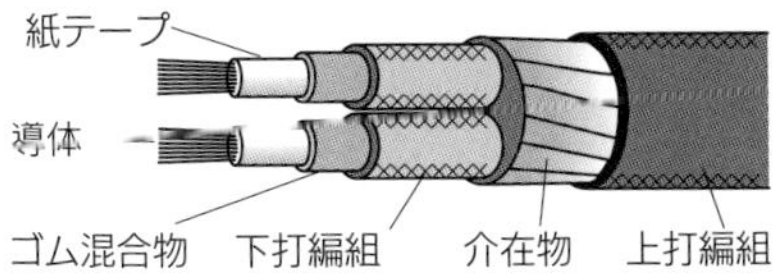 紙テープ 導体 ゴム混合物 下打編組 介在物 上打編組	電球線や小型電気器具の電源コードとして使用される。
平行ビニルコード	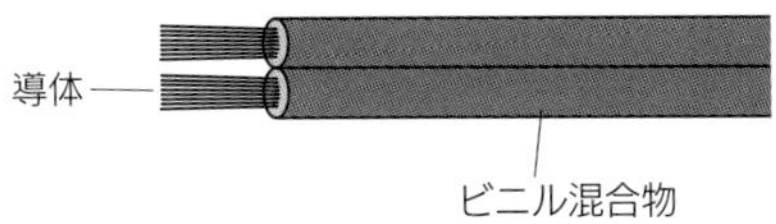 導体 ビニル混合物	電気を熱として利用しない電気機器の電源コードとして使用される。

CHAPTER 1

4 材料と工具(写真)

攻略ポイント

- □電線の接続▶圧着ペンチのリングスリーブ用は，にぎりが黄色。
- □金属管工事▶「止めねじ」の付いているものは，ねじなし電線管用の材料。
- □合成樹脂管工事▶管を曲げるには，まずトーチランプで熱して管をやわらかくする。
- □測定器▶目盛板に記されている記号（単位）に注目する。

1 電線の接続

リングスリーブ

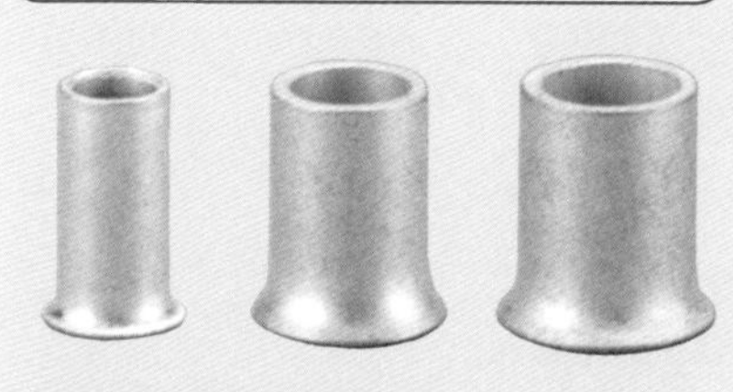

電線の圧着接続に使用する。小，中，大のサイズがあり，専用の圧着工具を使用する。

差込形コネクタ

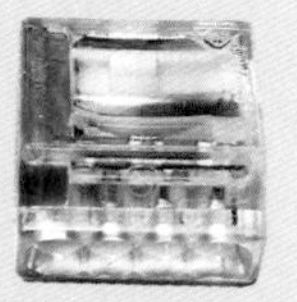

電線の接続に使用する。2～8本用がある。はんだ付けやテープ巻きの必要がない。

圧着端子

電線の端に圧着して，電線と機器の端子の接続に使用する。

ワイヤストリッパ

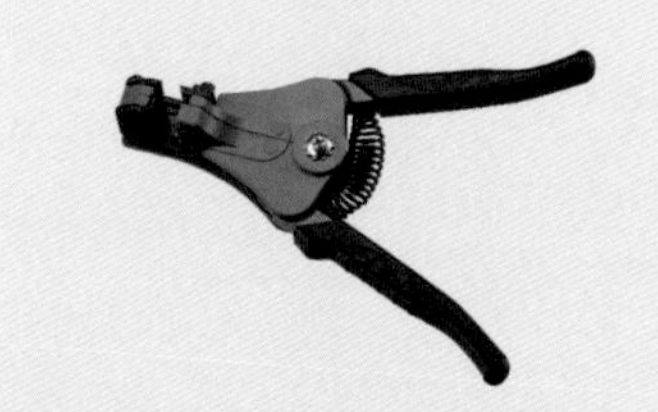

絶縁電線の被覆のはぎ取りに使用する。

リングスリーブ用圧着ペンチ

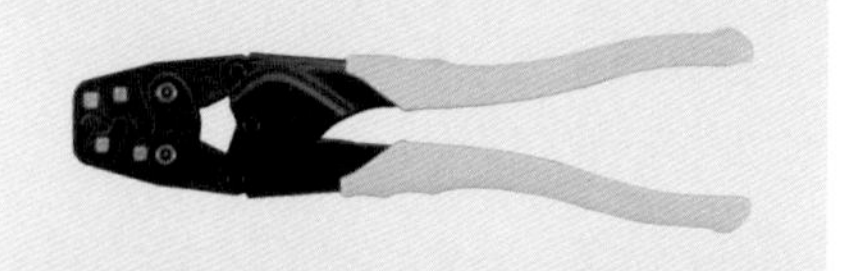

リングスリーブを圧着するのに使用する。リングスリーブ用はにぎりが黄色。

電気はんだごて

電線の接続部分のろう付けなどに使用する。

手動油圧式圧着器

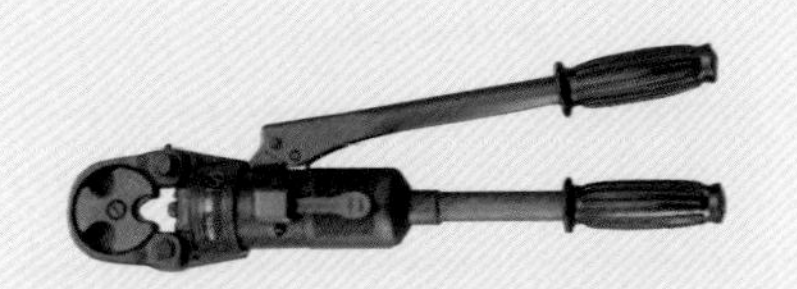

油圧による太い電線の圧着接続や圧着端子の取付けに使用する。

手動油圧式圧縮器

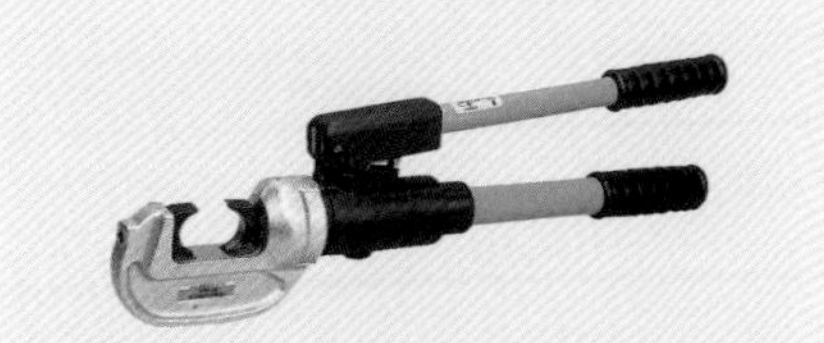

油圧による太い電線の圧縮接続や圧縮端子の取付けに使用する。

2 ケーブル工事

VVF用ジョイントボックス

VVFケーブルを接続する箇所に用いる。ベース(黒い台座)とカバー(透明のフタ)からなる。

アウトレットボックス

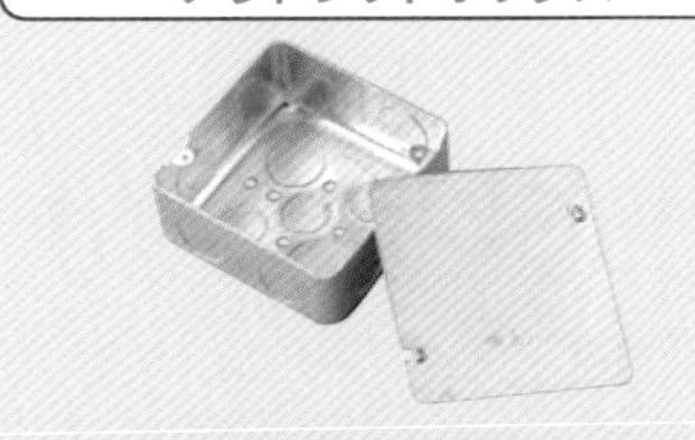

コンセントや電灯などの取付けに使用する。ケーブル相互の接続箱としても使用する。

ステープル(ステップル)

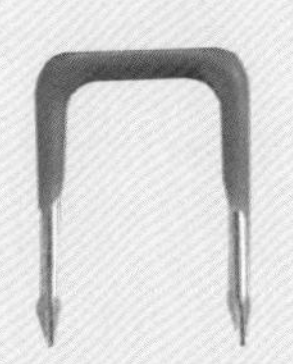

VVFケーブルを木造造営材に固定するのに使用する。げんのうで打ち込む。

ケーブルラック

ケーブルを収めるはしご状の棚。ケーブルの本数が多くなるときに使用する。

Fケーブル用ストリッパ

Fケーブルのシースや絶縁被覆のはぎ取りに使用する。刃にFケーブル用のくぼみがある。

金づち(げんのう)

VVFケーブルを固定するために,ステープルを造営材に打ち込むときなどに使用する。

ケーブルカッタ

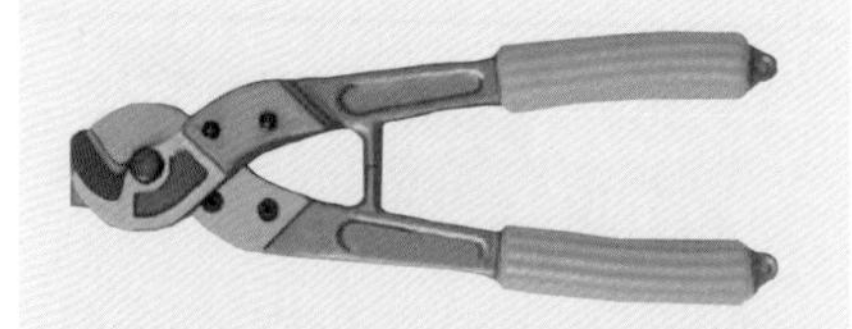

ケーブルや絶縁電線などを切断するのに使用する。

油圧式ケーブルカッタ

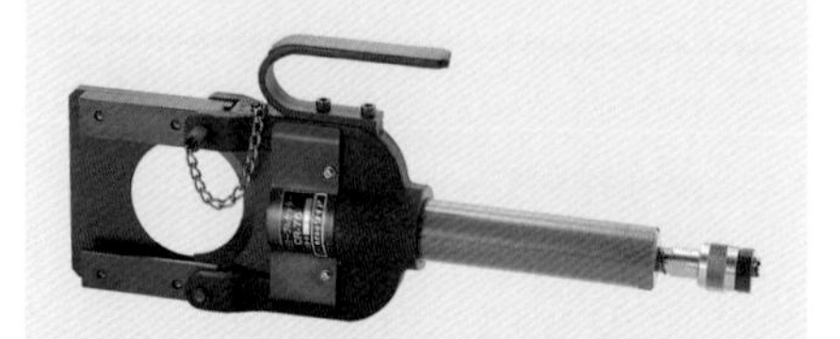

太いケーブルや絶縁電線などを油圧を利用して切断するのに使用する。

3 金属管工事(材料)

ねじなし電線管

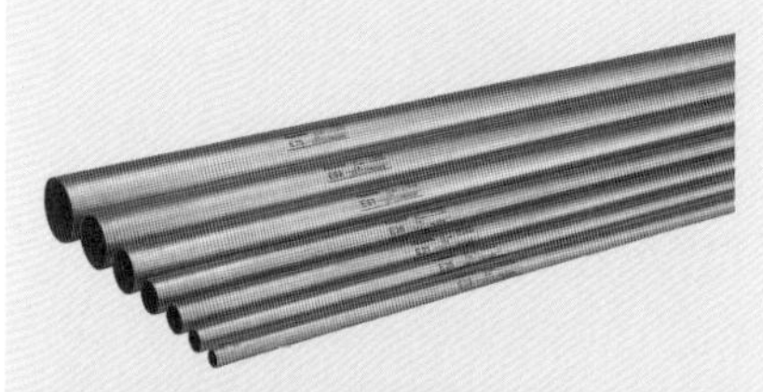

管の厚さが1.2mm以上の金属電線管。ねじ切りをしないでそのまま使用する。

薄鋼電線管

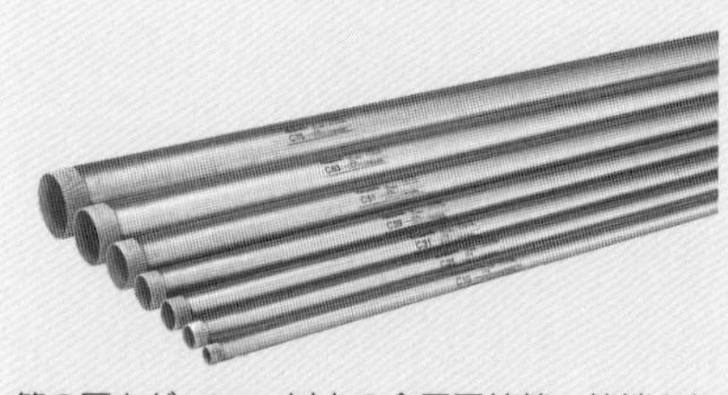

管の厚さが1.6mm以上の金属電線管。管端をねじ切りして使用する。

アウトレットボックス

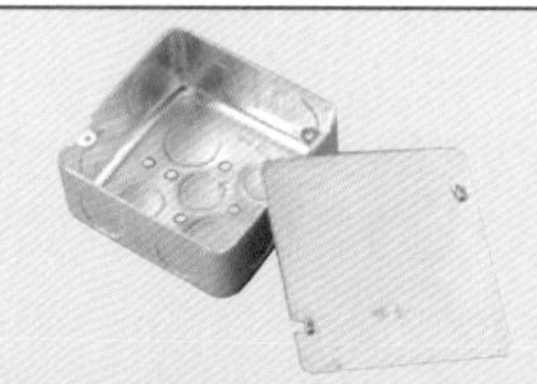

電線の接続，器具やコンセントの取付けに使用する。四角と八角のものがあり，ノックアウト穴を打ち抜いて使用する。

プルボックス

多数の電線管が集まる場所で使用して，通線を容易にする。電線の分岐や接続も行う。

コンクリートボックス

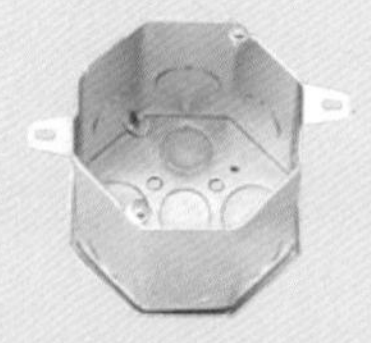

コンクリート内に埋め込み，電線の接続や器具の取付けに使用する。底ブタ（バックプレート）を取り外すことができる。

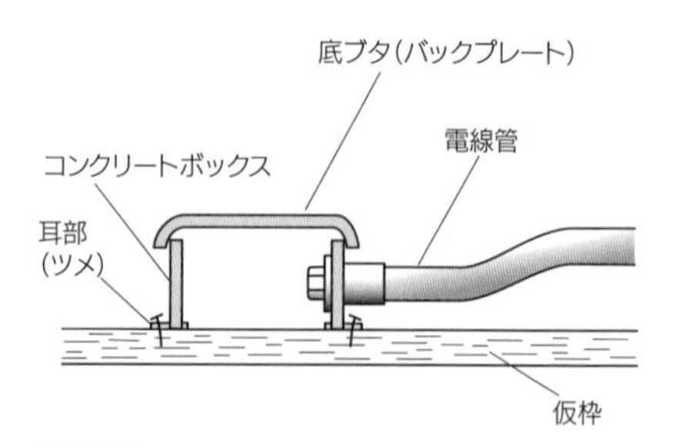

図1-6 コンクリートボックスの取付け例

ねじなし露出スイッチボックス

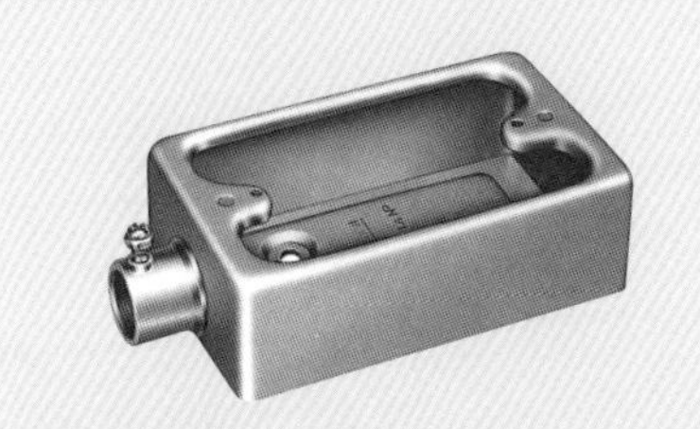

露出金属管工事で，スイッチやコンセントなどの取付けに使用する。

ねじなしボックスコネクタ

ねじなし電線管と埋込ボックス類との接続に使用する。

ロックナット

金属管と埋込ボックス類の固定に使用する。

絶縁ブッシング

金属電線管の管端に取り付け，電線被覆の保護に使用する。

リングレジューサ

ボックスの穴の径が接続する金属電線管の外径より大きいときに使用する。

ねじなしカップリング

ねじなし電線管相互の接続に使用する。ボンド線を接続する接地用端子が付いている。

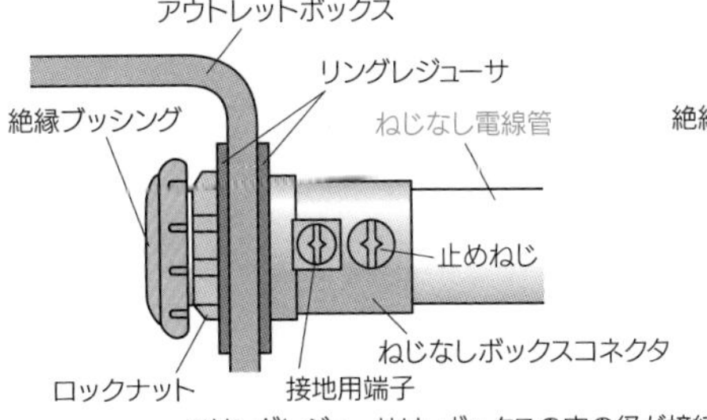

※リングレジューサは，ボックスの穴の径が接続する管の外径より大きいときに使用する。

図1-7 金属管とアウトレットボックスの接続（ねじなし電線管と薄鋼電線管）

サドル

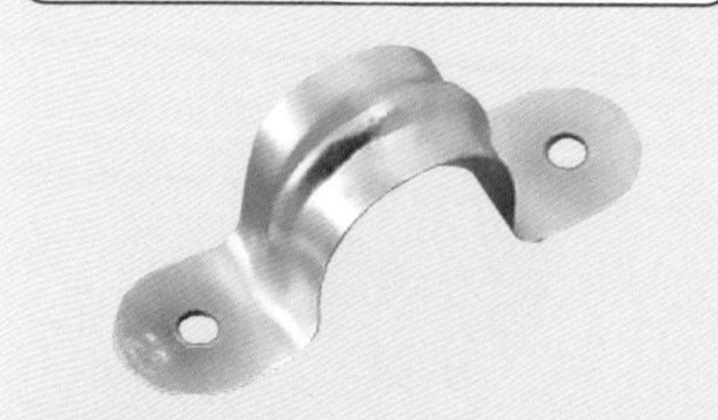

金属電線管を造営材に固定するときに使用する。樹脂製のPF管用サドルもある。

ユニバーサル

露出金属管工事で，金属管相互を直角に接続する場所に使用する。

ノーマルベンド

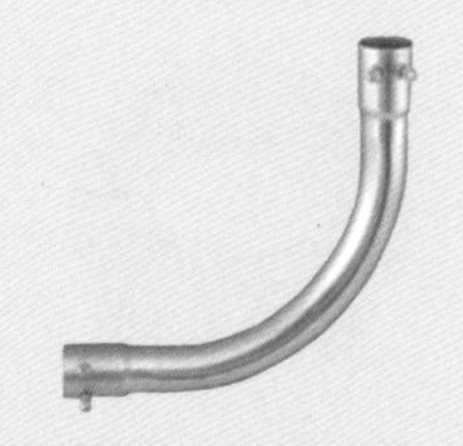

金属管工事で，金属管相互を直角に接続する場所に使用する。

エントランスキャップ

屋外で金属管の管端に取り付けて，雨水の浸入を防止する。

ぬりしろカバー

埋込ボックスの表面に取り付けて，器具の取付けや仕上げ面の調整に使用する。

接地金具（ラジアスクランプ）

金属管工事で金属管に取り付け，接地線を接続するのに使用する。

金属管支持金具（パイラック）

金属管を鉄骨などに取り付けるのに使用する。

フィクスチュアスタッド

コンクリートボックスなどの底部に取り付けて，照明器具などを取り付けるのに使用する。

4 金属管工事(工具)

パイプバイス

電線管の切断やねじ切りなどを行うときの，管の固定に使用する。

金切りのこ

電線管や太い電線などの切断に使用する。

パイプカッタ

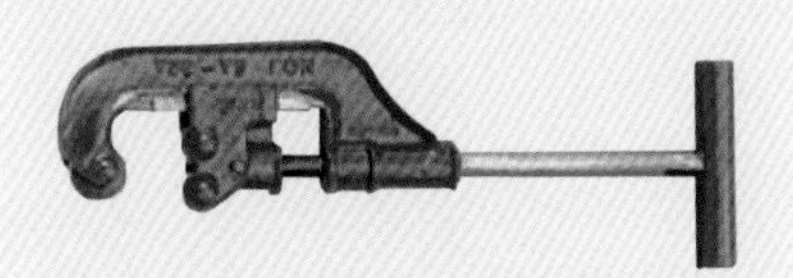

太い金属管の切断に使用する。管をカッタのローラと刃ではさみ，回転させながら切断する。

やすり（平やすり）

金属管などの切断面のバリ取りや仕上げなどに使用する。

クリックボール

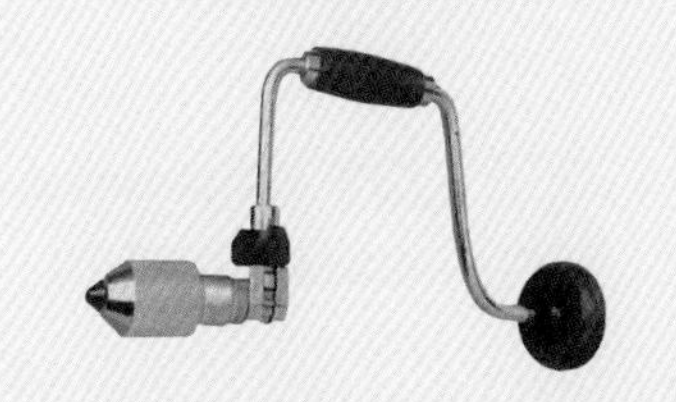

先端にリーマなどを取り付けて，手で回転させて使用する。

リーマ

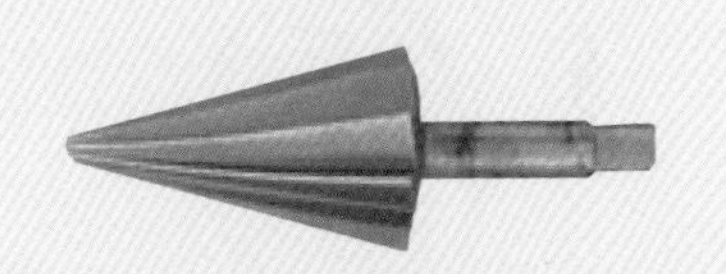

金属管の面取りをするときに，クリックボールの先端に取り付けて使用する。

ねじ切り器

金属管にねじを切るときに，2つのダイスを取り付けて使用する。

ダイス

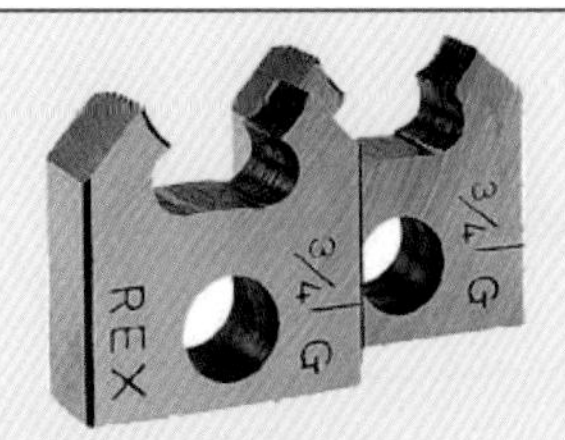

ねじ切り器のヘッドに取り付けて，ねじ切り器の刃として使用する。

パイプベンダ

細い金属管を曲げるのに使用する。

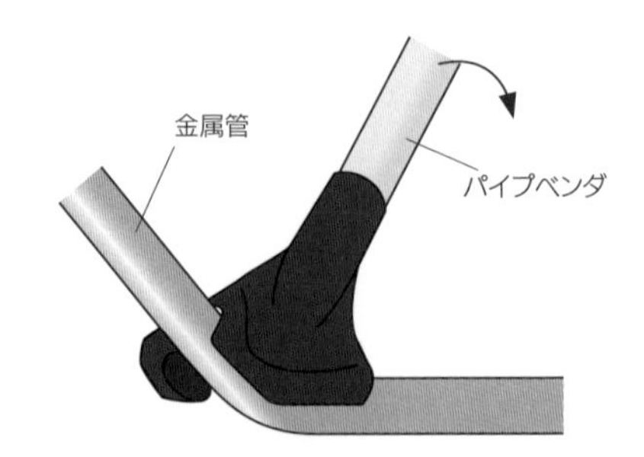

図1-8 金属管の曲げ作業

油圧式パイプベンダ（手動）

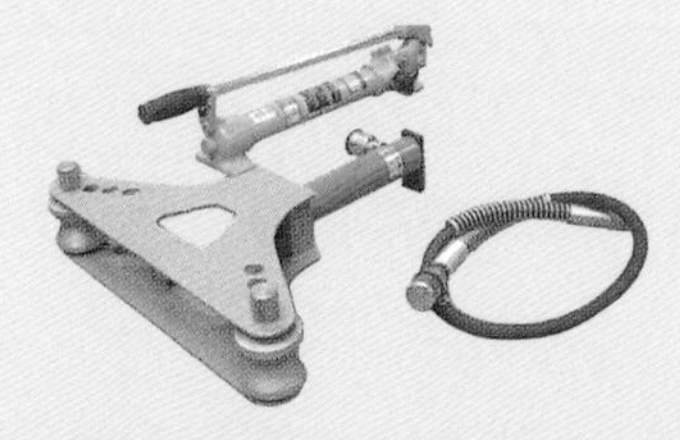

太い金属管を油圧を利用して曲げるのに使用する。手動の油圧ポンプが付いている。

油圧式パイプベンダ（電動）

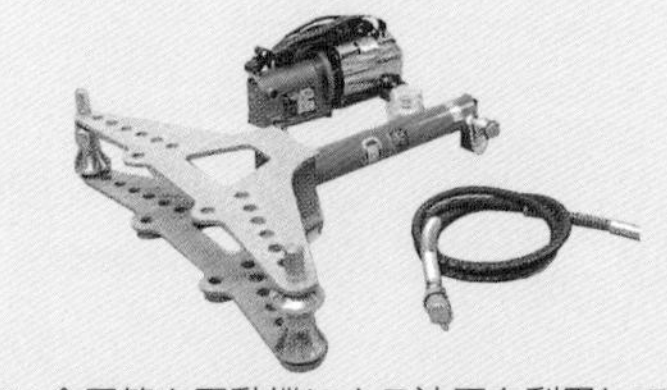

太い金属管を電動機による油圧を利用して曲げるのに使用する。電動の油圧ポンプが付いている。

呼び線挿入器

電線管に電線を通線したり，管内を清掃するのに使用する。

ウォータポンププライヤ

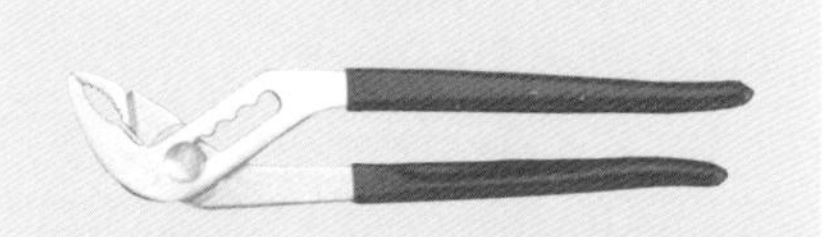

金属管工事のロックナットやカップリングなどの締付けに使用する。

パイプレンチ

太い金属管やカップリングの締付けなどに使用する。

油差し

金属管の切断やねじ切りのときに油を差して作業を容易にしたり，工具に油を差して磨耗，損傷を防ぐ。

5 合成樹脂管工事(材料)

硬質塩化ビニル電線管(VE管)

硬質塩化ビニル製の電線管。薬品や油に強く，金属管より軽い。曲げるときはトーチランプで管を熱して曲げる。

TSカップリング

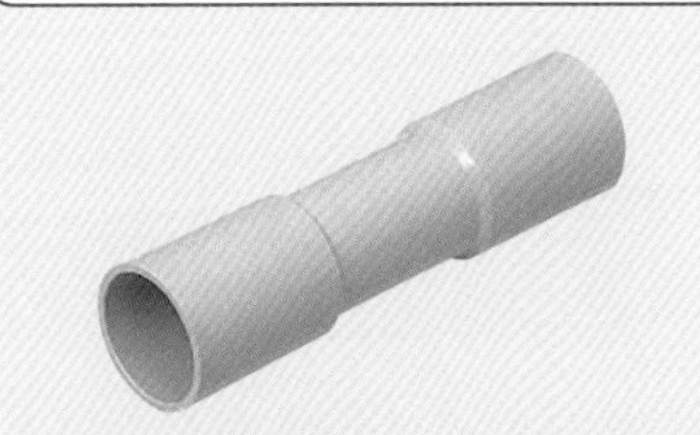

硬質塩化ビニル電線管相互の接続に使用する。

合成樹脂製可とう電線管(PF管・CD管)

合成樹脂製の電線管。可とう性（外力によってたわむ性質）があり，電線の保護に使用する。写真はPF管。CD管はオレンジ色。

ボックスコネクタ(合成樹脂製可とう電線管用)

合成樹脂製可とう電線管（PF管，CD管）とボックス類との接続に使用する。

6 合成樹脂管工事(工具)

トーチランプ

硬質塩化ビニル電線管（VE管）を曲げるために，管を熱してやわらかくするのに使用する。

合成樹脂管用カッタ（塩ビカッタ）

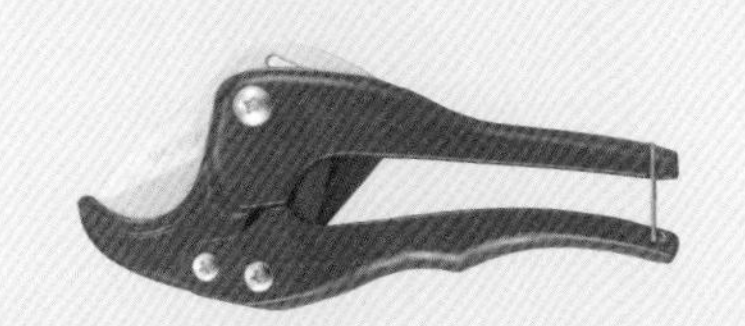

硬質塩化ビニル電線管（VE管）の切断に使用する。

面取り器

硬質塩化ビニル電線管（VE管）の管端の内側と外側の面取りに使用する。

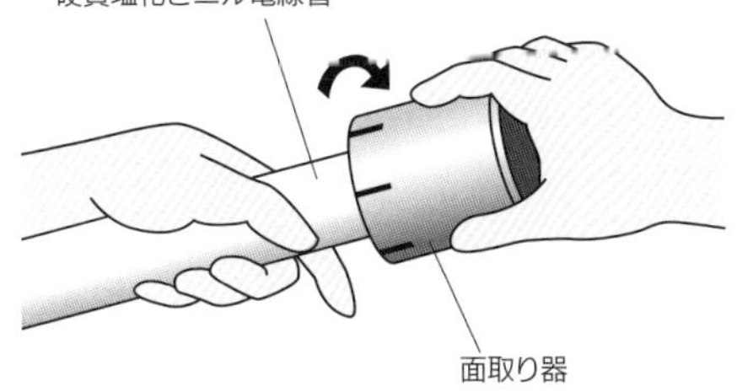

図1-9 面取りの作業

7 その他の工事(材料)

二種金属製可とう電線管（プリカチューブ）

可とう性（外力によってたわむ性質）のある金属性の電線管。金属管とほぼ同じ場所に使用する。

コンビネーションカップリング

金属管と二種金属製可とう電線管を接続するのに使用する。

ライティングダクト

店舗の天井などに取り付けて使用する。照明器具やコンセントなどが自由な位置で取り付けられるようになっている。

一種金属線ぴ（メタルモールジング）

幅が4cm未満の線ぴ（とい）。事務所などでコンクリート部分の増設配線などに使用する。

二種金属線ぴ（レースウェイ）

幅が4cm以上5cm以下の線ぴ（とい）。天井からつるし，照明器具やコンセントなどを取り付ける。

フロアダクト

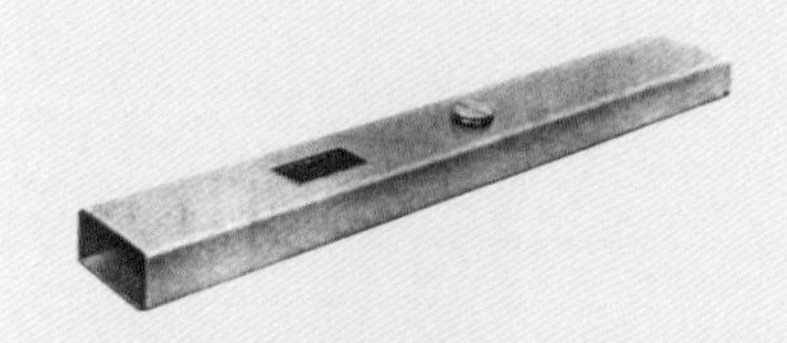

コンクリートなどの床内に埋め込み，ここに電線を収めて配線する。

ジャンクションボックス

フロアダクトや金属管などが交差する場所に設置して，電線の接続や分岐などを行う。

ダクトカップリング

フロアダクト相互の接続に使用する。

ダクトサポート

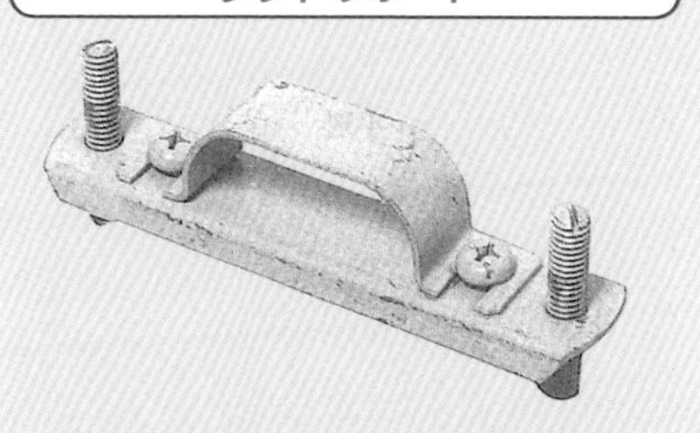

フロアダクトを支持，固定するのに使用する。

インサートキャップ

フロアダクトの電線引出し部分にフタをするために使用する。

チューブサポート

ネオン管を支持するがいし。振動を吸収するスプリングが付いている。

コードサポート

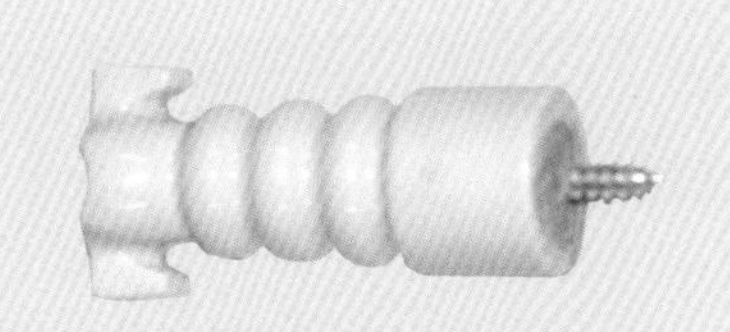

ネオン電線を支持するがいし。

引留がいし（平形がいし）

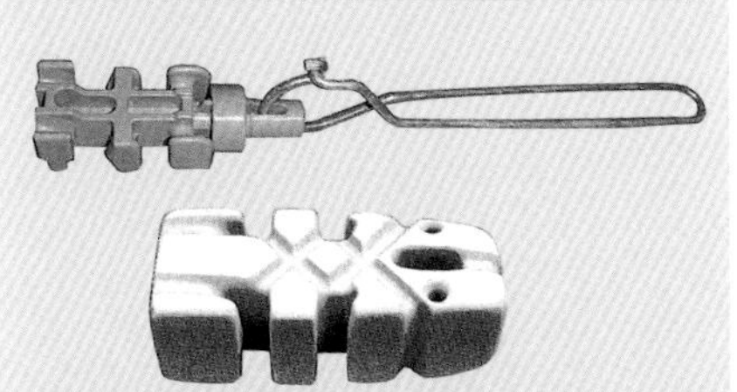

引込用ビニル絶縁電線（DV）を引き留めて，支持するがいし。

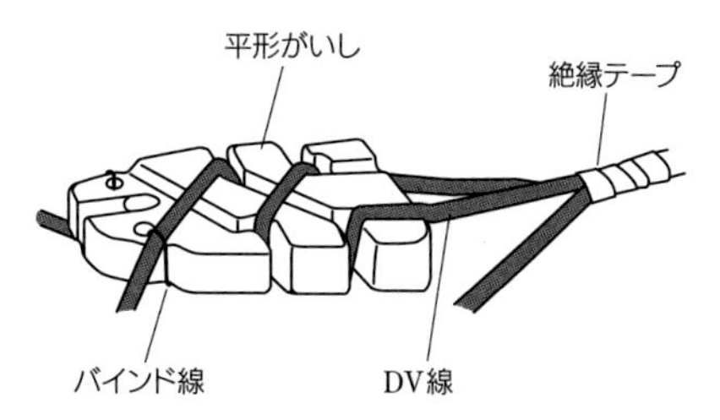

※がいし▶電線を支持し，同時に電線と造営材との間隔を一定に保つために使用する。

図1-10 平形がいしのバインド法

ノップがいし

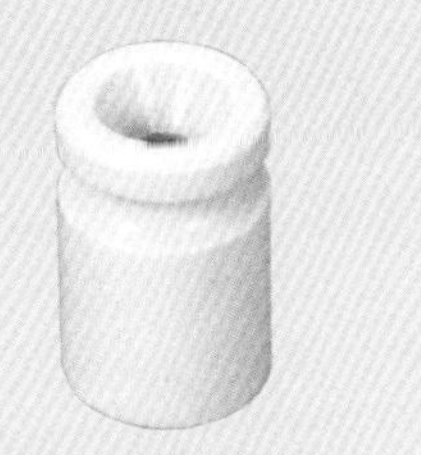

がいし引き工事で，電線を支持するがいし。配線を露出して固定するのに使用する。

カールプラグ

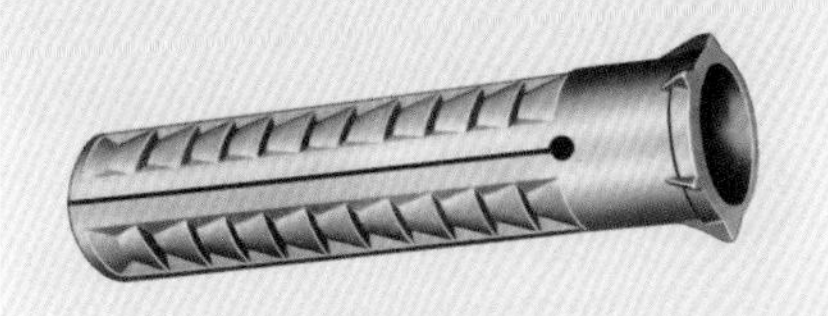

コンクリート内に埋め込み，そこにボックスやサドルをねじ止めする。

インサート

コンクリート床などに埋め込み，つりボルトでボックスや器具などを取り付ける。

コンクリートトラフ

地中埋設配線で地中電線（ケーブル）の保護・格納に使用する。

埋設標識シート

危険　注意
この下に低圧電力ケーブルあり

事故を未然に防ぐために地中電線の位置を標示するのに使用する。

接地棒

地中に打ち込み，接地極として使用する。

連用器具取付枠

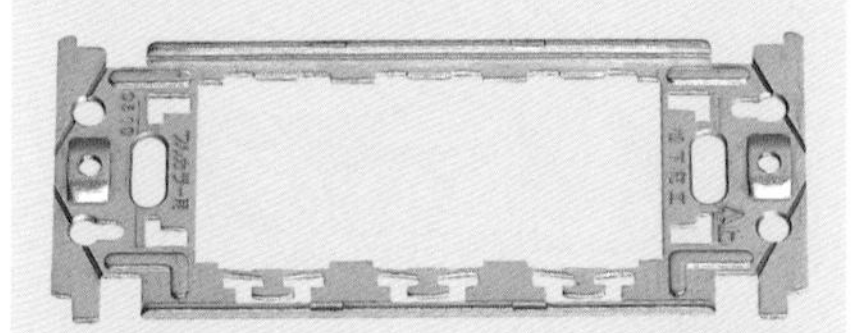

スイッチやコンセントなどの埋込連用器具を取り付ける。

プレート

スイッチやコンセントなどの埋込連用器具に取り付け，カバーとして使用する。

8 その他の工具

ボルトクリッパ

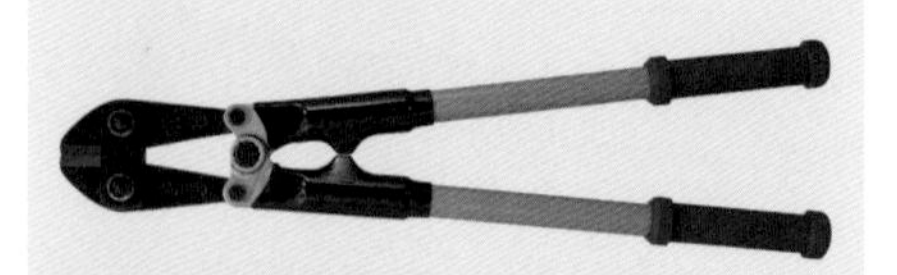

太い電線や鉄線などの切断に使用する。

プリカナイフ

二種金属製可とう電線管（プリカチューブ）の切断に使用する。

ノックアウトパンチャ

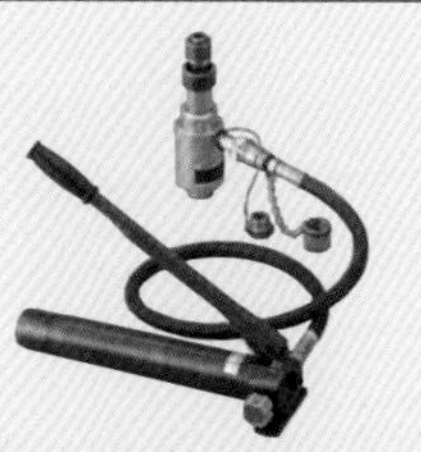

プルボックスなどの鋼板に油圧を利用して穴をあけるのに使用する。

ホルソ

電気ドリルに取り付けて，鋼板に穴をあけるのに使用する。

木工用ドリル

電気ドリルやクリックボールに取り付けて，木材に穴をあけるのに使用する。

羽根ぎり

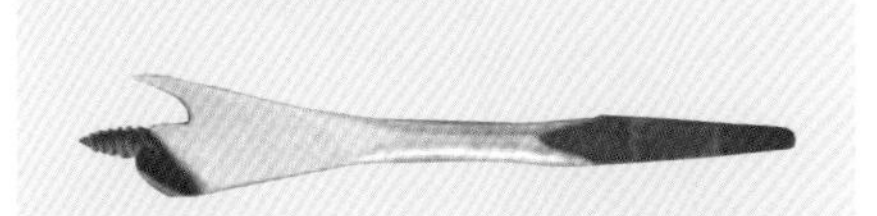

クリックボールに取り付けて，木板などに穴をあけるのに使用する。

コードレスドリル

充電式の電気ドリル。穴あけに使用する。

クリックボール

羽根ぎり

図1-11 クリックボールと羽根ぎり

振動ドリル

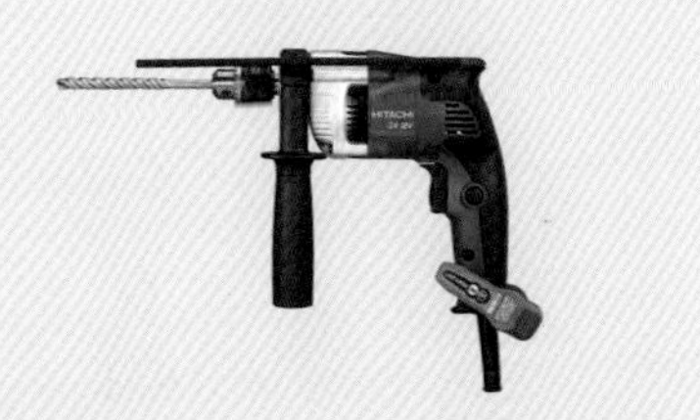

回転と振動でコンクリートの壁に穴をあけるのに使用する。

柱上安全帯

高所での作業や落下の危険をともなう作業を行うときに使用する。

張線器

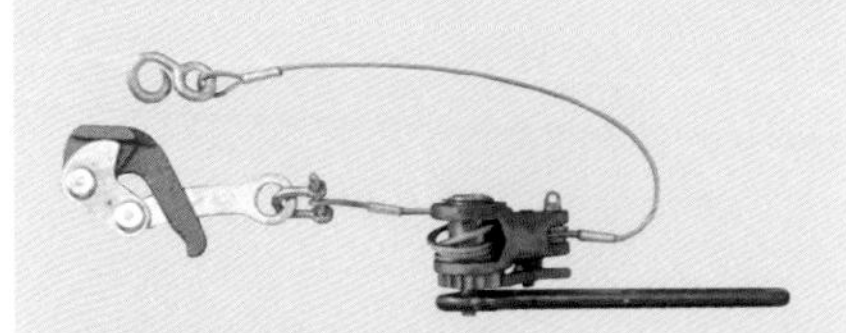

架空線（空中にかけ渡した電線）のたるみを調整するのに使用する。

高速切断機

金属管などを切断するのに使用する。

ディスクグラインダ

鋼板などのバリ取りや研磨に使用する。

タップ

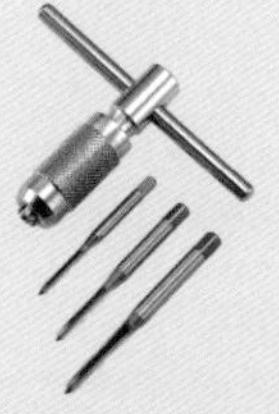

鋼板にあけた穴にねじの溝を切るときに使用する。

9 測定器

検電器（低圧用）

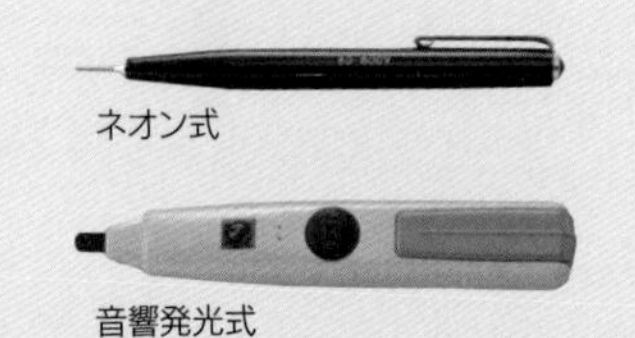

ネオン式

音響発光式

低圧電気回路の充電の有無を確認するのに使用する。

回路計（テスタ）

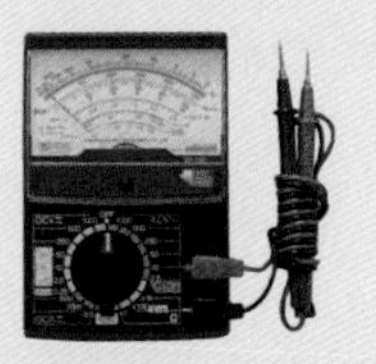

回路の抵抗，電流，電圧を測定する携帯用の測定器。

絶縁抵抗計（メガー）

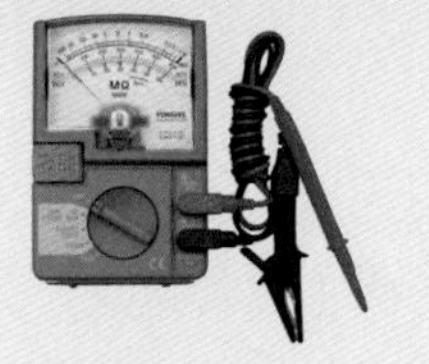

絶縁抵抗を測定するのに使用する。目盛板の記号はMΩ。

接地抵抗計（アーステスタ）

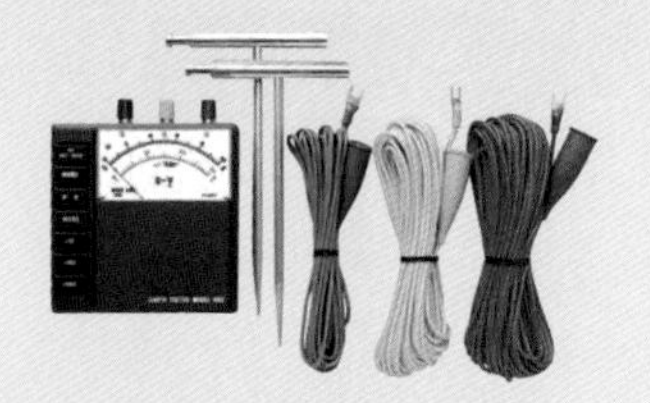

接地抵抗を測定するのに使用する。E，P，Cの3つの端子，2本の補助接地極がある。

クランプメータ

回路を切断せずに電流を測定するのに使用する。電圧，抵抗を測定できるものもある。

検相器（ランプ式）

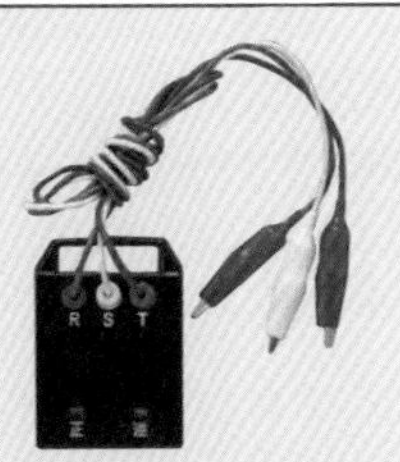

三相回路の相順を調べるのに使用する。ランプの点灯状態で，正相・逆相を確認する。

検相器（回転式）

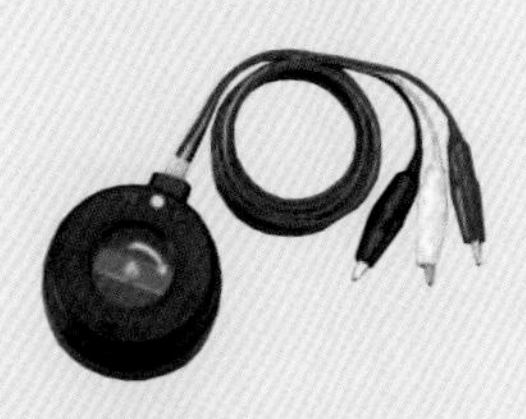

三相電源の相順を調べるのに使用する。円板の回転方向で，正相・逆相を確認する。

照度計（受光器分離型）

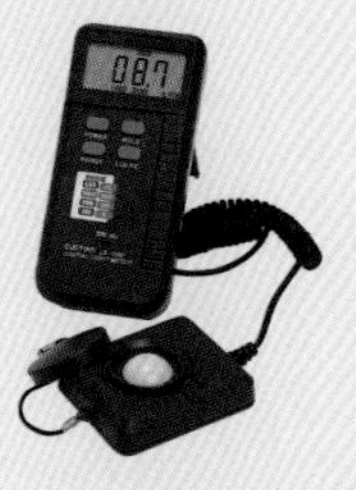

照度（場所の明るさ）を測定するのに使用する。

照度計（受光器一体型）

照度（場所の明るさ）を測定するのに使用する。目盛板の記号はlx。

電力量計

消費電力量の測定に使用する。

回転計

電動機などの回転速度を測定するのに使用する。

電力計

電力を測定するのに使用する。目盛板の記号はW。

CHAPTER 1-5

三相誘導電動機①

(さんそうゆうどうでんどうき)

攻略ポイント

- □電動機に三相交流を流すと，回転子は回転磁界と同じ方向に回転する。
- □同期速度 ▶ $N_S = \frac{120f}{P}$ [min^{-1}]
- □回転速度 ▶ $N_R = N_S(1-s) = \frac{120f}{P} \times (1-s)$ [min^{-1}]

1 三相誘導電動機

三相誘導電動機は，構造が簡単で扱いやすく，電動機の中でも安価で頑丈なため，工場の工作機械やビルのエレベーターなどで最も広く使用されている電動機です。**かご形**と**巻線形**がありますが広く使用されているのは三相かご形誘導電動機です。構造は，磁界を作る固定子と回転する回転子からなり，巻線が収められた固定子の中に回転子が入っています。

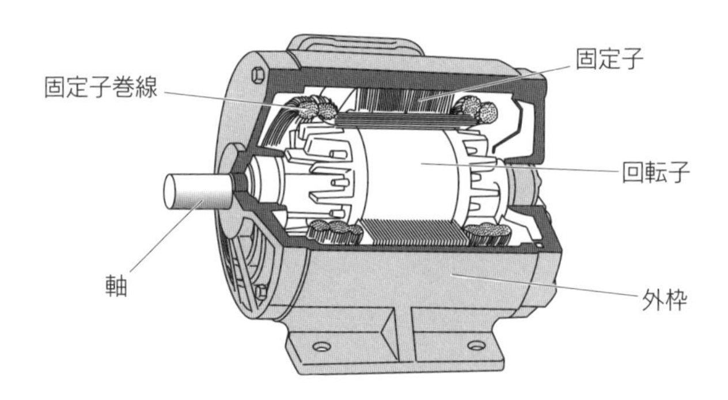

図1-12 三相誘導電動機の構造

図1-13のように，磁石のN極とS極が作る磁界の中にかご形の導体を置いて磁石を右回りに回転させます。この回転した磁界を回転磁界といいます。このとき，導体内に起電力が発生します（フレミングの右手の法則）。これにより電流が流れ，磁界の中のかご形の導体に電磁力が発生し，導体は磁石の回転方向と同じ方向に力を受けて回転します（フレミングの左手の法則）。

+プラスα

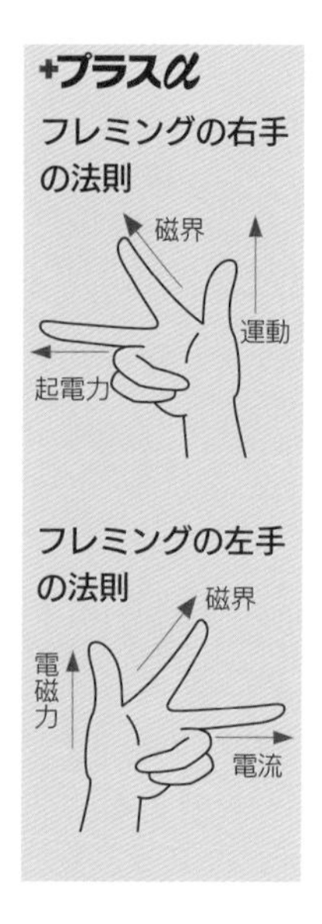

ことばの説明

▶起電力
電流を生じさせるための電位差（電圧）を作り出す力。

▶電磁力
磁界（磁力の働く空間）と電流の相互作用によって発生する力。

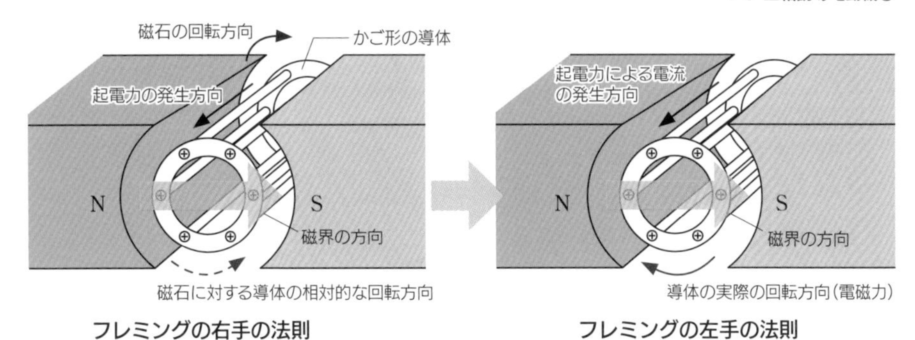

図1-13 三相誘導電動機の原理

2 同期速度・回転速度・すべり

電動機の固定子巻線に三相交流を流すと，回転磁界が発生します。回転磁界の回転速度を**同期速度**といい，この速度は，電動機の磁極数と電源の周波数で決まります。

同期速度N_s[min^{-1}]は，電源の周波数をf[Hz]，電動機の磁極数をP[極]とすると，次の式で表せます。

$$N_s = \frac{120f}{P}[\mathrm{min}^{-1}]$$

電動機（回転子）の実際の**回転速度**N_R[min^{-1}]は，同期速度より少し遅れて回転します。この遅れを**すべり**といい，すべりは同期速度の数%程度です。

すべりsは，次の式で表せます。

$$s = \frac{N_s - N_R}{N_s}$$

したがって，両辺にN_sをかけると，電動機の回転速度N_Rは，

$$sN_s = N_s - N_R$$

$$N_R = N_s(1 - s)$$

$$= \frac{120f}{P} \times (1 - s)[\mathrm{min}^{-1}]$$

と表されます。

ことばの説明

▶ **min^{-1}**
1分間あたりの回転数を示す。

CHAPTER 1 6

三相誘導電動機②

さんそうゆうどうでんどうき

攻略ポイント

- □ 三相誘導電動機の始動電流▶定格電流の4～8倍の大きな電流が流れる。
- □ スターデルタ始動法 ▶ 全電圧始動法より始動電流が$\frac{1}{3}$に抑えられる。
- □ 回転方向の逆転 ▶ 電源3線のうち，いずれか2線を入れ替えて結線する。
- □ 力率改善 ▶ 進相コンデンサを電動機と並列に接続する。

1 電動機の始動方法

三相誘導電動機の始動時には，定格電流の4～8倍の大きな電流が電動機に流れます。これにより，始動時の電圧降下が大きくなり，他の負荷への悪影響や電動機の巻線の焼損などを起こすおそれがあるので，始動電流を抑える工夫が必要になります。そこで，三相かご形誘導電動機では，一般に**スターデルタ始動法**が用いられています。

ことばの説明
▶電圧降下
P.110～117参照

＋プラスα
全電圧始動法
定格出力が3.7kW以下の電動機では，直接，電源電圧を加えて始動させる。

2 スターデルタ始動法

始動電流を抑えるために，スターデルタ始動器などを使用します。始動時にスイッチを始動（下）にして，固定子巻線をスター結線とし，電源電圧の$\frac{1}{\sqrt{3}}$の電圧を固定子巻線に加えます。これにより，始動電流は全電圧始動法の$\frac{1}{3}$に抑えられます。

回転速度が上昇して定格速度に近づいてから，スイッチを運転（上）に切り替え，デルタ結線にします。

ことばの説明
▶スター結線・デルタ結線
P.94～97参照

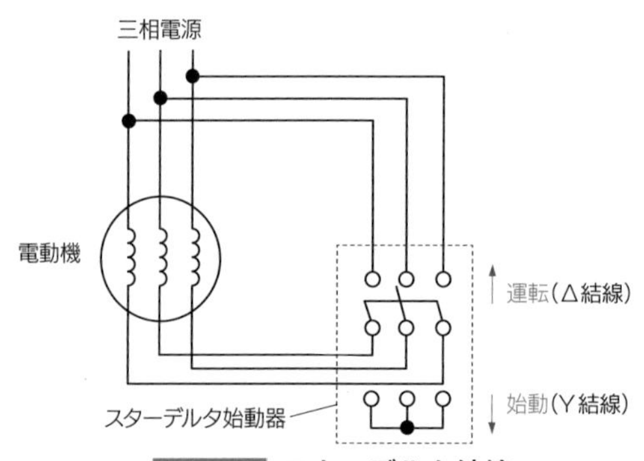

図1-14 スターデルタ結線

3 三相誘導電動機の回転方向の逆転

三相誘導電動機の回転方向を逆転させるには，電源の3本の結線のうち，いずれか2線を入れ替えます。これにより，電動機内の回転磁界の回転方向が反転します。

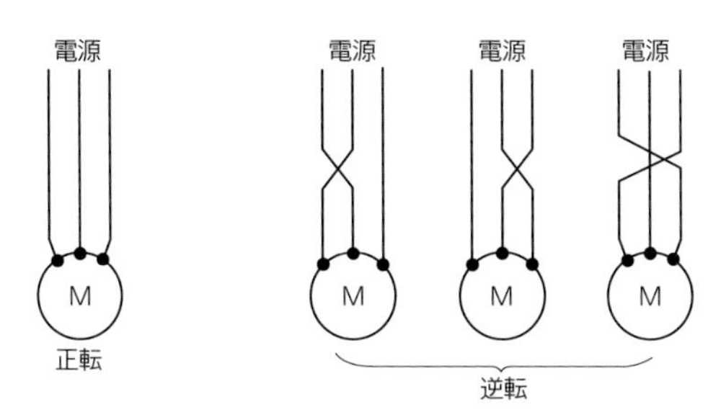

図1-15 回転方向の逆転

4 電動機の力率改善

電源から受け取った電力をどの程度有効に消費できるかを表す値を**力率**といいます。

三相誘導電動機のようなコイル状の負荷は，誘導リアクタンスの成分が大きいため，電路の力率が悪くなります。

力率が悪いと，それだけ大きな電流を供給しなければならず，電力を有効に使用できないことになります。

そこで，コイル負荷と反対の性能をもつコンデンサを使用し，電動機の力率を改善します。手元開閉器の負荷側にコンデンサ（**進相コンデンサ**という）を電動機と並列に接続します。

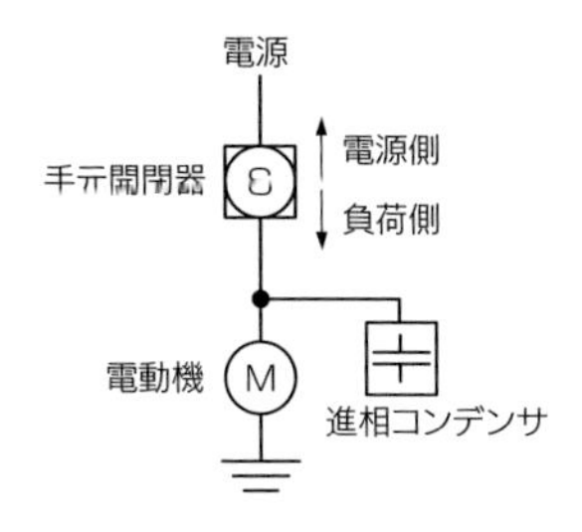

図1-16 電動機回路

ことばの説明

▶負荷
電気機器や電動機など，発生させた電気的エネルギーを消費するものの総称。

▶誘導リアクタンス
P.86～87参照

▶「力率が悪い」
力率が小さいとき，「力率が悪い」というい方をする。

CHAPTER 1-7

照明器具(光源ランプ・蛍光灯回路)

しょうめいきぐ こうげん けいこうとうかいろ

攻略ポイント

- □白熱電球，ハロゲン電球▶熱によって発光する。力率は100%の抵抗負荷。
- □蛍光灯，水銀灯，ナトリウム灯▶放電灯。安定器を必要とするので力率は悪い。
- □照度の単位はルクス[lx]，光束の単位はルーメン[lm]，光度の単位はカンデラ[cd]。

1 白熱電球・ハロゲン電球

白熱電球は，ガラス管内のフィラメントに電流が流れ，高温になると光を出す光源です。抵抗負荷の性質をもつため，力率が1（100%）に近く，また，扱いやすいため，現在も広く使用されています。

ハロゲン電球は白熱電球の一種で，ガラス管内にハロゲン元素を封入した光源です。一般の白熱電球より寿命が長く，効率の良い光源です。

ことばの説明

▶「力率が1」
力率は0から1の値をとる。抵抗負荷では全ての電力が負荷で消費されるため，力率は1（100%）となる。

2 蛍光灯(グロースイッチ式蛍光灯)

蛍光灯は，蛍光ランプのフィラメントに電流が流れて，熱電子を放出します。これが，ランプ内に充填されている水銀原子に衝突して紫外線を発生させます。この紫外線は，管内に塗られた蛍光物質にあたって目に見える光になります。

放電によって発光するため，白熱電球よりも寿命が長く，効率の良い光源です。

電源電圧を加えると，電源→安定器→フィラメント→

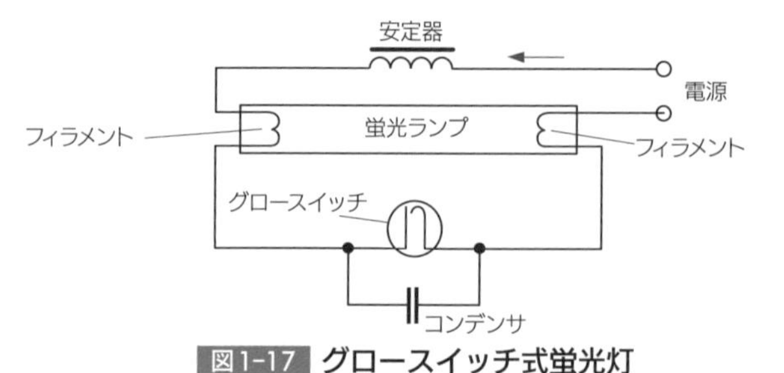

図1-17 グロースイッチ式蛍光灯

+プラスα

光源の効率
$\frac{\text{ルーメン[lm]}}{\text{ワット[W]}}$
で表す。数値が高いほど，省エネ性に優れている。

+プラスα

ラピッドスタート式蛍光灯
即時（約1秒）点灯をする蛍光灯。グロースイッチは使用していない。

グロースイッチ（放電）→フィラメント→電源へと電流が流れます。**グロースイッチ**は，バイメタルを利用した接点となっており，放電による熱で接点が閉じるしくみになっています。

接点が閉じると，放電がなくなるため，接点が再び開いて元に戻ります。この瞬間に，安定器に高電圧が加わり，ランプ内の放電を開始させます。

①安定器

放電開始の高電圧を発生させます。点灯後は過剰な電流が流れないように制御して，放電を安定させます。

②グロースイッチ（グローランプ，点灯管）

バイメタルの接点が開いたとき，安定器に高電圧を発生させ，放電を開始させます。

③コンデンサ

グロースイッチの開閉によって生じる雑音（電波障害）を防止します。

3 高輝度放電灯

①高圧水銀灯

放電管内の水銀蒸気の圧力を高圧にして放電させ，青緑色の光を発します。寿命が長く，効率が良いため，公園などの屋外照明や工場照明に適していますが，点灯に時間がかかります。

②ナトリウム灯

放電管内のナトリウム蒸気中で放電させると黄色味を帯びた光を発します。煙や霧の中での透過力が大きく，物の形が鮮明に見えるので，道路やトンネル内などの照明に適しています。照明ランプの中では最も効率が良く，長寿命です。

- **照度**……場所，面の明るさを表す。単位はルクス[lx]
- **光束**……光源から出る光の量を表す。単位はルーメン[lm]
- **光度**……光源の光の強さを表す。単位はカンデラ[cd]

ことばの説明

▶バイメタル

温度による膨張率の異なる2種類の金属板を貼り合わせたもの。熱による湾曲を利用して，接点の開閉をする。

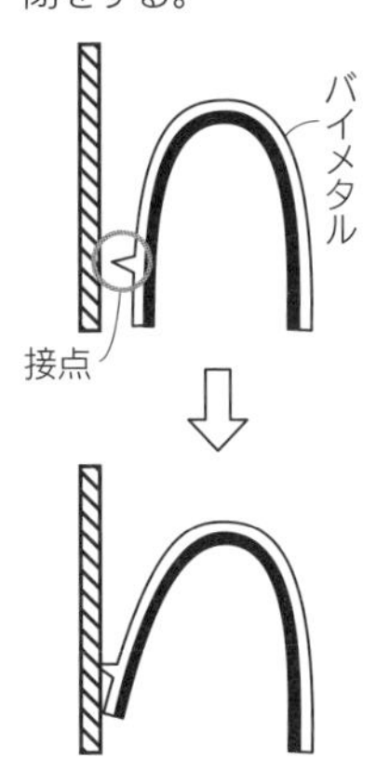

+プラスα

LED照明

発光ダイオード。消費電力が少なく，長寿命，高輝度の光源。信号機，デジタルカメラの液晶バックライトなどに使用されている。

第1章の過去問に挑戦

問題1

R5・下期（午前）・16

写真に示す材料の名称は。

イ. 銅線用裸圧着スリーブ
ロ. 銅管端子
ハ. 銅線用裸圧着端子
ニ. ねじ込み形コネクタ

問題2

H30・上期・17

写真に示す材料の用途は。

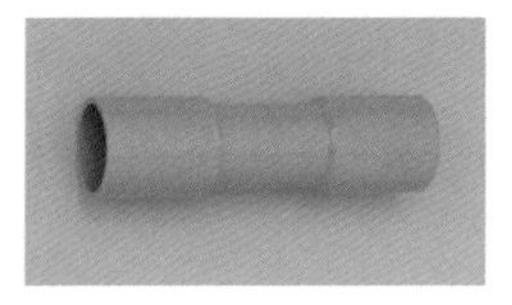

イ. 金属管と硬質塩化ビニル電線管とを接続するのに用いる。
ロ. 合成樹脂製可とう電線管相互を接続するのに用いる。
ハ. 合成樹脂製可とう電線管とCD管とを接続するのに用いる。
ニ. 硬質塩化ビニル電線管相互を接続するのに用いる。

問題3

H30・下期・18

写真に示す工具の用途は。

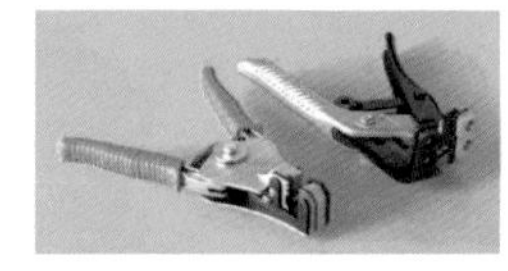

イ. VVFコード（ビニル平形コード）の絶縁被覆をはぎ取るのに用いる。
ロ. CVケーブル（低圧用）の外装や絶縁被覆をはぎ取るのに用いる。
ハ. VVRケーブルの外装や絶縁被覆をはぎ取るのに用いる。
ニ. VVFケーブルの外装や絶縁被覆をはぎ取るのに用いる。

問題4

R1・上期・18

写真に示す工具の用途は。

イ. 硬質塩化ビニル電線管の曲げ加工に用いる。
ロ. 合成樹脂製可とう電線管の接続加工に用いる。
ハ. ライティングダクトの曲げ加工に用いる。
ニ. 金属管（鋼製電線管）の曲げ加工に用いる。

この章からは，点滅器類，電線，金属管工事の材料と工具，三相誘導電動機に関する問題が多く，次いで工事用材料と工具の組合せ問題などが出題される。

解答と解説

問題1のHint

電線と機器との接続に使用する。

P.16参照

問題1　ハ

材料の名称は，**ハ**の銅線用裸圧着端子（圧着端子）。電線の端に圧着して，電線と機器の端子の接続に使用する。**イ**の銅線用裸圧着スリーブはリングスリーブのこと。**ロ**の銅管端子はねじ止めできるようになっている。

問題2のHint

接続部が広がっている。

P.23参照

問題2　ニ

材料の名称は，TSカップリング。硬質塩化ビニル電線管相互を接続するのに用いる。差し込みの深さは，管外径の1.2倍以上（接着剤を使用する場合は0.8倍以上）とする。

問題3のHint

刃に楕円形のくぼみがある。

P.17参照

問題3　ニ

工具の名称はFケーブル用ストリッパ。平形のVVFケーブルのシース（外装）や絶縁被覆のはぎ取り用に，刃に楕円形のくぼみがある。**イ**のVVFコードの被覆は一般的に電工ナイフ等ではぎ取る。**ロ**のCVケーブル，**ハ**のVVRケーブルは丸形で異なる外径のストリッパを使用する。

問題4のHint

炎の熱で電線管を加工する。

P.23参照

問題4　イ

工具の名称はトーチランプ。硬質塩化ビニル電線管（VE管）を曲げるために，管を熱してやわらかくするのに使用する。

問題5

H29・下期・16

写真に示す工具の用途は。

イ．金属管切り口の面取りに使用する。
ロ．木柱の穴あけに使用する。
ハ．鉄板，各種合金板の穴あけに使用する。
ニ．コンクリート壁の穴あけに使用する。

問題6

H26・下期・16

写真に示す物の用途は。

イ．アウトレットボックス（金属製）と，そのノックアウトの径より外径の小さい金属管とを接続するために用いる。
ロ．電線やメッセンジャワイヤのたるみを取るのに用いる。
ハ．電線管に電線を通線するのに用いる。
ニ．金属管やボックスコネクタの端に取り付けて，電線の絶縁被覆を保護するために用いる。

問題7

H26・上期・17

写真に示す工具の用途は。

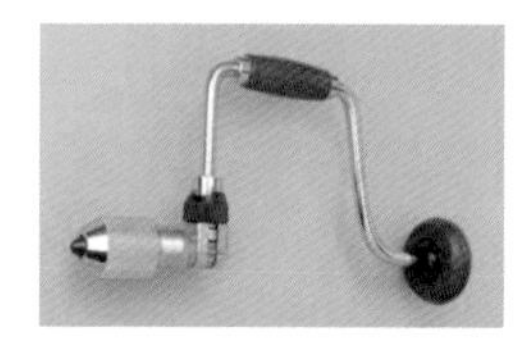

イ．ホルソと組み合わせて，コンクリートに穴を開けるのに用いる。
ロ．リーマと組み合わせて，金属管の面取りに用いる。
ハ．羽根ぎりと組み合わせて，鉄板に穴を開けるのに用いる。
ニ．面取器と組み合わせて，ダクトのバリを取るのに用いる。

問題8

R4・上期（午前）・18

写真に示す測定器の用途は。

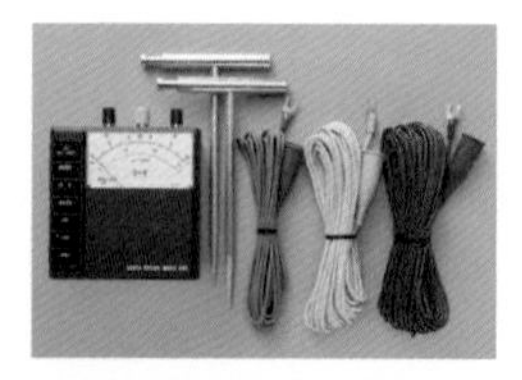

イ．接地抵抗の測定に用いる。
ロ．絶縁抵抗の測定に用いる。
ハ．電気回路の電圧の測定に用いる。
ニ．周波数の測定に用いる。

解答と解説

問題5の Hint
電気ドリルに取り付けて使用する。
P.27参照

問題5　ハ

工具の名称はホルソ。電気ドリルに取り付けて，鉄板などの鋼板に穴をあけるのに使用する。

Point
鋼板の穴あけに使用する工具
- ノックアウトパンチャ
- 電気ドリル

問題6の Hint
円形の容器にワイヤが入っている。
P.22参照

問題6　ハ

物の名称は呼び線挿入器。電線管に電線を通線するのに使用する。電線管内の清掃に使用する場合もある。

問題7の Hint
手で回転させて使用する。
P.21参照

問題7　ロ

工具の名称はクリックボール。リーマを取り付けて金属管などの面取りに用いたり，羽根ぎりを取り付けて木板などに穴をあけるのに使用する。

問題8の Hint
緑・黄・赤の端子と2本の接地極がある。
P.28参照

問題8　イ

測定器の名称は接地抵抗計（アーステスタ）。2本の補助接地極はP端子（黄），C端子（赤）に，接地抵抗を測定したい接地極はE端子（緑）にそれぞれの色のリード線で接続する。

問題9

H26・下期・12

絶縁物の最高許容温度が最も高いものは。

イ. 600V二種ビニル絶縁電線（HIV）
ロ. 600Vビニル絶縁電線（IV）
ハ. 600Vビニル絶縁ビニルシースケーブル丸形（VVR）
ニ. 600V架橋ポリエチレン絶縁ビニルシースケーブル（CV）

問題10

H27・上期・23

図に示す一般的な低圧屋内配線の工事で，スイッチボックス部分の回路は。ただし，ⓐは電源からの非接地側電線（黒色），ⓑは電源からの接地側電線（白色）を示し，負荷には電源からの接地側電線が直接に結線されているものとする。なお，パイロットランプは100V用を使用する。

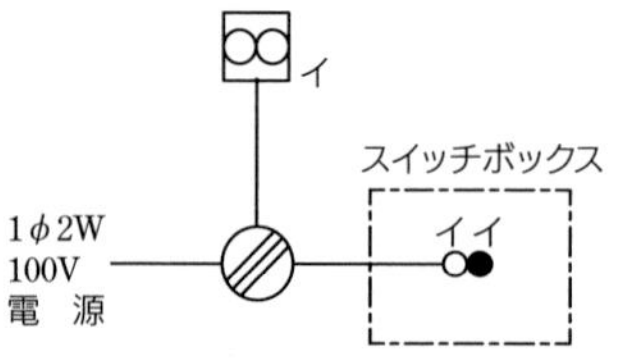

○は確認表示灯（パイロットランプ）を示す。

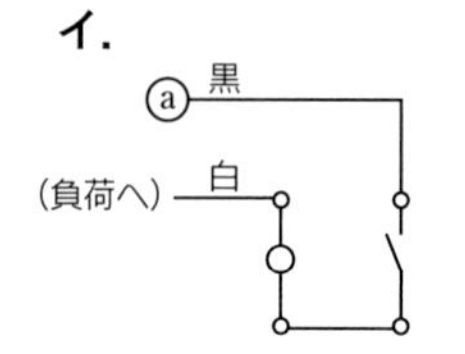

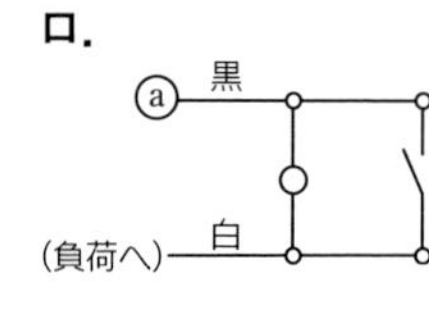

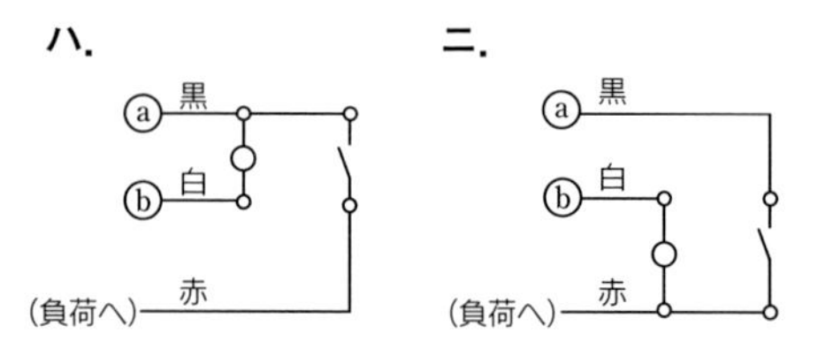

問題11

R2・下期（午前）・15

低圧電路に使用する定格電流30Aの配線用遮断器に37.5Aの電流が継続して流れたとき，この配線用遮断器が自動的に動作しなければならない時間［分］の限度（最大の時間）は。

イ. 2　　**ロ.** 4　　**ハ.** 60　　**ニ.** 120

解答と解説

問題9のHint

600Vビニル絶縁電線（IV）の最高許容温度は60℃。

P.14～15参照

問題9　ニ

電線，ケーブルの最高許容温度は，使用する絶縁物の種類によって決まる。**イ**の二種ビニル絶縁は75℃，**ロ**と**ハ**のビニル絶縁は60℃，**ニ**の架橋ポリエチレン絶縁は90℃。

問題10のHint

パイロットランプと換気扇（天井付）は同時に動作する。

P.11参照

問題10　ニ

パイロットランプ○と換気扇（天井付）[換気扇記号]が同時に動作する回路は，次のようになる。

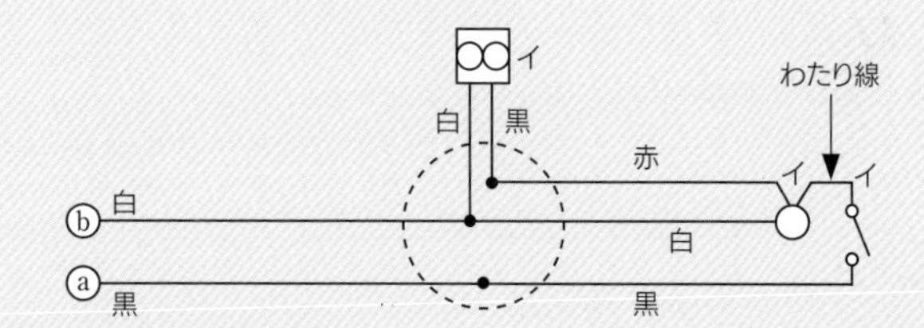

Point

確認表示灯（パイロットランプ）

電圧動作型と電流動作型がある。試験では特に断りがない限り電圧動作型で出題される。電圧動作型は内部に放電管と抵抗が直列接続されており，両端に電圧（100V）が加わると放電管が点灯する。

問題11のHint

37.5Aは定格電流30Aの何倍か。

P.13参照

問題11　ハ

定格電流が30A以下の配線用遮断器の特性と動作時間は次の通り。

①定格電流の1倍の電流で自動的に動作しないこと。

②定格電流の1.25倍の電流で60分以内に自動的に動作すること。

設問では定格電流30Aの配線用遮断器に37.5Aの電流が継続して流れたときとある。37.5Aは30Aの1.25倍（37.5÷30＝1.25）なので，②より正解は**ハ**の60分になる。

問題12

H26・上期・13

低圧の地中配線を直接埋設式により施設する場合に**使用できるものは。**

イ. 屋外用ビニル絶縁電線（OW）
ロ. 600Vビニル絶縁電線（IV）
ハ. 引込用ビニル絶縁電線（DV）
ニ. 600V架橋ポリエチレン絶縁ビニルシースケーブル（CV）

問題13

R1・上期・11

アウトレットボックス（金属製）の使用方法として，**不適切なものは。**

イ. 金属管工事で電線の引き入れを容易にするのに用いる。
ロ. 配線用遮断器を集合して設置するのに用いる。
ハ. 金属管工事で電線相互を接続する部分に用いる。
ニ. 照明器具などを取り付ける部分で電線を引き出す場合に用いる。

問題14

R3・下期（午後）・13

金属管（鋼製電線管）の切断及び曲げ作業に使用する工具の組合せとして，**適切なものは。**

イ. やすり　パイプレンチ　パイプベンダ
ロ. やすり　金切りのこ　パイプベンダ
ハ. リーマ　金切りのこ　トーチランプ
ニ. リーマ　パイプレンチ　トーチランプ

問題15

H30・下期・14

電気工事の種類と，その工事で使用する工具の組合せとして，**適切なものは。**

イ. バスダクト工事とガストーチランプ
ロ. 合成樹脂管工事とパイプベンダ
ハ. 金属線ぴ工事とボルトクリッパ
ニ. 金属管工事とリーマ

問題16

H29・上期・11

金属管工事において，絶縁ブッシングを使用する主な目的は。

イ. 電線の被覆を損傷させないため。
ロ. 金属管相互を接続するため。
ハ. 金属管を造営材に固定するため。
ニ. 電線の接続を容易にするため。

解答と解説

問題12のHint
機械的強度に優れている電線は。
P.14〜15参照

問題12 ニ

地中に直接埋め込んで施設する場合，絶縁電線よりも機械的強度に優れた「ケーブル」を使用する。**イ**，**ロ**，**ハ**の「絶縁電線」は使用できない。**イ**は屋外用の架空電線，**ロ**は屋内配線，**ハ**は屋外からの引込線として使用される。

問題13のHint
ノックアウト穴を打ち抜いて使用する。
P.18参照

問題13 ロ

電線の接続，器具やコンセントの取付けに使用する。配線用遮断器を集合して設置する場合は，分電盤や配電盤などが使用される。

問題14のHint
トーチランプは管を熱してやわらかくする工具である。
P.21〜23参照

問題14 ロ

適切な工具の組合せは，**ロ**の（やすり，金切りのこ，パイプベンダ）である。やすりは金属管の切断面のバリ取りや仕上げ，金切りのこは電線管の切断，パイプベンダは金属管の曲げ作業に使用する。パイプレンチは金属管の締付けに使用し，トーチランプは硬質塩化ビニル電線管（VE管）の曲げ作業に使用するので，どちらも適切ではない。

ハと**ニ**のリーマは金属管の内面のバリ取りをするときにクリックボールの先端に取り付けて使用する。したがって，この工具自体は適切だが，他の工具との組合せが適切ではない。

問題15のHint
バスダクトのダクトは「風管」，線ぴは「樋（とい）」。
P.21参照

問題15 ニ

リーマは金属管の内面のバリ取りをするときに，クリックボールの先端に取り付けて使用する。**イ**のガストーチランプは硬質塩化ビニル電線管の曲げ加工，**ロ**のパイプベンダは細い金属管の曲げ加工，**ハ**のボルトクリッパは太い電線などの切断に使用する。

問題16のHint
金属電線管の管端に取り付ける。
P.19参照

問題16 イ

金属管工事に使用する絶縁ブッシングは，金属管内に電線を通線するときに，金属管の管端のバリにより電線の被覆を損傷させないために金属管の管端に取り付ける。

問題17

R4・上期（午前）・16

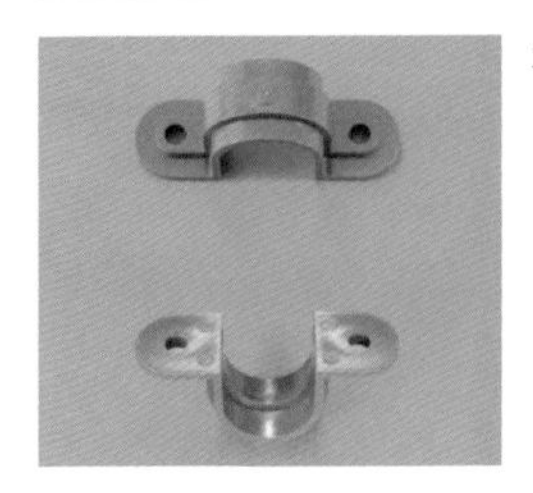

写真に示す材料の用途は。

イ． PF管を支持するのに用いる。
ロ． 照明器具を固定するのに用いる。
ハ． ケーブルを束線するのに用いる。
ニ． 金属線ぴを支持するのに用いる。

問題18

H27・上期・11

プルボックスの主な使用目的は。

イ． 多数の金属管が集合する場所等で，電線の引き入れを容易にするために用いる。
ロ． 多数の開閉器類を集合して設置するために用いる。
ハ． 埋込みの金属管工事で，スイッチやコンセントを取り付けるために用いる。
ニ． 天井に比較的重い照明器具を取り付けるために用いる。

問題19

H28・下期・12

金属管工事に使用される「ねじなしボックスコネクタ」に関する記述として，**誤っているものは。**

イ． ねじなし電線管と金属製アウトレットボックスを接続するのに用いる。
ロ． ボンド線を接続するための接地用の端子がある。
ハ． 絶縁ブッシングを取り付けて使用する。
ニ． ねじなし電線管との接続は止めネジを回して，ネジの頭部をねじ切らないように締め付ける。

問題20

R4・上期（午後）・13

電気工事の作業と使用する工具の組合せとして，**誤っているものは。**

イ． 金属製キャビネットに穴をあける作業とノックアウトパンチャ
ロ． 木造天井板に電線管を通す穴をあける作業と羽根ぎり
ハ． 電線，メッセンジャワイヤ等のたるみを取る作業と張線器
ニ． 薄鋼電線管を切断する作業とプリカナイフ

解答と解説

問題17のHint

形状は同じで材質が異なる。

P.20参照

問題17　イ

材料の名称はPF管用サドル。単にサドルという場合は金属管用の金属製で，写真のサドルは樹脂製でPF管（合成樹脂製可とう電線管）を支持するのに用いる。

問題18のHint

pull：プル（引っぱる）

P.18参照

問題18　イ

プルボックスは，アウトレットボックスやコンクリートボックスなどより一般的に大きく，多数の電線管が集まるボックスで電線の引き入れを容易にする。電線の接続箱にもなる。

問題19のHint

金属管を固定する止めねじと接地用端子が付いている。

P.19参照

問題19　ニ

ねじなしボックスコネクタは，ねじなし電線管と埋込ボックス類との接続に使用する。接続には，止めねじの頭部がねじ切れるまで締め付ける。また，ボンド線を接続する接地用端子が付いている。

問題20のHint

用途が金属用か木工用かを区別する。

P.26～28参照

問題20　ニ

プリカナイフは二種金属製可とう電線管（プリカチューブ）を切断する専用工具。**イ**のノックアウトパンチャは油圧を利用して穴をあける金属用，**ロ**の羽根ぎりはクリックボールに取り付けて穴をあける木工用。**ハ**の張線器は架空線のたるみを調整するのに使用する。

問題21

R3・上期（午前）・14

極数6の三相かご形誘導電動機を周波数60Hzで使用するとき，最も近い回転速度［min^{-1}］は。

イ．600　　ロ．1 200　　ハ．1 800　　ニ．3 600

問題22

R1・下期・14

三相誘導電動機の始動において，全電圧始動（じか入れ始動）と比較して，スターデルタ始動の特徴として，**正しいものは。**

イ．始動時間が短くなる。
ロ．始動電流が小さくなる。
ハ．始動トルクが大きくなる。
ニ．始動時の巻線に加わる電圧が大きくなる。

問題23

H29・下期・13

三相誘導電動機が周波数50Hzの電源で無負荷運転されている。この電動機を周波数60Hzの電源で無負荷運転した場合の回転の状態は。

イ．回転速度は変化しない。　　ロ．回転しない。
ハ．回転速度が減少する。　　ニ．回転速度が増加する。

問題24

H28・上期・15

霧の濃い場所やトンネル内等の照明に**適しているものは。**

イ．ナトリウムランプ　　ロ．蛍光ランプ
ハ．ハロゲン電球　　ニ．水銀ランプ

解答と解説

問題21のHint
電動機の磁極数と電源の周波数で決まる。
P.31参照

問題21 ロ

電動機の同期速度N_S[min^{-1}]は，電源の周波数fが60Hz，電動機の磁極数Pが6極なので，

$$N_S=\frac{120f}{P}=\frac{120\times60}{6}=1200[\mathrm{min}^{-1}]$$

実際の回転速度は，同期速度より少し遅れて回転する。この遅れをすべりという。すべりは同期速度の数%。

問題22のHint
始動時の他の負荷への悪影響や電動機の巻線の焼損などを防ぐために使われる。
P.32参照

問題22 ロ

三相誘導電動機の代表的な始動法であるスターデルタ始動法は，スターデルタ始動器を使用することで，始動時に発生する始動電流を抑えることができる。

Point

①始動時はスター結線

固定子巻線に加わる電圧を電源電圧の$\frac{1}{\sqrt{3}}$として，始動電流をデルタ結線の$\frac{1}{3}$に抑える。

②定格速度に近づいたらデルタ結線

始動電流が減少した後にすばやく切り替え，直接電源電圧を加えて運転に入る。このとき，すでに電動機はある程度の速度で回転しているので起動電流は小さくてすむ。

問題23のHint
$N_R=N_S\ (1-s)$
P.31参照

問題23 ニ

三相誘導電動機の同期速度N_S[min^{-1}]は，周波数をf[Hz]，磁極数をP[極]とすると，

$$N_S=\frac{120f}{P}[\mathrm{min}^{-1}]$$

と表される。同期速度は周波数に比例し，周波数が増加すると同期速度が増加する。無負荷運転しているとき，すべりは0に近いので，回転速度N_Rは同期速度N_Sとほぼ同じになる。したがって，同期速度が増加すれば，回転速度も同様に増加することになる。

問題24のHint
同じ発光原理のものに蛍光ランプがある。
P.35参照

問題24 イ

ナトリウムランプ（ナトリウム灯）は黄色味を帯びた単色光で，霧の中での透過力が大きく，霧の濃い場所やトンネル内などの照明に適している。照明ランプの中ではランプ効率が良く，長寿命である。

COLUMN

第二種電気工事士試験とは

電気は，私たちの生活にとってなくてはならないものです。この電気が安全に便利に使用されるためには，電気設備に関して一定の知識と技能をもつ者によって，適切な工事が行われなければなりません。住宅，店舗，ビル，工場などでは，必ず電気設備工事が必要となりますが，知識や技能の不足した者が行えば，漏電や感電などの事故を招くおそれがあります。そこで，電気工事を行うためには，国が認めた「電気工事士」の資格を取得し，電気工事に関する知識と技能をもつ者であることを証明しなければなりません。

第二種電気工事士の資格試験は，そんな「電気工事士」を目指す多くの方々が最初に挑む資格といえるでしょう。電気工事士の資格は，扱う電気工作物によって第一種と第二種に分類されます。そのうち，第二種電気工事士は，主に住宅や小規模店舗などの工事に従事できます。

近年の第二種電気工事士試験の受験者数は，上期・下期を合わせて，17万人前後にのぼり，多くの方々が受験する知名度の高い資格となりました。この受験者数からも，第二種電気工事士が，需要が高く，就職に強い国家資格であることが分かります。試験は，学科試験と技能試験に分かれており，この2つの試験に合格しなければなりません。

●問い合わせ先
一般財団法人　電気技術者試験センター
〒104-8584　東京都中央区八丁堀2-9-1（RBM東八重洲ビル8F）
TEL：03-3552-7691
URL：https://www.shiken.or.jp/

試験についての情報は，本書編集時点のものです。変更される場合がありますので，最新の情報を試験センター等で必ずご確認ください。

図記号

第2章

CHAPTER 2 - 1

図記号（ずきごう）

攻略ポイント

- □一般配線▶天井隠ぺい配線，床隠ぺい配線，露出配線，地中埋設配線
- □点滅器の傍記表示▶2P：2極，3：3路，4：4路，H：位置表示灯付，L：確認表示灯付
- □コンセントの傍記表示▶E：接地極付，ET：接地端子付，EET：接地極付接地端子付，EL：漏電遮断器付，WP：防雨形，LK：抜け止め形

1 配線・配管

配線図問題では，配線図や分電盤結線図に多くの図記号が使われています。図記号の名称や用途を問う問題，図記号の器具が何かを写真の中から選ぶ問題などが出題されます。

表2-1 一般配線

図記号	名称
————————	天井隠ぺい配線
—— —— —— ——	床隠ぺい配線
– – – – – – – –	露出配線
- ——— - ——— - ———	地中埋設配線

表2-2 電線の記号

記号	電線の種類
IV	600Vビニル絶縁電線
VVF	600Vビニル絶縁ビニルシースケーブル・平形
VVR	600Vビニル絶縁ビニルシースケーブル・丸形
CV	600V架橋ポリエチレン絶縁ビニルシースケーブル
EM－EEF	600Vポリエチレン絶縁耐燃性ポリエチレンシースケーブル・平形

表2-3 管類の記号

記号	配管の種類
E	ねじなし電線管
VE	硬質塩化ビニル電線管
PF	合成樹脂製可とう電線管
F2	二種金属製可とう電線管
MM1	一種金属線ぴ
MM2	二種金属線ぴ
HIVE	耐衝撃性硬質塩化ビニル電線管
FEP	波付硬質合成樹脂管

電線の表し方

①絶縁電線の場合

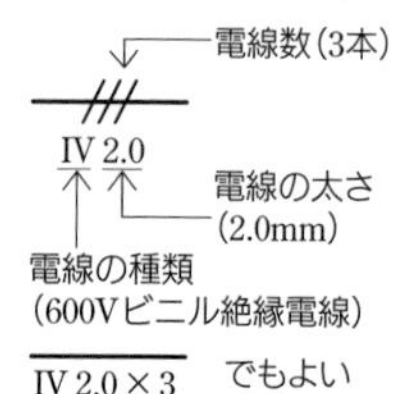

②ケーブルの場合

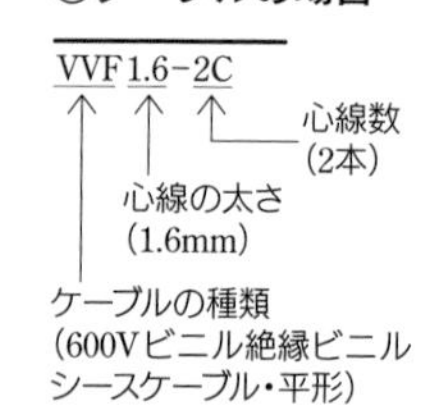

電線管の表し方

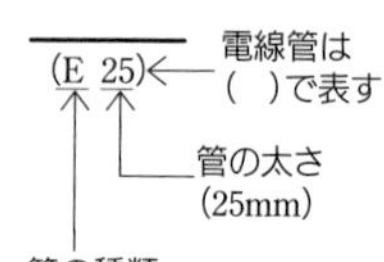

〔例〕

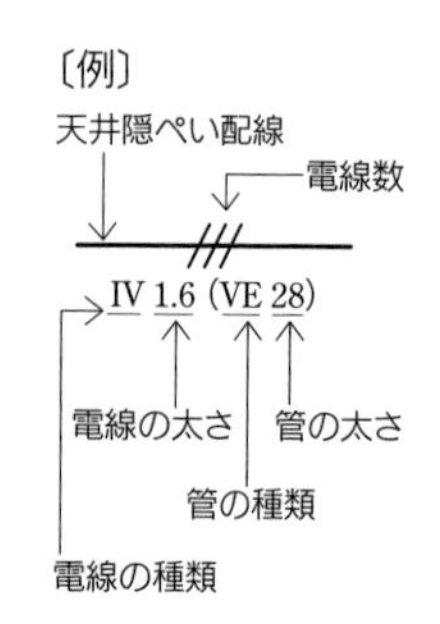

表2-4 配線に関する図記号

図記号	名称
	受電点
	立上り
	引下げ
	素通し

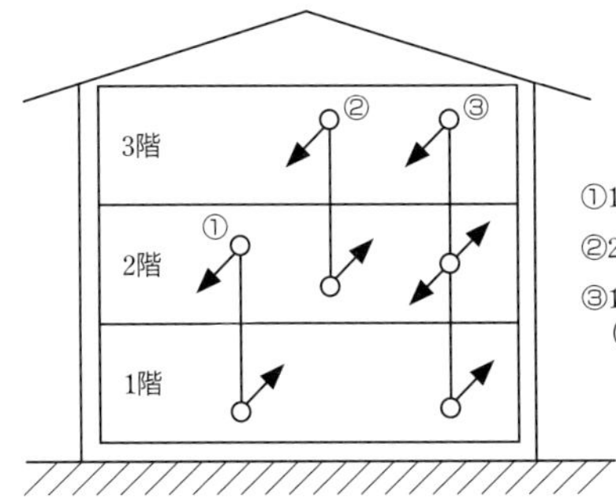

①1階と2階の間の配線
②2階と3階の間の配線
③1階と3階の間の配線
（2階は素通り）

図2-1 立上り・引下げ・素通し

プルボックス

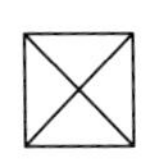

金属管が複数集まる場所に使用し，電線の接続や引き入れを行う。

ジョイントボックス

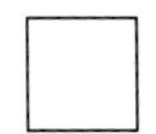

電線の接続，電灯やスイッチなどの取付けに使用する。アウトレットボックスとも呼ばれる。

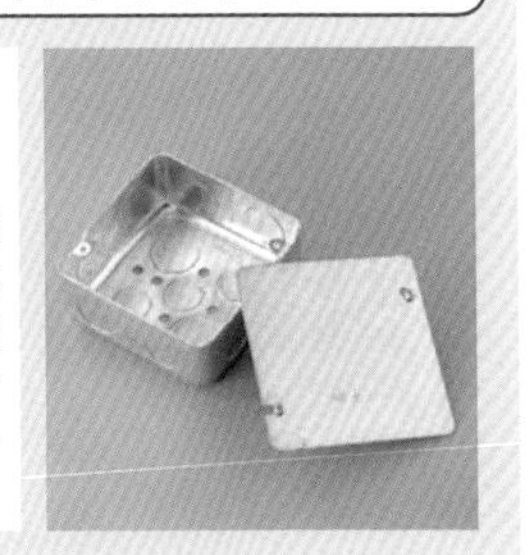

コンクリートボックス

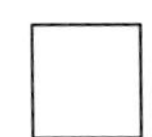

コンクリートに埋め込み，電線の接続，電灯などの取付けに使用する。バックプレートが付いている。

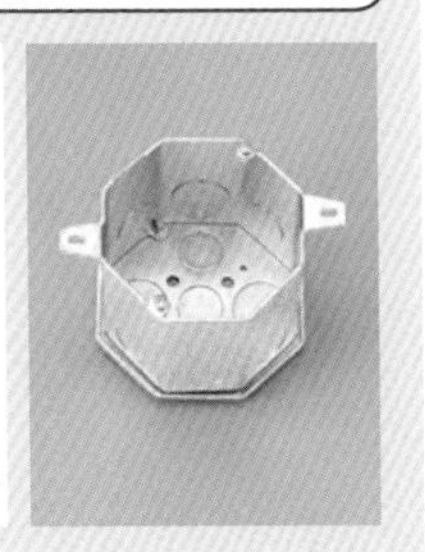

VVF用ジョイントボックス

VVFケーブル相互を接続する場所に使用する。

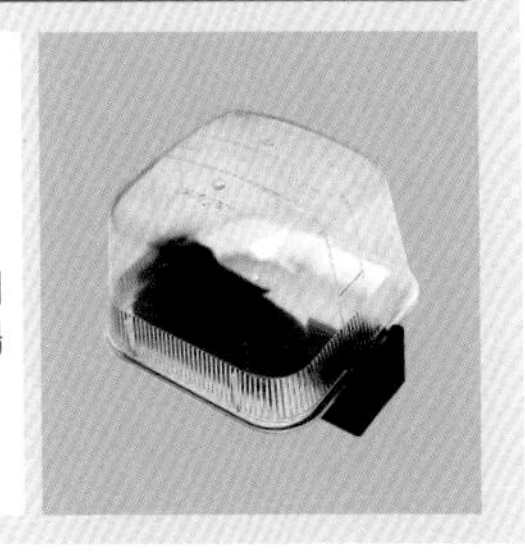

接地端子

電気機器の接地線を接続するのに使用する。ねじ締め式と差込式がある。

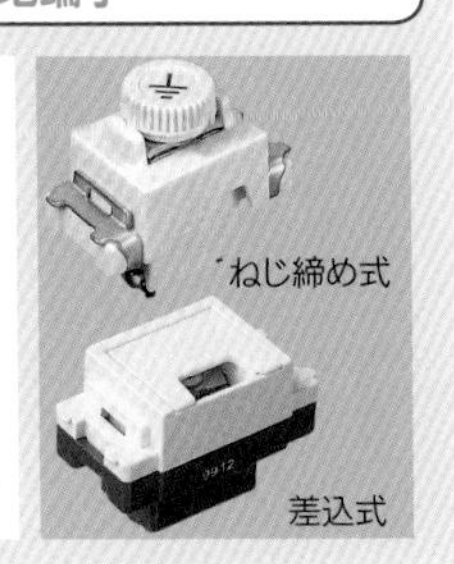

接地極

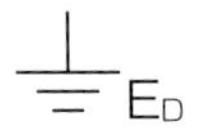

地中に打ち込んで使用する金属棒。
E_D：D種接地工事
E_C：C種接地工事

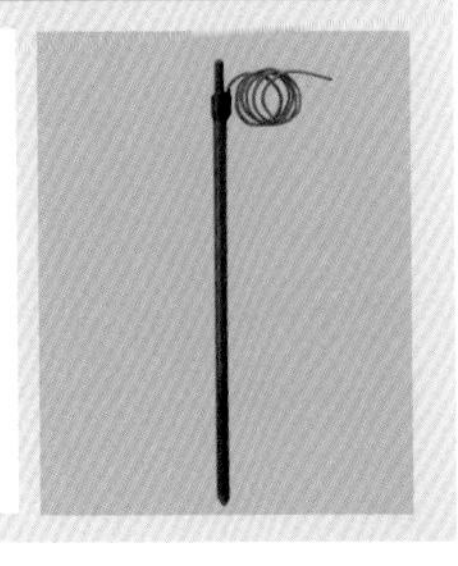

2 照明器具

ペンダント

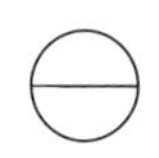

コードやチェーンなどで，天井からつり下げて使用する。

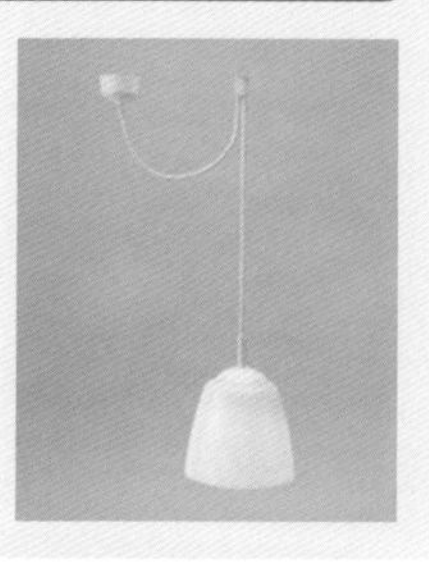

シーリング（天井直付）

天井に直接取り付けて使用する。
CL：シーリングライト

シャンデリヤ

複数の電球を灯す照明器具で，天井に取り付けて使用する。
CH：シャンデリヤ

埋込器具

天井に埋め込んで使用する。
DL：ダウンライト

引掛シーリング（角形）

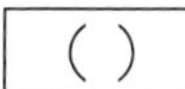

ペンダントなどの照明器具を，天井に取り付けるのに使用する。

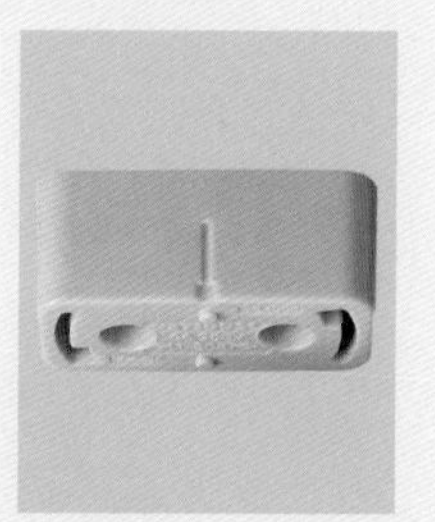

引掛シーリング（丸形）

ペンダントなどの照明器具を，天井に取り付けるのに使用する。

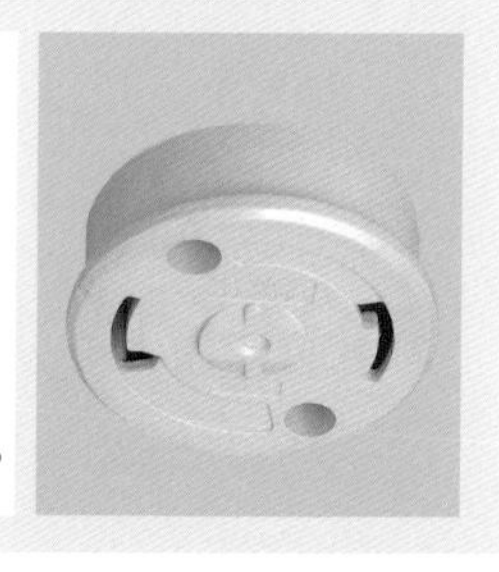

白熱灯（壁付）

壁に取り付けて使用する。図記号は壁側を黒く塗る。

屋外灯

庭園灯など屋外に設置して使用する。

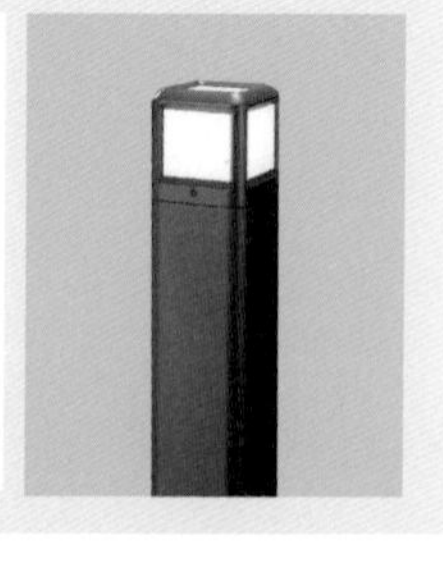

HID灯

水銀灯やナトリウム灯などを用いた照明器具。種類は次によって傍記する。
H：水銀灯
M：メタルハライド灯
N：ナトリウム灯

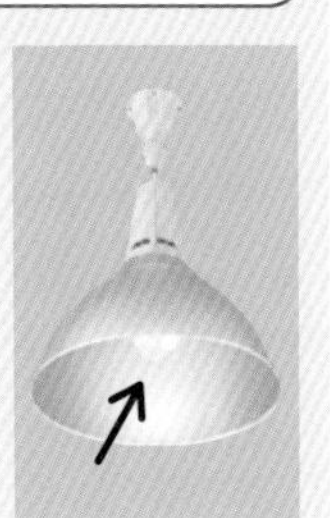

蛍光灯（天井直付）

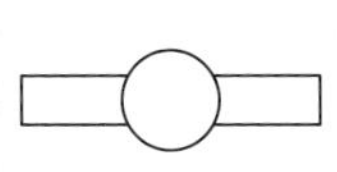

天井に直接取り付けて使用する。

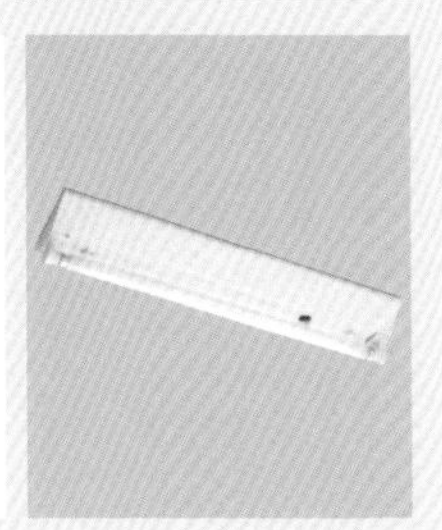

蛍光灯（壁付）

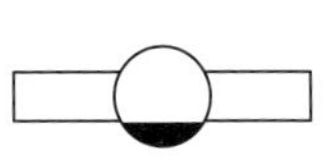

壁に直接取り付けて使用する。図記号は壁側を黒く塗る。

誘導灯

白熱灯　　蛍光灯

廊下や階段などに設置して，非常時の避難経路を表示する。

3 点滅器(スイッチ)

単極スイッチ

電灯を点滅させるスイッチ。単極（1線）を開閉する。

2極スイッチ

●2P

電灯を点滅させるスイッチ。2極（2線）を同時に開閉する。

3路スイッチ

●3

階段や出入口が2箇所ある部屋などで，2箇所から電灯を点滅させるときに使用する。

4路スイッチ

●4

階段や出入口が3箇所以上ある部屋などで，3箇所以上から電灯を点滅させるときに使用する。

位置表示灯内蔵スイッチ

●$_H$

電灯が消灯のとき，内蔵のパイロットランプ（表示灯）が点灯する。暗闇でもスイッチの位置が分かる。

確認表示灯内蔵スイッチ

●$_L$

電灯が点灯のとき，内蔵のパイロットランプ（表示灯）が点灯する。部屋の外に取り付け，部屋の中の電灯の状態が確認できる。

プルスイッチ

●$_P$

壁などに取り付けて，ひもを引いて開閉する。
P：プル（引く）

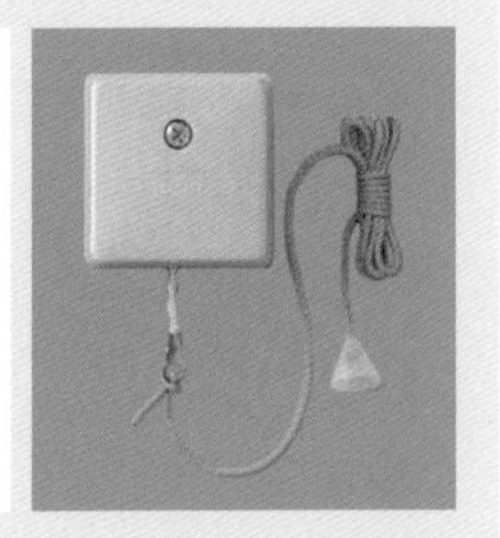

自動点滅器

●$_{A(3A)}$

玄関灯や庭園灯などを周囲の明暗に応じて自動的に点滅させる。記号Aと容量（3A）を傍記する。
A：オート（自動）

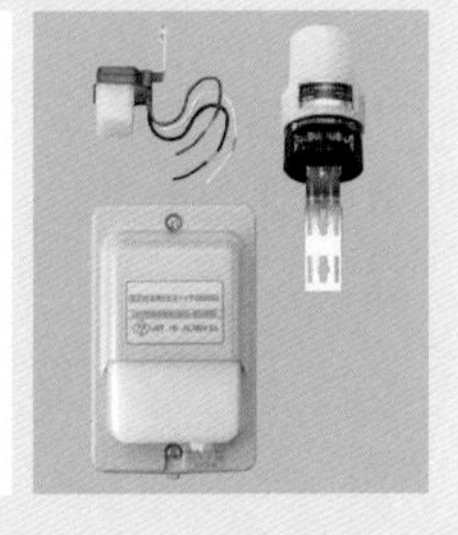

調光器

電灯の明るさを調整するのに使用する。

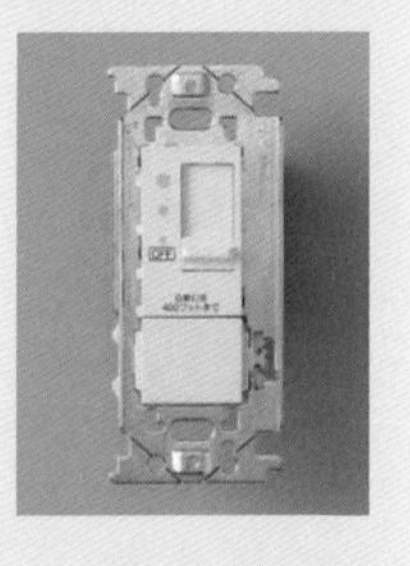

リモコンスイッチ

●$_R$

リモコン配線に使用する。
R：リモコン

リモコンセレクタスイッチ

複数のリモコンスイッチを集めたもので，複数の部屋の電灯を1箇所から制御できる。図記号には回路数を傍記する。

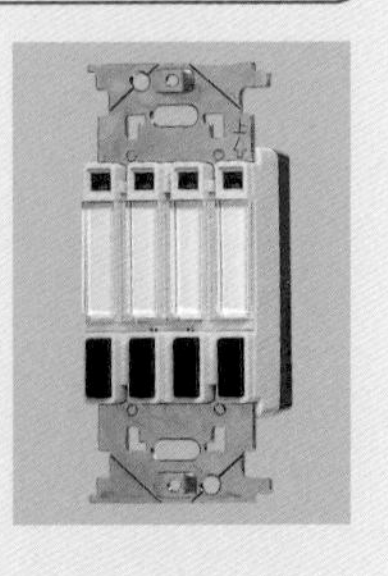

リモコンリレー

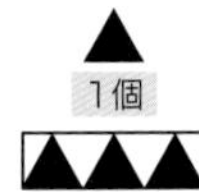

リモコンスイッチと組み合わせて使用し，遠隔操作で電灯を点滅させる。

4 コンセント

コンセント（2口）

壁付

電気機器の電源プラグの差込口。図記号は壁側を黒く塗り，2口以上の場合は口数を傍記する。写真は埋込形。

コンセント（接地極付）

接地を必要とする電気機器の電源プラグの差込口。半円形の接地極が付いている。
E：アース（接地）

コンセント（接地端子付）

電気機器の接地線を取り付けるための接地端子が付いている。
ET：アース・ターミナル（接地端子）

コンセント（接地極付接地端子付）

電気機器の接地線を取り付けるための接地端子と接地極が付いている。

コンセント（抜け止め形）

電源プラグを差し込み，回転させると抜けない構造になっている。
LK：ロック（錠）

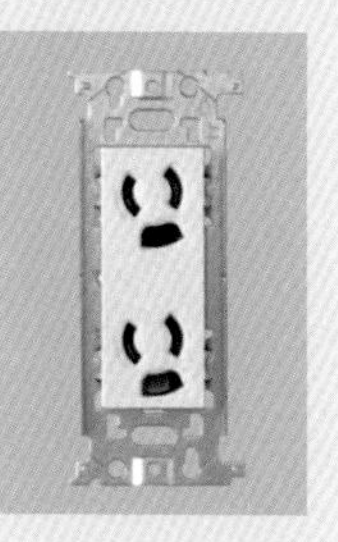

コンセント（漏電遮断器付）

漏電遮断器が内蔵されている。
EL：アースリーケージ（漏電）

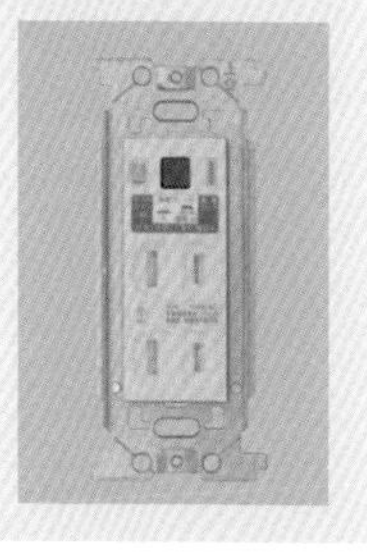

コンセント（防雨形）

屋外の雨水が入りやすい場所に取り付けて使用する。
WP：ウォーター・プルーフ（防水）

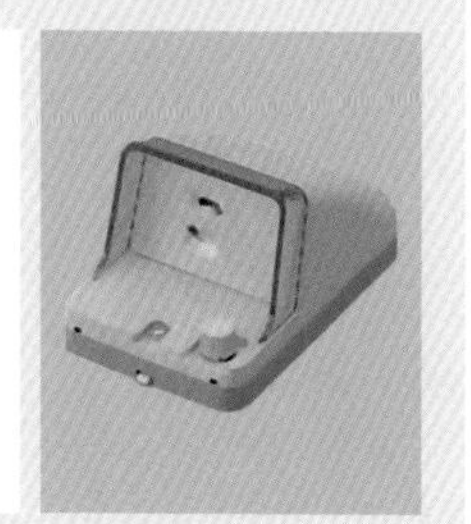

コンセント（天井付）

電気機器の電源プラグの差込口。天井に取り付けて使用する。

コンセント（床付）

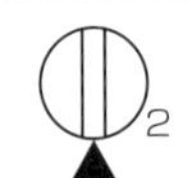

床面に取り付けて使用する。使用しないときは，床内に収めておく。

コンセント（20A）

定格電流20Aのコンセント。20A以上は，定格電流を傍記する。

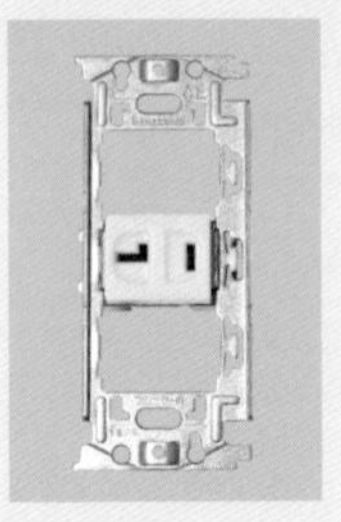

コンセント（接地極付，15A・20A兼用）

15A・20A兼用のコンセント。接地極が付いている。

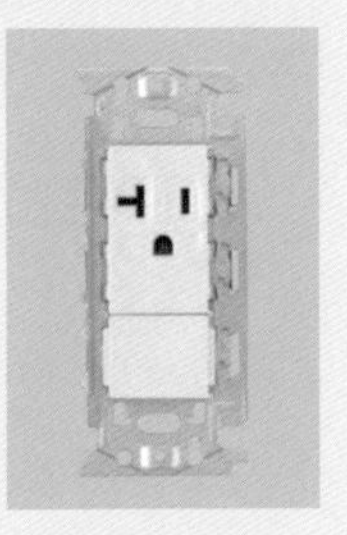

コンセント（接地極付，15A，250V）

単相200Vの電気機器用のコンセントで，接地極が付いている。250V以上は，定格電圧を傍記する。

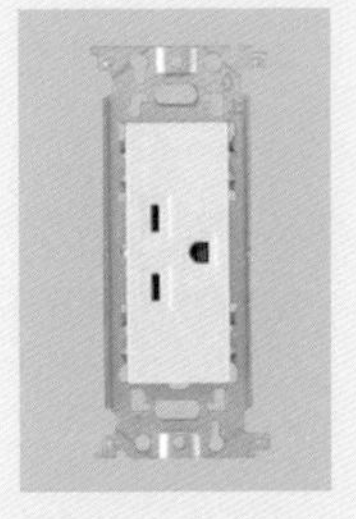

コンセント（接地極付，15A・20A兼用，250V）

単相200Vの電気機器用のコンセント。定格電流15A・20A兼用で，接地極が付いている。

コンセント（接地極付，3P，20A，250V）

三相200Vの動力用のコンセント。接地極が付いている。

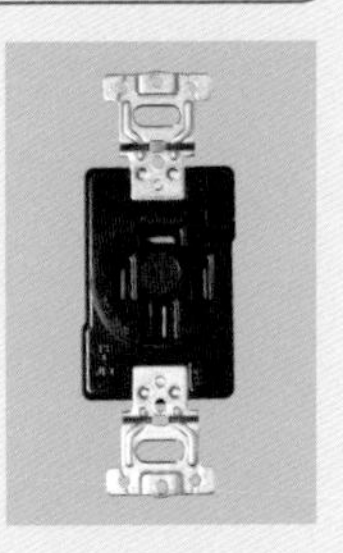

●コンセントに関する知識

コンセントは，配線器具の中で最も多くの種類があります。

①施設場所…………壁付（⊖），天井付（⦶），床付（⦶▲）

②使用電圧…………単相100V用（定格125V），単相200V用（定格250V）
三相200V用（定格250V）　250V以上は定格電圧を傍記する。

③定格電流…………15A，20A，30A　20A以上は定格電流を傍記する。

④極数………………2極，3極（⊖3P）　3極以上は極数を傍記する。

⑤種類………………接地極付（⊖E），接地端子付（⊖ET），接地極付接地端子付（⊖EET），漏電遮断器付（⊖EL），抜け止め形（⊖LK），引掛形（⊖T），防雨形（⊖WP）

⑥極配置（刃受）…100V用の電源プラグが200Vのコンセントでは使用できないように，極配置は，使用電圧，定格電流によって異なる。

5 開閉器

配線用遮断器（2P1E）

電路に過電流が流れると，自動的に電路を遮断する。単相100V用2極1素子（N表示あり）。

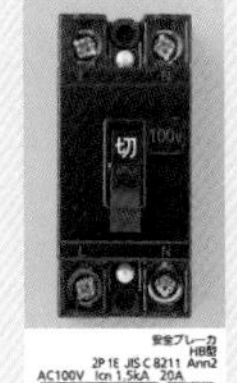

配線用遮断器（2P2E）

B
2P 2E
20A

電路に過電流が流れると，自動的に電路を遮断する。単相200Vまたは100V用2極2素子。

漏電遮断器（2P1E）

BE
2P 1E
20A
30mA

電路で漏電が発生したり過電流が流れたとき，自動的に電路を遮断する。単相100V用2極1素子（N表示あり）。

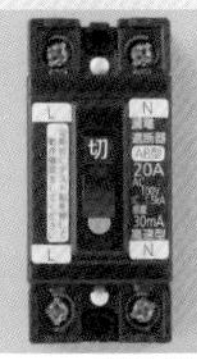

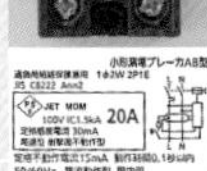

漏電遮断器（2P2E）

BE
2P 2E
20A
30mA

電路で漏電が発生したり過電流が流れたとき，自動的に電路を遮断する。単相200Vまたは100V用2極2素子。

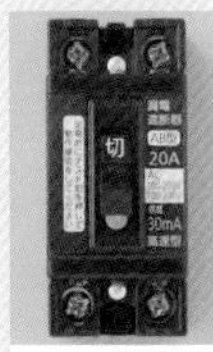

配線用遮断器（3P）

B
3P
10A

電路に過電流が流れると，自動的に電路を遮断する。三相200V回路に使用する。

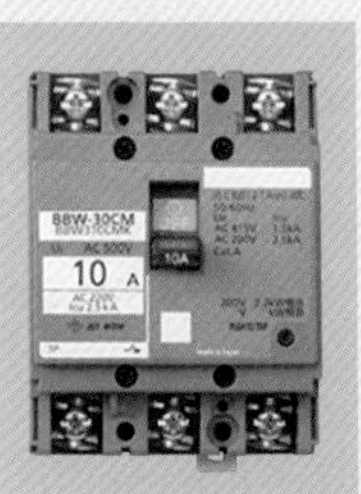

漏電遮断器（3P）

BE
3P
20A
30mA

電路で漏電が発生したり過電流が流れたとき，自動的に電路を遮断する。三相200V回路に使用する。

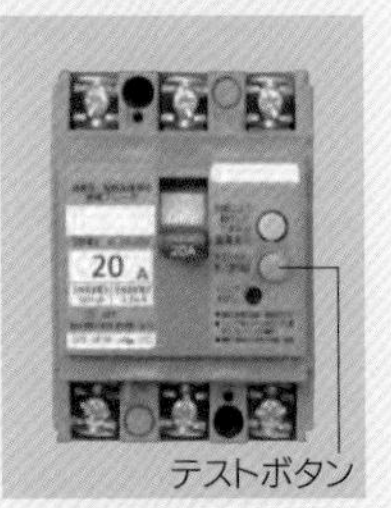

テストボタン

モータブレーカ

電動機の過電流保護機能をもつ配線用遮断器。使用する電動機の容量が[kW]や[A]で表示されている。

カバー付ナイフスイッチ

S
開閉器

レバーで電路を開閉したり，過電流保護を行う。写真は3極用。

箱開閉器（電流計付）

開閉器(電流計付)

電動機の手元開閉器として使用する。内部にナイフスイッチとヒューズが取り付けられている。

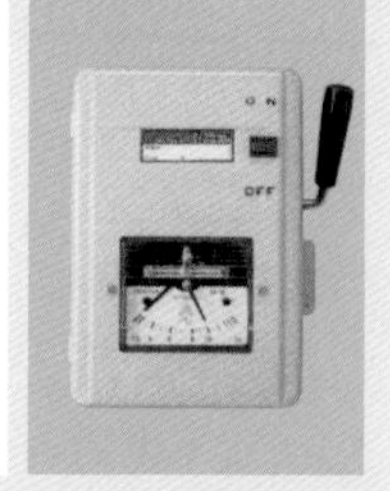

電磁開閉器

電磁接触器と熱動継電器（サーマルリレー）を組み合わせたもので，電動機の運転に使用する。

電磁開閉器用押しボタン

電磁開閉器のONとOFFの操作に使用する。

フロートレススイッチ電極

給水・排水の水位を検知して，ポンプの動作を制御する。

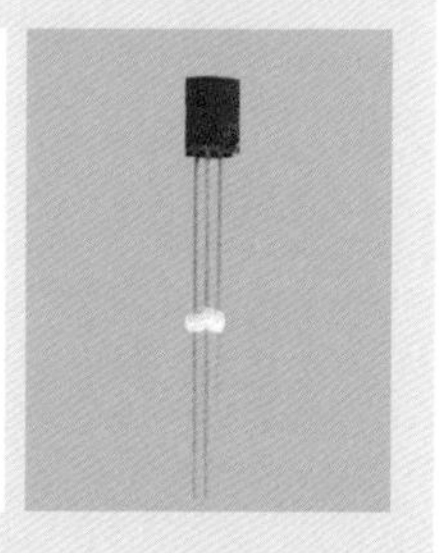

タイムスイッチ

設定した時間に電路を開閉する。

電力量計

Wh

使用電力量を測定するのに使用する。

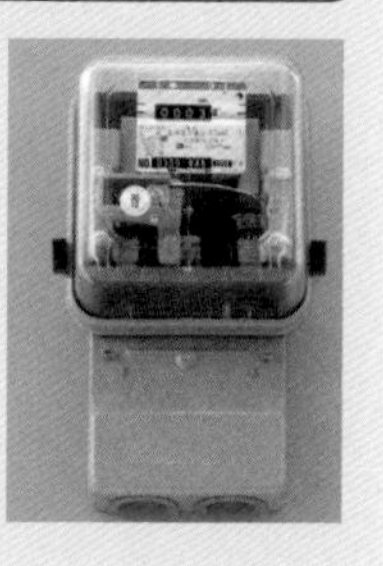

漏電火災警報器

零相変流器で漏電を探知し，警報を発する。

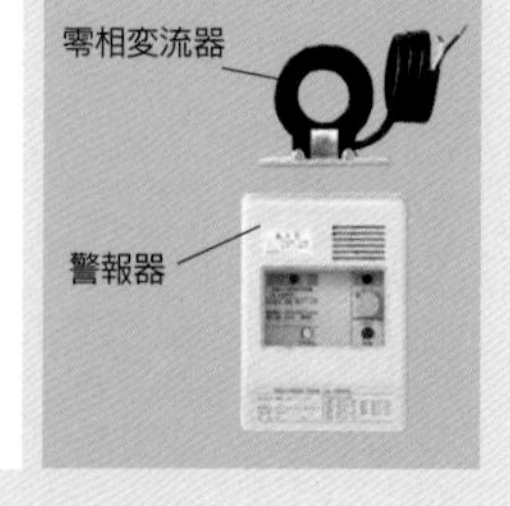

●傍記表示の意味

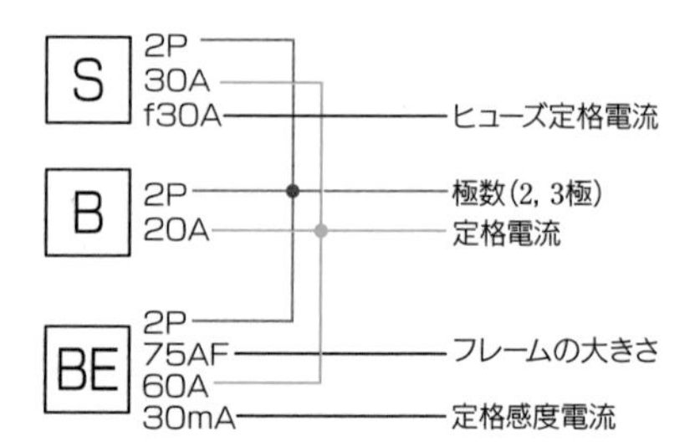

6 その他

電動機（モータ）

工作機械やエレベーターなどの動力源となる。

低圧進相コンデンサ

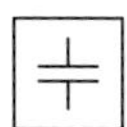

回路にある電動機（モーター），溶接機などによって低下した力率の改善に使用する。

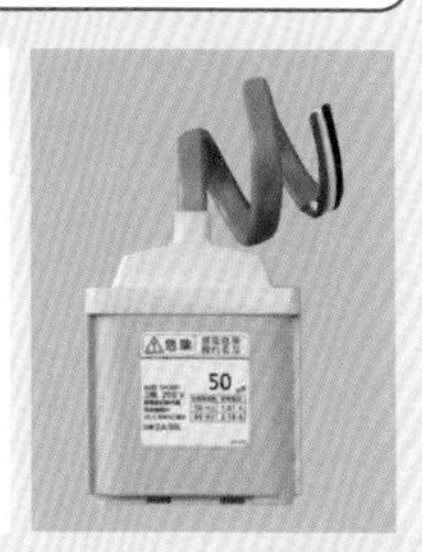

電熱器

電気温水器などの電熱機器。

換気扇（壁付）

室内の空気を排出する。

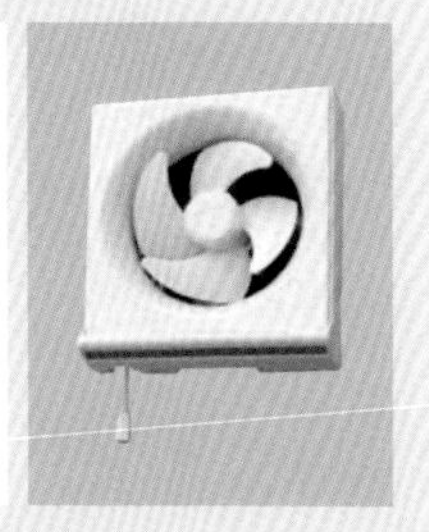

換気扇（天井付）

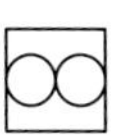

室内の空気を排出する。

ルームエアコン

屋内ユニット

RC O

屋外ユニット

空調などに使用する。
I：インドア
O：アウトドア

蛍光灯用安定器

低圧用の蛍光灯の放電の開始と放電の安定を維持するために使用する。

ネオン変圧器

ネオン管の点灯に必要な高電圧を発生させるために使用する。

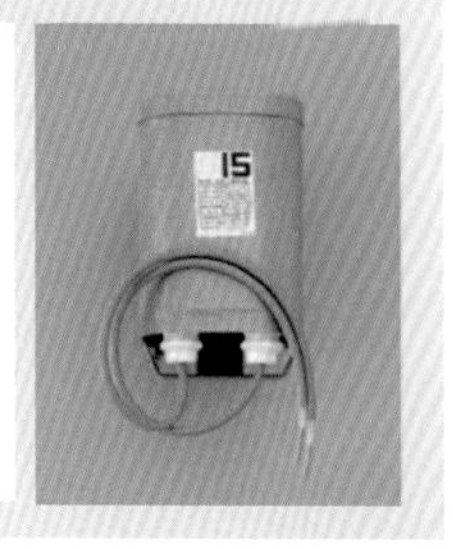

リモコントランス

リモコン変圧器

リモコン配線に使用する。一般に一次側に100V，二次側に24Vと表示されている。

ベル変圧器

ベルやブザーなどの配線に使用する。

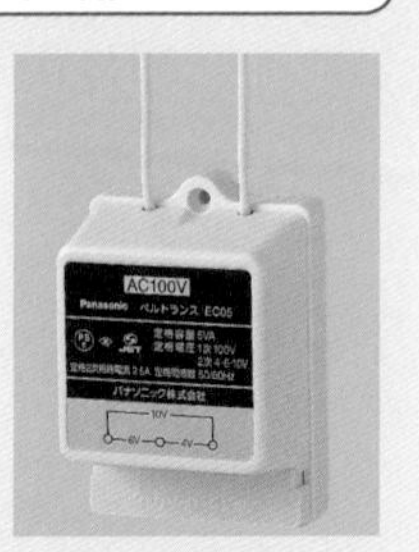

分電盤

電灯，コンセント，エアコンなどの分岐回路が組み込まれている。写真は4分岐回路用。

制御盤

電動機，照明などを制御するために，配線用遮断器，電磁開閉器などがまとめて収納されている。

配電盤

配電のために配線用遮断器，計器類などがまとめて収納されている。分電盤と異なり，直接負荷には接続されない。

チャイム

来客などが押しボタンを押したときに屋内で音を発生させる。

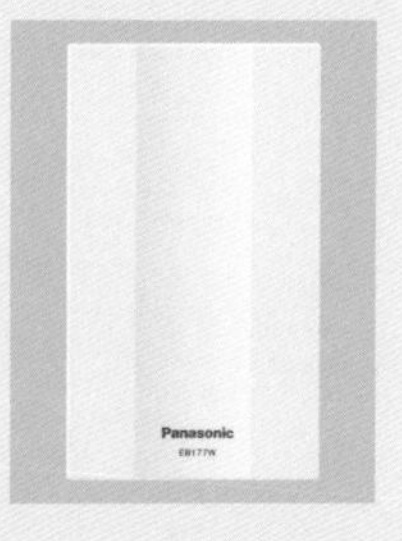

ブザー

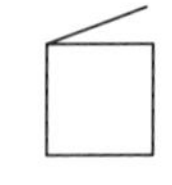

ブザーを鳴らし，警報などに使用する。

押しボタン（壁付）

チャイムやブザーなどを動作させる。図記号は壁側を黒く塗る。

7 図記号一覧表

図記号を一覧表にまとめました。記号の名称や用途を覚え，さらに記号が表す物の写真を確認しておきましょう。

表2-5 配線・配管の図記号

図記号	名称	備考
――――――	天井隠ぺい配線	天井に隠れている配線。
— — — — —	床隠ぺい配線	床下に隠れている配線。
- - - - - - - - - -	露出配線	露出している配線。
—-—-—-	地中埋設配線	地中に埋設されている配線。
IV	600Vビニル絶縁電線	屋内配線として最も広く使用される。
VVF	600Vビニル絶縁ビニルシースケーブル・平形	屋内・屋外・地中用として使用される。
VVR	600Vビニル絶縁ビニルシースケーブル・丸形	屋内・屋外・地中用として使用される。VVFよりも丈夫。
CV	600V架橋ポリエチレン絶縁ビニルシースケーブル	屋内・屋外・地中用として使用される。絶縁性と耐熱性に優れる。
EM－EEF	600Vポリエチレン絶縁耐燃性ポリエチレンシースケーブル・平形	環境に無害な絶縁物を使用したケーブル。一般にエコケーブルと呼ばれる。
E	ねじなし電線管	ねじ切りをしないでそのまま使用する。
VE	硬質塩化ビニル電線管	漏電による感電防止のための接地工事が必要ない。
PF	合成樹脂製可とう電線管	可とう性があり，電線の保護に使用する。
F2	二種金属製可とう電線管	金属管とほぼ同じ場所に施設できる。
MM1	一種金属線ぴ	コンクリート部分の増設配線などに使用する。
MM2	二種金属線ぴ	天井からつるし，照明器具などを取り付ける。
HIVE	耐衝撃性硬質塩化ビニル電線管	地中ケーブルなどの保護管として使用する。
FEP	波付硬質合成樹脂管	地中ケーブルなどの保護管として使用する。
	受電点	電力会社から電力の供給を受ける部分。
	立上り	上の階への配線に接続される。
	引下げ	下の階への配線に接続される。
	素通し	上の階と下の階を結ぶ配線が，間の階で分岐せずに素通りしている。

図記号	名称	備考
⊠	プルボックス	金属管が複数集まる場所に使用する。
□	ジョイントボックス	電線の接続，電灯やスイッチなどの取付けに使用する。
	VVF用ジョイントボックス	VVFケーブル相互を接続する場所に使用する。
	接地端子	電気機器の接地線を接続するのに使用する。
	接地極	地中に打ち込んで使用する金属棒や金属板など。
○	白熱灯	白熱電球を取り付けて使用する。
⊖	ペンダント	コードやチェーンなどで，天井からつり下げて使用する。
CL	シーリング（天井直付）	天井に直接取り付けて使用する。
CH	シャンデリヤ	複数の電球を灯す照明器具で，天井に取り付けて使用する。
DL	埋込器具	天井に埋め込んで使用する。
( )	引掛シーリング（角形）	天井に取り付けて，屋内配線と照明器具を接続する。
( )	引掛シーリング（丸形）	天井に取り付けて，屋内配線と照明器具を接続する。
◐	白熱灯（壁付）	壁に取り付けて使用する。図記号は壁側を黒く塗る。
	屋外灯	庭園灯など屋外に設置して使用する。
○ H100	HID灯	高輝度放電灯。水銀灯やナトリウム灯などを用いた照明器具で，H100は100Wの水銀灯を表す。
	蛍光灯（天井直付）	天井に直接取り付けて使用する。
	蛍光灯（壁付）	壁に取り付けて使用する。図記号は壁側を黒く塗る。
	誘導灯（白熱灯）	廊下や階段などに設置して，非常時の避難経路を表示する。
	誘導灯（蛍光灯）	廊下や階段などに設置して，非常時の避難経路を表示する。
●	単極スイッチ	電灯を点滅させるスイッチ。単極（1線）を開閉する。

図記号	名称	備考
●2P	2極スイッチ	電灯を点滅させるスイッチ。2極（2線）を同時に開閉する。
●3	3路スイッチ	2箇所から電灯を点滅させるときに使用する。
●4	4路スイッチ	3箇所以上から電灯を点滅させるときに使用する。
●H	位置表示灯内蔵スイッチ	電灯が消灯のとき，内蔵の表示灯が点灯する。
●L	確認表示灯内蔵スイッチ	電灯が点灯のとき，内蔵の表示灯が点灯する。
●P	プルスイッチ	天井や壁などに取り付けて，ひもを引いて開閉する。
●A(3A)	自動点滅器	電灯を周囲の明暗に応じて自動的に点滅させる。記号Aと容量（3A）を傍記する。
	調光器	電灯の明るさを調整するのに使用する。
●R	リモコンスイッチ	リモコン配線に使用する。
⊗4	リモコンセレクタスイッチ	複数のリモコンスイッチを集めたもの。図記号には回路数を傍記する。
▲	リモコンリレー（1個）	リモコンスイッチと組み合わせて使用し，遠隔操作で電灯を点滅させる。
▲▲▲5	リモコンリレー（複数）	リモコンスイッチと組み合わせて使用する。複数取り付ける場合は，リレー数を傍記する。
	コンセント（壁付）	電気機器の電源プラグの差込口。図記号は壁側を黒く塗る。
	コンセント（天井付）	天井に取り付けて使用する。
	コンセント（床付）	床面に取り付けて使用する。
2	コンセント（2口）	2口以上の場合は，口数を傍記する。
E	コンセント（接地極付）	半円形の接地極が付いている。
ET	コンセント（接地端子付）	電気機器の接地線を取り付けるための接地端子が付いている。
EET	コンセント（接地極付接地端子付）	電気機器の接地線を取り付けるための接地端子と接地極が付いている。
LK	コンセント（抜け止め形）	電源プラグを差し込み，回転させると抜けない構造になっている。

図記号

図記号	名称	備考
⊖EL	コンセント（漏電遮断器付）	漏電遮断器が内蔵されている。
⊖WP	コンセント（防雨形）	屋外の雨水が入りやすい場所に取り付けて使用する。
⊖20A	コンセント（20A）	定格電流20Aのコンセント。20A以上は定格電流を傍記する。
⊖250V	コンセント（250V）	定格電圧250Vのコンセント。250V以上は定格電圧を傍記する。
⊖3P	コンセント（3P）	3極のコンセント。3極以上は極数を傍記する。
B	配線用遮断器	電路に過電流が流れると，自動的に電路を遮断する。
E	漏電遮断器	電路で漏電が発生したとき，自動的に電路を遮断する。
BE	漏電遮断器（過負荷保護付）	電路で漏電が発生したり過電流が流れたとき，自動的に電路を遮断する。
B	モータブレーカ	電動機の過電流保護機能をもつ。
S	開閉器	電路を開閉したり，過電流保護を行う。
Ⓢ	開閉器（電流計付）	電動機の手元開閉器として使用する。
S	電磁開閉器	電磁接触器と熱動継電器（サーマルリレー）を組み合わせたもの。
●B	電磁開閉器用押しボタン	電磁開閉器のONとOFFの操作に使用する。
●LF	フロートレススイッチ電極	給水・排水の水位を検知して，ポンプの動作を制御する。
TS	タイムスイッチ	設定した時間に電路を開閉する。
Wh	電力量計	使用電力量を測定するのに使用する。
F	漏電火災警報器	零相変流器で漏電を探知し，警報を発する。
Ⓜ	電動機	工作機械やエレベーターなどの動力源となる。
⊣⊢	低圧進相コンデンサ	電動機などの力率の改善に使用する。
Ⓗ	電熱器	電気温水器などの電熱機器。

図記号	名称	備考
	換気扇（壁付）	室内の空気を排出する。
	換気扇（天井付）	室内の空気を排出する。
RC	ルームエアコン	室内の空調などに使用する。
T F	蛍光灯用安定器	低圧用の蛍光灯の放電の開始と放電の安定を維持するために使用する。
T N	ネオン変圧器	ネオン管の点灯に必要な高電圧を発生させるために使用する。
T R	リモコン変圧器	リモコン配線に使用する。
T B	ベル変圧器	ベルやブザーなどの配線に使用する。
	分電盤	電灯，コンセント，エアコンなどの分岐回路が組み込まれている。
	制御盤	配線用遮断器，電磁開閉器などがまとめて収納されている。
	配電盤	配線用遮断器，計器類などがまとめて収納されている。
	チャイム	チャイムを鳴らし，呼び出しなどに使用する。
	ブザー	ブザーを鳴らし，警報などに使用する。
	押しボタン（壁付）	チャイムやブザーなどを動作させる。図記号は壁側を黒く塗る。

第2章の過去問に挑戦

問題1

H28・上期・16

写真に示す材料の用途は。

イ. VVFケーブルを接続する箇所に用いる。
ロ. スイッチやコンセントを取り付けるのに用いる。
ハ. 合成樹脂管工事において，電線を接続する箇所に用いる。
ニ. 天井からコードを吊り下げるときに用いる。

問題2

R3・上期（午前）・17

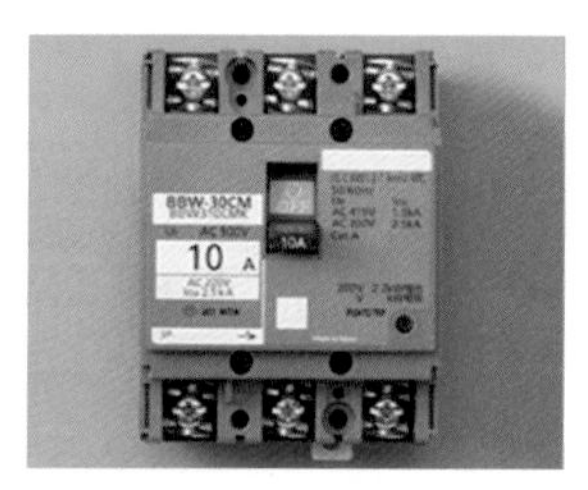

写真に示す器具の名称は。

イ. 漏電警報器
ロ. 電磁開閉器
ハ. 配線用遮断器（電動機保護兼用）
ニ. 漏電遮断器

問題3

H28・上期・17

写真に示す器具の名称は。

イ. 配線用遮断器
ロ. 漏電遮断器
ハ. 電磁接触器
ニ. 漏電警報器

問題4

R5・上期（午前）・17

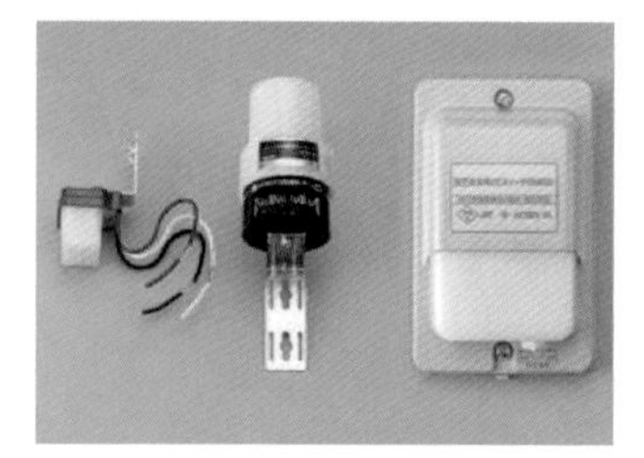

写真に示す器具の用途は。

イ. LED電球の明るさを調節するのに用いる。
ロ. 人の接近による自動点滅に用いる。
ハ. 蛍光灯の力率改善に用いる。
ニ. 周囲の明るさに応じて屋外灯などを自動点滅させるのに用いる。

この章からは，機械器具や配線器具などについての写真問題が出題される。写真と合わせて，配線図問題で多く扱われる図記号も確認しておく。

解答と解説

問題1のHint
ベース（黒い台座）とカバー（透明のフタ）からなる。
P.17，51参照

問題1　イ

材料の名称は，VVF用ジョイントボックス。ベース（黒い台座）とカバー（透明のフタ）が特徴で，VVFケーブル相互を接続する場所に使用する。図記号は，⊘

問題2のHint
10Aと2.2kW相当の表示がある。
P.57参照

問題2　ハ

器具の名称は配線用遮断器。テストボタンがないため漏電遮断器でないことがわかる。また，10Aと2.2kW相当の表示があり，電動機保護兼用であることがわかる。定格電流10Aの配線用遮断器で，容量が2.2kWの電動機のモータブレーカとしても使用できる。**イ**の漏電警報器は，制御盤や保護継電器盤等の盤面に取り付けられ，漏電を検知し，警報を発する。**ロ**の電磁開閉器は，電路を開閉する電磁接触器と過負荷により回路を遮断する熱動継電器（サーマルリレー）を組み合わせた開閉器。**ニ**の漏電遮断器は，漏電または過電流が発生した場合に自動的に電路を遮断する保護動作を行う。

問題3のHint
器具にボタンが2つ付いている。
P.57参照

問題3　ロ

器具の名称は漏電遮断器。電路で漏電が発生したり，過電流が流れたとき，自動的に電路を遮断する。漏電表示ボタンとテストボタンが付いている。図記号は，BE

問題4のHint
防犯灯などにも使われる。
P.54参照

問題4　ニ

器具の名称は自動点滅器。周囲の明暗に応じて電灯を自動的に点滅させるもので，街路灯や庭園灯などに使用される。図記号は，●A

問題5

H27・上期・16

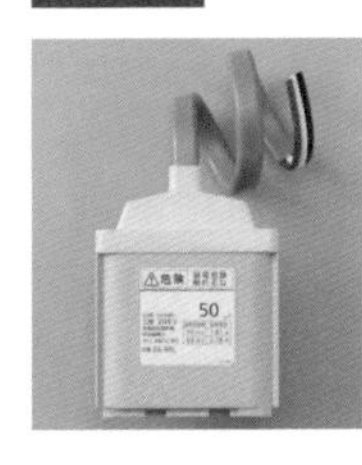

写真に示す機器の名称は。

イ．低圧進相コンデンサ　ロ．変流器
ハ．ネオン変圧器　ニ．水銀灯用安定器

問題6

R1・上期・15

系統連系型の出力10kW未満の太陽光発電設備において，**使用される機器は。**

イ．調光器　ロ．低圧進相コンデンサ
ハ．自動点滅器　ニ．パワーコンディショナ

問題7

H28・下期・50改題

写真に示す器具の用途は。

イ．コンセント（接地極付）
ロ．コンセント（接地端子付）
ハ．コンセント（接地極付接地端子付）
ニ．コンセント（漏電遮断器付）

問題8

H30・下期・17

写真に示す器具の用途は。

イ．リモコンリレー操作用のセレクタスイッチとして用いる。
ロ．リモコン配線の操作電源変圧器として用いる。
ハ．リモコン配線のリレーとして用いる。
ニ．リモコン用調光スイッチとして用いる。

問題9

R3・下期（午後）・17

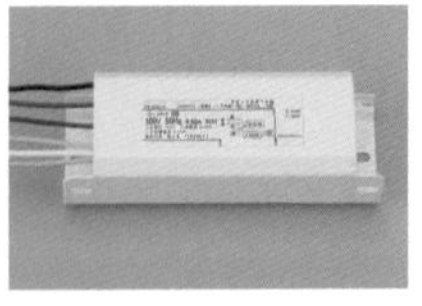

JET
100V 50Hz 0.62A 30W 電源 黒 白 安定器
二次電圧 150V 二次電流 0.36A
二次短絡電流 0.45A
器具内用 低力率 FLR20S×1
黄 LAMP 青

写真に示す器具の用途は。

イ．手元開閉器として用いる。
ロ．電圧を変成するために用いる。
ハ．力率を改善するために用いる。
ニ．蛍光灯の放電を安定させるために用いる。

解答と解説

問題5の Hint

50μFと表示されている。

P.59参照

問題5 イ

機器の名称は低圧進相コンデンサ。電動機などによって低下した力率の改善に使用する。50μF（マイクロファラド）はコンデンサの静電容量を表す。図記号は，⊞

問題6の Hint

直流電力を交流に変換する装置が必要。

P.54，59参照

問題6 ニ

太陽光発電設備に使用される機器はパワーコンディショナ。太陽光パネルでつくられる直流電力は，インバータ内蔵のパワーコンディショナで交流電力に変換される。**イ**の調光器は電灯の明るさの調節，**ロ**の低圧進相コンデンサは力率の改善，**ハ**の自動点滅器は周囲の明暗に応じて自動的に点滅させる機器。

Point
太陽光発電は直流を発電するシステム。直流を家庭内で使用できる交流に変換する装置がインバータである。

問題7の Hint

半円形の穴，端子ねじに注目する。

P.55参照

問題7 ハ

器具の名称は接地極付接地端子付コンセント。接地極と接地端子が付いている。この接地極と接地端子に接地工事が施される。図記号は，⊖EET

問題8の Hint

負荷の遠隔操作に使用する。

P.54参照

問題8 ハ

器具の名称はリモコンリレー。リモコンスイッチと組み合わせて使用し，遠隔操作で電灯を点滅させる。図記号は，▲

Point
リモコン配線に使用される器具
・リモコントランス
・リモコンリレー
・リモコンスイッチ

問題9の Hint

ⓉFの図記号で表される。

P.59参照

問題9 ニ

器具の名称は蛍光灯用安定器。低圧用の蛍光灯の放電の開始と放電の安定を維持するために使用する。**イ**は箱開閉器（電流計付）で図記号はⓈ，**ロ**は計器用変成器（VT），**ハ**は進相コンデンサである。

問題10

H24・下期・17

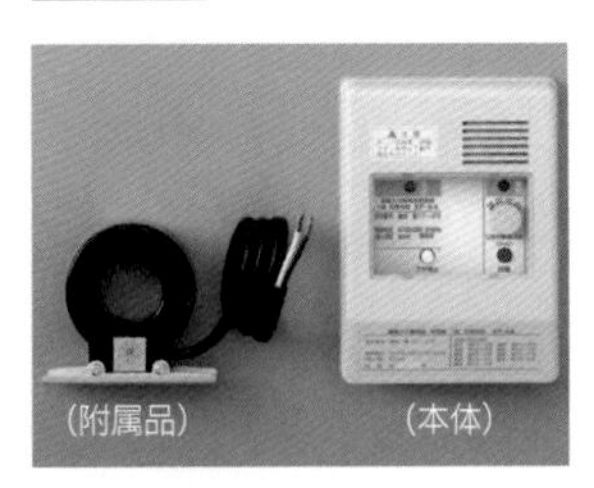
(附属品)　(本体)

写真に示す器具の用途は。

イ. 地絡電流を検出し，回路を遮断するのに用いる。
ロ. 過電圧を検出し，回路を遮断するのに用いる。
ハ. 地絡電流を検出し，警報を発するのに用いる。
ニ. 過電流を検出し，警報を発するのに用いる。

問題11

H29・下期・17

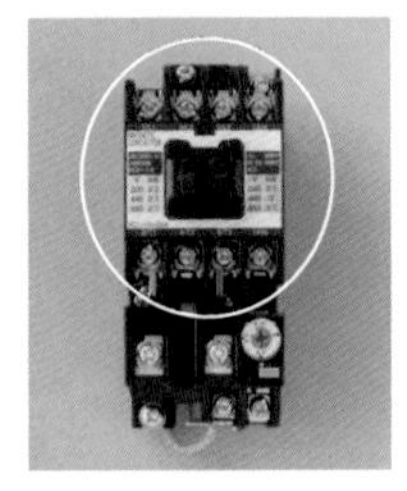

写真に示す器具の○で囲まれた部分の名称は。

イ. 漏電遮断器　　**ロ.** 電磁接触器
ハ. 熱動継電器　　**ニ.** 漏電警報器

問題12

H26・下期・18

写真に示す器具の用途は。

イ. リモコンリレー操作用のスイッチとして用いる。
ロ. リモコン用調光スイッチとして用いる。
ハ. リモコン配線のリレーとして用いる。
ニ. リモコン配線の操作電源変圧器として用いる。

問題13

R2・下期（午後）・17

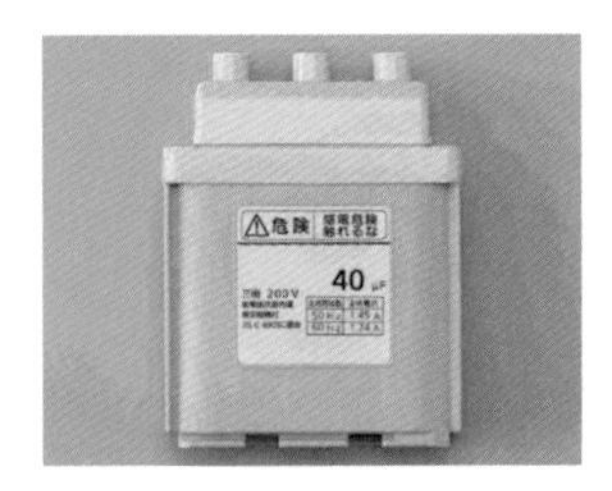

写真に示す機器の用途は。

イ. 回路の力率を改善する。
ロ. 地絡電流を検出する。
ハ. ネオン放電灯を点灯させる。
ニ. 水銀灯の放電を安定させる。

解答と解説

問題10のHint

火災を予防するために使用する。

P.58参照

問題10　ハ

器具の名称は漏電火災警報器。附属品の零相変流器で漏電（地絡電流）を検出し，本体の警報器で警報を発する。図記号は，Ⓕ（$\bigcirc_F$）

問題11のHint

器具の名称は電磁開閉器。

P.58参照

問題11　ロ

○で囲まれた部分の電磁接触器と下の部分の熱動継電器（サーマルリレー）からなる。電動機の過負荷保護に使用される。

問題12のHint

一次側100V，二次側24Vの表示に注目する。

P.60参照

問題12　ニ

器具の名称はリモコントランス。100Vを24Vに変圧し，リモコン配線の操作用電源を得る。図記号は，Ⓣ$_R$

問題13のHint

線路電流が低減できる。

P.59参照

問題13　イ

器具の名称は低圧進相コンデンサ。低圧進相コンデンサは工場，事務所等の受電設備に設置されている。進相コンデンサを設置する効果は，次の通り。

①電動機などの入力力率を改善し，電気料金を安くする。

②力率改善によって受電設備の入力電流を小さくして設備の有効利用を可能にする。

低圧進相コンデンサは交流電流の位相を電圧位相より90°進めるはたらきもある。静電容量はマイクロファラド［μF］で表示される。

COLUMN

資格を取得してできること

第二種電気工事士免状の資格取得者は，次の①のような電気工事の作業に従事することができ，さらに②や③へ進むことができます。

①第二種電気工事士

一般用電気工作物等の電気工事の作業に従事することができます。一般用電気工作物とは，電力会社から電圧600V以下の低圧で受電している一般住宅や小規模の店舗，工場などの需要設備を指します。具体的には，住宅や店舗などの電灯，スイッチ，コンセントなどの配線，取付け，また，小規模の工場の工作機械などの配線工事を行うことができます。

②認定電気工事従事者

第二種電気工事士は免状の取得後，3年以上の電気工事の実務経験を積んで所定の講習を受けることにより，認定電気工事従事者認定証の交付を受けることができます。この認定証を取得することにより，中規模以上のビルや工場などの自家用電気工作物の電気工事のうち，電圧600V以下の低圧部分の設備の電気工事の作業に従事することができます。

③許可主任技術者

自家用電気工作物のうち，最大電力100kW未満の需要設備を有する工場やビルなどを設置する事業者が，その事業所の主任技術者を選任する際に，許可が得られれば，第二種電気工事士免状取得者が，その事業所の主任技術者となることができます。

MEMO

【さらに向上するための資格】

●第一種電気工事士（国家資格）

電力会社などの電気事業用の設備を除き，ほとんどの電気工事の作業に従事することができます。

●第三種電気主任技術者（国家資格）

電圧５万Ｖ未満の事業用電気工作物の工事，保守や運用などの保安の監督を行うことができます（出力５ 000kW以上の発電所を除く）。

電気に関する基礎理論

第3章

CHAPTER 3-1

電気回路とオームの法則

攻略ポイント

- □電源と負荷を導線でつなぐと電流が流れる電気回路ができる。
- □電流Iはアンペア[A]，電圧Vはボルト[V]，抵抗Rはオーム[Ω]の単位で表す。
- □オームの法則▶電流の大きさは電圧に比例し，抵抗に反比例する。

$$I=\frac{V}{R},\ V=IR,\ R=\frac{V}{I}$$

1 回路を流れる電流

図3-1のように乾電池，スイッチ，豆電球を導線でつなぐと，電気が流れる道すじができます。この道すじを**電気回路**または**回路**といい，スイッチを入れると，回路がつながって電気が流れ，豆電球が点灯します。この電気の流れを**電流**といいます。

回路を流れる電流の向きは，乾電池の＋極から出て－極へ向かうと決められています。また，水が水位の高いほうから低いほうへと流れるように，電流も電位（水位に相当）の高いほうから低いほうへと流れます。この電位の差のことを**電圧**といい，電圧が高いほど電気の流れる量は多くなり，豆電球は明るく点灯します。

+プラスα
水流モデル

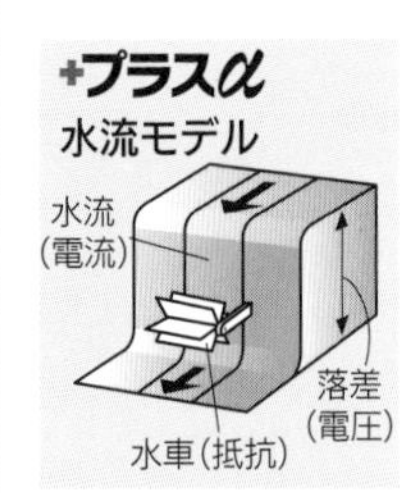

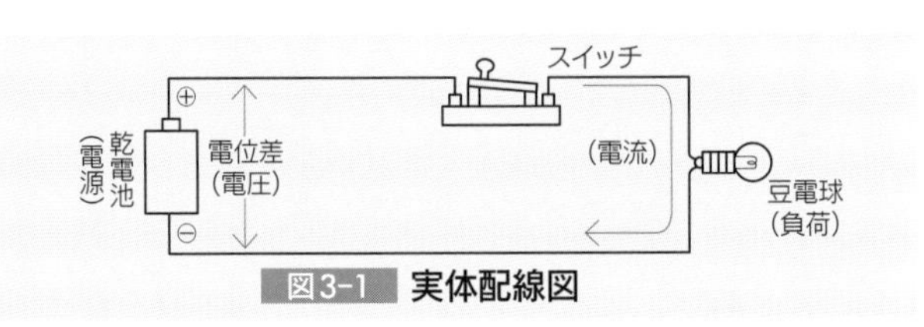

図3-1 実体配線図

豆電球のように乾電池（電源）から供給された電気で光を発する（仕事をする）ものを**負荷**といいます。負荷には，電灯（光），電熱器（熱），電動機（動力）などがあります。

2 オームの法則

一般に，回路に豆電球などがあると，電流は流れにくくなります。この電流を流れにくくするものを**電気抵抗**または**抵抗**といいます。図3-2のような電気回路では，回路に流れる電流の大きさは，**電圧に比例し，抵抗に反比例**します。これを**オームの法則**といいます。

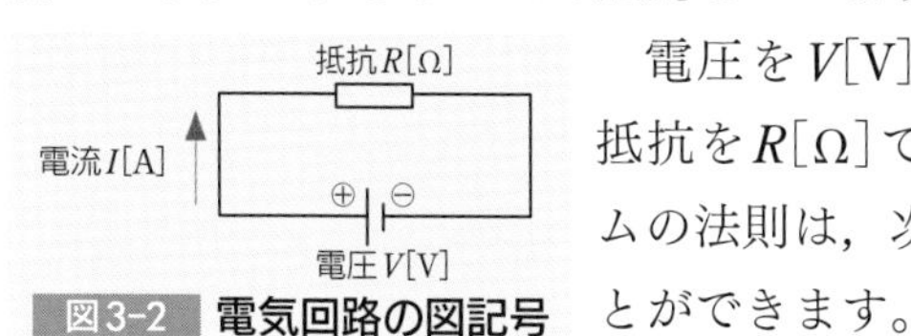

図3-2 電気回路の図記号

電圧をV[V]，電流をI[A]，抵抗をR[Ω]で表すと，オームの法則は，次の式で表すことができます。

$$I=\frac{V}{R} \qquad V=IR \qquad R=\frac{V}{I}$$

3 電流・電圧・抵抗の求め方

オームの法則は，電流I，電圧V，抵抗Rの3つのうち2つが分かっていれば，残りの1つは，それぞれ次のように求められます。

①電流Iの求め方

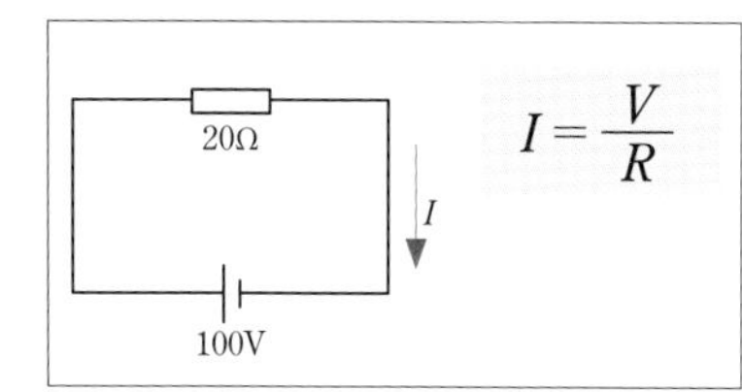

$V=100$[V]，$R=20$[Ω]

$I=\frac{100}{20}=5$[A]

②電圧Vの求め方

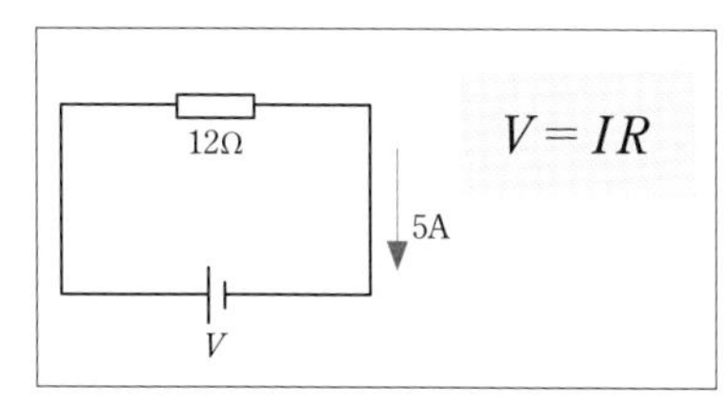

$R=12$[Ω]，$I=5$[A]

$V=5\times 12=60$[V]

③抵抗Rの求め方

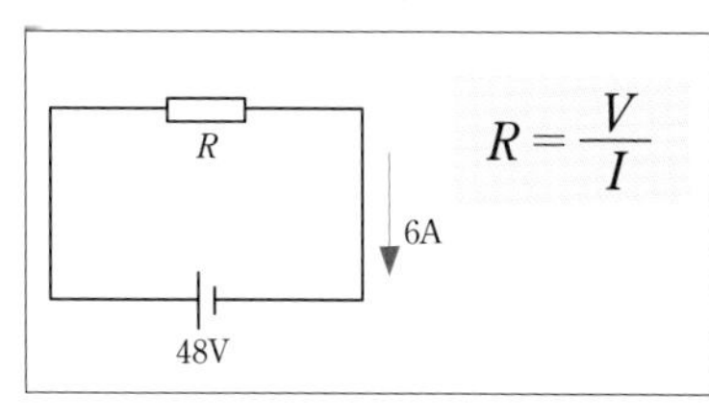

$V=48$[V]，$I=6$[A]

$R=\frac{48}{6}=8$[Ω]

ことばの説明

▶電池（直流電源）

プラス極（＋）　マイナス極（－）

▶抵抗（電気抵抗）

CHAPTER 3-2

抵抗と抵抗率

攻略ポイント

□電気を通しやすい物質を導体といい，電気を通しにくい物質を絶縁体という。
□導体の抵抗は，長さに比例し，断面積に反比例する。
□抵抗 $R = \rho \frac{L}{S} = \frac{4\rho L}{\pi D^2}$ [Ω]
□導電率 $\sigma = \frac{1}{\rho}$ [S/m]

1 導体と絶縁体

銀，銅，アルミニウムなどのように，電気を通しやすい物質を**導体**といい，コードの中の線などに使用されます。一方，ビニルやゴムなどのように，電気を通しにくい物質を**絶縁体**といい，電線の表面を覆う絶縁物に使用されます。電気を通しやすい導体は電気抵抗が小さく，電気を通しにくい絶縁体は電気抵抗が大きくなります。

+プラスα
半導体
導体と絶縁体の中間の物質で，シリコンやゲルマニウムなどがあり，この性質を利用したものに，トランジスタやIC（集積回路）などがある。

2 抵抗と抵抗率

電流の流れをさまたげる働きを抵抗といいます。すべての物質は抵抗をもち，導体の抵抗もゼロではありません。この抵抗は導体の材質によって変わるので，それぞれの物質が固有にもつ抵抗の大きさを表すときは，**抵抗率**という値を用います。

抵抗率は，単位長さ1m，単位断面積1mm^{2}あたりの抵抗を[Ω・mm^2/m]の単位で表します。

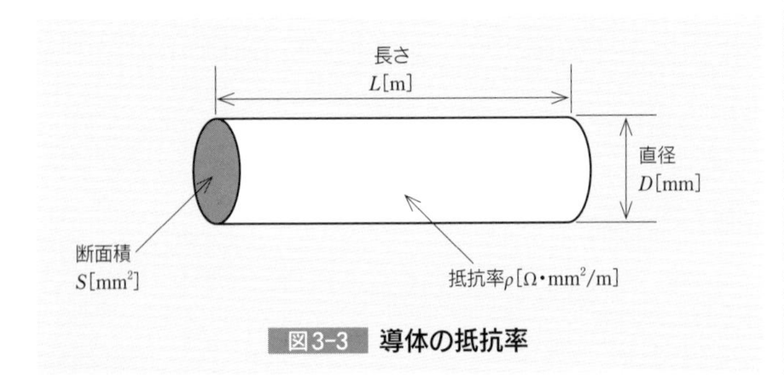

図3-3 導体の抵抗率

+プラスα
導体の抵抗率

導体	抵抗率 [Ω・mm²/m]
銀	0.016
軟銅	0.017
硬銅	0.018
アルミニウム	0.026
タングステン	0.055
ニクロム	1.0

抵抗の大きさは，導体の材質の他に，導体の長さと断面積によって異なります。抵抗は，**長さに比例し，断面積に反比例**します。

長さL，断面積S，抵抗率ρ**(ロー)**として，これを式で表すと，導体の抵抗R[Ω]は，次のようになります。

$$R=\rho\frac{L}{S}[\Omega]$$

また，導体（電線）の直径をD[mm]とすると，導体の断面積S[mm^2]は，

$$S=\frac{\pi D^2}{4}[\mathrm{mm}^2]$$

と表せるので，抵抗Rは，

$$R=\rho\frac{L}{S}=\rho\frac{L}{\frac{\pi D^2}{4}}=\frac{4\rho L}{\pi D^2}[\Omega]$$

また，電流の流れにくさを表す抵抗率に対して，電流の流れやすさを表すものを**導電率**といい，ジーメンス毎メートル[S/m]の単位で表します。抵抗率ρと導電率σ**(シグマ)**は，逆数の関係にあります。

$$\textbf{導電率}\ \sigma=\frac{1}{\rho}[\mathrm{S/m}]$$

3 単位の接頭語

電流や電圧などで大きな量や小さな量を取り扱うときには，次のような補助単位を用いて桁数の少ない数字に直すと考えやすくなります。

表3-1 単位の接頭語

名称	記号	意味
ギガ	G	$10^9=1\,000\,000\,000$
メガ	M	$10^6=1\,000\,000$
キロ	k	$10^3=1\,000$
ミリ	m	$10^{-3}=\frac{1}{10^3}=\frac{1}{1\,000}=0.001$
マイクロ	μ	$10^{-6}=\frac{1}{10^6}=\frac{1}{1\,000\,000}=0.000001$

+プラスα
円の面積
円の半径をr[mm]，直径をD[mm]とすると，円の面積S[mm^2]は，

$$S=\pi r^2=\pi\left(\frac{D}{2}\right)^2=\frac{\pi D^2}{4}[\mathrm{mm}^2]$$

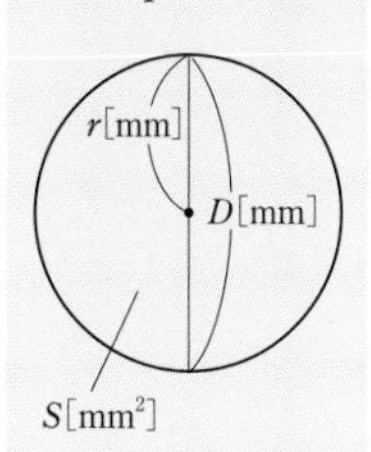

+プラスα
導体の%導電率

導体	%導電率
銀	106
軟銅	97〜100
硬銅	96〜98
アルミニウム	61
タングステン	31.4
ニクロム	1.72

%導電率は，20℃での万国標準軟銅の導電率を100（基準）としたときの比率を表す。

CHAPTER 3

3 合成抵抗値

攻略ポイント

- □ 直列合成抵抗 $R = R_1 + R_2 + R_3$[Ω]
- □ 並列合成抵抗 $R = \dfrac{1}{\dfrac{1}{R_1} + \dfrac{1}{R_2} + \dfrac{1}{R_3}}$[Ω]
- □ 並列合成抵抗 R(2個の場合) $= \dfrac{R_1 \times R_2}{R_1 + R_2}$[Ω] $= \dfrac{積}{和}$

1 抵抗の直列接続

図3-4は，3つの抵抗を直列に接続した回路です。

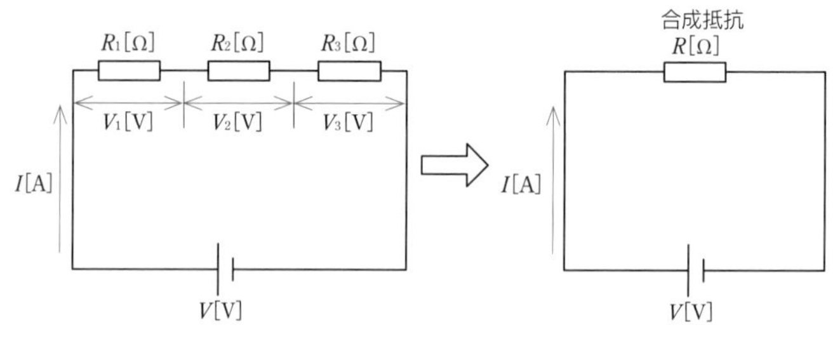

図3-4 抵抗の直列回路

この回路を流れる電流Iは，回路のどの点をとっても同じ大きさになるので，各抵抗に加わる電圧V_1，V_2，V_3は，オームの法則より，

$$V_1 = IR_1[\mathrm{V}] \qquad V_2 = IR_2[\mathrm{V}] \qquad V_3 = IR_3[\mathrm{V}]$$

となります。直列接続では，それぞれの抵抗に加わる電圧の和は電源電圧V[V]と等しくなるので，

$$V = V_1 + V_2 + V_3 = IR_1 + IR_2 + IR_3$$
$$= I\ (R_1 + R_2 + R_3)$$

また，3つの抵抗をまとめて1つの抵抗とみなしたものを**合成抵抗**といいます。合成抵抗をRとすると，上の式は，$V = IR$となるので，3つの抵抗を**直列接続したときの合成抵抗Rは，各抵抗値の和**になることが分かります。

$$R = R_1 + R_2 + R_3[\Omega]$$

ことばの説明

▶直列接続
数個の抵抗器を直線的につなぐ接続方法。

2 抵抗の並列接続

図3-5は3つの抵抗を並列に接続した回路です。

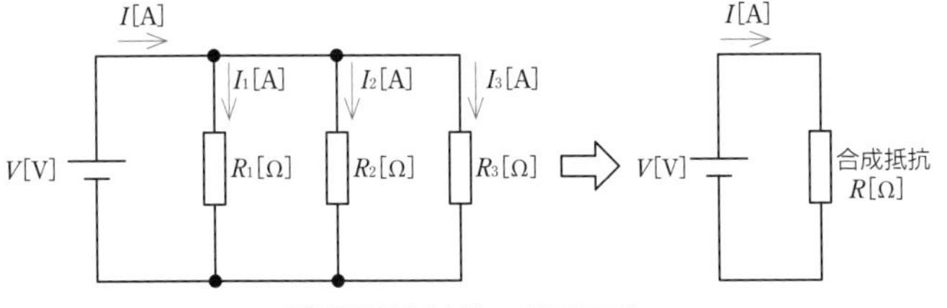

図3-5 抵抗の並列回路

この回路のそれぞれの抵抗に加わる電圧は，すべて電源電圧V[V]と等しくなるので，各抵抗に流れる電流I_1，I_2，I_3は，オームの法則より，

$$I_1=\frac{V}{R_1}[\mathrm{A}] \qquad I_2=\frac{V}{R_2}[\mathrm{A}] \qquad I_3=\frac{V}{R_3}[\mathrm{A}]$$

となります。並列接続では，各抵抗を流れる電流の和は，回路全体を流れる電流Iと等しくなるので，

$$I=I_1+I_2+I_3=\frac{V}{R_1}+\frac{V}{R_2}+\frac{V}{R_3}=V\left(\frac{1}{R_1}+\frac{1}{R_2}+\frac{1}{R_3}\right)$$

各抵抗値の逆数の和

合成抵抗をRとすると，$I=\dfrac{V}{R}$を変形して次の式が得られます。

$$R=\frac{V}{I}=\frac{V}{V\left(\frac{1}{R_1}+\frac{1}{R_2}+\frac{1}{R_3}\right)}=\frac{1}{\frac{1}{R_1}+\frac{1}{R_2}+\frac{1}{R_3}}$$

3つの抵抗を**並列接続したときの合成抵抗Rは，各抵抗値の逆数の和を，さらに逆数にした値**になることが分かります。

$$R=\frac{1}{\frac{1}{R_1}+\frac{1}{R_2}+\frac{1}{R_3}}[\Omega]$$

ただし，2個の抵抗を並列接続した場合に限り，合成抵抗Rは次の式で求められます。

$$R=\frac{R_1\times R_2}{R_1+R_2}[\Omega] \quad =\frac{\text{積}}{\text{和}}$$

ことばの説明

▶**並列接続**
数個の抵抗器をならべて両端をつなぐ接続方法。

+プラスα

抵抗値が同じ場合
同じ値rの抵抗がn個並列接続された場合の合成抵抗Rは，
$R=\frac{r}{n}$

〔例〕

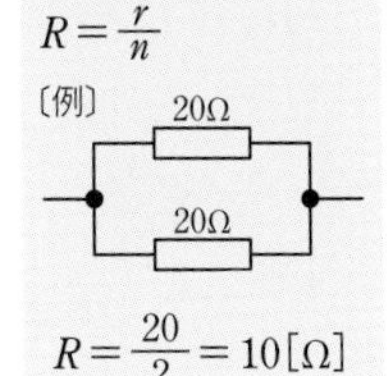

$R=\frac{20}{2}=10[\Omega]$

4 直並列回路とブリッジ回路

攻略ポイント

□直並列回路の合成抵抗は，直列接続の部分，並列接続の部分に分けて考える。
□各部分の電圧，電流は，合成抵抗の公式やオームの法則を用いて求める。
□ブリッジの平衡条件▶ $R_1 \times R_4 = R_2 \times R_3$

1 抵抗の直並列接続

抵抗の直列接続と並列接続を組み合わせた回路を直並列回路といいます。次の直並列回路について考えましょう。

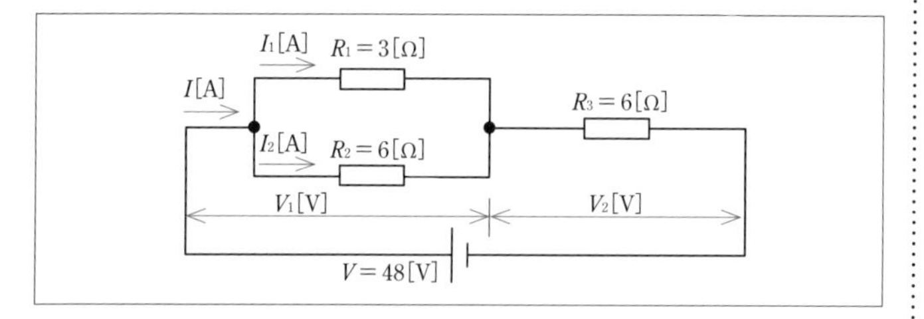

①合成抵抗の求め方

まず，並列回路の部分を考えます。抵抗R_1とR_2の合成抵抗をR_4とすると，

$$R_4 = \frac{R_1 \times R_2}{R_1 + R_2} = \frac{3 \times 6}{3 + 6} = 2[\Omega]$$

次に，R_4とR_3が直列接続されていると考えます。回路全体の合成抵抗をRとすると，

$$R = R_4 + R_3 = 2 + 6 = 8[\Omega]$$

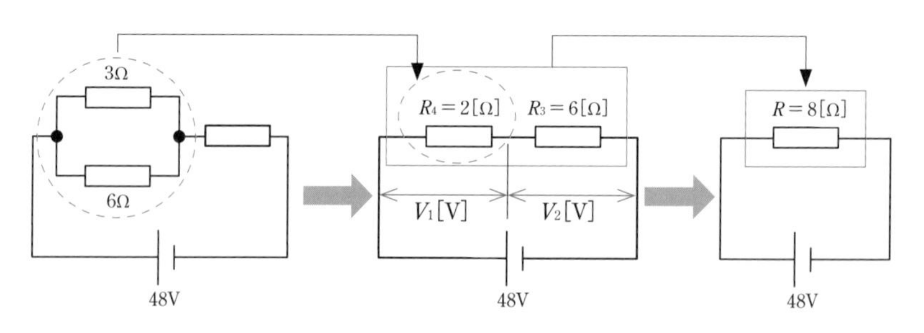

図3-6 抵抗の直並列回路の考え方

②各部分の電圧，電流の求め方

回路全体の合成抵抗Rは，①の求め方から，

$$R = 8[\Omega]$$

回路の全電流Iは，オームの法則$I = \dfrac{V}{R}$より，

$$I = \frac{V}{R} = \frac{48}{8} = 6[\mathrm{A}]$$

電圧V_1，V_2は，オームの法則$V = IR$より，

$$V_1 = I \times R_4 = 6 \times 2 = 12[\mathrm{V}]$$

$$V_2 = I \times R_3 = 6 \times 6 = 36[\mathrm{V}]$$

電流I_1，I_2は，オームの法則$I = \dfrac{V}{R}$より，

$$I_1 = \frac{V_1}{R_1} = \frac{12}{3} = 4[\mathrm{A}]$$

$$I_2 = \frac{V_1}{R_2} = \frac{12}{6} = 2[\mathrm{A}]$$

2 ブリッジ回路

図3–7のような回路をブリッジ回路といいます。未知の抵抗値を測定するときに，このブリッジ回路（ホイートストンブリッジなど）が使われます。この回路に接続した電圧計Ⓥ（または検流計Ⓖ）の値が0（ゼロ）を指したとき，抵抗R_1とR_4，抵抗R_2とR_3は，

$$R_1 \times R_4 = R_2 \times R_3$$

の関係になります。この関係をブリッジの**平衡条件**といいます。

ことばの説明

▶ホイートストンブリッジ
抵抗の精密測定などに用いられるブリッジ回路。

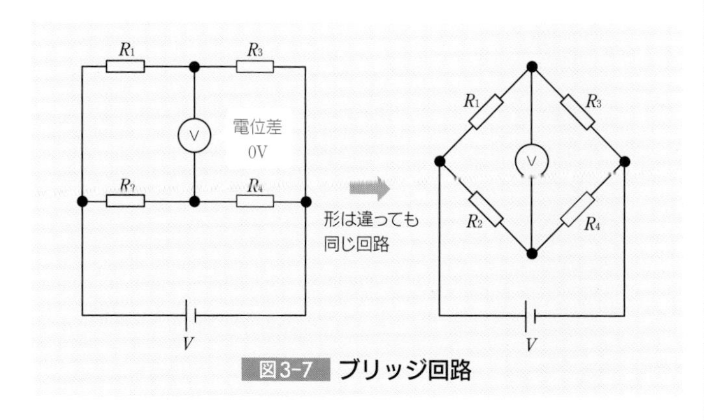

図3–7 ブリッジ回路

5 電力・電力量・熱量

(でんりょく・でんりょくりょう・ねつりょう)

攻略ポイント

- □電力 $P = VI$[W]
- □電力量 $W = Pt$[W・s]
- □電力量の単位は一般に，キロワット時[kW・h]が用いられる。
- □電力量と熱量の関係▶1[W・h]＝3 600[J]，1[kW・h]＝3 600[kJ]
- □水1gの温度を1℃上昇させるのに必要な熱量は，約4.2J

1 電力

蛍光灯や電気毛布に電圧を加えると，電流が流れて光や熱が発生します。また，電気洗濯機は，電動機（モーター）を回転させて洗濯をします。このように，電気エネルギーが他のエネルギーに変わって仕事をするとき，その電気が1秒間に行う仕事量を**電力**といい，ワット[W]の単位で表します。電圧V[V]，電流I[A]として，電力Pを式で表すと，

$$P = VI \text{[W]}$$

となります。また，この式にオームの法則の式，

$$V = IR \qquad I = \frac{V}{R}$$

を代入すると，次のような式で表すこともできます。

$$P = I^2R \text{[W]} \qquad P = \frac{V^2}{R} \text{[W]}$$

2 電力量

電気がある時間内に行う仕事の総量を**電力量**といい，ワット秒[W・s]，ワット時[W・h]，キロワット時[kW・h]の単位で表します。電力P[W]，時間t[s]として，電力量Wを式で表すと，

$$W = Pt \text{[W・s]}$$

となります。この式に電力の式$P = VI$を代入して，次のような式で表すこともできます。

$$W = VIt \text{[W・s]}$$

電力量の単位は，一般にキロワット時[kW・h]が用いられ，ワット秒[W・s]は，一般生活ではあまり用いられません。1kW・hは，

1[kW・h]＝1 000[W・h]＝1 000×3 600[W・s]

となります。

3 熱量

電気毛布の発熱体に電流を流すと，電気エネルギーが消費されて熱エネルギーに変わります。このようにして発生する熱を**ジュール熱**といい，発生する**熱量**は，ジュール[J]の単位で表します。

抵抗Rの導体に電流Iをt秒間流したとき，抵抗Rによって発生する熱量Hは，

$$H = I^2Rt \text{[J]}$$

となります。また，電力$P = I^2R$[W]より，電力量Wは，

$$W = Pt = I^2Rt \text{[W・s]}$$

が成り立つので，1[W・s]＝1[J]であることが分かります。これは，1W・sの電力量で1Jの熱量が発生することを表します。電力量が1W・h，1kW・hのとき発生する熱量は，それぞれ次のようになります。

1[W・h]＝3 600[W・s]＝3 600[J]

1[kW・h]＝3 600[kW・s]＝3 600[kJ]

水1gの温度を1℃上昇させるのに必要な熱量は約4.2Jです。例えば，100gの水の温度を20℃上昇させるのに必要な熱量は，次のように求めます。

4.2×100×20＝8 400[J]

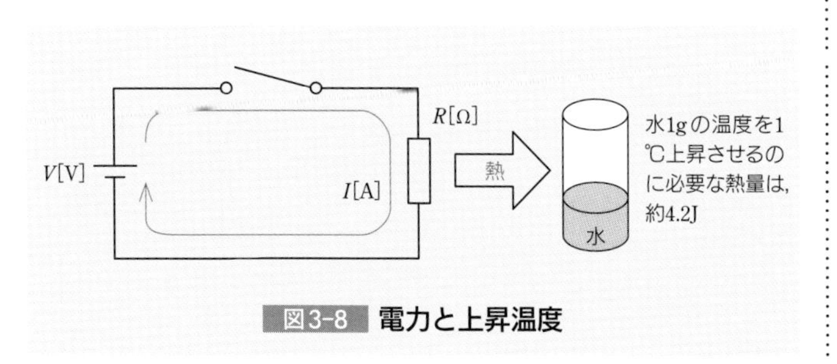

図3-8 電力と上昇温度

+プラスα

熱量の単位

熱量の単位は，従来は，カロリー[cal]で表したが，現在は，ジュール[J]で表す。

1[cal]≒4.2[J]

CHAPTER 3 6

交流の波形・ベクトル表示

攻略ポイント

- □実効値・最大値・平均値の関係▶実効値$V=\frac{V_m}{\sqrt{2}}$[V]，平均値$V_a=\frac{2V_m}{\pi}$[V]
- □周期と周波数の関係▶周期$T=\frac{1}{f}$[s]，周波数$f=\frac{1}{T}$[Hz]
- □ベクトルの和（$\dot{A}+\dot{B}$）は，$\dot{A}$，$\dot{B}$を2辺とする平行四辺形の対角線。
- □ベクトルの差（$\dot{A}-\dot{B}$）は，$\dot{A}+(-\dot{B})$として考える。

1 直流と交流

電気には，直流と交流があります。直流は，乾電池や自動車のバッテリーなどの電気で，電圧，電流の大きさと方向はつねに一定です。交流は，例えば発電所の発電機から送られる電気で，電圧，電流の大きさと方向は時々刻々と変化します。

2 正弦波交流

図3-9のように，磁界中でコイルを回転させると，電圧や電流は，規則的な波形をえがく**正弦波交流**となります。交流の場合，電圧は時間とともに変化し，さらに半回転（180°）ごとに方向が規則正しく変化します。

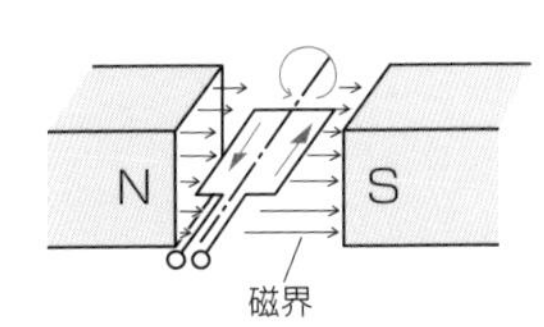

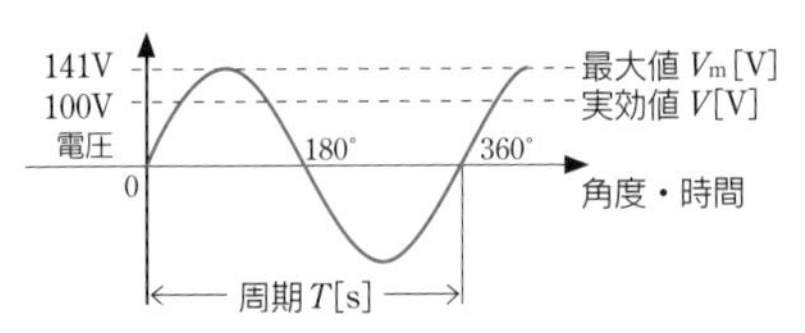

図3-9 正弦波交流の電圧

表3-2 交流波形の主な値

瞬時値e[V]	変化する波形の，ある瞬間における値。
最大値V_m[V]	瞬時値の中で最も大きい値。
実効値V[V]	同じ働きをする直流の大きさに換算した値。
平均値V_a[V]	波形の半サイクル分の平均の値。
周　期T[s]	波形の1サイクルに要する時間。
周波数f[Hz]	1秒間に繰り返される波形の数。

ことばの説明

▶正弦
三角関数のひとつで，記号はsin（サイン）。原点Oに関して対称なグラフとなる。

▶実効値
コンセントの電圧100Vなど，日常使用している交流の電圧や電流は，特に断らない限り，実効値で表される。

+プラスα

周波数
東日本は50Hz
西日本は60Hz

①実効値Vと最大値V_m，平均値V_aと最大値V_mの関係

$$V = \frac{V_m}{\sqrt{2}}[\mathrm{V}] \qquad V_a = \frac{2V_m}{\pi}[\mathrm{V}]$$

②周期Tと周波数fの関係

$$T = \frac{1}{f}[\mathrm{s}] \qquad f = \frac{1}{T}[\mathrm{Hz}]$$

3 交流のベクトル表示

交流における，電圧と電流などの2つの波形の時間的なずれを位相といいます。2つ以上の交流波形の合成などを考える場合は，交流をベクトルで表すと，考えやすくなります。

①2つ以上の交流のベクトル表示

実効値をベクトルの大きさで表し，位相差をベクトルの角度θで表します。このとき，水平方向の基準ベクトルに対して，位相が遅れているものは時計回り，進んでいるものは反時計回りの方向に，角度θをとって表します。

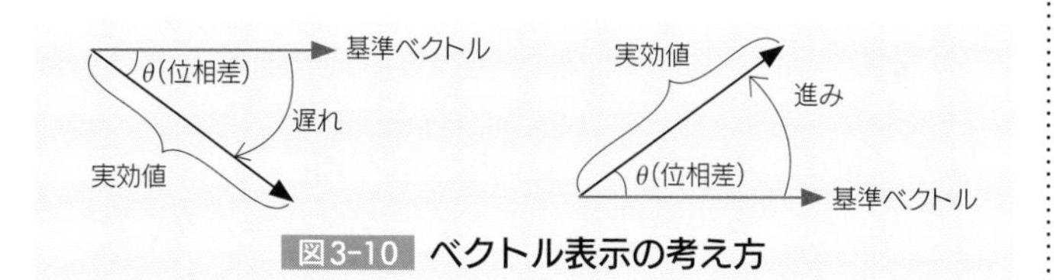

図3-10 ベクトル表示の考え方

②ベクトルの合成

(1) ベクトルの和（$\dot{A}+\dot{B}$）は，$\dot{A}$，$\dot{B}$を2辺とする平行四辺形の対角線として考えます。

(2) ベクトルの差（$\dot{A}-\dot{B}$）は，$\dot{A}+(-\dot{B})$ のベクトルの和として考えます。$-\dot{B}$は$\dot{B}$と反対方向のベクトルになります。

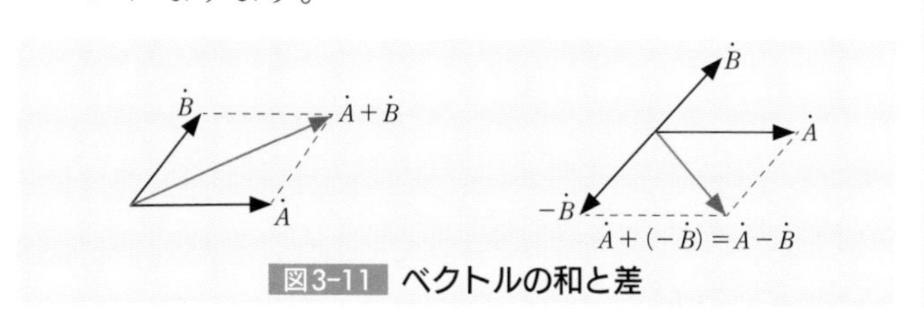

図3-11 ベクトルの和と差

+プラスα

基準ベクトル

一般に，直列回路では電流を，並列回路では電圧を基準にする。

ことばの説明

▶$\dot{A}$, $\dot{B}$

ベクトルを表すときは，文字の上に，ドット（・）を付ける。

CHAPTER 3 7

交流の基本回路

こうりゅう　きほんかいろ

攻略ポイント

- □抵抗回路では，電圧と電流は同相になる。
- □コイル（誘導リアクタンス）回路では，電流の位相は電圧より90°遅れる。
- □コンデンサ（容量リアクタンス）回路では，電流の位相は電圧より90°進む。
- □誘導リアクタンス$X_L = 2\pi fL$[Ω]，容量リアクタンス$X_C = \dfrac{1}{2\pi fC}$[Ω]

交流の基本回路

コイルや**コンデンサ**に交流電流を流すと，抵抗と同じように電流の流れをさまたげる働きをします。この働きを**リアクタンス**といいます。交流回路では，抵抗の他にリアクタンスの働きも考える必要があります。

①抵抗回路

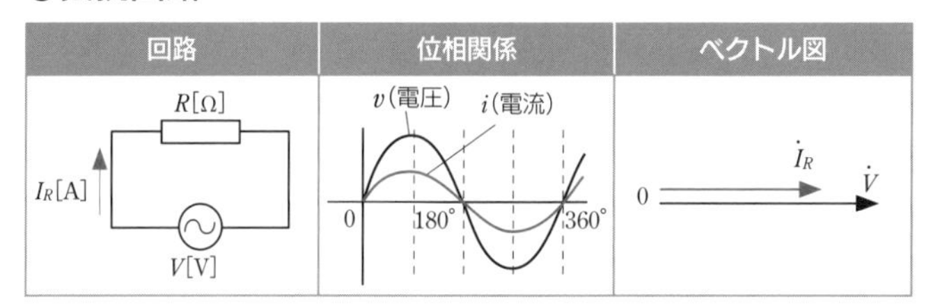

抵抗回路では，電圧と電流の間に位相差はありません（**電圧と電流は同相になる**）。

交流回路でも，抵抗は直流回路と同じように，電流の流れをさまたげる働きをします。また，電圧，電流，抵抗の間には，オームの法則が成り立ちます。

②コイル回路

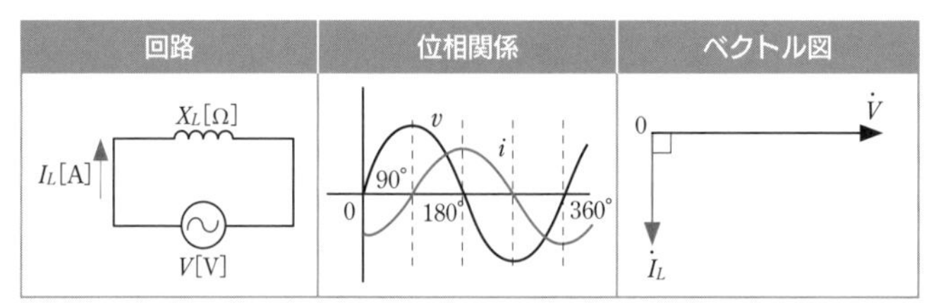

コイル回路では，電圧と電流の間に位相差があり，電流の位相は電圧より90°遅れています（**遅れ位相**）。

コイルに電流を流すと磁界が発生します。そのコイルに流れる電流が変化するとき，電流が作り出す磁界の変化を打ち消そうとする起電力が生じます。これを**自己誘導作用**といい，その大きさを表す量を**自己インダクタンス**といいます。自己インダクタンスLは，ヘンリー[H]の単位で表します。

交流回路では，自己インダクタンスは抵抗と同じように電流の流れをさまたげる働きがあります。この働きを**誘導リアクタンス**といい，[Ω]の単位で表します。周波数をf[Hz]として，誘導リアクタンスX_Lを式で表すと，

$$X_L = 2\pi fL[\Omega]$$

となります。電圧，電流，誘導リアクタンスの間にも，オームの法則が成り立ちます。

③コンデンサ回路

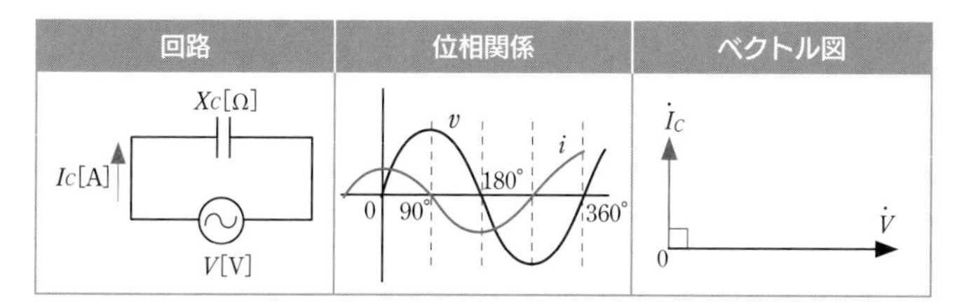

コンデンサ回路でも，電圧と電流の間に位相差があり，電流の位相は電圧より90°進んでいます（**進み位相**）。

コンデンサは電気を蓄える能力をもち，この蓄えることのできる容量を**静電容量**といいます。静電容量Cは，ファラド[F]の単位で表します。

交流回路では，静電容量は電流の流れをさまたげる働きがあります。この働きを**容量リアクタンス**といい，[Ω]の単位で表します。静電容量C[F]，周波数f[Hz]として，容量リアクタンスX_Cを式で表すと，

$$X_C = \frac{1}{2\pi fC}[\Omega]$$

となります。電圧，電流，容量リアクタンスの間にも，オームの法則が成り立ちます。

CHAPTER 3-8

単相交流回路（RL直列回路・RC直列回路）

攻略ポイント

□インピーダンス $Z=\sqrt{R^2+X_L^2}$ [Ω]（RL直列回路のとき）
□インピーダンス $Z=\sqrt{R^2+X_C^2}$ [Ω]（RC直列回路のとき）
□力率　$\cos\theta=\frac{R}{Z}$（直列回路のとき）
□負荷の直角三角形▶底辺：抵抗，対辺：リアクタンス，斜辺：インピーダンス

1 インピーダンス

交流回路において，電流の流れをさまたげる働きは，抵抗Rの他に，誘導リアクタンスX_L，容量リアクタンスX_Cがあります。交流回路では，抵抗とリアクタンスの電流の流れをさまたげる働きをまとめて考えます。このまとめた値を**インピーダンス**といい，[Ω]の単位で表します。

電圧V[V]，電流I[A]，インピーダンスZ[Ω]の間には，オームの法則が成り立ちます。

$$V=IZ[\mathrm{V}]\qquad I=\frac{V}{Z}[\mathrm{A}]\qquad Z=\frac{V}{I}[\Omega]$$

2 RL直列回路・RC直列回路

①RL直列回路（抵抗–コイル）

抵抗と誘導リアクタンスX_Lのコイルが直列接続された交流回路を考えます。

直列接続の場合は電流が共通なので，電流$\dot{I}$を基準ベクトルとして，ベクトル図をかきます。電圧$\dot{V}_R$と電流$\dot{I}$は同相になり，また，電圧$\dot{V}_L$の位相は電流$\dot{I}$より90°進むので，ベクトル図は図3–12のようになります。

ことばの説明
▶「電圧の位相は電流より90°進む」「電流の位相は電圧より90°遅れる」と同じ意味。

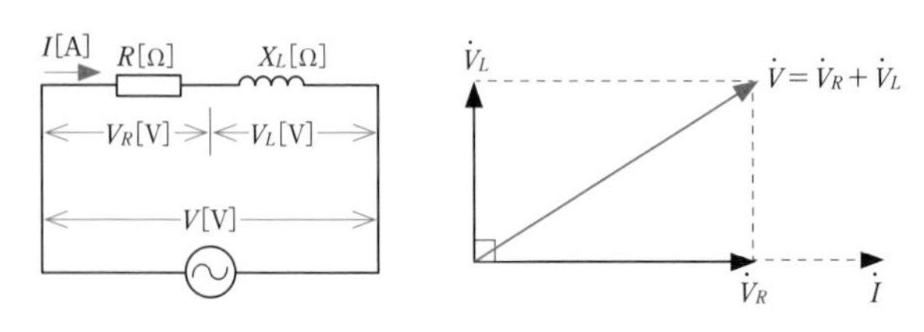

図3–12 RL直列回路

電源電圧$\dot{V}$は$\dot{V}_R$と$\dot{V}_L$のベクトルの和になるので，

$$\dot{V} = \dot{V}_R + \dot{V}_L$$

この関係を直角三角形で表すと，次のようになります。

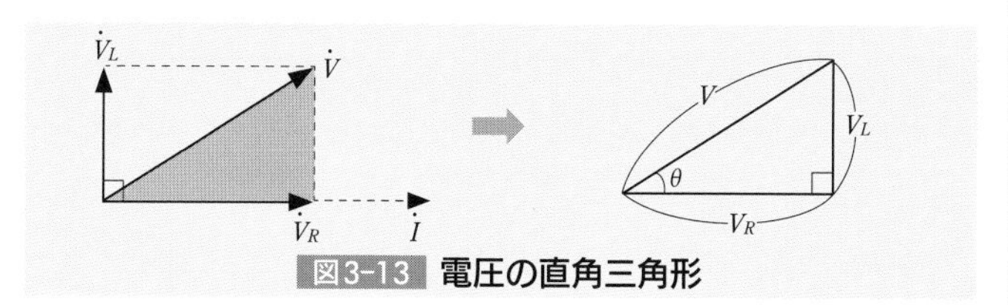

図3-13 電圧の直角三角形

この直角三角形に三平方の定理を適用します。抵抗Rと誘導リアクタンスX_Lは，それぞれ電圧と電流との間にオームの法則が成り立つので，

$$V = \sqrt{V_R{}^2 + V_L{}^2} = \sqrt{(IR)^2 + (IX_L)^2} = I\sqrt{R^2 + X_L{}^2}$$

$V_R = IR$[V]　$V_L = IX_L$[V]

$V = I\sqrt{R^2 + X_L{}^2}$の両辺を$I$で割ると，

$$\frac{V}{I} = \sqrt{R^2 + X_L{}^2}$$

この式に$Z = \dfrac{V}{I}$を代入すると，インピーダンスZは，

$$Z = \sqrt{R^2 + X_L{}^2}\ [\Omega]$$

②RC直列回路（抵抗–コンデンサ）

抵抗と容量リアクタンスX_Cのコンデンサが直列接続された交流回路も，RL直列回路と同じように考えます。

$$Z = \sqrt{R^2 + X_C{}^2}\ [\Omega]$$

3 直列回路での力率

RL直列回路のように電圧と電流に位相差があると，実際に消費される電力は電源から供給される電力よりも小さくなります。この割合を**力率**といい，$\cos\theta$で表します。

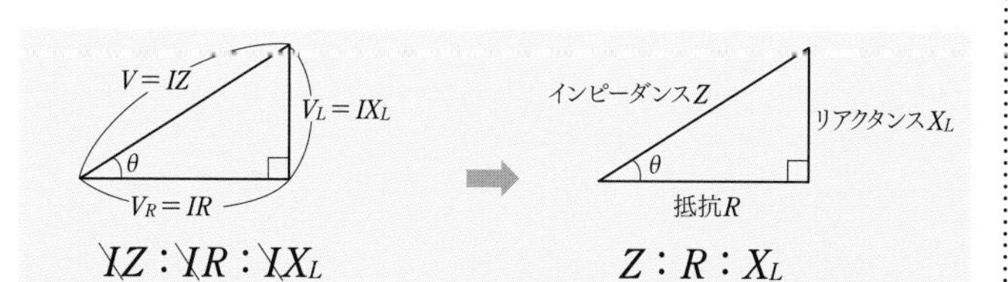

$IZ : IR : IX_L$　　$Z : R : X_L$

図3-14 インピーダンス三角形（RL直列回路の場合）

上の直角三角形より力率θは，$\cos\theta = \dfrac{R}{Z}$となります。

+プラスα
三平方の定理
図の直角三角形において，
$c^2 = a^2 + b^2$
$c = \sqrt{a^2 + b^2}$
が成り立つ。

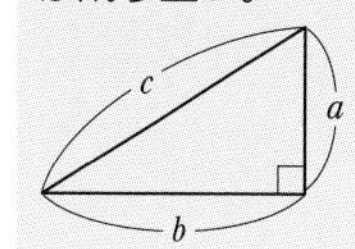

ことばの説明
▶ $\cos\theta$
別冊P.31参照

CHAPTER 3 9

単相交流回路(RL並列回路・RC並列回路)

攻略ポイント

- □全電流 $I=\sqrt{I_R^2+I_L^2}$ [A]（RL並列回路のとき）
- □全電流 $I=\sqrt{I_R^2+I_C^2}$ [A]（RC並列回路のとき）
- □力率　$\cos\theta=\frac{I_R}{I}$（並列回路のとき）
- □進相コンデンサは，力率改善のために用いられる。

1 RL並列回路・RC並列回路

①RL並列回路（抵抗-コイル）

抵抗と誘導リアクタンス X_L のコイルが並列接続された交流回路を考えます。

並列接続の場合は電圧が共通なので，電圧 $\dot{V}$ を基準ベクトルとして，ベクトル図をかきます。電流 $\dot{I}_R$ と電圧 $\dot{V}$ は同相になり，また，電流 $\dot{I}_L$ の位相は電圧 $\dot{V}$ より90°遅れるので，ベクトル図は図3-15のようになります。

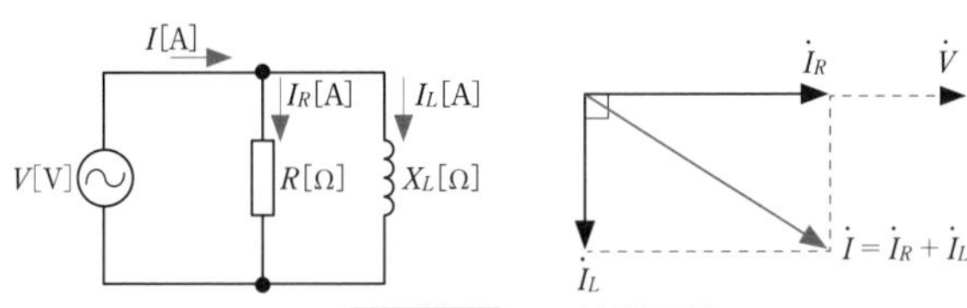

図3-15 RL並列回路

また，全電流 $\dot{I}$ は $\dot{I}_R$ と $\dot{I}_L$ のベクトルの和になるので，

$$\dot{I}=\dot{I}_R+\dot{I}_L$$

この関係を直角三角形で表すと，図3-16のようになります。

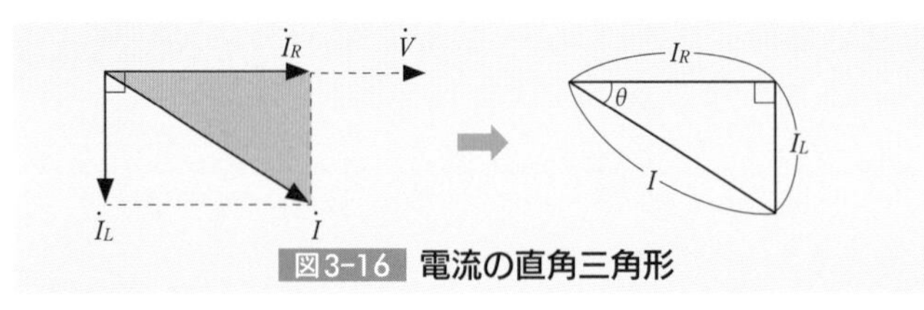

図3-16 電流の直角三角形

この直角三角形に三平方の定理を適用すると，

$$I=\sqrt{I_R^2+I_L^2}\ [\mathrm{A}]$$

となります。

②RC並列回路(抵抗−コンデンサ)

抵抗と容量リアクタンスX_Cのコンデンサが並列接続された交流回路も，RL並列回路と同じように考えます。

$$I=\sqrt{I_R^2+I_C^2}\,[\mathrm{A}]$$

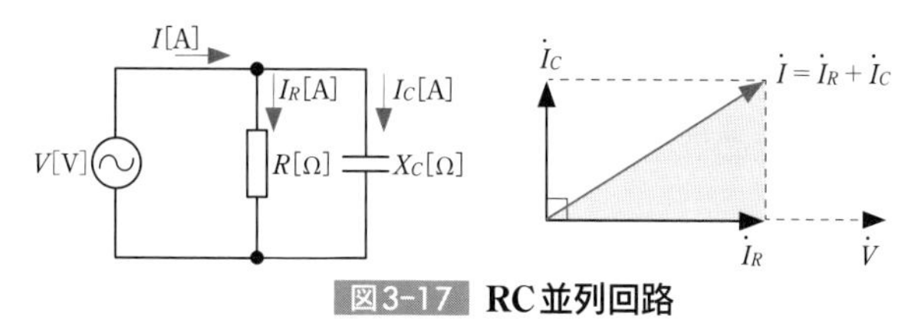

図3-17 RC並列回路

2 並列回路での力率

図3-16より，並列回路の場合，力率$\cos\theta$は，

$$\cos\theta=\frac{I_R}{I}$$

となります。電圧Vに対して全電流Iが遅れている場合は**遅れ力率**，進んでいる場合は**進み力率**といいます。

+プラスα
力率
抵抗回路では，電圧と電流の間に位相差がなく，$\theta=0°$なので，
力率$\cos\theta=\cos 0°=1$
となる。

3 力率の改善

電動機などの負荷に電流が流れると，電流の位相が電圧よりも遅れ，実際には電気エネルギーとして利用されない**無効電流**が発生します。位相のずれが大きくなって力率が悪くなると，無効電流が大きくなってしまうので，これを改善するために**進相コンデンサ**を負荷に対して並列に接続します。

進相コンデンサは，電圧に対して進み電流が流れるので，負荷により生じた遅れ電流を打ち消して，力率の値を1(100%)に近づけることができます。

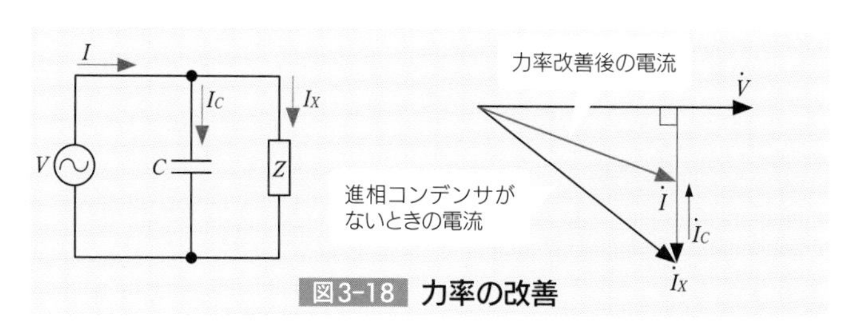

図3-18 力率の改善

+プラスα
インピーダンスZ
図3-18は，抵抗とリアクタンスで構成されるインピーダンスを，[Z]で表示している。

CHAPTER 3 10

単相交流回路の電力・電力量

（たんそうこうりゅうかいろ　の　でんりょく・でんりょくりょう）

攻略ポイント

- □皮相電力 $S = VI$ [VA]
- □有効電力 $P = VI\cos\theta = I^2R$ [W]
- □皮相電力 S，有効電力 P，無効電力 Q の間の関係は，$S = \sqrt{P^2 + Q^2}$
- □電力量 $W = VI\cos\theta \times T = I^2R \times T$ [W・h]

1 単相交流の電力と力率

交流回路における見かけ上の電力を**皮相電力**といい，ボルトアンペア[VA]の単位で表します。皮相電力 S は，供給される電圧 V[V]と電流 I[A]の積と等しくなります。

$$S = VI \text{[VA]}$$

皮相電力は，**有効電力**と**無効電力**に分けられます。交流回路に電流が流れ，電気エネルギーが他のエネルギーに変換されるときに，抵抗負荷で消費される電力を有効電力 P[W]といいます。これに対し，リアクタンス（コイルやコンデンサ）で使用され，実際には消費されない電力を無効電力 Q といい，バール[var]の単位で表します。

力率 $\cos\theta$ は，この皮相電力 S に対する有効電力 P の割合でもあり，次の式で求められます。

$$\cos\theta = \frac{P}{S}$$

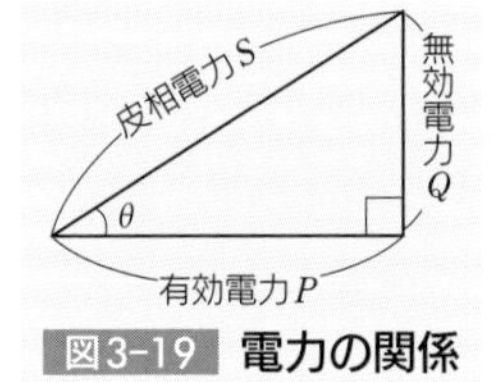

図3-19 電力の関係

2 有効電力

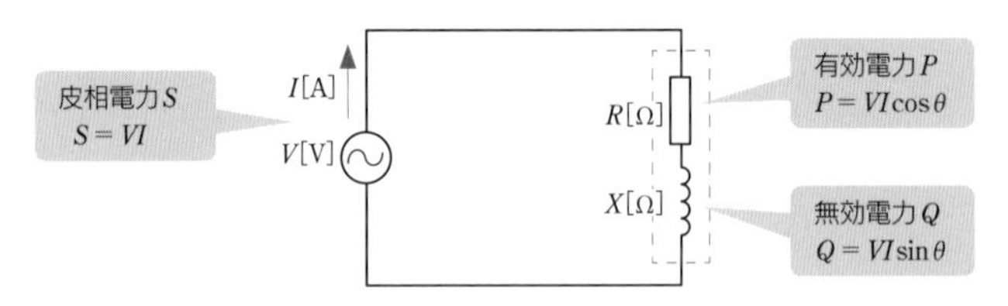

図3-20 交流回路の電力

電圧 V[V]，電流 I[A]，力率 $\cos\theta$ とすると，有効電力 P は，次の式で求められます。

$P = VI\cos\theta$[W]

また，抵抗のない交流回路で，負荷がコイルやコンデンサだけであるとき，電圧と電流の位相差は90°となります。この場合，$\cos 90° = 0$となり，この回路で消費される有効電力は存在しないということになります。

$P = VI\cos\theta = V \times I \times 0 = 0$

これより，交流回路では，電力を消費するのは抵抗Rだけということになり，有効電力Pは，次の電力の公式でも求められることが分かります。

$P = I^2R$[W]

有効電力は，通常，単に電力といわれます。電力会社から請求される電気料金は，この有効電力をもとにしています。

ことばの説明
▶ $\cos 90° = 0$
三角関数の値は，
$\cos 90° = 0$
と表される。

+プラスα
有効電力
一般に家電製品には有効電力が表示されている。

3 無効電力

図3-19から分かるように，皮相電力S，有効電力P，無効電力Qの間には，次のような関係が成り立ちます。

$S = \sqrt{P^2 + Q^2}$

また，電圧V[V]，電流I[A]とすると，無効電力Qは，次の式で求められます。

$Q = VI\sin\theta$[var]

力率$\cos\theta$に対して，この$\sin\theta$を**無効率**といいます。

4 交流の電力量

交流回路の電力量Wは，直流回路と同様に，有効電力Pと使用した時間Tの積で表します。

電力量W = **有効電力**P × **使用時間**T

また，有効電力Pは，$P = VI\cos\theta$なので，電力量Wは，

$W = VI\cos\theta \times T$[W・h]

と求められます。

さらに，有効電力$P = I^2R$より，電力量Wは，

$W = I^2R \times T$[W・h]

と求めることもできます。

CHAPTER 3 11

三相交流回路(スター結線)

攻略ポイント

- □三相交流は，位相が120°ずれた3つの単相交流を組み合わせたもの。
- □三相交流回路の結線法には，スター結線とデルタ結線がある。
- □線間電圧＝$\sqrt{3}$ × 相電圧（スター結線のとき）
- □線電流＝相電流（スター結線のとき）

1 三相交流とは

一般住宅などに配電されている電気は単相交流ですが，工場の動力など，大きな力を動かすためには，**三相交流**が必要になります。

図3-21のように，磁界中で3つの導体A，B，Cをそれぞれ120°ずつずらして配置し，反時計回りに回転させると，3つの導体に最大値の等しい正弦波交流が発生します。

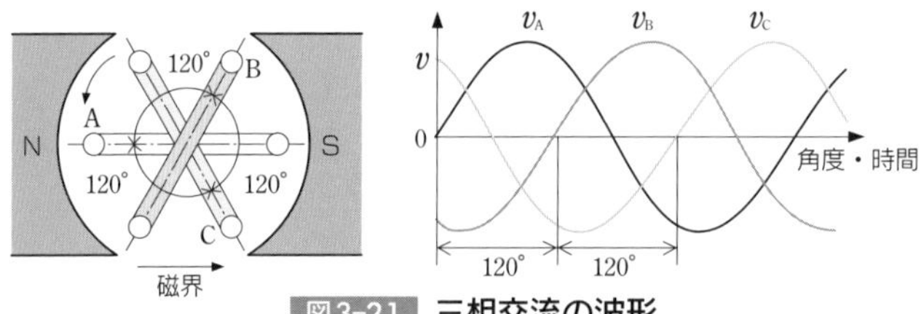

図3-21 三相交流の波形

このように，位相がずれた3つの単相交流を組み合わせたものを三相交流といい，最大値が等しく，120°ずつ位相がずれた3つの単相交流を組み合わせたものを**平衡三相交流**といいます。

2 三相交流回路

図3-21のグラフより，三相交流の電圧や電流は，それぞれ瞬時値の和が必ず0（ゼロ）になることが分かります。そこで，図3-22のような，3つの単相交流を組み合わせた図を考えます。OO′間には$I_A + I_B + I_C$の電流が流れることになりますが，三相交流の場合，電流の瞬時値の和は必ずゼロになるので，OO′間の電線を取り除き，3

ことばの説明

▶瞬時値

ある瞬間における電圧や電流の大きさを瞬時値という。この値は，
T_1秒後にA
T_2秒後にB
…
というように，時間とともに変化する。

本の電線で電力を送れることになります。

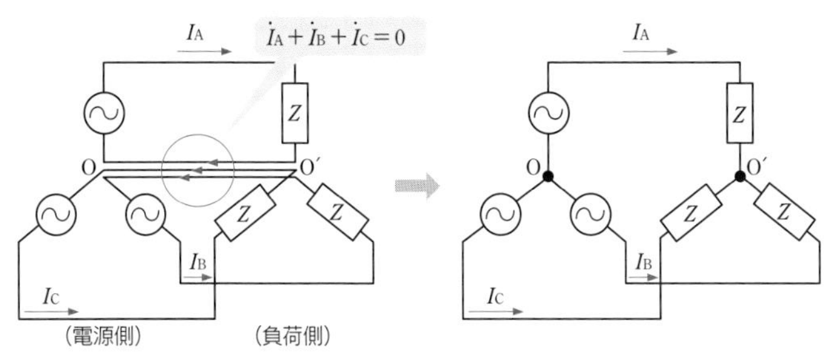

図3-22 3つの単相交流の組合せ（スター結線）

3 三相交流回路の結線法

三相交流回路の電源と負荷の結線方法には，**スター**（Y，**星形**）**結線**と**デルタ**（Δ，**三角**）**結線**があります。三相交流回路の計算は単相に分解し，単相交流回路と同じように扱うことができます。

4 スター(Y，星形)結線

図3-23は，電源側と負荷側にスター結線をした回路です。各相の電圧V_a，V_b，V_cを**相電圧**といい，各電線間の電圧V_{ab}，V_{bc}，V_{ca}を**線間電圧**といいます。

線間電圧は相電圧の$\sqrt{3}$倍の大きさになります。

線間電圧 $=\sqrt{3}\times$ **相電圧**

また，各相に流れる電流I_a，I_b，I_cを**相電流**といい，電源と負荷を結ぶ電線に流れる電流I_A，I_B，I_Cを**線電流**といいます。線電流と相電流は等しくなります。

線電流 $=$ **相電流**

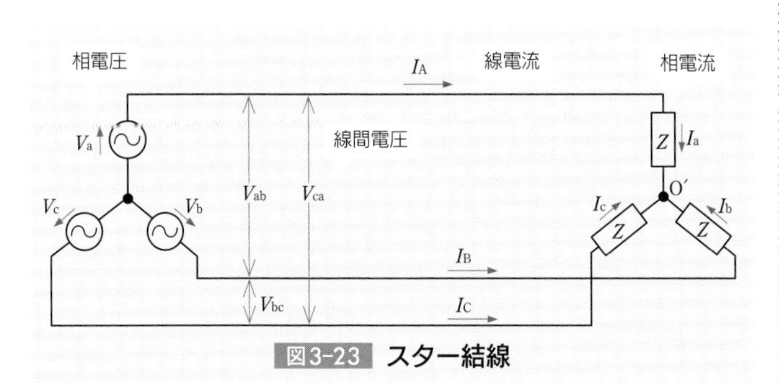

図3-23 スター結線

三相交流回路(デルタ結線)

攻略ポイント

- □相電圧＝線間電圧（デルタ結線のとき）
- □線電流＝$\sqrt{3}$ × 相電流（デルタ結線のとき）
- □三相電力は単相電力の3つ分▶$P=P_1+P_2+P_3$[W]
- □三相電力$P=\sqrt{3}VI\cos\theta$[W]
- □三相電力量$W=\sqrt{3}VI\cos\theta\times T$[W・h]

1 デルタ(Δ，三角)結線の電圧

図3-24は，電源側と負荷側に**デルタ結線**をした回路です。デルタ結線の場合，相電圧V_a，V_b，V_cは，それぞれ線間電圧V_{ab}，V_{bc}，V_{ca}と等しくなります。

相電圧＝線間電圧

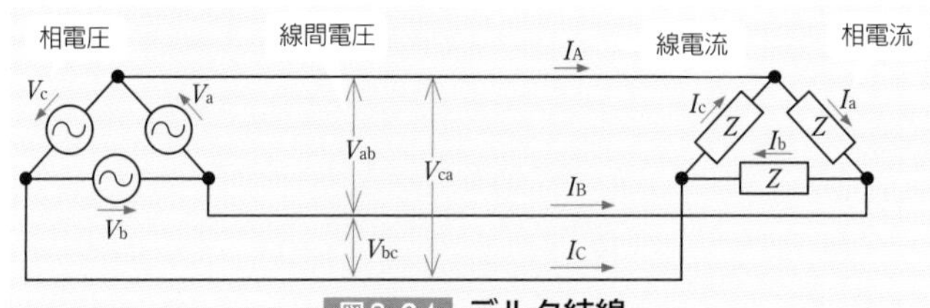

図3-24 デルタ結線

2 デルタ(Δ，三角)結線の電流

デルタ結線も，スター結線と同様に，3本の電線で電力を送ります。図3-25のように，3つの単相交流回路のそれぞれの2本の線を1本にまとめて，電源と負荷を3本の線で結びます。3本のそれぞれの電線には，電線2本分の電流が流れるので，デルタ結線の線電流は，各相に流れる電流（相電流）の$\sqrt{3}$倍の大きさになります。

線電流＝$\sqrt{3}$ × 相電流

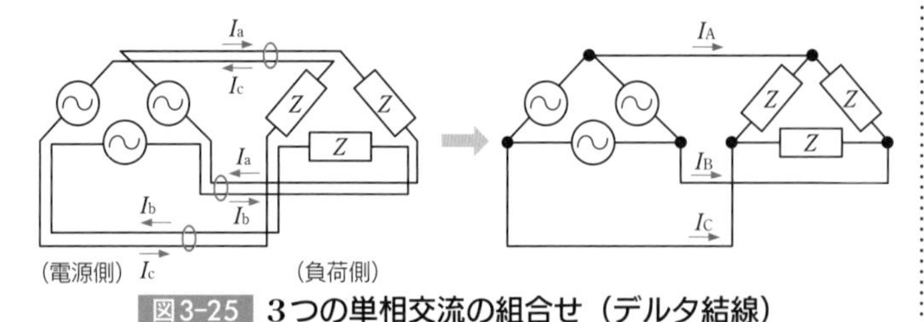

図3-25 3つの単相交流の組合せ（デルタ結線）

3 三相交流回路の電力・電力量

三相交流回路は，単相交流回路を3つ組み合わせたものなので，三相電力は単相電力の3つ分と考えることができます。各負荷の有効電力は，電圧×電流×力率で求められるので，三相電力Pは，次の式で表せます。

$$P = 3 \times 相電圧 \times 相電流 \times 力率$$

ことばの説明
▶電圧×電流×力率
P.92～93参照

①スター結線の場合

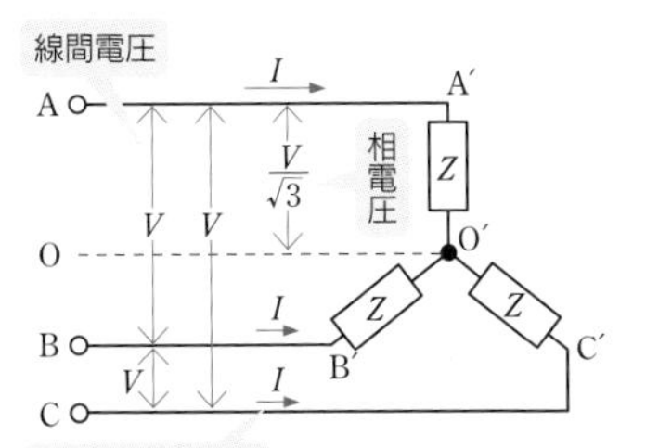

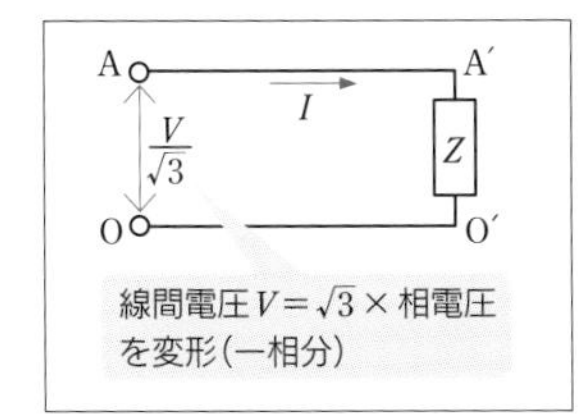

図3-26 三相電力（スター結線）

$$P = 3 \times \frac{V}{\sqrt{3}} \times I \times \cos\theta = \sqrt{3}\,VI\cos\theta[\mathrm{W}]$$

②デルタ結線の場合

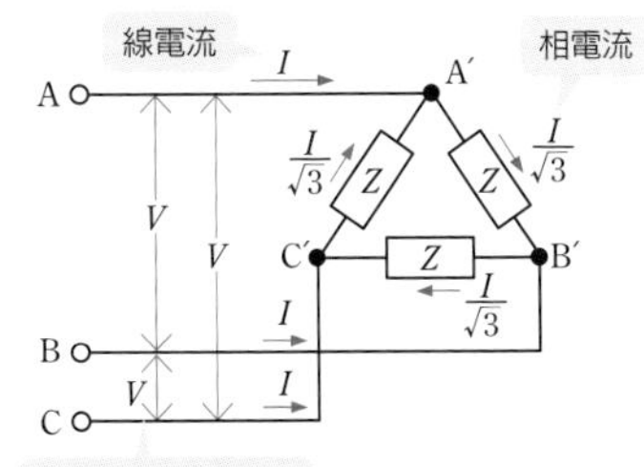

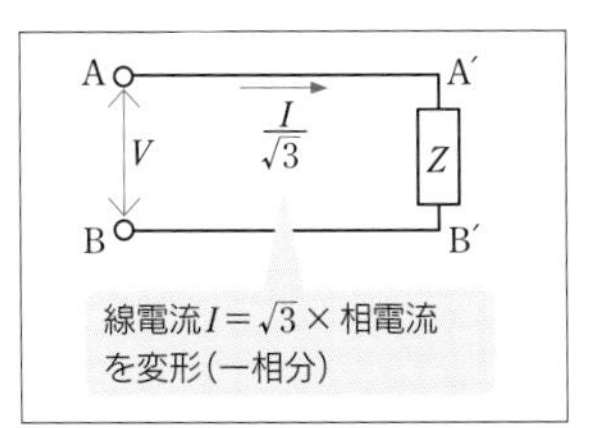

図3-27 三相電力（デルタ結線）

$$P = 3 \times V \times \frac{I}{\sqrt{3}} \times \cos\theta = \sqrt{3}\,VI\cos\theta[\mathrm{W}]$$

これより，線間電圧V，線電流I，負荷の力率$\cos\theta$とすると，三相電力Pは，スター結線とデルタ結線のどちらであっても，次の式で表されることが分かります。

$$P = \sqrt{3}\,VI\cos\theta[\mathrm{W}]$$

また，三相交流の電力量Wは，三相電力Pと，使用時間Tの積で求められます。

$$W = \sqrt{3}\,VI\cos\theta \times T[\mathrm{W \cdot h}]$$

+プラスα
有理化
分母に根号をふくむ数は，分母と分子に，分母と同じ数をかけて根号を外す。これを分母の有理化という。

$$\frac{3}{\sqrt{3}} = \frac{3\times\sqrt{3}}{\sqrt{3}\times\sqrt{3}} = \sqrt{3}$$

+プラスα
三相の有効電力
$P = \sqrt{3}\,VI\cos\theta[\mathrm{W}]$
三相の無効電力
$Q = \sqrt{3}\,VI\sin\theta[\mathrm{var}]$
三相の皮相電力
$S = \sqrt{3}\,VI[\mathrm{VA}]$

第3章の過去問に挑戦

問題1

R2・下期（午前）・4

図のような交流回路の力率［%］を示す式は。

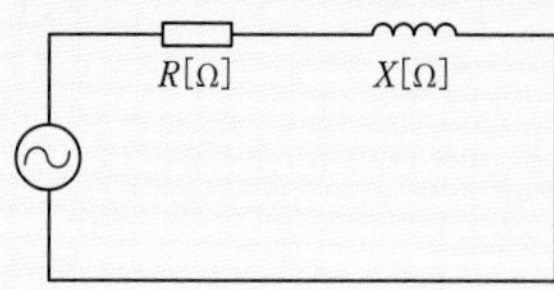

イ．$\dfrac{100RX}{R^2+X^2}$　　ロ．$\dfrac{100R}{\sqrt{R^2+X^2}}$

ハ．$\dfrac{100X}{\sqrt{R^2+X^2}}$　　ニ．$\dfrac{100R}{R+X}$

問題2

H29・上期・1

図のような回路で，端子a－b間の合成抵抗［Ω］は。

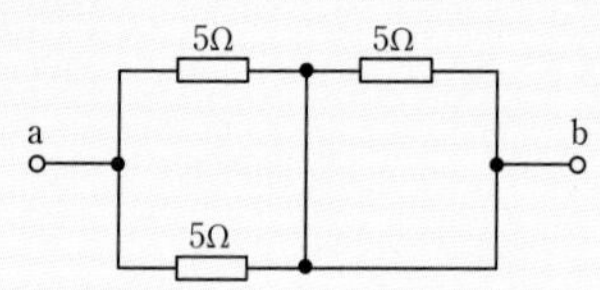

イ．2.5　　ロ．5

ハ．7.5　　ニ．15

問題3

R3・下期（午後）・1

図のような回路で，電流計Ⓐの値が2Aを示した。このときの電圧計Ⓥの指示値［V］は。

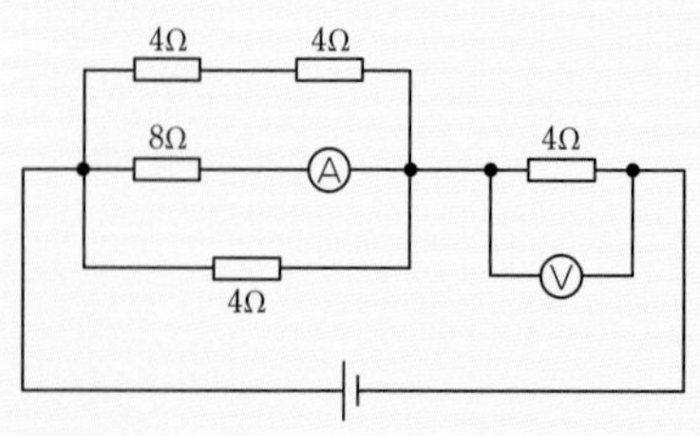

イ．16　　ロ．32

ハ．40　　ニ．48

出題頻度が高いのは，電線の抵抗，RLの直列回路・並列回路，三相交流のスター結線・デルタ結線などの計算問題です。基礎的な数学力が求められます。

解答と解説

問題1の Hint

力率はインピーダンスZに対する抵抗Rの割合。

P.88〜89参照

問題1 ロ

交流回路において，抵抗R，誘導リアクタンスXによる直列回路の合成インピーダンスZは，次の式で求められる。

$$Z=\sqrt{R^2+X^2}$$

力率はこのインピーダンスZに占める抵抗Rの割合を表したものなので，

$$\cos\theta=\frac{R}{Z}=\frac{R}{\sqrt{R^2+X^2}}$$

これを%で表すので，

$$\cos\theta\rightarrow\frac{R}{\sqrt{R^2+X^2}}\times 100=\frac{100R}{\sqrt{R^2+X^2}}\ [\%]$$

となる。

問題2の Hint

抵抗2つの並列接続の合成抵抗は，$\frac{積}{和}$

P.80〜81参照

問題2 イ

5Ω2つの並列接続の合成抵抗Rは，

$$R=\frac{5\times 5}{5+5}=2.5[\Omega]$$

したがって，回路は次のように単純化できる。このとき，5Ωの抵抗の両端は短絡されているので，5Ωの抵抗は無いものと考える。

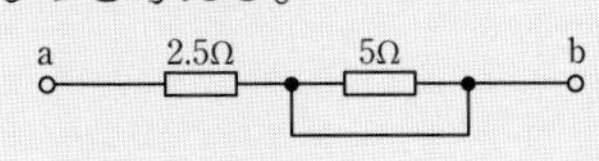

Point

直並列回路の合成抵抗は，直列接続の部分と並列接続の部分に分けて計算しながら，回路を単純にしていく。

問題3の Hint

オームの法則を用いる。

P.78〜81参照

問題3 ロ

並列回路の部分から考える。真ん中の8Ωに加わる電圧は，$2\times 8=16[\mathrm{V}]$だから，

上の4Ω2つに流れる電流は，$I=\frac{V}{R}=\frac{16}{4+4}=2[\mathrm{A}]$

下の4Ω1つに流れる電流は，$I=\frac{V}{R}=\frac{16}{4}=4[\mathrm{A}]$

よって，回路の全電流は，$2+2+4=8[\mathrm{A}]$だから，電圧計Ⓥの指示値は，$V=IR=8\times 4=32[\mathrm{V}]$

問題4

H26・上期・1

最大値が148Vの正弦波交流電圧の実効値[V]は。

イ．85　　ロ．105　　ハ．148　　ニ．209

問題5

H30・下期・1

図のような回路で，端子a－b間の合成抵抗[Ω]は。

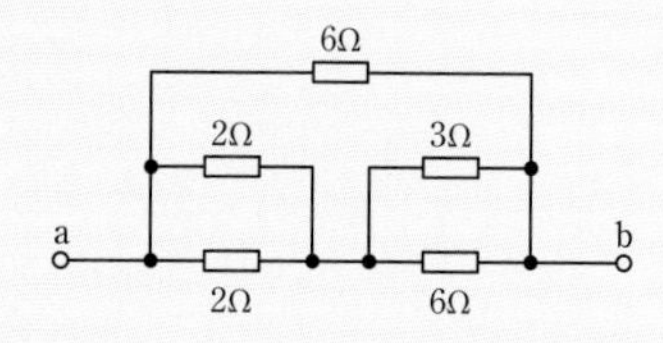

イ．1　　ロ．2
ハ．3　　ニ．4

問題6

H27・上期・4

図のような交流回路で，負荷に対してコンデンサCを設置して，力率を100%に改善した。このときの電流計の指示値は。

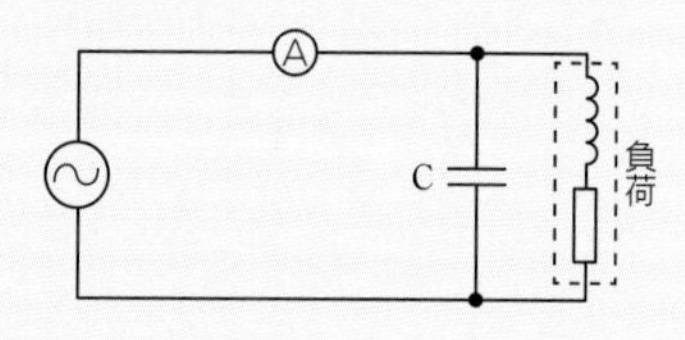

イ．零になる。
ロ．コンデンサ設置前と比べて変化しない。
ハ．コンデンサ設置前と比べて増加する。
ニ．コンデンサ設置前と比べて減少する。

問題7

H29・下期・2

図のような交流回路で，抵抗8Ωの両端の電圧V[V]は。

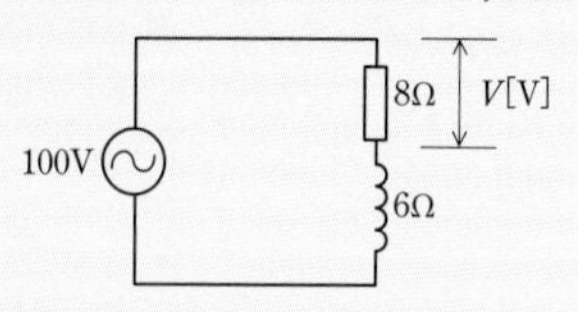

イ．43　　ロ．57
ハ．60　　ニ．80

解答と解説

問題4のHint
実効値と最大値の関係は。
P.84〜85参照

問題4　ロ

最大値をV_mとすると，実効値Vは，

$$V=\frac{V_m}{\sqrt{2}}=\frac{148}{\sqrt{2}}\fallingdotseq 105[\mathrm{V}]$$

Point
$\sqrt{2}\fallingdotseq 1.41$
$\sqrt{3}\fallingdotseq 1.73$

問題5のHint
並列接続と直列接続を組み合わせた回路。
P.78〜79参照

問題5　ロ

2Ωの抵抗と2Ωの抵抗は並列接続，3Ωの抵抗と右下の6Ωの抵抗も並列接続なので，それぞれの合成抵抗R_1，R_2は，

$$R_1=\frac{2\times 2}{2+2}=1[\Omega]\qquad R_2=\frac{3\times 6}{3+6}=2[\Omega]$$

したがって，抵抗R_1とR_2の合成抵抗R_3は，

$$R_3=R_1+R_2=1+2=3[\Omega]$$

上中央の6Ωの抵抗と抵抗R_3の合成抵抗をRとすると，

$$R=\frac{6\times 3}{6+3}=2[\Omega]$$

問題6のHint
負荷は抵抗とリアクタンスの直列回路。
P.88〜91参照

問題6　ニ

回路を流れる電流$\dot{I}$は，電源電圧$\dot{V}$に対して位相が遅れる。ここにコンデンサCを設置すると，コンデンサCに流れる電流$\dot{I}_c$は，電源電圧$\dot{V}$より90°進んだ位相になる。電流計Ⓐは，$\dot{I}$と$\dot{I}_c$を合成した値$\dot{I}_o$を示すので，力率を100%に改善した場合，電源電圧$\dot{V}$と電流$\dot{I}_o$の位相は一致して，$\dot{I}_o$は$\dot{I}$よりも小さくなる。よって，電流計の指示値は減少する。

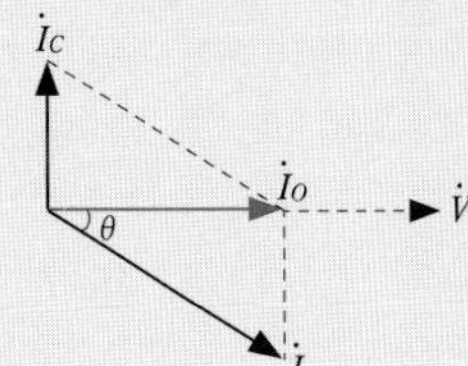

問題7のHint
インピーダンスの値は。
P.88〜89参照

問題7　ニ

抵抗R，リアクタンスX_Lとすると，インピーダンスZは，

$$Z=\sqrt{R^2+X_L^2}=\sqrt{8^2+6^2}=\sqrt{100}=10[\Omega]$$

回路に流れる電流Iは，

$$I=\frac{V}{Z}=\frac{100}{10}=10[\mathrm{A}]$$

よって，抵抗8Ωの両端の電圧V[V]は，

$$V=IR=10\times 8=80[\mathrm{V}]$$

電気に関する基礎理論

問題8

R3・上期（午後）・4

図のような回路で，電源電圧が24V，抵抗$R=4\Omega$に流れる電流が6A，リアクタンス$X_L=3\Omega$に流れる電流が8Aであるとき，回路の力率[%]は。

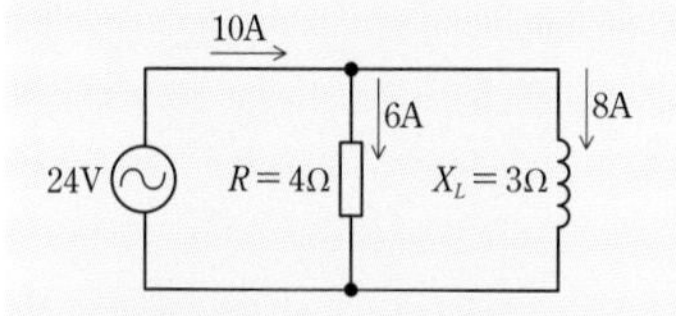

イ．43　　ロ．60
ハ．75　　ニ．80

問題9

R2・下期（午後）・4

図のような交流回路で，電源電圧204V，抵抗の両端の電圧が180V，リアクタンスの両端の電圧が96Vであるとき，負荷の力率［%］は。

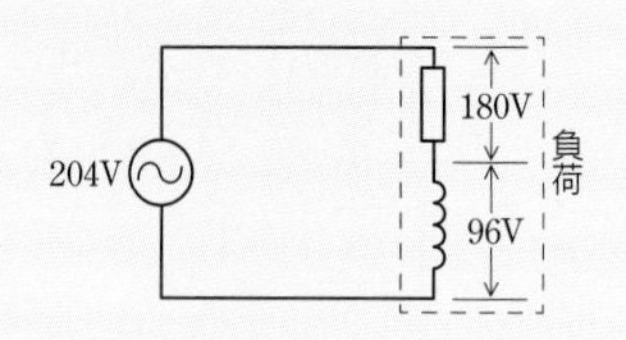

イ．35　　ロ．47
ハ．65　　ニ．88

問題10

H26・下期・1

消費電力が500Wの電熱器を，1時間30分使用した時の発熱量[kJ]は。

イ．450　　ロ．750　　ハ．1 800　　ニ．2 700

問題11

R4・上期（午後）・3

電線の接続不良により，接続点の接触抵抗が0.2Ωとなった。この接続点での電圧降下が2Vのとき，接続点から1時間に発生する熱量［kJ］は。ただし，接触抵抗及び電圧降下の値は変化しないものとする。

イ．72　　ロ．144　　ハ．288　　ニ．576

解答と解説

問題8のHint

並列回路なので，電流に注目する。

P.90～91参照

問題8　ロ

並列回路の場合，力率 $\cos\theta$ は，全電流を I，抵抗 R に流れる電流を I_R とすると，

$$\cos\theta = \frac{I_R}{I}$$

よって，全電流は10A，抵抗 R に流れる電流は6Aなので，回路の力率は

$$\cos\theta = \frac{6}{10} = 0.6 \rightarrow 60[\%]$$

問題9のHint

RL直列回路の場合。

P.88～89参照

問題9　ニ

この回路をインピーダンス三角形で表すと，次のようになる。

したがって，

負荷の力率は，

$$\cos\theta = \frac{R}{Z} = \frac{V_R}{V} = \frac{180}{204} \fallingdotseq 0.88 \rightarrow 88[\%]$$

問題10のHint

1[kW・h]＝3 600[kJ]

P.82～83参照

問題10　ニ

電力 P，使用時間 t とすると，消費電力500Wの電熱器を1時間30分使用したときの消費電力量 W は，

$$W = Pt = 500 \times 1.5 = 750[W \cdot h]$$

電力量 W を[kW・h]の単位で表すと，

$$750 \times 10^{-3} = 0.75[kW \cdot h]$$

電力量[kW・h]と熱量[kJ]の関係は，1[kW・h]＝3 600[kJ]であるから，

$$0.75 \times 3\,600 = 2\,700[kJ]$$

問題11のHint

発生する熱量は，消費する電力量。

P.83参照

問題11　イ

抵抗 R の接続点に電流 I を t 秒間流したときに発生する熱量 H は，$H = I^2Rt$[J]で求められる。$I = \dfrac{V}{R}$ より，

$$H = \left(\frac{V}{R}\right)^2 Rt = \frac{V^2}{R}t = \frac{2^2}{0.2} \times 3\,600 = 72\,000[J] = 72[kJ]$$

または，$I = \dfrac{V}{R} = \dfrac{2}{0.2} = 10[A]$ を求めて，

$$消費する電力量 W = Pt = VIt = 2 \times 10 \times 3\,600 = 72\,000[J] = 72[kJ]$$

問題12

H27・上期・2改題

図のような回路で，電源電圧が24V，抵抗$R = 4\,\Omega$に流れる電流が6A，リアクタンス$X_L = 3\,\Omega$に流れる電流が8Aであるとき，回路の力率[%]は。

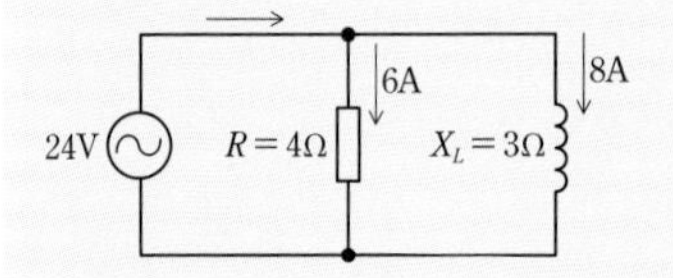

イ．43　　ロ．60
ハ．75　　ニ．80

問題13

H30・下期・5

図のような三相3線式回路に流れる電流I[A]は。

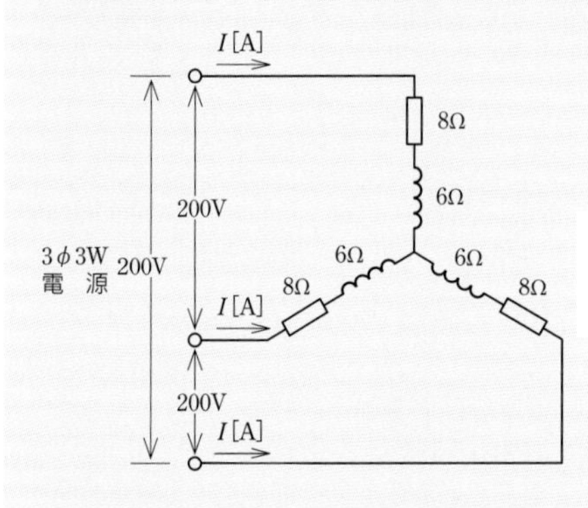

イ．8.3　　ロ．11.6
ハ．14.3　　ニ．20.0

問題14

R5・上期（午前）・5

図のような三相3線式回路の全消費電力[kW]は。

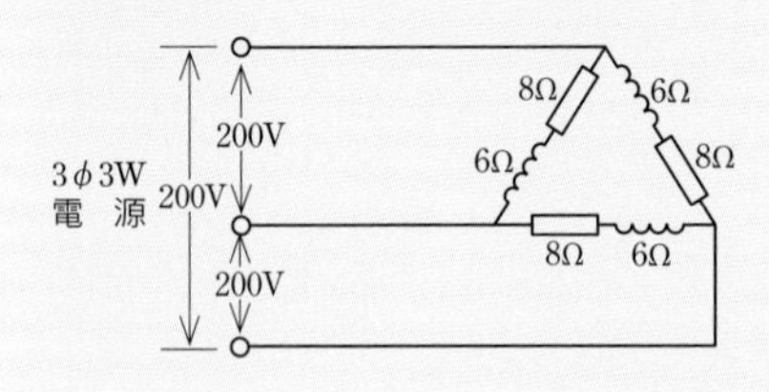

イ．2.4　　ロ．4.8
ハ．9.6　　ニ．19.2

解答と解説

問題12のHint

並列接続の場合は，電圧が共通。

P.90～91 参照

問題12　ロ

回路の電圧を基準ベクトルとして，各電流のベクトル図をかくと，全電流I[A]は，

$$I = \sqrt{I_R^2 + I_L^2} = \sqrt{6^2 + 8^2} = \sqrt{100} = 10[\mathrm{A}]$$

よって，回路の力率は，

$$\cos\theta = \frac{I_R}{I} = \frac{6}{10} = 0.6 \rightarrow 60\%$$

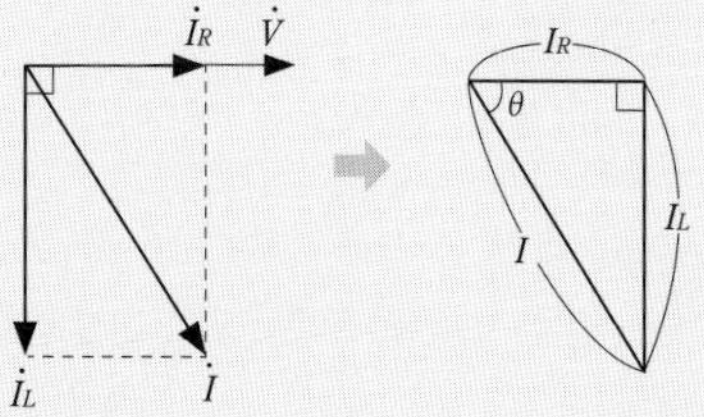

問題13のHint

線間電圧＝$\sqrt{3}$×相電圧

P.94～95 参照

問題13　ロ

スター結線の相電圧Vは，

$$V = \frac{線間電圧}{\sqrt{3}} = \frac{200}{\sqrt{3}}[\mathrm{V}]$$

インピーダンスZは，$Z = \sqrt{R^2 + X^2} = \sqrt{8^2 + 6^2} = 10[\Omega]$

よって，電流Iは，

$$I = \frac{V}{Z} = V \div Z = \frac{200}{\sqrt{3}} \div 10 \fallingdotseq 11.6[\mathrm{A}]$$

問題14のHint

三相電力の求め方は。

P.96～97 参照

問題14　ハ

三相電力P＝3×相電圧×相電流×力率の公式を用いて求める。

インピーダンスZは，$Z = \sqrt{R^2 + X_L^2} = \sqrt{8^2 + 6^2} = 10[\Omega]$

力率$\cos\theta$は，$\cos\theta = \frac{R}{Z} = \frac{8}{10} = 0.8$

相電流Iは，$I = \frac{V}{Z} = \frac{200}{10} = 20[\mathrm{A}]$

よって，全消費電力Pは，

$$P = 3 \times 200 \times 20 \times 0.8 = 9\,600[\mathrm{W}] = 9.6[\mathrm{kW}]$$

COLUMN

第二種電気工事士試験の内容

●受験資格

受験資格はありません。年齢，性別，学歴，実務経験などの制限はなく，どなたでも受験できます。

●試験内容

【学科試験】

学科試験は，次の①～⑦の内容について行われます。試験時間は120分で，一般問題30問，配線図問題20問の，合計50問を4肢択一のマークシート方式で解答します。基本的に60点以上（50問中30問以上の正解）で合格です。なお，令和5年度試験より，これまでの筆記方式に加えて，パソコンを用いて行うCBT方式が導入されています。

①電気に関する基礎理論　②配電理論および配線設計
③電気機器，配線器具ならびに電気工事用の材料および工具
④電気工事の施工方法　⑤一般用電気工作物等の検査方法
⑥配線図　⑦一般用電気工作物等の保安に関する法令

試験は上期試験，下期試験，両方の受験が可能です。学科試験に合格すると，次のように学科試験が免除されます。

・上期学科試験に合格…その年度の下期のみ免除される。
・下期学科試験に合格…次年度の上期のみ免除される。

【技能試験】

技能試験は，学科試験合格者と学科試験免除者に対して，次の①～⑨の内容について行われます。試験時間は40分で，受験者が持参した作業用工具を使い，配線図で与えられる問題を，支給された材料で完成させます。原則として，「欠陥」が1つでもあれば不合格となります。

①電線の接続　②配線工事　③電気機器および配線器具の設置
④電気機器・配線器具ならびに電気工事用の材料および工具の使用方法
⑤コードおよびキャブタイヤケーブルの取付け　⑥接地工事
⑦電流，電圧，電力および電気抵抗の測定
⑧一般用電気工作物等の検査　⑨一般用電気工作物等の故障箇所の修理

試験についての情報は，本書編集時点のものです。変更される場合がありますので，最新の情報を試験センター等で必ずご確認ください。

配電理論と配線設計

第4章

CHAPTER 4-1

配電方式

（はいでんほうしき）

攻略ポイント

□配電方式▶100V単相2線式，100/200V単相3線式，200V三相3線式
□対地電圧▶100V単相2線式：100V，100/200V単相3線式：100V
200V三相3線式：200V
□100/200V単相3線式は，100V単相2線式に比べて100Vと200Vの電気機器が使用でき，電力損失や電圧降下が小さい。

低圧配電方式

電力会社の変電所から**高圧配電線**を伝わって需要家付近の**柱上変圧器**まで配電された電力は，変圧器によって100Vまたは200Vの電圧に変圧され，そこから**低圧配電線**を通して需要家に供給されます。

需要家への配電方式には，電圧，電気の送り方，電線の本数により，100V単相2線式，100/200V単相3線式，200V三相3線式などがあります。

①100V単相2線式（1φ2W）

一般住宅の照明やコンセントに接続される電気機械器具の電源として使用されます。2本の電線で配電し，そのうちの1線は大地に接地されます。接地されている側の電線を**接地側電線**といい，対地電圧は0V，他の電線を**非接地側電線**といい，対地電圧は100Vです。

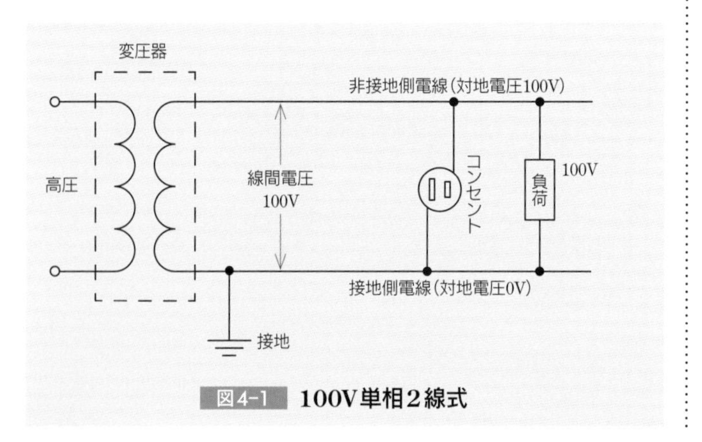

図4-1　100V単相2線式

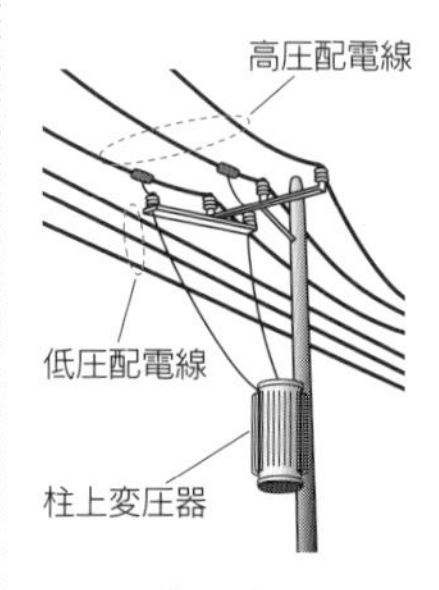

ことばの説明

▶需要家
電気，ガス，水道などの利用者。

▶対地電圧
接地式電路では，電線と大地間の電圧。

②100/200V単相3線式（1 φ 3W）

一般住宅や商店などで，負荷設備が大きい場合に用いられる配電方式です。2本の電圧線と接地された**中性線**の3本で構成され，100Vと200Vの2種類の電源を使用することができます。

非接地側電線と中性線間の電圧は100V，非接地側電線の対地電圧は100V，非接地側電線相互間の電圧は200V，中性線の対地電圧は0Vです。

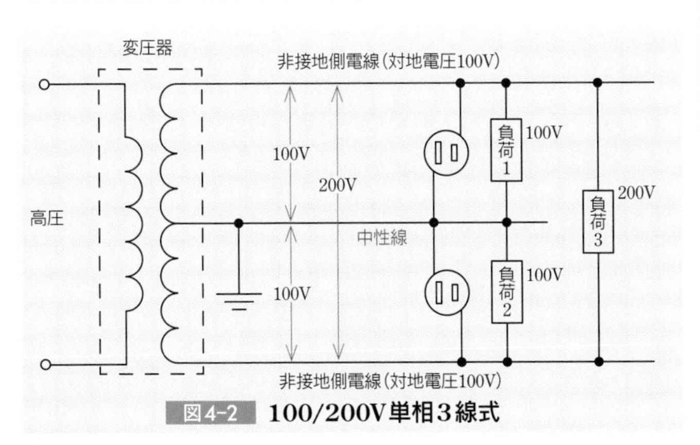

図4-2 100/200V単相3線式

③200V三相3線式（3 φ 3W）

工場などで三相誘導電動機の回路や工業用電熱器などに用いられる配電方式です。

電線相互間の電圧は200V，非接地側電線の対地電圧は200V，接地側電線の対地電圧は0Vです。

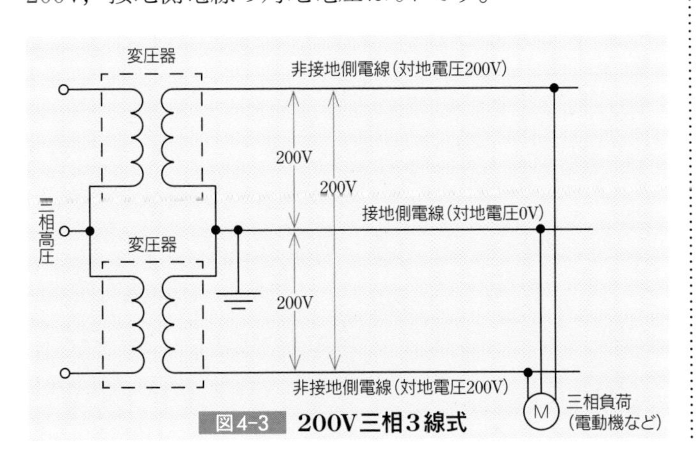

図4-3 200V三相3線式

ことばの説明

▶3φ3W
三相の電力を3本の電線で負荷に送る方式を「三相3線式」といい，「3φ」は「三相」を，「3W」は「3線式」を表す。

+プラスα

三相4線式
大型ビル，工場などで用いられる配電方式。

配電理論と配線設計

CHAPTER 4

2 単相2線式回路

（たんそうせんしきかいろ）

攻略ポイント

- □単相２線式の電圧降下$e = 2Ir = V_s - V_r$[V]
- □単相２線式の電力損失$P_\ell = 2I^2r$[W]
- □単相２線式の電圧降下，電力損失は，１線分の電圧降下，電力損失の２倍。
- □複数負荷の場合の電圧降下，電力損失は，各区間で計算。

1 単相2線式回路の電圧降下と電力損失

実際は，電線にもわずかに抵抗rがあり，電流Iが流れれば**電圧降下**が発生します。

電線1本分の電圧降下は，オームの法則より，Irなので，往復2本分の電圧降下は，$2Ir$になります。また，負荷の端子電圧V_rは，電源電圧V_sから電圧降下eを引いて求められるので，$V_s - e = V_r$より，電圧降下eは，次のような式で表すことができます。

$$e = 2Ir = V_s - V_r[\mathrm{V}]$$

図4-4のように，電源電圧V_sが104V，電線1本の抵抗rが0.2Ω，電流Iが10Aのとき，電線の電圧降下eは，

$$e = 2Ir = 2 \times 10 \times 0.2 = 4[\mathrm{V}]$$

となります。また，負荷の端子電圧V_rは，

$$V_r = V_s - e = 104 - 4 = 100[\mathrm{V}]$$

となります。

電線の抵抗rによって，電力が有効に利用されること

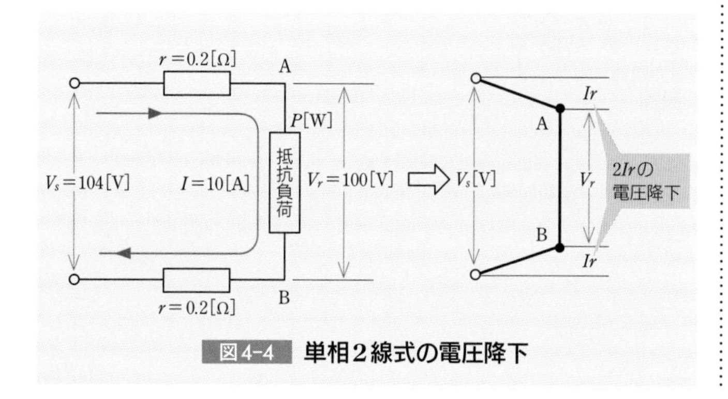

図4-4 単相２線式の電圧降下

ことばの説明

▶抵抗負荷

負荷は，すべて抵抗負荷で出題される。抵抗負荷の力率は，1（100%）。

＋プラスα

電線の太さを太く，長さを短くすると，電圧降下は小さくなる。

なく消費されることを**電力損失**といいます。電線1本分の電力損失は，電流Iの2乗に比例するので，往復2本分の電力損失P_ℓは次の式で求められます。

$$P_\ell = 2I^2 r\,[\mathrm{W}]$$

ことばの説明

▶電線の抵抗

電線の抵抗は，図4-4のように，−□−で表す。

▶電力損失

電力損失は，配電線路で起きているので，線路損失ともいう。

2 複数負荷の場合

2つの負荷が並列に接続されている場合を考えます。

①電圧降下

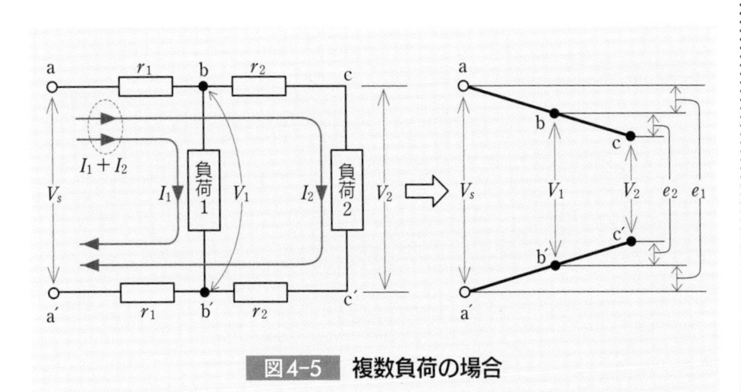

図4-5 複数負荷の場合

図4-5で，ab間，a´b´間を流れる電流は，負荷1に流れる電流I_1と負荷2に流れる電流I_2の合計なので，$(I_1 + I_2)$[A]になります。よって，

ab間，a´b´間の電圧降下$e_1 = 2(I_1 + I_2)r_1\,[\mathrm{V}]$

bc間，b´c´間の電圧降下$e_2 = 2I_2 r_2\,[\mathrm{V}]$

また，

bb´間の電圧$V_1 = V_s - e_1\,[\mathrm{V}]$

cc´間の電圧$V_2 = V_s - e_1 - e_2\,[\mathrm{V}]$

となります。

②電力損失

ab間，a´b´間の電力損失$P_1 = 2(I_1 + I_2)^2 r_1\,[\mathrm{W}]$

bc間，b´c´間の電力損失$P_2 = 2I_2^2 r_2\,[\mathrm{W}]$

よって，全体の電力損失P_ℓは，

$$P_\ell = P_1 + P_2 = 2(I_1 + I_2)^2 r_1 + 2I_2^2 r_2\,[\mathrm{W}]$$

となります。

＋プラスα

配電線路が単線図の場合は，複線図にかき換えると理解しやすい。

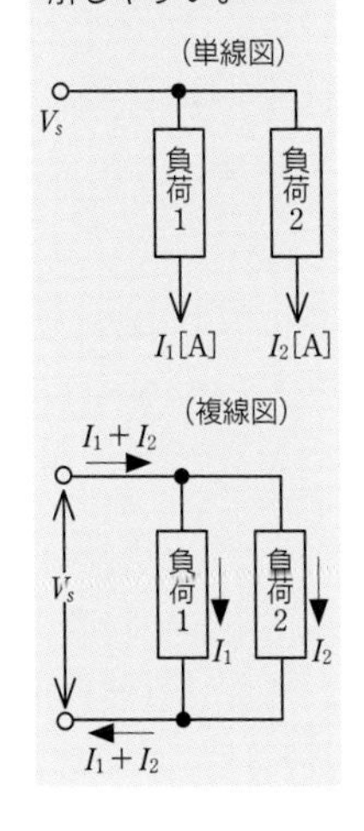

CHAPTER 4 3

単相3線式回路①

（たんそうせんしきかいろ）

攻略ポイント

- □負荷が平衡していれば，中性線に電流は流れない。
- □中性線を流れる電流は，2つの負荷を流れる電流の差であり，負荷容量の大きい電流の向きに流れる。
- □負荷にかかる電圧は，中性線の電流の向きにより，上昇または下降する。
- □電力損失は，電流の向きとは関係なく生じる。

1 単相3線式回路の電圧降下

図4-6のように，単相3線式回路の中性線に流れる電流を考えます。

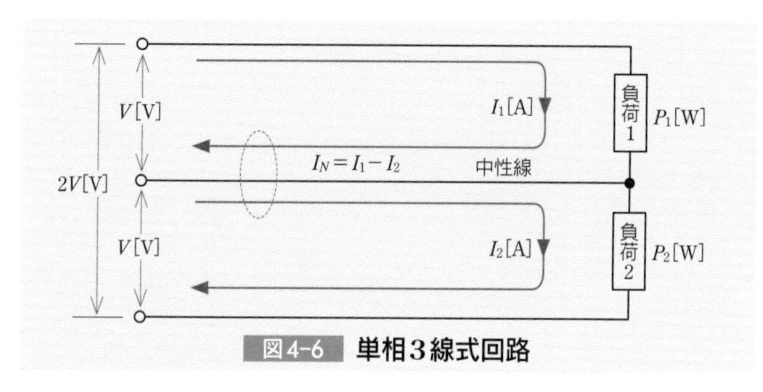

図4-6 単相3線式回路

①中性線を流れる電流

単相3線式回路は，2つの単相回路を組み合わせたもので，中性線には，負荷1を通過した電流I_1と，負荷2へ向かう電流I_2が流れます。したがって，中性線を流れる電流I_Nは，両方の負荷を流れる電流I_1とI_2の差になります。すなわち，

- ・$I_1 > I_2$の場合は，（$I_1 - I_2$）の電流I_Nが左方向（←）へ
- ・$I_1 < I_2$の場合は，（$I_2 - I_1$）の電流I_Nが右方向（→）へ
- ・$I_1 = I_2$の場合は，$I_2 - I_1 = 0$[A]

$I_1 = I_2$の場合は，中性線の電流I_Nは0Aになるので電流は流れません。このような状態を**負荷が平衡している**といいます。

②電圧降下（$I_1 > I_2$の場合）

図4-7で，中性線bBを流れる電流は（$I_1 - I_2$）になります。よって，負荷1の回路の電圧降下e_1は，

e_1 = aA間電圧 + bB間電圧 = $I_1 r + (I_1 - I_2) r$ [V]

となります。負荷2の回路の電圧降下e_2は，中性線に流れる電流（$I_1 - I_2$）の向きがI_2の向きと逆であることから，マイナスの電圧降下，すなわち電圧上昇となり，

e_2 = − bB間電圧 + cC間電圧 = $-(I_1 - I_2) r + I_2 r$ [V]

となります。また，負荷の端子電圧V_1とV_2は，

$$V_1 = V_s - e_1 \text{[V]}$$

$$V_2 = V_s - e_2 \text{[V]}$$

となります。

ことばの説明
▶ $-(I_1 - I_2)$
「−」は，マイナスの電圧降下，すなわち電圧上昇を表す。

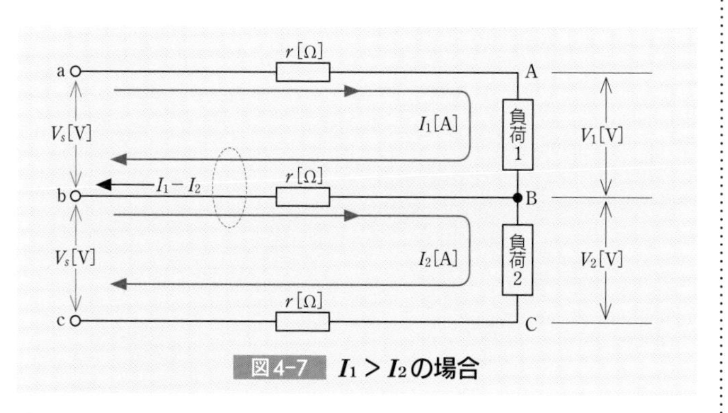

図4-7 $I_1 > I_2$の場合

2 単相3線式回路の電力損失

図4-7で，電線の抵抗rに電流Iが流れると，電力が有効に利用されることなく消費されます。この電力損失は，電流の向きとは関係なく生じます。中性線に流れる電流は（$I_1 - I_2$）なので，

aA間の電力損失$P_a = I_1^2 r$ [W]

bB間の電力損失$P_b = (I_1 - I_2)^2 r$ [W]

cC間の電力損失$P_c = I_2^2 r$ [W]

よって，全体の電力損失P_ℓは，

$$P_\ell = P_a + P_b + P_c$$

$$= I_1^2 r + (I_1 - I_2)^2 r + I_2^2 r \text{[W]}$$

となります。

+プラスα
平衡負荷の場合，中性線の電流は0Aなので，全体の電力損失は，
$P_\ell = 2I^2 r$[W]
で求められる。

配電理論と配線設計

4 単相3線式回路②

攻略ポイント

- □中性線の断線は，機器の焼損などの原因となる。
- □中性線には，過電流遮断器を施設してはならない。ただし，中性線の過電流遮断器が動作したとき，各極も同時に遮断される場合は例外。

1 中性線の断線

図4-8のように，中性線が×印の箇所で断線した場合を考えます。

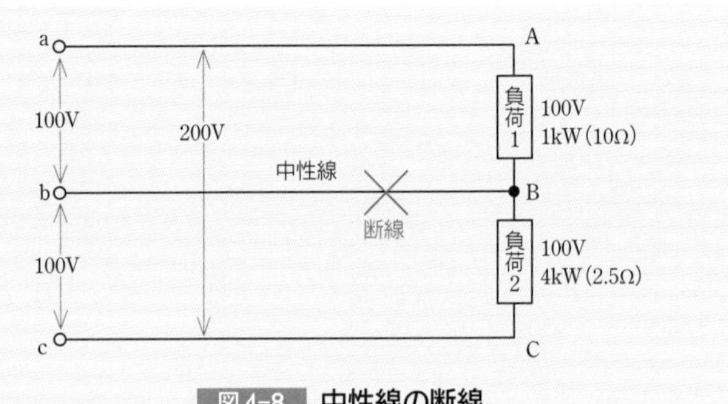

図4-8 中性線の断線

中性線が断線すると，図4-9のように2つの負荷が直列接続になり，200Vの電圧が加わった回路となります。このときの回路の電流Iは，オームの法則より，

$$I = \frac{200}{10 + 2.5} = 16[\mathrm{A}]$$

となります。したがってAB間の電圧V_{AB}とBC間の電圧V_{BC}は，

$$V_{AB} = 16 \times 10 = 160[\mathrm{V}]$$

$$V_{BC} = 16 \times 2.5 = 40[\mathrm{V}]$$

となり，負荷1は定格電圧が100Vであるにもかかわらず160Vの電圧が加わるので，過熱して焼損する危険が生じます。

+プラスα

単3中性線欠相保護付漏電遮断器
中性線の欠相（断線）による過電圧を検出して電路を遮断し，機器の劣化，焼損を防ぐ。矢印は過電圧検出リード線。

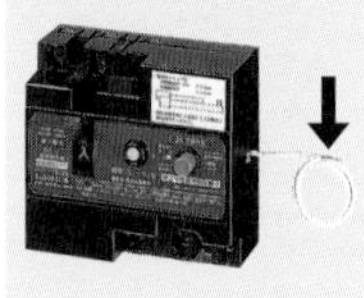

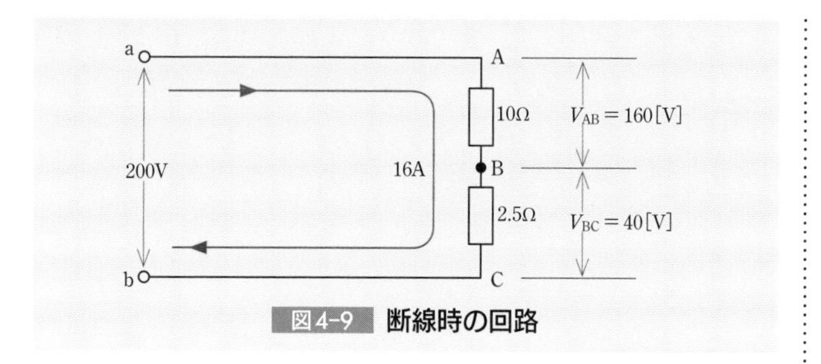

図4-9 断線時の回路

2 過電流遮断器の施設の禁止

中性線に取り付けたヒューズなどの過電流遮断器が動作して断線状態になると，負荷に定格電圧以上の電圧が加わり，焼損するおそれがあるので，中性線には過電流遮断器は取り付けてはならないと定められています。ただし，中性線の過電流遮断器が動作したとき，各極が同時に遮断される場合は，例外として扱われます。

+プラスα
次の箇所には，過電流遮断器を施設しない。
①接地線
②多線式電路の中性線

3 電線色別と電圧

単相3線式の配線に赤，白，黒の色別電線を使用する場合は，「**白**」線は中性線に，「**赤**」線および「**黒**」線は非接地側電線に使用します。

・赤線と白線間，黒線と白線間………100V
・赤線と大地間，黒線と大地間………100V
・赤線と黒線間…………………………200V
・白線と大地間……………………………0V

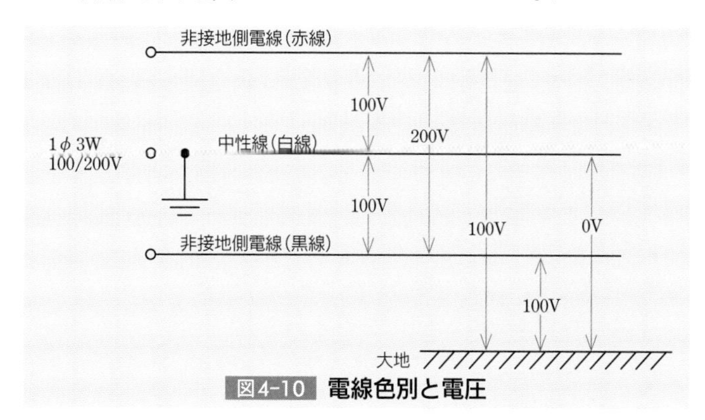

図4-10 電線色別と電圧

CHAPTER 4-5

三相3線式回路

（さんそうせんしきかいろ）

攻略ポイント

- □三相回路の結線には，スター結線とデルタ結線がある。
- □三相3線式の電圧降下 $e = \sqrt{3}\,Ir = V_s - V_r$[V]
- □三相3線式の電力損失 $P_\ell = 3I^2r$[W]
- □三相スター結線▶線間電圧＝$\sqrt{3}$ × 相電圧，線電流＝相電流
- □三相デルタ結線▶相電圧＝線間電圧，線電流＝$\sqrt{3}$ × 相電流

1 三相3線式回路の電圧降下と電力損失

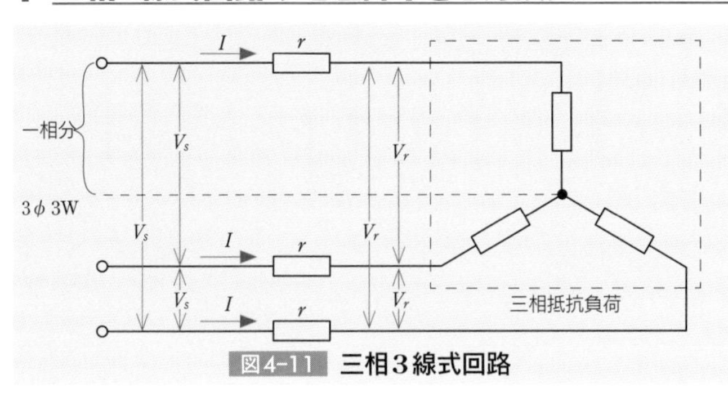

図4-11 三相3線式回路

①電圧降下

三相負荷回路にはスター結線とデルタ結線があります。どちらも3つの単相回路を組み合わせたもので，負荷の力率が1（抵抗負荷）であれば，線間の電圧降下は，電線1本分の電圧降下の$\sqrt{3}$倍になります。

したがって，電線1本の抵抗をr，線路に流れる電流をIとすると，電圧降下eは次の式で求められます。

$$e = \sqrt{3}\,Ir[\mathrm{V}]$$

また，負荷の端子電圧V_rは，電源電圧V_sから電圧降下eを引いて求められます。

$$V_r = V_s - e[\mathrm{V}]$$

②電力損失

三相3線式の電力損失P_ℓは，電線1本分の電力損失I^2rの3倍になります。

$$P_\ell = 3I^2r[\mathrm{W}]$$

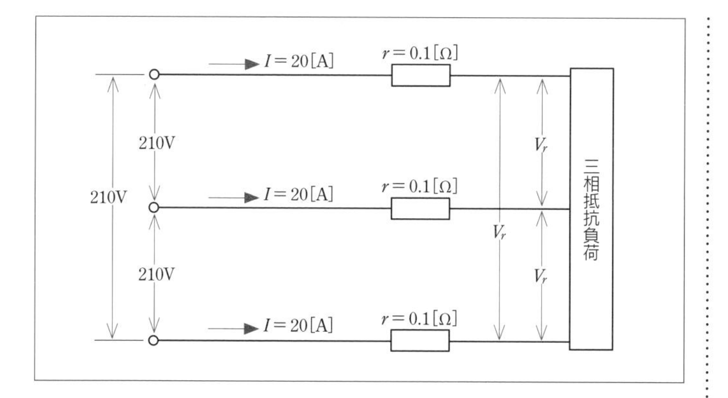

上の図のように，電線1本の抵抗rが0.1Ω，線電流Iが20Aのとき，線間の電圧降下eは，

$$e = \sqrt{3}Ir \fallingdotseq 1.73 \times 20 \times 0.1 \fallingdotseq 3.5[\mathrm{V}]$$

$\sqrt{3} \fallingdotseq 1.73$

となります。また，電源電圧をV_sとすると，負荷の端子電圧V_rは，

$$V_r = V_s - e = 210 - 3.5 = 206.5[\mathrm{V}]$$

電力損失P_ℓは，

$$P_\ell = 3I^2r = 3 \times 20^2 \times 0.1 = 120[\mathrm{W}]$$

となります。

+プラスα
三相3線式回路の真ん中の電線は，中性線ではない。また，どの電線間の電圧も同じ値になる。

2 各配電方式の電流の求め方

単相2線式，単相3線式，三相3線式で，線路の電流が与えられず，負荷の消費電力が与えられた場合は，負荷の力率が1（抵抗負荷）であれば，次の式で電流を求めることができます。

単相2線式▶**電流** $= \dfrac{\textbf{負荷の消費電力}}{\textbf{負荷の端子電圧}}$

単相3線式▶**電流** $= \dfrac{\textbf{負荷の消費電力}}{\textbf{負荷の端子電圧}}$

三相3線式▶**電流** $= \dfrac{\textbf{負荷の消費電力}}{\sqrt{3} \times \textbf{負荷の端子電圧}}$

6 電線の許容電流

（でんせん　きょようでんりゅう）

攻略ポイント

- □電線（600Vビニル絶縁電線）の許容電流▶
  1.6mm：27A，2.0mm：35A，2.6mm：48A
  5.5mm^2：49A，8mm^2：61A
- □電線の許容電流は，電線の絶縁物，配線方法などによって決まる。
- □電流減少係数▶3本以下：0.7，4本：0.63，5または6本：0.56

1 電線の許容電流

電線に電流が流れると，電線の抵抗によって熱が発生します。電線の太さが同じ場合は，電流が多いほど発熱量は大きくなり，電流の値が同じ場合は，細い電線ほど発熱量は大きくなります。この電流が限度を超えると，熱によって絶縁被覆が劣化し，漏電や短絡による火災の原因ともなります。そのため，安全に流せる電流の限度を**許容電流**として定めています。

許容電流は，電線の太さ，絶縁物の種類，周囲温度，配線方法などによって決められています。

+プラスα
絶縁電線の最高許容温度
- 600Vビニル絶縁電線：60℃
- 600V二種ビニル絶縁電線：75℃
- 600V架橋ポリエチレン絶縁電線：90℃

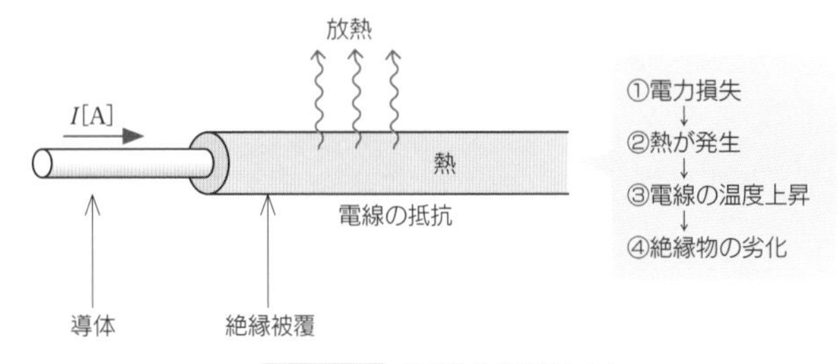

図4-12 電線の温度上昇

600Vビニル絶縁電線（軟銅線）の許容電流は，表4-1のように定められています。

表4-1 許容電流

単線（直径）	許容電流
1.6mm	27A
2.0mm	35A
2.6mm	48A

より線（公称断面積）	許容電流
5.5mm^2	49A
8mm^2	61A

周囲温度　30℃以下

+プラスα
がいし引き配線の許容電流
がいし引き配線は，造営材に取り付けたがいしで電線を支持する方法で，表4-1のような許容電流となる。

2 電流減少係数

何本かの絶縁電線を合成樹脂管，金属管，金属製可とう電線管，金属線ぴなどに収めて使用すると，電線の抵抗によって発生する熱が管や線ぴに溜まり，がいし引き配線よりも温度が上昇しやすくなります。そのため，通常の許容電流の値に**電流減少係数**を掛けて，許容電流を減少させなければなりません。

電流減少係数は，同一管内に収める電線の本数によって，表4-2のように定められています。

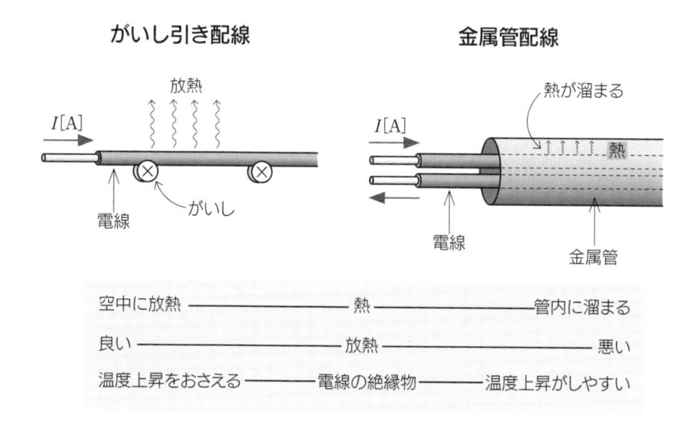

図4-13 がいし引き配線と金属管配線の温度上昇

表4-2 管・線ぴに収めたときの電流減少係数

管・線ぴ内の電線数，ケーブル心線数	電流減少係数
3本以下	0.7
4本	0.63
5または6本	0.56

例えば，金属管配線の金属管内に，直径2.0mmの600Vビニル絶縁電線を3本挿入する場合，直径2.0mmの600Vビニル絶縁電線の許容電流は表4-1より35A，また，同一管内に電線を3本挿入した場合の電流減少係数は0.7なので，この電線の許容電流は，

$$35 \times 0.7 = 24.5[\mathrm{A}]$$

となります。

CHAPTER 4 7

過電流遮断器の施設

攻略ポイント

□過電流遮断器には，配線用遮断器とヒューズがある。
□過電流遮断器は，過負荷電流や短絡電流が生じたとき電路を遮断して，機器や電線の過熱，焼損などを防止する。
□単相100V用配線用遮断器には，2極2素子(2P2E)，2極1素子(2P1E)がある。

1 配線用遮断器

電気機械器具の定格電流や電線の許容電流より大きな電流が電路を流れると，機器や電線の温度上昇により，過熱，焼損などを引き起こします。その場合，過電流を遮断して電源から切り離さなければなりません。

過電流遮断器は，電路を過電流から保護する装置で，**配線用遮断器**と**ヒューズ**があります。

配線用遮断器は，開閉器と**過電流素子**が一体となっており，過電流を遮断しても，原因を取り除いてから再び利用することができます。

ヒューズは，開閉器に取り付けられており，ヒューズ自体が溶断することによって過電流を遮断します。過電流を遮断した後は再利用できないので，ヒューズの取替えが必要です。

ことばの説明
▶過電流
過負荷電流および短絡電流。

+プラスα
配線用遮断器の過電流素子
熱動式（バイメタル）と電磁式（電磁石）がある。一般住宅の分電盤には，熱動式のものが使用されている。

配線用遮断器の例　　　ヒューズの例

単相用

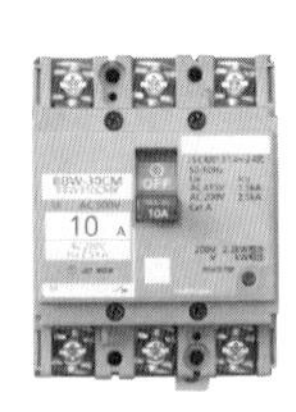

三相用

刃形・筒形　つめ付

配線用遮断器は，電路を開閉する開閉器の極数をPで，過電流を感知する過電流素子の数をEで表します。例えば，単相2線式で表示される「2P2E」は，2極2素子の配

ことばの説明
▶2P2E
P：ポール（極数）
E：エレメント（素子）

線用遮断器を表します。

また，配線用遮断器の端子の記号「N」は，過電流素子が付いていない極であることを表します。

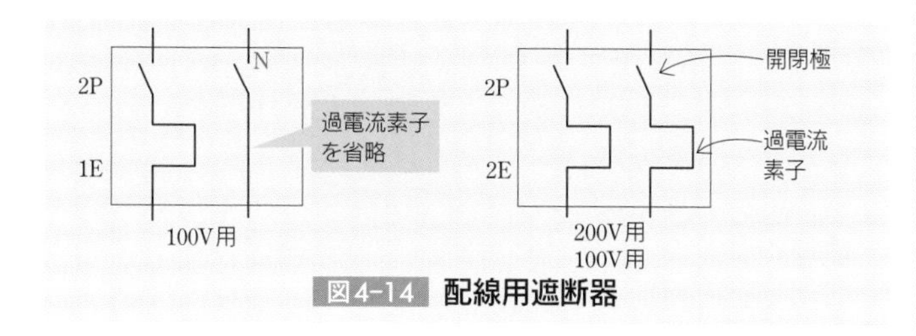

図4-14 配線用遮断器

2 100/200V単相3線式回路の配線用遮断器

過電流遮断器は原則的に，電路のどの電線に過電流が流れた場合でも，この電流を遮断して電路を保護できるものでなければなりません。

ただし，対地電圧が150V以下の低圧屋内電路で，過電流が流れたときに，各極が同時に遮断される構造の配線用遮断器を使用する場合は，接地側電線に接続される極の過電流素子を省略することができます。

したがって，100/200V単相3線式回路において，接地側電線がある100V単相2線式の分岐回路には，2極1素子の配線用遮断器が使用でき，接地側電線がない200V単相2線式の分岐回路には，2極2素子の配線用遮断器を使用しなければなりません。

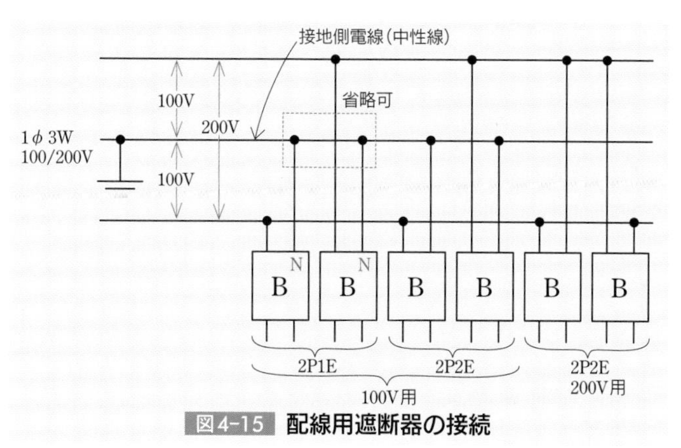

図4-15 配線用遮断器の接続

CHAPTER 4-8

低圧幹線の施設

（ていあつかんせん　しせつ）

攻略ポイント

- □幹線の許容電流▶ $I_A \geqq 1.25 I_M + I_H (I_M \leqq 50[A])$, $I_A \geqq 1.1 I_M + I_H (I_M > 50[A])$
- □過電流遮断器の定格電流▶ $I_B \leqq 3I_M + I_H$
- □細い幹線の過電流遮断器の省略▶①$I_A \geqq 0.55 I_B$（長さに制限なし）
  ②$I_A \geqq 0.35 I_B$（長さ8m以下）
  ③長さ3m以下

1 幹線の許容電流と過電流遮断器の定格電流

低圧屋内配線は，幹線と分岐回路に分類され，幹線は，引込口から分岐回路の分岐点にいたる配線をいいます。

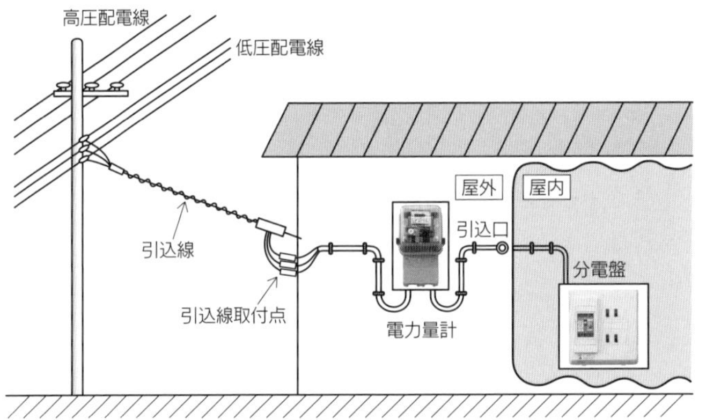

図4-16 引込口配線

図4-17で，幹線の許容電流と過電流遮断器の定格電流を考えます。

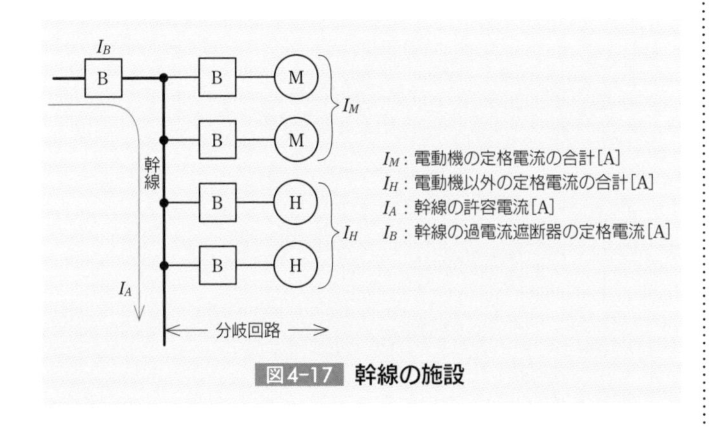

図4-17 幹線の施設

+プラスα

幹線と分岐回路
幹線には負荷は接続されないが，分岐回路には負荷が直接接続される。

①幹線の許容電流I_A[A]

幹線の許容電流I_Aは，負荷の定格電流の合計によって決まります。

(1)$I_M \leqq I_H$の場合，$I_A \geqq I_M + I_H$

(2)$I_M > I_H$の場合で

$I_M \leqq 50$[A]の場合，$I_A \geqq 1.25I_M + I_H$

$I_M > 50$[A]の場合，$I_A \geqq 1.1I_M + I_H$

需要率が与えられた場合は，需要率をI_M，I_Hに乗じた値で考えます。

②過電流遮断器の定格電流I_B[A]

(1)原則は幹線の許容電流I_A以下で，$I_B \leqq I_A$

(2)電動機がある場合は，**イ**かつ**ロ**であること。

イ　$I_B \leqq 3I_M + I_H$

ロ　$I_B \leqq 2.5I_A$（$2.5I_A < 3I_M + I_H$の場合）

+プラスα

需要率

総設備容量に対して，実際に使用した最大使用電力の割合を需要率という。設備された負荷すべてが同時に使用されることはないので，需要率はふつう100%より小さい値になる。

需要率＝(最大使用電力÷総設備容量)×100[%]

2 太い幹線から細い幹線を分岐する場合の施設

太い幹線から細い幹線を分岐した場合，細い幹線には過電流遮断器を施設します。ただし，次の場合は，細い幹線の過電流遮断器を省略することができます。

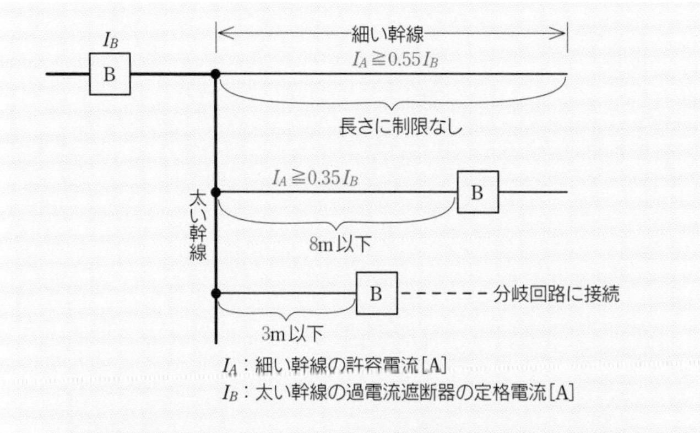

図4-18 細い幹線の過電流遮断器が省略できる場合

イ　$I_A \geqq 0.55I_B$の場合（細い幹線の長さに制限はない）。

ロ　$I_A \geqq 0.35I_B$で，細い幹線が8m以下の場合。

ハ　3m以下の細い幹線の場合。

CHAPTER 4 9

低圧分岐回路の施設

攻略ポイント

- □分岐回路の種類により，電線の太さ，コンセントの定格電流が定められている。
- □20A配線用遮断器の分岐回路▶電線の太さ：1.6mm以上，コンセント：20A以下
- □分岐回路には，過電流遮断器と開閉器を分岐点から3m以下の箇所に施設する。
  例外▶$I_A \geqq 0.35 I_B$（電線の長さは8m以下）
  $I_A \geqq 0.55 I_B$（電線の長さに制限はない）

1 分岐回路の種類

幹線から分岐して電気機械器具にいたる配線を**分岐回路**といいます。

接続された電気機械器具や電路に事故が生じた場合，その影響を他の箇所におよぼさないように，また保守，点検および経済性などを考慮して，屋内配線は，分岐回路によって適切に分けられる必要があります。

それぞれの分岐回路には，開閉器と過電流遮断器が施設されますが，一般的には，配線用遮断器が分電盤の中に組み込まれています。

表4-3 分岐回路の施設

分岐回路を保護する過電流遮断器の種類	電線の太さ（軟銅線）	コンセントの定格電流
定格電流15A以下	直径1.6mm以上	15A以下
定格電流15A超え20A以下の配線用遮断器	直径1.6mm以上	20A以下
定格電流15A超え20A以下（ヒューズに限る）	直径2mm以上	20A
定格電流20A超え30A以下	直径2.6mm以上	20A以上30A以下
定格電流30A超え40A以下	断面積8mm²以上	30A以上40A以下
定格電流40A超え50A以下	断面積14mm²以上	40A以上50A以下

各分岐回路は，回路を保護する過電流遮断器の定格電流によって，「15A分岐回路」などと呼ばれます。

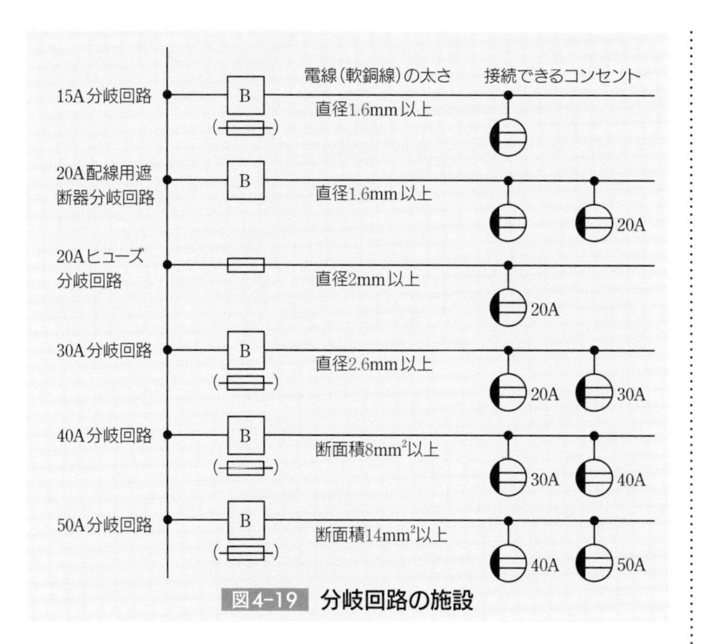

図4-19 分岐回路の施設

+プラスα

電流表示のないコンセントは定格電流15A

ことばの説明

▶ヒューズ

2 過電流遮断器と開閉器の施設

分岐回路に過電流遮断器と開閉器を施設する場合は，幹線との分岐点から，次の箇所に施設します。

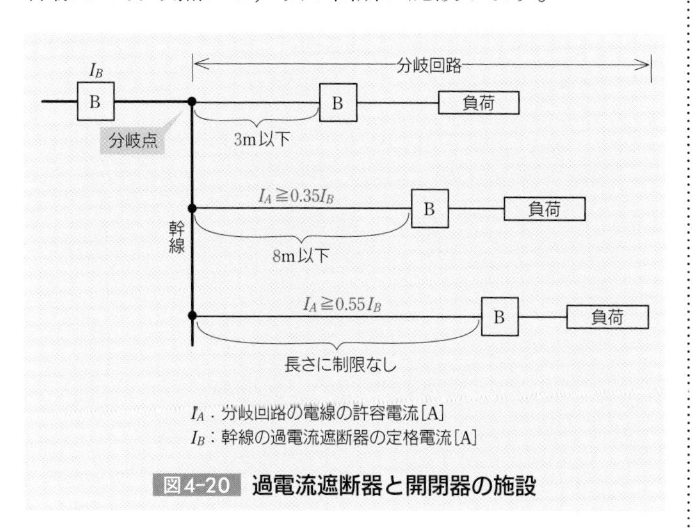

図4-20 過電流遮断器と開閉器の施設

イ 原則は電線の長さが3m以下の箇所。

ロ $I_A \geqq 0.35I_B$で，電線の長さが8m以下の箇所。

ハ $I_A \geqq 0.55I_B$の箇所（電線の長さに制限はない）。

配電理論と配線設計

第4章の過去問に挑戦

問題1

H29・上期・6

図のように，電線のこう長10mの配線により，消費電力1 500Wの抵抗負荷に電力を供給した結果，負荷の両端の電圧は100Vであった。配線における電圧降下[V]は。ただし，電線の電気抵抗は長さ1 000m当たり5.0Ωとする。

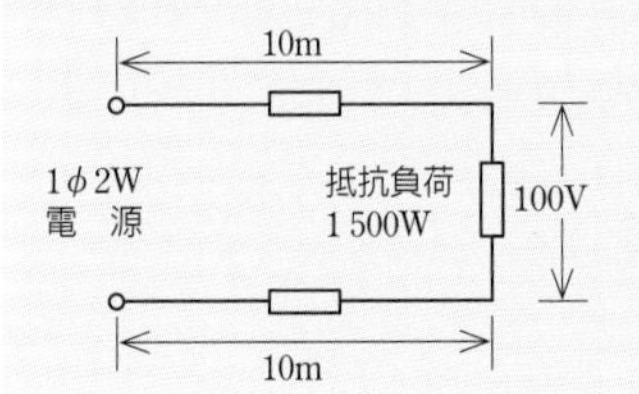

イ．0.15　　**ロ**．0.75
ハ．1.5　　**ニ**．3.0

問題2

H26・上期・8

図のように，三相の電動機と電熱器が低圧屋内幹線に接続されている場合，幹線の太さを決める根拠となる電流の最小値[A]は。ただし，需要率は100%とする。

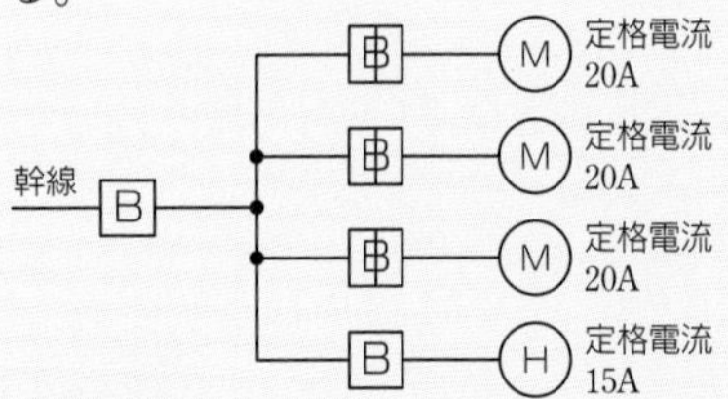

イ．75　　**ロ**．81
ハ．90　　**ニ**．195

問題3

H25・上期・7

図のような単相3線式回路で電流計Ⓐの指示値が最も小さいものは。ただし，Ⓗは定格電圧100Vの電熱器である。

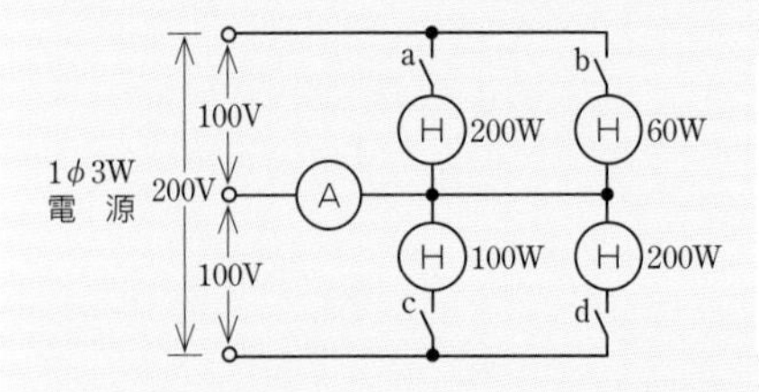

イ．スイッチa，bを閉じた場合。
ロ．スイッチc，dを閉じた場合。
ハ．スイッチa，dを閉じた場合。
ニ．スイッチa，b，dを閉じた場合。

この章からは，単相3線式回路に関する問題が最も多い。次いで電線の許容電流，電流減少係数，分岐回路の種類，単相2線式回路の電圧降下などが出題される。

問題1の Hint

電線を敷設する際の2点間の長さの合計を「こう長」という。導体の抵抗は，長さに比例し，断面積に反比例する。

P.110参照

解答と解説

問題1 ハ

配線を流れる電流 I は，

$$I = \frac{P}{V} = \frac{1\,500}{100} = 15[\mathrm{A}]$$

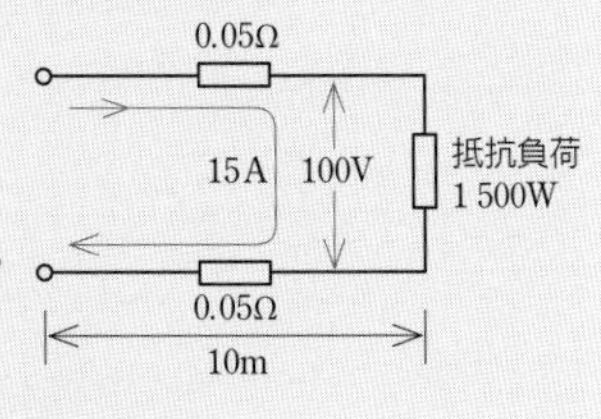

電線のこう長10mの抵抗 r は，

$$r = \frac{10}{1\,000} \times 5.0 = 0.05[\Omega]$$

したがって，単相2線式の電圧降下 e は，

$$e = 2Ir = 2 \times 15 \times 0.05 = 1.5[\mathrm{V}]$$

問題2の Hint

電動機の定格電流の合計と電熱器の定格電流の合計は。

P.122～123参照

問題2 ロ

低圧屋内配線の幹線の太さは，幹線の許容電流によって決まる。電動機は3台あるので，電動機の定格電流の合計 I_M は，$20 \times 3 = 60[\mathrm{A}]$，電熱器の定格電流の合計 I_H は15Aなので，$I_M > I_H$ となる。よって，幹線の許容電流 I_A は，

①$I_M \leqq 50[\mathrm{A}]$ の場合，$I_A \geqq 1.25I_M + I_H[\mathrm{A}]$

②$I_M > 50[\mathrm{A}]$ の場合，$I_A \geqq 1.1I_M + I_H[\mathrm{A}]$

したがって，②より，$I_A \geqq 1.1 \times 60 + 15 = 81[\mathrm{A}]$

問題3の Hint

電流計は中性線に接続されている。

P.112参照

問題3 ハ

単相3線式回路は，2つの単相回路を組み合わせたもので，共有する中性線には左向きの電流と右向きの電流が流れている。電流計Ⓐはこの中性線に接続されているので，2つの単相回路に接続される電力の大きさが同じとき，電流が相殺されて，指示値は最小の0Aになる。

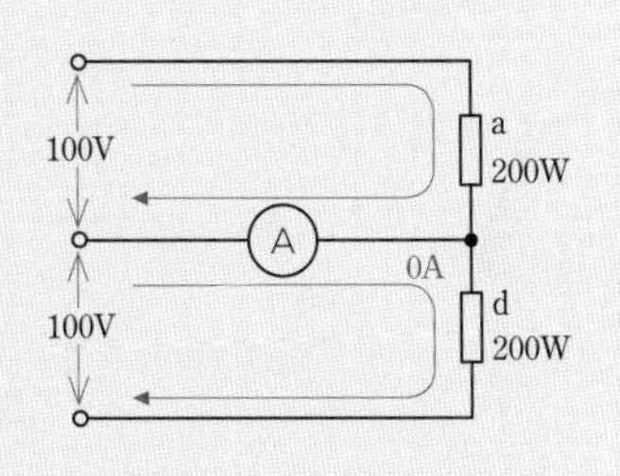

スイッチaとdを閉じた時，同じ消費電力の負荷が接続されることになるので，流れる電流の大きさは同じになる。このとき，各負荷に流れる電流の大きさは，

$$I = \frac{P}{V} = \frac{200}{100} = 2[\mathrm{A}]$$

問題4

R5・上期（午後）・6

図のような単相2線式回路において，d–d′間の電圧が100Vのときa–a′間の電圧[V]は。ただし，r_1，r_2及びr_3は電線の電気抵抗[Ω]とする。

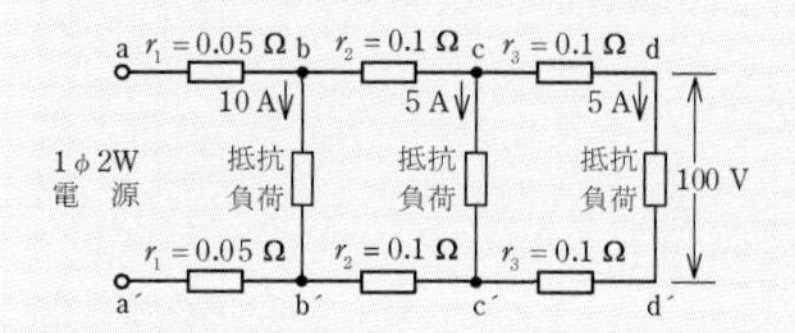

イ．102　　ロ．103
ハ．104　　ニ．105

問題5

H30・上期・7

図のような単相3線式回路において，電線1線当たりの抵抗が0.2Ωのとき，a–b間の電圧[V]は。

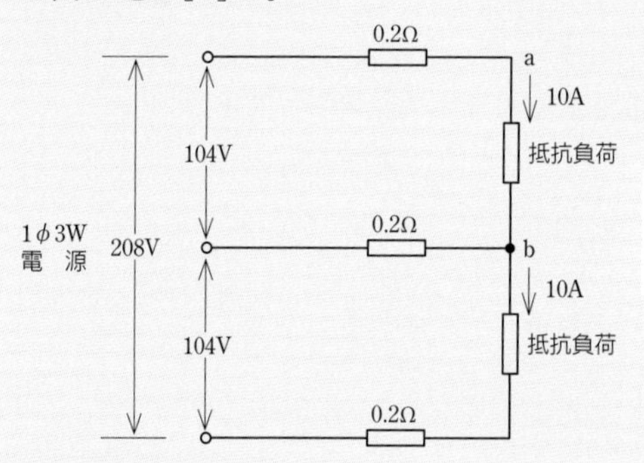

イ．96　　ロ．100
ハ．102　　ニ．106

問題6

H26・上期・6

図のような三相3線式回路で，電線1線当たりの抵抗が0.15Ω，線電流が10Aのとき，電圧降下（$V_s - V_r$）[V]は。

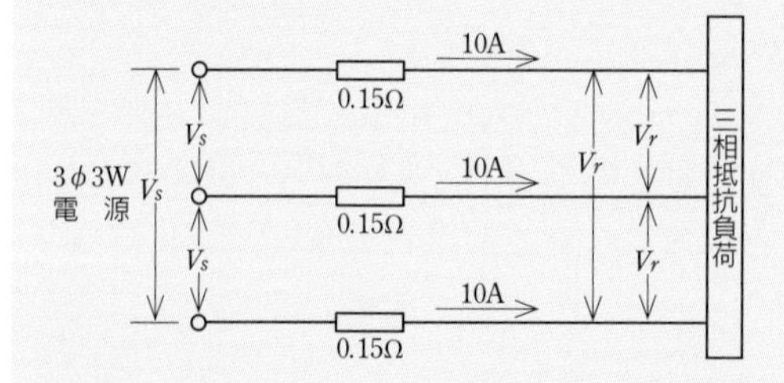

イ．1.5　　ロ．2.6
ハ．3.0　　ニ．4.5

解答と解説

問題4の Hint

単相2線式の電圧降下

$e = 2Ir$[V]

P.110～111参照

問題4　ニ

a–a′間の電圧は，d–d′間の電圧100Vに全体の電圧降下を加えた電圧になる。

a–b間およびa′–b′間を流れる電流は，$10 + 5 + 5 = 20$[A]

b–c間およびb′–c′間を流れる電流は，$5 + 5 = 10$[A]

c–d間およびc′–d′間を流れる電流は，5A

電流をIとすると，電圧降下eは，$e = 2Ir$なので，

a–b間，a′–b′間の電圧降下は，$e_1 = 2 \times 20 \times 0.05 = 2$[V]

b–c間，b′–c′間の電圧降下は，$e_2 = 2 \times 10 \times 0.1 = 2$[V]

c–d間，c′–d′間の電圧降下は，$e_3 = 2 \times 5 \times 0.1 = 1$[V]

したがって，a–a′間の電圧$V_{aa'}$は，

$$V_{aa'} = 100 + e_1 + e_2 + e_3 = 100 + 2 + 2 + 1 = 105[V]$$

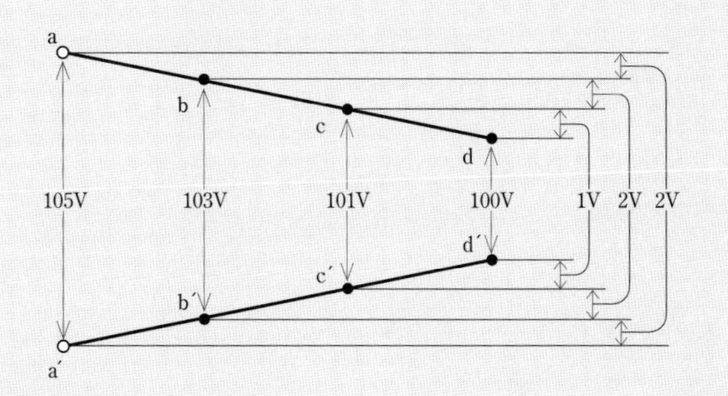

問題5の Hint

負荷が平衡している。

P.112～113参照

問題5　ハ

負荷が平衡しているので，中性線には電流は流れない。したがって，a–b間の電圧Vは，

$$V = 104 - (10 \times 0.2) = 104 - 2 = 102[V]$$

問題6の Hint

線間の電圧降下は，電線1本分の電圧降下の$\sqrt{3}$倍。

P.116～117参照

問題6　ロ

電線1本の抵抗r，線電流Iとすると，線間の電圧降下eは，

$$e = V_s - V_r$$
$$= \sqrt{3}\,Ir \fallingdotseq 1.73 \times 10 \times 0.15 \fallingdotseq 2.6[V]$$

問題7

R4・上期（午後）・6

図のように，単相2線式電線路で，抵抗負荷A，B，Cにそれぞれ負荷電流10Aが流れている。電源電圧が210Vであるとき抵抗負荷Cの両端電圧V_c[V]は。ただし，rは電線の抵抗[Ω]とする。

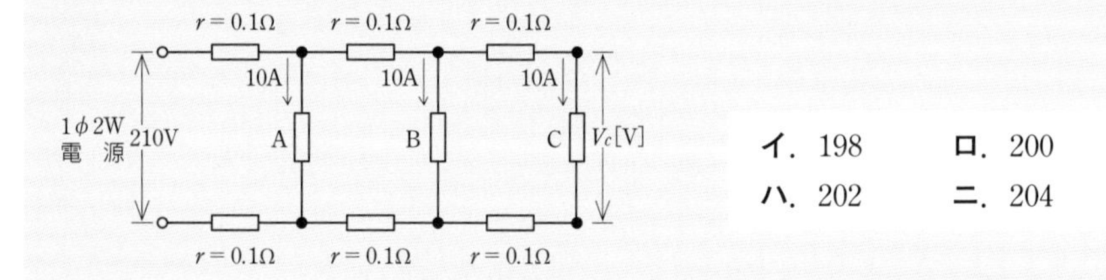

イ．198　　ロ．200
ハ．202　　ニ．204

問題8

H28・上期・7

図のような単相3線式回路において，消費電力1 000W，200Wの2つの負荷はともに抵抗負荷である。図中の×印点で断線した場合，a–b間の電圧[V]は。ただし，断線によって負荷の抵抗値は変化しないものとする。

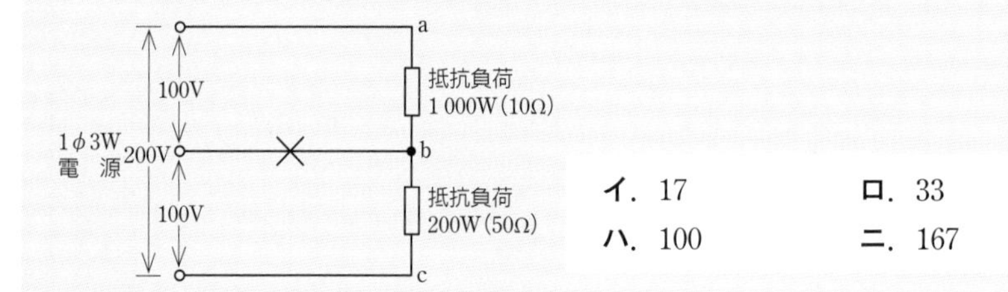

イ．17　　ロ．33
ハ．100　　ニ．167

問題9

R1・上期・8

金属管による低圧屋内配線工事で，管内に直径2.0mmの600Vビニル絶縁電線（軟銅線）5本を収めて施設した場合，電線1本当たりの許容電流[A]は。ただし，周囲温度は30℃以下，電流減少係数は0.56とする。

イ．10　　ロ．15　　ハ．19　　ニ．27

解答と解説

問題7のHint

電源から流れる電流は，抵抗負荷A，B，Cに流れる電流の合計。

P.111参照

問題7　イ

電線の抵抗を左からr_1，r_2，r_3とすると，r_3を流れる電流I_3は抵抗負荷Cに流れる電流と同じなので，$I_3 = 10$[A]

r_2を流れる電流I_2は抵抗負荷B，Cに流れる電流の合計なので，$I_2 = 10 + 10 = 20$[A]

r_1を流れる電流I_1も同様に，$I_1 = 10 + 20 = 30$[A]

単相2線式の電圧降下eは，$e = 2Ir$[V]で求められるから，

r_1での電圧降下e_1は，$e_1 = 2I_1r_1 = 2 \times 30 \times 0.1 = 6$[V]

r_2での電圧降下e_2は，$e_2 = 2I_2r_2 = 2 \times 20 \times 0.1 = 4$[V]

r_3での電圧降下e_3は，$e_3 = 2I_3r_3 = 2 \times 10 \times 0.1 = 2$[V]

全体の電圧降下eは，$e = 6 + 4 + 2 = 12$[V]

よって，両端電圧$V_C = 210 - e = 210 - 12 = 198$[V]

問題8のHint

中性線が断線した回路をかいて考える。

P.114～115参照

問題8　ロ

中性線が断線した場合の回路は，次の図のように，10Ωと50Ωの2つの負荷の直列接続になり，200Vが加わった回路となる。回路の電流は，オームの法則より，

$$I = \frac{200}{10+50} = \frac{10}{3}\text{[A]}$$

よって，a–b間の電圧V_{ab}は，

$$V_{ab} = \frac{10}{3} \times 10 \fallingdotseq 33\text{[V]}$$

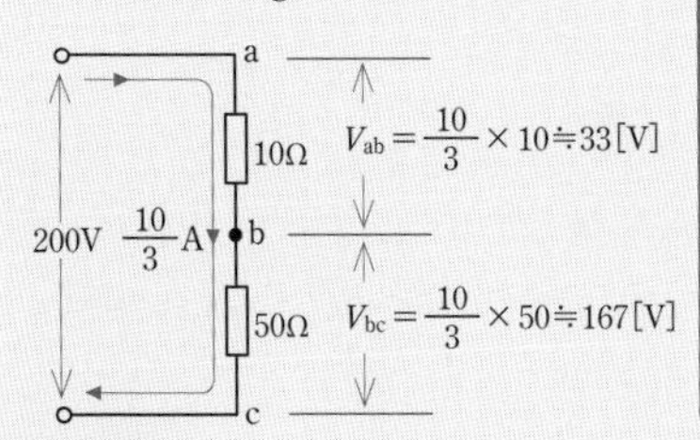

Point

単相3線式回路の中性線が断線すると，負荷に定格電圧以上の電圧が加わり，焼損するおそれがあるので，中性線には過電流遮断器を施設してはならない。ただし，中性線に施設した過電流遮断器が動作した場合，各極が同時に遮断される場合は施設できる。

問題9のHint

直径2.0mmの600Vビニル絶縁電線の許容電流は35A。

P.118～119参照

問題9　ハ

直径2.0mmの600Vビニル絶縁電線（IV）の許容電流は35A。5本挿入した場合の電流減少係数は0.56なので，電線1本当たりの許容電流は，

$$35 \times 0.56 = 19.6\text{[A]}$$

管・線ぴ内の電線数	電流減少係数
3本以下	0.7
4本	0.63
5または6本	0.56

問題10

H26・下期・6

図のような単相3線式回路で，電線1線当たりの抵抗がr[Ω]，負荷電流がI[A]，中性線に流れる電流が0Aのとき，電圧降下（$V_s - V_r$）[V]を示す式は。

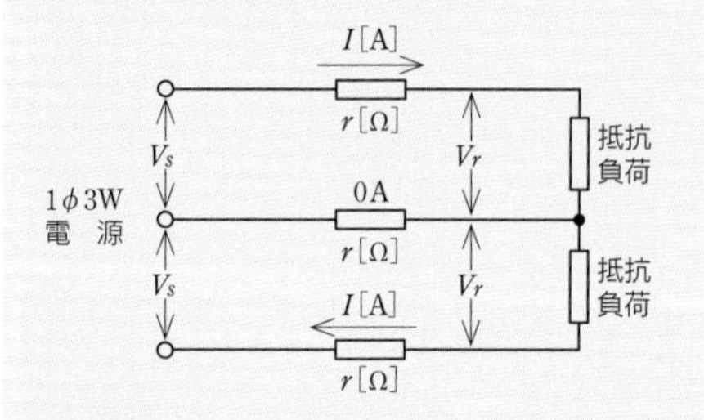

イ．rI　　ロ．$\sqrt{3}\,rI$

ハ．$2rI$　　ニ．$3rI$

問題11

H28・下期・8

図のような三相3線式回路で，電線1線当たりの抵抗値が0.15Ω，線電流が10Aのとき，この電線路の電力損失[W]は。

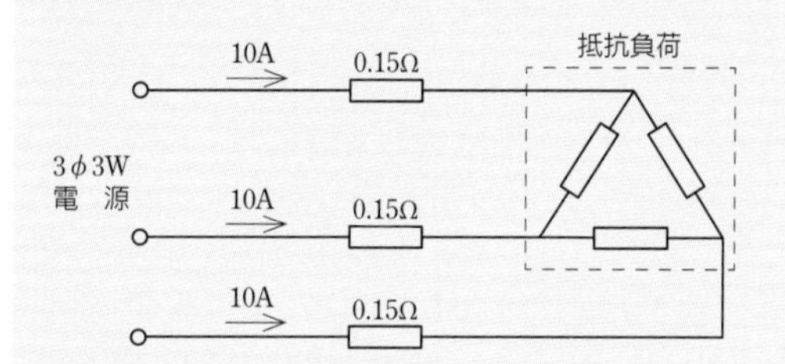

イ．2.6　　ロ．15

ハ．26　　ニ．45

問題12

H30・上期・9

図のように定格電流100Aの過電流遮断器で保護された低圧屋内幹線から分岐して，6mの位置に過電流遮断器を施設するとき，a–b間の電線の許容電流の最小値[A]は。

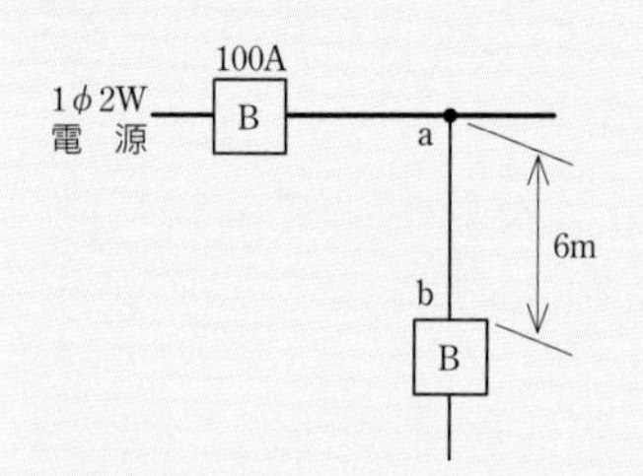

イ．25　　ロ．35

ハ．45　　ニ．55

解答と解説

問題10のHint

中性線を流れる電流は0Aなので，負荷が平衡している。

P.112～113参照

問題10　イ

単相3線式回路の中性線を流れる電流は，2つの抵抗負荷を流れる電流の差になる。したがって，中性線を流れる電流が0Aのときは，2つの抵抗負荷を流れる電流の差が0Aということなので，ここでの電圧降下（$V_s - V_r$）[V] は，電線1本分になる。よって，

$$V_s - V_r = rI\ (= Ir)\ [\mathrm{V}]$$

問題11のHint

三相3線式の電力損失（平衡負荷）

$P_\ell = 3I^2r$[W]

P.116～117参照

問題11　ニ

電線1本の抵抗r，線電流Iとすると，三相3線式の電力損失P_ℓは，電線1本分の電力損失I^2rの3倍になる。

$$P_\ell = 3 \times 10^2 \times 0.15 = 45[\mathrm{W}]$$

問題12のHint

3mを超えて8m以下の箇所に取り付ける。

P.125参照

問題12　ロ

幹線から分岐して分岐回路を施設する場合，分岐回路にも過電流遮断器を施設する。過電流遮断器の施設箇所は，

①原則として分岐点から3m以下の箇所に施設する。

②分岐する電線の許容電流が過電流遮断器の定格電流の55%以上の場合は，距離に制限はない。

③分岐する電線の許容電流が過電流遮断器の定格電流の35%以上の場合は，3mを超えて8m以下の箇所に施設する。

問題は，分岐する電線の長さが6mなので，上記の③に該当する。したがって，分岐するa–b間の電線の許容電流の最小値は，

$$100 \times 0.35 = 35[\mathrm{A}]$$

COLUMN

試験で求められる計算力

電気理論や配電理論を理解するために，数学の知識は欠かせません。また，試験でも計算問題が何問か出題されています。求められる計算力は決して高度なものではありませんが，長い間数学から遠ざかっていて計算の仕方を忘れてしまった人にとっては，苦手意識を感じる分野のようです。

計算が苦手な人の中には，始めから計算問題を捨てて試験にのぞむ人もいます。それでも合格できる可能性はありますが，第二種電気工事士の免状取得後，さらに上の資格を目指すためにも，別冊『計算虎の巻』などを活用して，計算力の基本をしっかりと身に付けましょう。

【身に付けたい数学的知識】

①正の数・負の数

四則計算（たし算・ひき算・かけ算・わり算）のきまりなど。

②分数

通分と約分のしかた，かけ算・わり算の計算のきまりなど。

③指数

指数のついた数どうしのかけ算・わり算，単位換算など。

④平方根

素因数分解，平方根の計算のきまりなど。

⑤文字式

文字式の表し方，同類項の計算など。

⑥方程式

等式の性質，１次方程式の解き方など。

⑦割合と比・比例

割合と百分率，比例式の解き方，比例と反比例など。

⑧三角比

三平方の定理，三角比の定義（$\sin\theta$，$\cos\theta$，$\tan\theta$）など。

計算力を身に付けるうえで大切なことは，実際に手を動かして自分で解いてみることです。教材を読んで頭だけで考えようとせずに，計算のきまりや考え方の道筋など，手で書いて確認しながら練習しましょう。手間がかかるかもしれませんが，身に付けば大きな得点源となります。

電気工事の施工方法

第5章

CHAPTER 5-1

屋内配線工事の種類と施設場所

（おくないはいせんこうじ　しゅるい　しせつばしょ）

攻略ポイント

□使用電圧600V以下の低圧屋内配線工事▶ケーブル工事，合成樹脂管工事，金属管工事，金属可とう電線管工事はすべての場所に施設できる。

□使用電圧300V以下の低圧屋内配線工事▶金属線ぴ工事，ライティングダクト工事，セルラダクト工事，フロアダクト工事，平形保護層工事など。

施設場所と工事の種類

低圧屋内配線工事は，施設する場所の環境によって，施工できる工事の種類が定められています。

表5-1 施設場所と工事の種類

施設場所 ＼ 工事の種類	展開した場所		点検できる隠ぺい場所		点検できない隠ぺい場所	
	乾燥した場所	その他の場所	乾燥した場所	その他の場所	乾燥した場所	その他の場所
ケーブル工事 合成樹脂管工事 金属管工事 金属可とう電線管工事（2種）	◎	◎	◎	◎	◎	◎
がいし引き工事	◎	◎	◎	◎		
金属線ぴ工事 ライティングダクト工事	○		○			
金属ダクト工事	◎		◎			
バスダクト工事	◎	○	◎			
セルラダクト工事			○		○	
フロアダクト工事					○	
平形保護層工事			○			

◎：使用電圧600V以下で施設可
○：使用電圧300V以下で施設可
その他の場所：風呂場，床下など，湿気の多い場所または水気のある場所。

①**展開した場所（露出場所）**▶点検できる隠ぺい場所と点検できない隠ぺい場所以外の場所。

②**点検できる隠ぺい場所**▶点検口がある天井裏，戸棚または押入れなど，容易に電気設備に接近し，または電気設備を点検できる隠ぺい場所。

ことばの説明
▶一種金属製可とう電線管
金属可とう電線管工事で一種金属製可とう電線管を使用する場合，施設場所に「展開した場所又は点検できる隠ぺい場所であって，乾燥した場所であること」という制限がある。

ことばの説明
▶隠ぺい場所
露出しておらず，直接目視できない場所。

③**点検できない隠ぺい場所**▶天井ふところ，壁内またはコンクリート床内など，工作物を破壊しなければ電気設備に接近し，または電気設備を点検できない場所。

④**乾燥した場所**▶湿気の多い場所と水気のある場所以外の場所。

⑤**湿気の多い場所**▶水蒸気が充満する場所または湿度が著しく高い場所。

⑥**水気のある場所**▶水を扱う場所もしくは雨露にさらされる場所，その他水滴が飛散する場所，または常時水が漏出し，もしくは結露する場所。

⑦**接触防護措置**▶

イ．設備を，屋内にあっては**床上**2.3m以上，屋外にあっては**地表上**2.5m以上の高さに，かつ，人が通る場所から手を伸ばしても触れることのない範囲に施設すること。

ロ．設備に人が接近または接触しないように，さく，へいなどを設け，または設備を金属管に収めるなどの防護措置を施すこと。

⑧**簡易接触防護措置**▶

イ．設備を，屋内にあっては**床上**1.8m以上，屋外にあっては**地表上**2m以上の高さに，かつ，人が通る場所から容易に触れることのない範囲に施設すること。

ロ．上記⑦-ロと同じ。

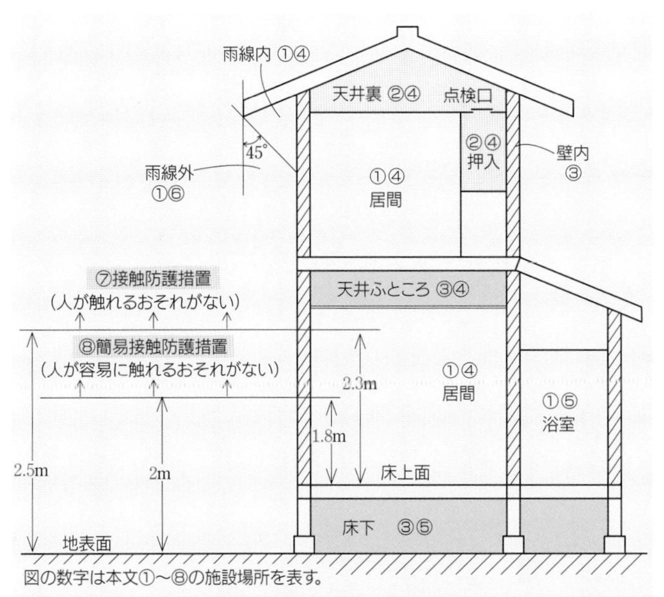

図5-1 屋内工事の施設場所

ことばの説明

▶接触防護措置
簡易接触防護措置
P.207参照

電気工事の施工方法

CHAPTER 5 2

接地工事

攻略ポイント

- □D種接地工事▶使用電圧300V以下の低圧用設備を施設するとき。
- □C種接地工事▶使用電圧300Vを超える低圧用設備を施設するとき。
- □接地抵抗値▶D種接地工事は100Ω以下，C種接地工事は10Ω以下。
  0.5秒以内で動作する漏電遮断器を施設した場合は，500Ω以下。
- □接地線の太さ▶1.6mm以上（軟銅線）

1 接地工事の目的

電気設備と大地を電線で電気的に接続することを**接地**といいます。大地に埋め込む接地用の金属板や金属棒を**接地極**といい，これに電線（**接地線**）を接続します。このような工事を**接地工事**といいます。

接地工事により，電路や機器の外部に漏れた電流は，接地線を通して大地に流れます。これにより，人間などに対する感電事故を防止し，漏電による火災や電気機械器具の損傷を防止します。

接地工事には**A種接地工事**，**B種接地工事**，**C種接地工事**，**D種接地工事**の4種類があり，第二種電気工事士試験では，C種とD種の問題が出題されます。

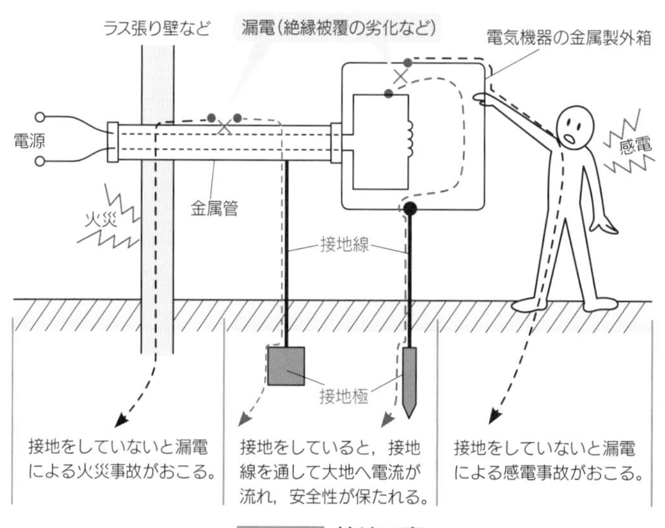

図5-2 接地工事

+プラスα

A種接地工事
特別高圧・高圧で使用する電気機械器具の金属製外箱などに施される接地工事。

B種接地工事
変圧器の故障で，高圧と低圧が混触したときに発生する事故を防ぐため，変圧器の低圧側に施される接地工事。

2 接地工事の種類

接地工事は，A種，B種，C種，D種の4種類があります。このうち，D種接地工事は，使用電圧300V以下の低圧用設備を施設するときに行われ，C種接地工事は，使用電圧300Vを超える低圧用設備を施設するときに行われます。

表5-2 接地工事の対象

接地工事の種類	使用電圧	接地工事の対象
D種接地工事	300V以下の低圧のもの	電気機械器具の金属製外箱や金属製の電線管，線ぴ，ダクトなど。
C種接地工事	300Vを超える低圧のもの	

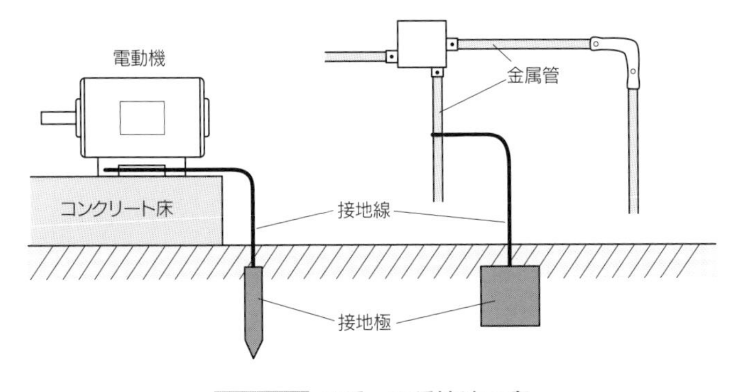

図5-3 C種・D種接地工事

3 接地抵抗値と接地線の太さ

C種接地工事とD種接地工事の接地抵抗値と接地線の太さを表5-3に示します。

表5-3 接地抵抗値と接地線の太さ

接地工事の種類	接地抵抗値（*1）	接地線（*2）
D種接地工事	100Ω以下	軟銅線 1.6mm以上
C種接地工事	10Ω以下	

＊1：電路に地絡を生じた場合，0.5秒以内に自動的に電路を遮断する装置（漏電遮断器）を施設した場合は，500Ω以下。

＊2：移動して使用する電気機械器具の接地線で，多心コードまたは多心キャブタイヤケーブルの1心を使用する場合は，0.75mm^{2}以上。

3 接地工事の省略

攻略ポイント

- □ 接地工事省略▶①乾燥した場所，②絶縁性のものの上，③二重絶縁構造の機械器具，④水気のある場所以外など。
- □ 金属管工事，金属可とう電線管工事，金属ダクト工事，バスダクト工事は，接触防護措置を施した場合は，C種接地工事をD種接地工事に緩和できる。

1 電気機械器具の接地工事の省略

電気機械器具の鉄台，金属製外箱の接地工事は，電気機械器具の使用電圧300V以下の場合は**D種接地工事**，使用電圧300Vを超え，交流600V以下の場合は**C種接地工事**を施すのが原則です。

ただし，次のような場合は，漏電しても危険度があまり高くならないので，接地工事を省略することができます。

①対地電圧150V以下の機械器具を**乾燥した場所**に施設する場合

②低圧用の機械器具を**乾燥した木製の床**（その他これに類する絶縁性のもの）の上で取り扱うように施設する場合

③電気用品安全法の適用を受ける**二重絶縁構造**の機械器具を施設する場合

④低圧用の機械器具に電気を供給する電路の電源側に絶縁変圧器（二次側電圧300V以下，定格容量3kVA以下のもの）を施設し，かつ，絶縁変圧器の負荷側の電路を接地しない場合

⑤**水気のある場所以外の場所**に施設する低圧用の機械器具に電気を供給する電路に，漏電遮断器（定格感度電流15mA以下，動作時間0.1秒以下のもの）を施設する場合

⑥低圧用の機械器具を人が触れるおそれがないように木柱などの絶縁性のものの上に施設する場合

+プラスα
コンクリートの床は，絶縁性のものには含まれないので，接地工事を行う。

2 配線工事の接地工事の省略と緩和

金属管工事，金属線ぴ工事などにおける接地工事は，次のような場合は，漏電しても危険度があまり高くならないので，D種接地工事を省略，またはC種接地工事をD種接地工事に緩和することができます。

① *金属管工事

（1）使用電圧300V以下，管の長さが4m以下で，乾燥した場所。（D種省略可）

（2）対地電圧150V以下，管の長さが8m以下で，簡易接触防護措置を施す場合，または乾燥した場所。（D種省略可）

② *金属可とう電線管工事

使用電圧300V以下，管の長さが4m以下の場合。（D種省略可）

③金属線ぴ工事

（1）使用電圧300V以下，線ぴの長さが4m以下の場合。（D種省略可）

（2）対地電圧150V以下，線ぴの長さが8m以下で，簡易接触防護措置を施す場合，または乾燥した場所。（D種省略可）

④ライティングダクト工事

対地電圧150V以下，ダクトの長さが4m以下の場合。（D種省略可）

⑤ *金属ダクト工事・*バスダクト工事・フロアダクト工事・セルラダクト工事

省略が認められる場合はない。

＊接触防護措置を施した場合は，C種接地工事をD種接地工事に緩和することができる。

CHAPTER 5 4

漏電遮断器の施設・省略

攻略ポイント

- □金属製外箱に収められ，使用電圧が60Vを超える低圧の機械器具の電路には，原則的に，漏電遮断器を施設しなければならない。
- □漏電遮断器の省略▶①乾燥した場所，②対地電圧150V以下で，水気のある場所以外の場所，③二重絶縁構造のもの，④接地抵抗値が3Ω以下の場合など。

1 漏電遮断器の施設

金属製外箱に収められ，使用電圧が60Vを超える低圧の電気機器の電路には，電路に地絡を生じたときに自動的に電路を遮断する漏電遮断器を施設しなければなりません。

2 漏電遮断器の働き

低圧屋内配線において，電路はつねに大地から絶縁されていなければなりませんが，絶縁不良などによって絶縁抵抗値が低下すると，電線と大地間に漏えい電流が流れ，**漏電（地絡）**が発生します。そこで，漏電による感電や火災を防止するために，地絡を検知して自動的に電路を遮断する**漏電遮断器**などの施設が必要になります。漏電遮断器の内部には，**零相変流器**（ZCT）が組み込まれており，この装置が地絡電流を検出します。

①地絡が発生していない場合

負荷への電流I_1と，負荷からの電流I_2の大きさは等しいので，地絡が発生していない場合は，零相変流器の鉄心内の磁束はお互いに打ち消しあいます。このとき零相変流器（ZCT）は異常を検知せず，漏電遮断器は動作しません。

②地絡が発生した場合

地絡が発生して地絡電流I_gが流れると，$I_1 - I_2 = I_g$となり，電流I_2は地絡電流I_gの分だけ小さくなります。これにより，零相変流器の鉄心内に磁束の変化が生じ，巻

ことばの説明

▶地絡
一種の漏電で，絶縁劣化などによって電気回路の充電部が大地とつながること。このときに流れる電流を地絡電流という。

線に電圧が誘起されます。この電圧によって電磁装置を動作させて開閉器を開き，電路を遮断します。

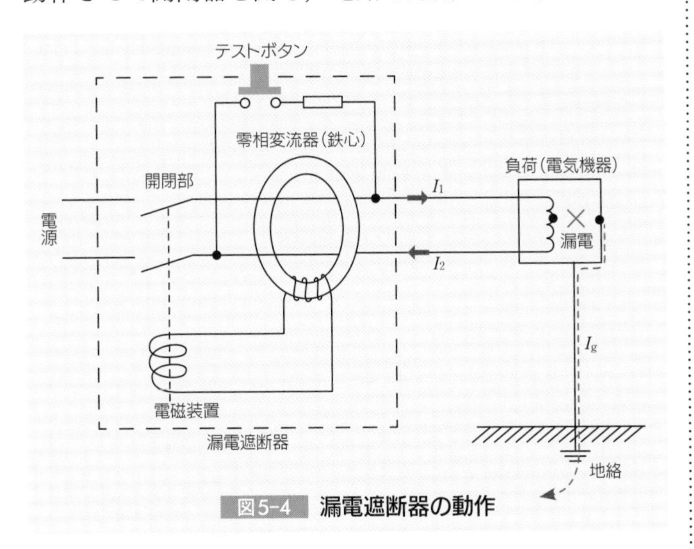

図5-4 **漏電遮断器の動作**

3 漏電遮断器の省略

次のような場合は，漏電による感電事故や火災事故のおそれが少ないので，漏電遮断器を施設しなくてもよいとされています。

①機械器具に**簡易接触防護措置**を施す場合

②機械器具を**乾燥した場所**に施設する場合

③対地電圧が150V以下の機械器具を**水気のある場所以外の場所**に施設する場合

④電気用品安全法の適用を受ける**二重絶縁構造**の機械器具を施設する場合

⑤機械器具に施されたC種接地工事またはD種接地工事の接地抵抗値が3Ω以下の場合

⑥機械器具がゴム，合成樹脂その他の絶縁物で被覆したものである場合

⑦機械器具内に電気用品安全法の適用を受ける**漏電遮断器**を取り付け，かつ，電源引出部が損傷を受けるおそれがないように施設する場合

CHAPTER 5

5 電線の接続

でんせん　せつぞく

攻略ポイント

□電線の接続条件▶
①電気抵抗を増加させない。
②引張強さを20%以上減少させない。
③接続管などの器具を使用するか，ろう付けをする。
④絶縁効力のある接続器を使用するか，絶縁効力のあるもので被覆する。
⑤コード相互，ケーブル相互の接続には，コード接続器，接続箱などを使用する。

1 電線の接続

電線相互を接続する場合，接続が適切でないと接続部分からの出火や強度不足による断線などが生じます。そのため，電線の接続に関しては，次のように定められています。

①電線の**電気抵抗**を増加させないこと。
②電線の引張強さを20%以上減少させないこと。
③接続部分には，接続管その他の器具を使用し，または**ろう付け**すること。
④接続部分には，絶縁電線の絶縁物と同等以上の絶縁効力のある接続器を使用するか，同等以上の絶縁効力のあるもので十分に被覆すること。
⑤コード相互，キャブタイヤケーブル相互，ケーブル相互またはこれらのもの相互を接続する場合は，**コード接続器**，**接続箱**，その他の器具を使用すること。ただし，断面積8mm^{2}以上のキャブタイヤケーブル相互を接続する場合を除く。

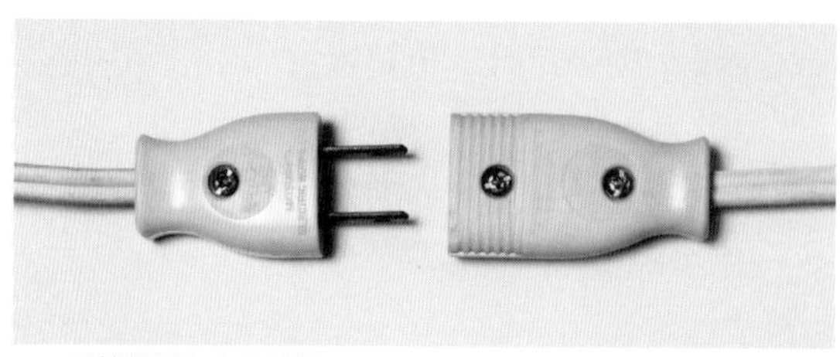

コード接続器による接続

ことばの説明
▶「接続管その他の器具」
リングスリーブや差込形コネクタを含む。

+プラスα
屋内配線の電線接続は，リングスリーブによる圧着接続，差込形コネクタによる接続が行われる。ろう付け（はんだ付け）による接続は，ほとんど行われなくなった。

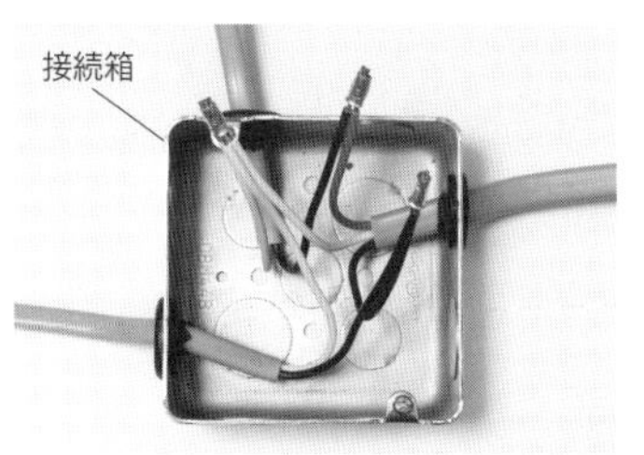

リングスリーブ接続

差込形コネクタ接続

2 絶縁テープによる絶縁電線の被覆方法

電線を接続するときは，心線の絶縁被覆をはぎ取って行うので，電線の接続部分は心線が露出したままの状態になります。そこで，絶縁テープを用いて，接続部分の絶縁処理を行わなければなりません。絶縁テープで被覆する場合は，次のように行います。

①ビニルテープ（厚さ約0.2mm）

ビニルテープを**半幅**以上重ねて2回以上（4層以上）巻く。

②黒色粘着性ポリエチレン絶縁テープ（厚さ約0.5mm）

粘着性ポリエチレン絶縁テープを**半幅**以上重ねて1回以上（2層以上）巻く。

③自己融着性絶縁テープ（厚さ約0.5mm）

自己融着性絶縁テープを**半幅**以上重ねて1回以上（2層以上）巻き，さらにその上に**保護テープ**（厚さ約0.2mm）を半幅以上重ねて1回以上（2層以上）巻く。

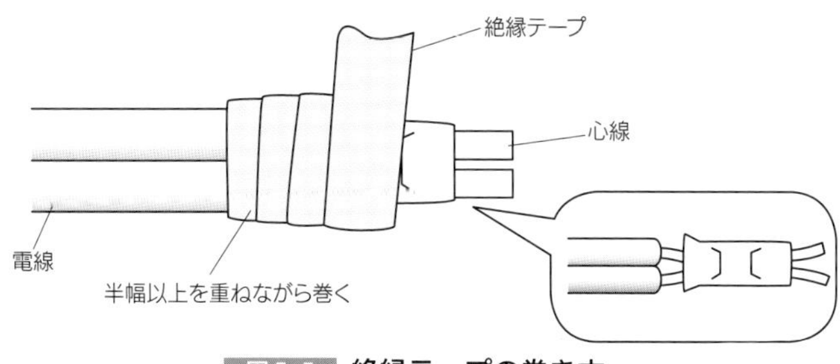

図5-5 絶縁テープの巻き方

CHAPTER 5 6

ケーブル工事

攻略ポイント

- □ケーブル配線工事は，施設場所に制限がない。
- □ケーブル相互の接続には，接続箱を使用する。
- □ケーブル支持点間の距離▶造営材の下面，側面：2m以下
  接触防護措置を施した場所で垂直取付け：6m以下
- □ケーブル地中埋設深さ▶重量物の圧力を受ける：1.2m以上，その他：0.6m以上

1 ケーブル工事の施設

ケーブル工事は，ビニル外装ケーブルやポリエチレン外装ケーブルなどを使用する工事で，展開した場所や隠ぺい場所など，施設場所にほとんど制限がありません。ただし，重量物の圧力または著しい機械的衝撃を受けるおそれのある場所に施設するケーブルについては，金属管や合成樹脂管に収めるなどの防護措置を施します。

ケーブルは，サドルやステープルなどで固定し，支持点間の距離を適切にとります。また，ケーブルを曲げる場合は，屈曲部をゆるやかに保ちます。

①使用電線▶VVF，VVR，EM-EEF，CVなど。
②ケーブル相互の接続▶接続箱内で接続する。
③支持点間の距離▶造営材の下面，側面に沿って取り付ける場合は，2m以下。接触防護措置を施した場所において垂直に取り付ける場合は，6m以下。
④曲げ半径▶ケーブルの屈曲部の内側半径rは，ケーブルの仕上り外径Dの6倍以上（$r \geqq 6D$）。

2 ケーブルの地中埋設（直接埋設式）

ビニル外装ケーブルやポリエチレン外装ケーブルなどは，地中に埋設して配線することができます。ケーブルを地中に埋設する場合は，重量物の圧力や著しい機械的衝撃を考慮して施工を行います。

ことばの説明

▶外装
「シース」と同じ意味。

①使用電線▶VVF，VVR，EM-EEF，CVなど。

②埋設深さ

▶重量物の圧力を受けるおそれのある場所：1.2m以上

▶その他の場所：0.6m以上

③電線の保護▶堅ろうなトラフなどに収めて施設する。重量物の圧力を受けるおそれがない場合は，ケーブルの上部を堅ろうな板または「とい」で覆う。

ことばの説明

▶トラフ

コンクリートなどで作られたU字型の溝。並べて電線を通してふたをする。

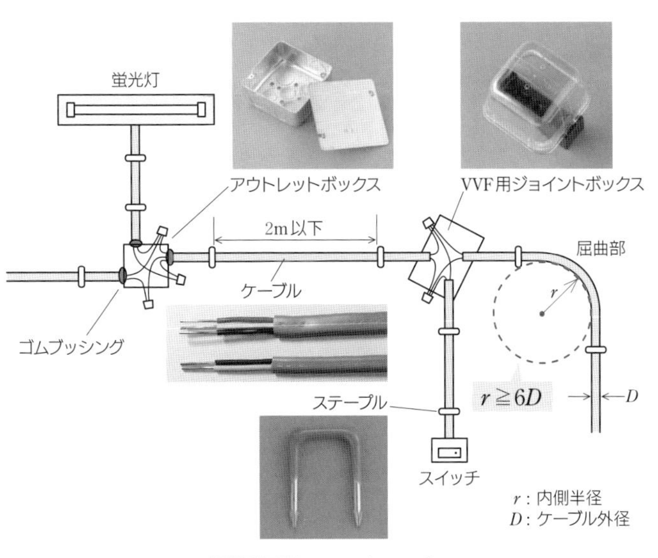

図5-6 ケーブル工事

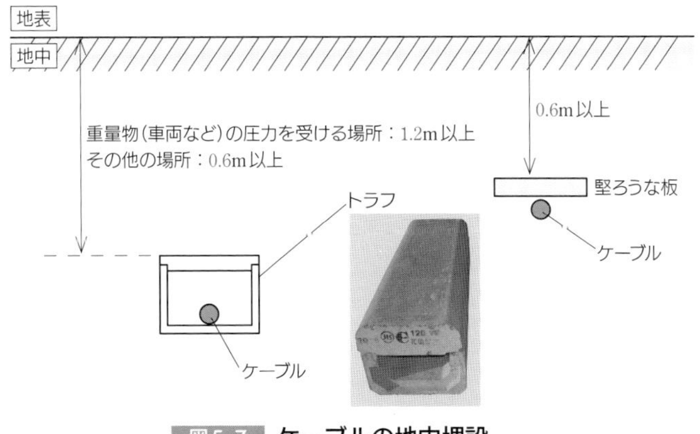

図5-7 ケーブルの地中埋設

7 合成樹脂管工事

（ごうせいじゅしかんこうじ）

攻略ポイント

- □使用電線▶OW線を除く絶縁電線
- □合成樹脂管工事に施設場所の制限はない。
- □合成樹脂管の支持点間の距離▶1.5m以下
- □VE管の差込み深さ▶管外径の1.2倍以上（接着剤使用の場合は0.8倍以上）
- □CD管▶コンクリート埋設専用

合成樹脂管工事の施設

合成樹脂管には，硬質塩化ビニル電線管（VE管），合成樹脂製可とう電線管（PF管，CD管）があり，VE管とPF管は難燃性ですが，CD管は可燃性です。合成樹脂管は，電気的絶縁性に優れ，腐食しにくいことから，化学薬品工場や機械工場などの配管工事に用いられます。しかし，熱や機械的衝撃に弱いため，重量物のかかる場所などに施設する場合は，防護措置を施す必要があります。

①VE管，PF管

展開した場所，隠ぺい場所などすべての場所に施設することができます。PF管は可とう性（外力によってたわむ性質）があります。VE管を曲げるときは，トーチランプを用いた熱処理が必要です。

②CD管

可とう性のある電線管です。自己消火性がないため，コンクリートに埋設します。

①使用電線▶OW線を除く絶縁電線
▶より線または直径3.2mm以下の単線
②管内に電線の接続点を設けない。
③支持点間の距離▶1.5m以下
▶PF管，CD管は1m以下が好ましい。
④曲げ半径▶曲げ半径rは，管内径dの6倍以上。
⑤VE管相互，VE管とボックス等との接続
▶管外径Dの1.2倍以上（接着剤使用時は0.8倍以上）。

ことばの説明

▶OW線
屋外用ビニル絶縁電線。低圧架空電線に使用される。

⑥CD管▶コンクリート埋設専用

⑦PF管相互，CD管相互，およびPF管とCD管とは，直接接続せず，カップリングを用いる。

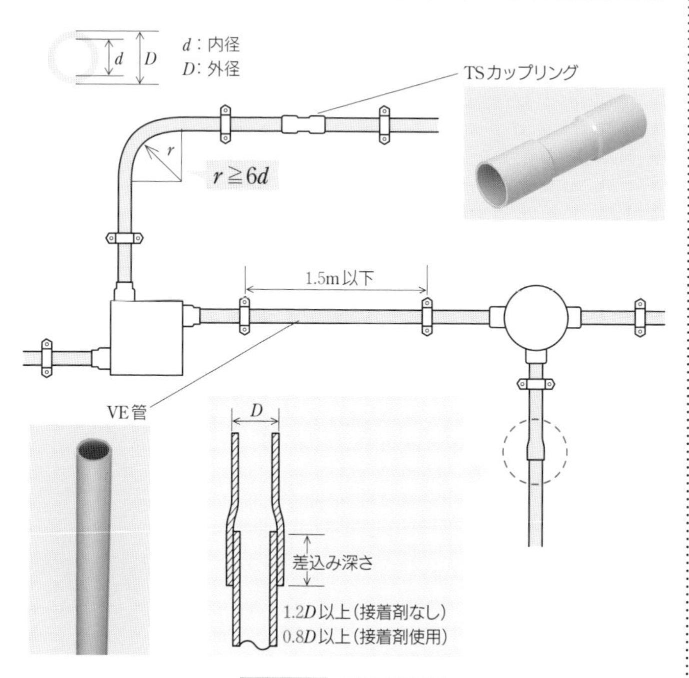

図5-8 **VE管工事**

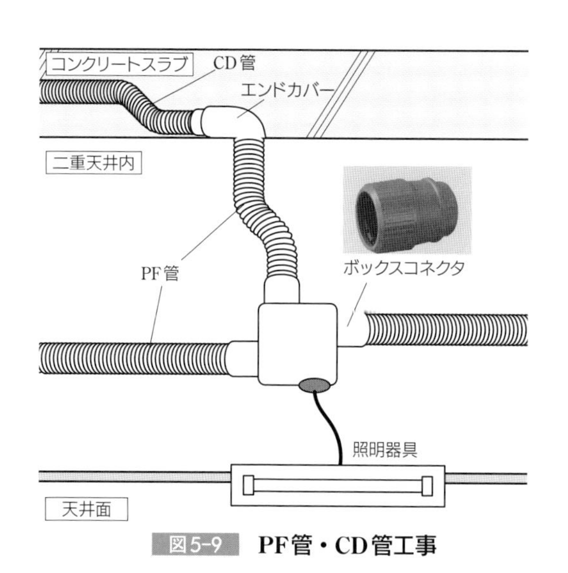

図5-9 **PF管・CD管工事**

ことばの説明

▶エンドカバー
コンクリートの埋め込みへの引込みなどに使用する。

CHAPTER 5-8

金属管工事

攻略ポイント

- □使用電線▶OW線を除く絶縁電線
- □管内に電線の接続点を設けない。
- □コンクリートに埋め込む場合の管の厚さ▶1.2mm以上
- □使用電圧300V以下の場合は，D種接地工事を施す。

1 金属管工事

金属管工事は，ねじなし電線管，薄鋼電線管，厚鋼電線管を使用する工事です。電線を金属管の中に収めるため衝撃に強く，施設場所についてはほとんど制限がありません。一般の電気工事では，ねじ切りの必要がないねじなし電線管と，必要がある薄鋼電線管が使用されます。

2 電磁的平衡

金属管内の電線に電流が流れると磁束が発生します。この磁束によって金属管にうず電流が発生すると，金属管が過熱したり騒音を発したりします。これを防止するために，1**回路の電線**をすべて同じ管に収めて誘導を打ち消し合い，**電磁的平衡**が取れるようにします。

単相2線式回路では2線を，単相3線式回路および三相3線式回路では3線を同一管内に収めます。

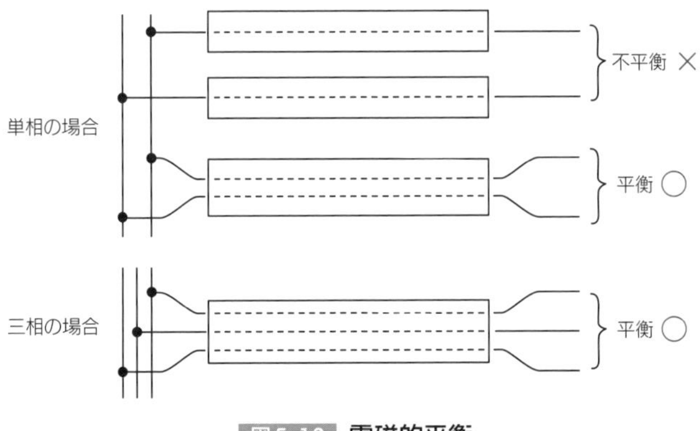

図5-10 電磁的平衡

3 金属管工事の施設

金属管工事は，次のように定められています。

①使用電線▶OW線を除く絶縁電線
▶より線または直径3.2mm以下の単線
②管内に電線の接続点を設けない。
③コンクリートに埋め込む管の厚さ▶1.2mm以上
④曲げ半径▶曲げ半径rは，管内径dの6倍以上。
⑤接地工事▶使用電圧300V以下：D種接地工事
▶使用電圧300V超過の低圧：C種接地工事
⑥接地工事の省略
▶使用電圧300V以下，管の長さが4m以下で，乾燥した場所。
▶対地電圧150V以下，管の長さが8m以下で，簡易接触防護措置を施す場合，または乾燥した場所。

+プラスα
木造屋側引込口配線では金属管工事は施設できない。

+プラスα
電線の接続は，管内に電線の接続点を設けず，ボックス内部で行う。

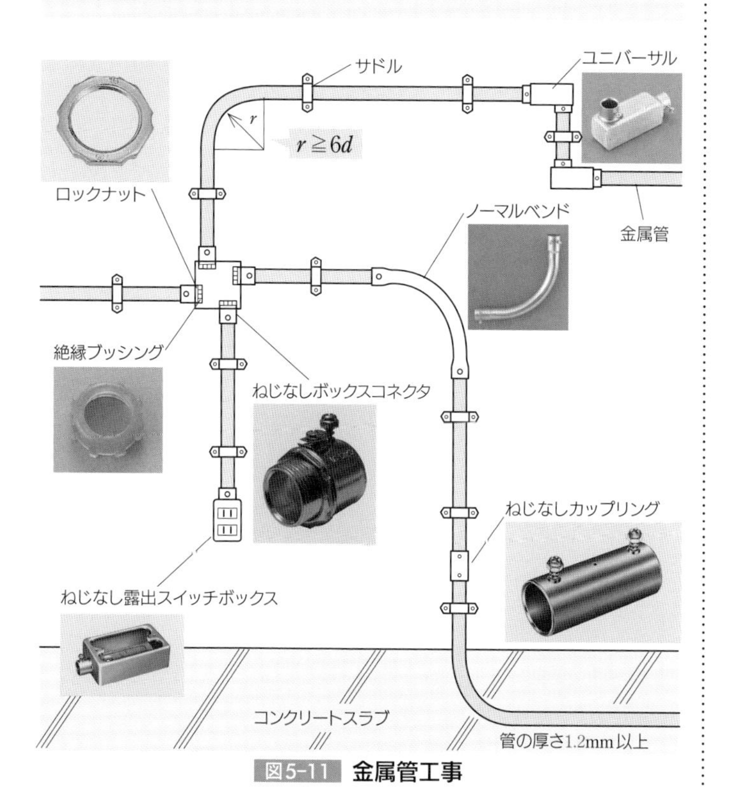

図5-11 金属管工事

CHAPTER 5-9

金属可とう電線管工事など

（きんぞくか でんせんかんこうじ）

攻略ポイント

- □使用電線▶OW線を除く絶縁電線
- □金属製可とう電線管内，金属線ぴ内では，電線の接続点を設けない。
- □金属製可とう電線管の曲げ半径▶曲げ半径は，管内径の6倍以上。
- □使用電圧300V以下の場合には，D種接地工事を施す。

1 金属可とう電線管工事

金属製可とう電線管は，可とう性（外力によってたわむ性質）のある金属製の電線管で，一種金属製可とう電線管と二種金属製可とう電線管があります。このうち，二種金属製可とう電線管を用いた工事は金属管工事と同様に，施設場所についてほとんど制限がありません。ただし，重量物の圧力や機械的衝撃を受けるおそれのある場所に施設する場合は，適当な防護措置を施します。

①使用電線▶OW線を除く絶縁電線
　　　　　▶より線または直径3.2mm以下の単線
②管内に電線の接続点を設けない。
③曲げ半径▶曲げ半径は，管内径の6倍以上。
④接地工事▶使用電圧300V以下：D種接地工事
　　　　　▶使用電圧300V超過の低圧：C種接地工事
⑤接地工事の省略▶使用電圧300V以下，管の長さが4m以下の場合。

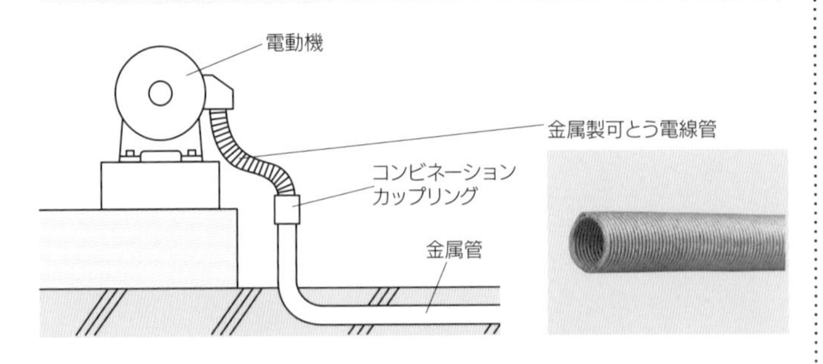

図5-12 金属可とう電線管工事

2 金属線ぴ工事

金属線ぴは，電線やケーブルを収める「とい」のことです。一種金属線ぴと二種金属線ぴがあり，一種は屋内配線の増設などに，二種は配線と照明器具の取付けなどに利用されます。金属線ぴ工事は，使用電圧300V以下，展開した場所および点検できる隠ぺい場所で，乾燥した場所に施設します。

①使用電線▶OW線を除く絶縁電線

②線ぴ内に電線の接続点を設けない。ただし，二種金属線ぴで電線を分岐する場合で，接続点が容易に点検できるように施設し，線ぴにD種接地工事を施す場合は可。

③接地工事▶D種接地工事

④接地工事の省略

▶線ぴの長さが4m以下のもの。

▶対地電圧150V以下，線ぴの長さが8m以下で，簡易接触防護措置を施す場合，または乾燥した場所。

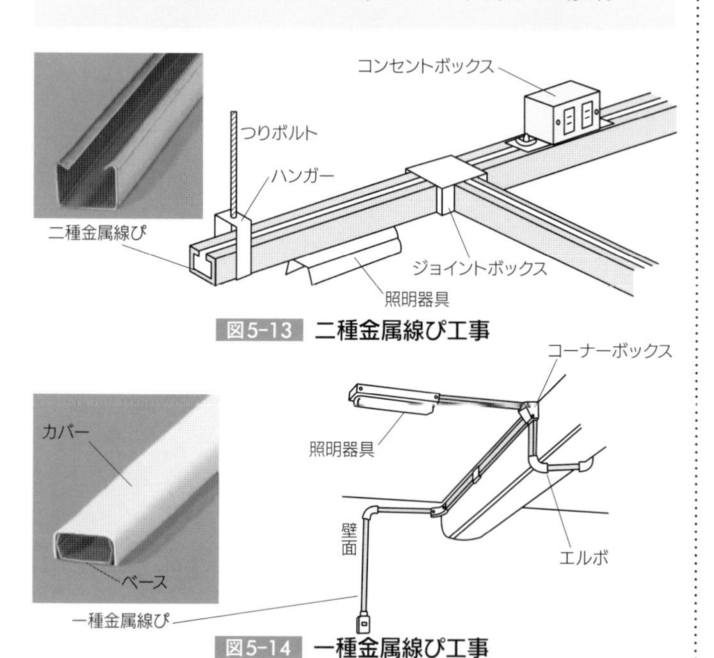

図5-13 二種金属線ぴ工事

図5-14 一種金属線ぴ工事

+プラスα

金属線ぴ

幅が5cm以下のものを金属線ぴという。

ことばの説明

▶エルボ

屈曲箇所に使用する。

電気工事の施工方法

CHAPTER 5-10

金属(きんぞく)ダクト工事(こうじ)など

攻略ポイント

- □金属ダクト工事▶ダクト内の電線の総断面積はダクトの内断面積の20%以下。
  支持点間の距離は3m以下。
- □ライティングダクト工事▶支持点間の距離は2m以下。
  ダクトの開口部は下向きに施設する。
  ダクトは造営材を貫通して施設しない。

1 金属ダクト工事

金属ダクト工事は，ビルや工場などで電線やケーブルを多数集めて配線するための工事です。展開した場所および点検できる隠ぺい場所で，乾燥した場所に施設します。

①使用電線▶OW線を除く絶縁電線
②ダクト内に電線の接続点を設けない。ただし，電線を分岐する場合で，接続点が容易に点検できる場合は可。
③ダクト内の電線の絶縁被覆を含む総断面積は，ダクトの内断面積の20%以下。
④支持点間の距離▶3m以下。ただし，取扱者以外の者が出入りできない場所に垂直に取り付ける場合は，6m以下。
⑤接地工事▶使用電圧300V以下：D種接地工事
　　　　　　使用電圧300V超過の低圧：C種接地工事
⑥接地工事の省略が認められる場合はない。

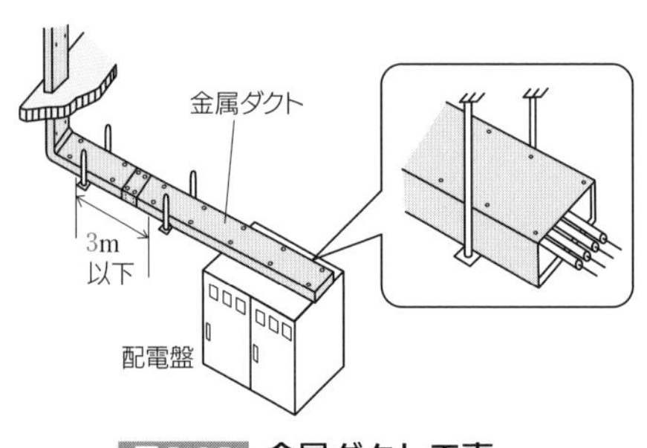

図5-15 金属ダクト工事

+プラスα
金属ダクト
幅5cmを超え，かつ厚さが1.2mm以上の鉄板で，錆を防ぐために塗装またはめっきを施す。

2 ライティングダクト工事

ライティングダクトは，絶縁物によって支持された導体を金属製または合成樹脂製のダクトに収めたもので，照明器具や小型電気機器に電気を供給するものです。天井に取り付け，ライティングダクトの好きな位置に照明器具などを固定することができます。

ライティングダクト工事は，使用電圧300V以下，展開した場所および点検できる隠ぺい場所で，乾燥した場所に施設します。

①支持点間の距離▶2m以下
②ダクトの開口部は下向きに施設する。ただし，ダクトに簡易接触防護措置を施し，ダクト内部にじんあいが侵入し難いように施設する場合は，横向きに施設できる。
③ダクトの電路には，漏電遮断器を施設する。ただし，ダクトに簡易接触防護措置を施す場合は省略できる。
④ダクトは造営材を貫通して施設しない。
⑤ダクトの終端部はエンドキャップで閉そくする。
⑥接地工事▶D種接地工事
⑦接地工事の省略
▶合成樹脂などの絶縁物で被覆したダクトの場合。
▶対地電圧150V以下で，ダクトの長さ4m以下の場合。

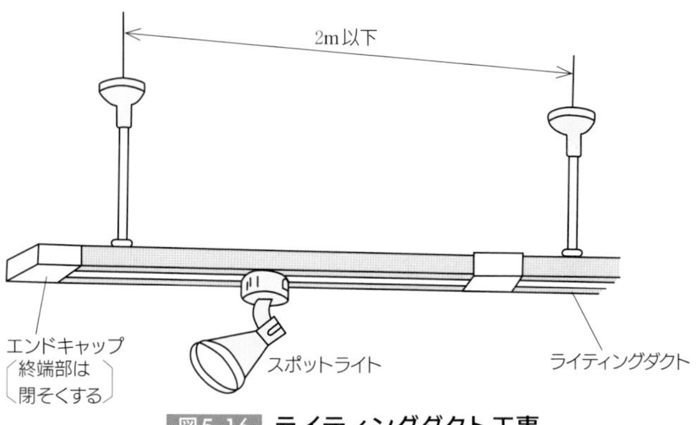

図5-16 ライティングダクト工事

CHAPTER 5-11

セルラダクト工事など

攻略ポイント

□セルラダクト工事▶使用電圧300V以下，屋内の乾燥した場所で，かつ点検できる隠ぺい場所および点検できない隠ぺい場所。
接地工事はD種接地工事，接地工事の省略はない。

□フロアダクト工事▶使用電圧300V以下，屋内の乾燥した点検できない隠ぺい場所。
接地工事はD種接地工事，接地工事の省略はない。

1 セルラダクト工事

セルラダクト工事は，鉄骨建造物の波形デッキプレートなどの溝の部分を閉鎖して，配線用ダクトとして使用する工事です。

セルラダクト工事は，使用電圧300V以下，点検できる隠ぺい場所および点検できない隠ぺい場所で，乾燥した場所に施設します。

①使用電線▶OW線を除く絶縁電線
▶より線または直径3.2mm以下の単線
②ダクト内に電線の接続点を設けない。ただし，電線を分岐する場合で接続点が容易に点検できる場合は可。
③接地工事▶D種接地工事
④接地工事の省略が認められる場合はない。

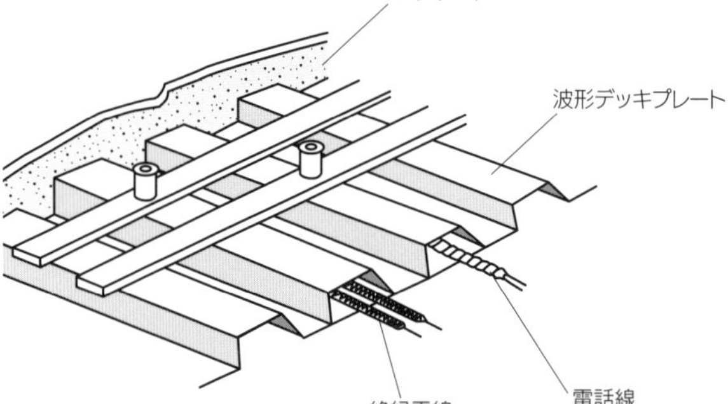

コンクリート
波形デッキプレート
絶縁電線
電話線

図5-17 セルラダクト工事

ことばの説明

▶波形デッキプレート
波形鋼板ともいう。凹凸の波形を交互に繰り返し，丈夫な構造材として鉄骨建造物に使われる。

2 フロアダクト工事

フロアダクト工事は，事務所ビルやデパートなどのコンクリート建物の床下にダクトを施設して配線する工事で，インサート部分から事務用機器などの電源が取り出せるようにしたものです。

使用電圧300V以下で，乾燥した点検できない隠ぺい場所に施設します。

①使用電線▶OW線を除く絶縁電線
▶より線または直径3.2mm以下の単線
②ダクト内に電線の接続点を設けない。ただし，電線を分岐する場合で接続点が容易に点検できる場合は可。
③接地工事▶D種接地工事
④接地工事の省略が認められる場合はない。

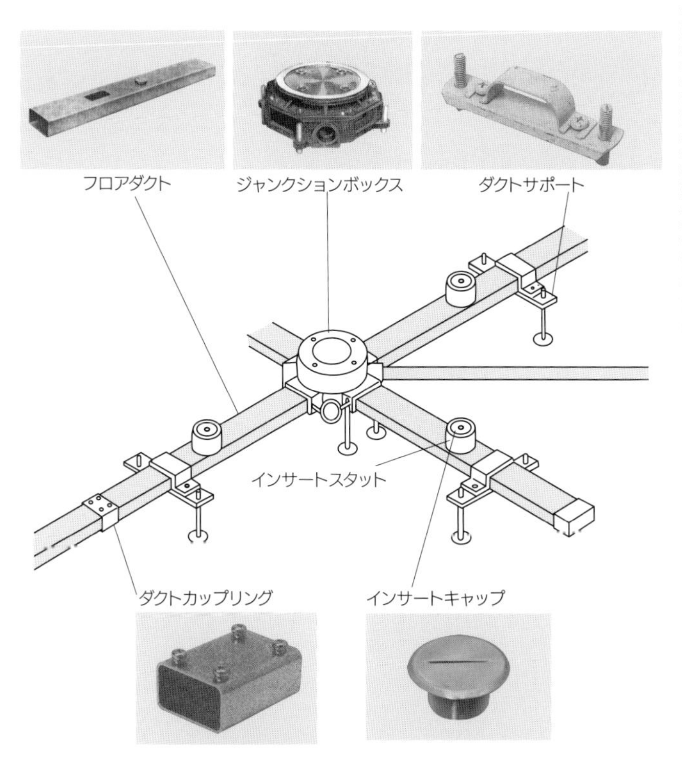

図5-18 フロアダクト工事

電気工事の施工方法

CHAPTER 5 - 12

がいし引(び)き工事(こうじ)など

攻略ポイント

- □ がいし引き工事▶OW線，DV線は使用できない。支持点間の距離は2m以下。
- □ バスダクト工事▶支持点間の距離は，3m以下。
- □ 平形保護層工事▶住宅，旅館，学校，病院などには施設できない。
  ▶電路には，漏電遮断器を施設する。

1 がいし引き工事

がいし引き工事は，がいしで絶縁電線を支持して配線する工事で，電線が露出して配線されるため，人が容易に触れるおそれのない場所に施設します。

①使用電線▶OW線，DV線を除く絶縁電線

②使用電圧300V以下の場合は，電線に簡易接触防護措置を施す。

③使用電圧300Vを超える場合は，電線に接触防護措置を施す。

④支持点間の距離

▶造営材の上面，側面の取付けの場合：2m以下

▶使用電圧300V超で造営材の上面，側面の取付け以外の場合：6m以下

⑤電線相互の間隔▶6cm以上

⑥電線と造営材との離隔距離

▶使用電圧300V以下：2.5cm以上

▶使用電圧300V超過：4.5cm以上

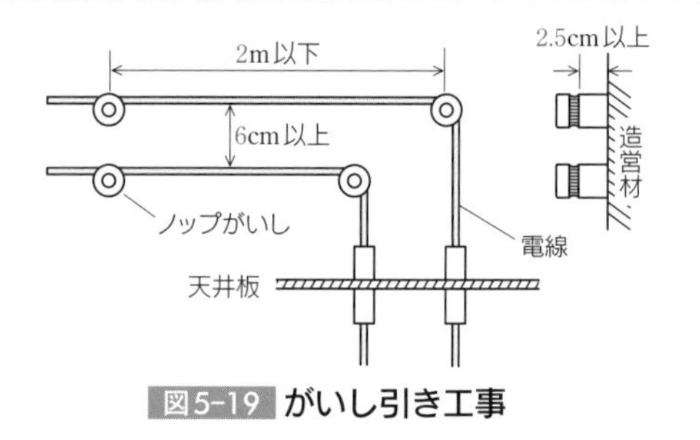

図5-19 がいし引き工事

ことばの説明

▶がいし
電線を絶縁し，支持する器具。

▶DV線
引込用ビニル絶縁電線。屋外からの引込線として使用される。

2 バスダクト工事

バスダクト工事は，金属製のダクトの中に帯状の導体を収めたもので，主に幹線路として，大電流を流すために用います。

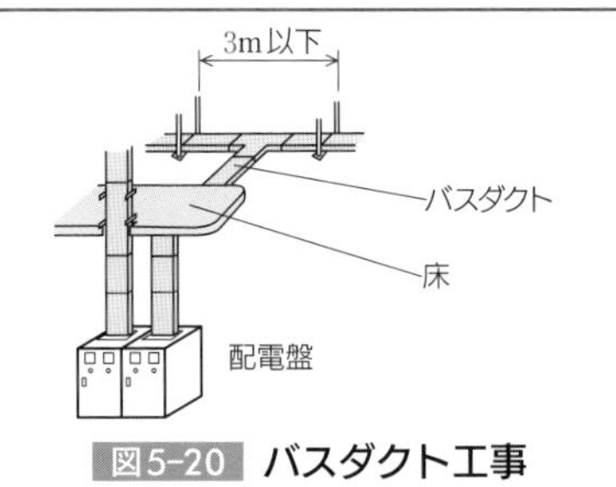

図5-20 バスダクト工事

①支持点間の距離▶3m以下。ただし，取扱者以外の者が出入りできない場所に垂直に取り付ける場合は，6m以下。
②接地工事▶使用電圧300V以下：D種接地工事
▶使用電圧300V超過：C種接地工事
③接地工事の省略が認められる場合はない。

3 平形保護層工事

平形保護層工事は，薄型でテープ状の絶縁電線を使用して，タイルカーペットなどの下に施設する工事で，ビルや事務室などに採用されています。

①使用電線▶平形導体合成樹脂絶縁電線
②住宅，旅館，学校，病院などには施設できない。
③電路の対地電圧は，150V以下とする。
④30A以下の過電流遮断器で保護される分岐回路で使用する。
⑤電路には，漏電遮断器を施設する。
⑥造営材の床面，壁面に施設し，造営材を貫通しない。

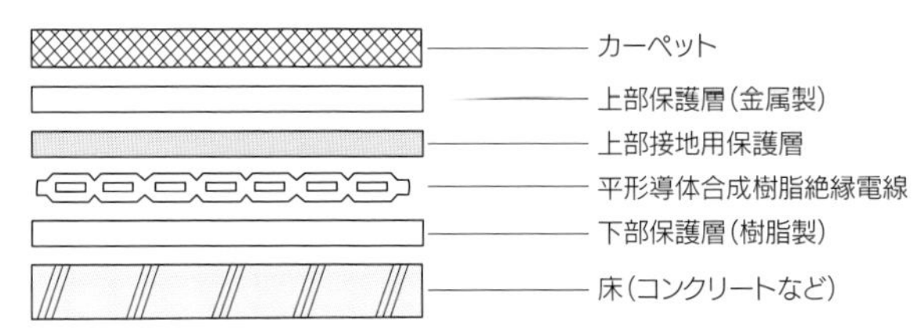

図5-21 平形保護層工事

+プラスα
バスダクト

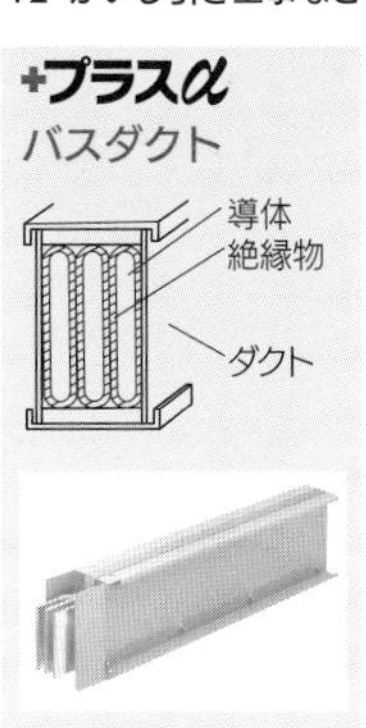

ことばの説明
▶平形導体合成樹脂絶縁電線
フラットケーブルとも呼ばれる，薄く成形された絶縁電線。

CHAPTER 5 13

ショウウインドー内(ない)の施設(しせつ)など

攻略ポイント

□ショウウインドー内などの配線には，コードの使用が認められる。
□金属製の管やダクトなどは，メタルラスなどと電気的に接続しないように施設する。
□金属管などがメタルラス張りなどの造営材を貫通する場合は，貫通する部分のメタルラスなどを十分に切り開き，かつ，その部分の金属管などに耐久性のある絶縁管をはめる，または耐久性のある絶縁テープを巻く。

1 ショウウインドー内の施設

ショウウインドーやショウケース内の照明などの配線は，美観上，見えやすい箇所に限り，コードやキャブタイヤケーブルによる配線が認められています。

①ショウウインドー，ショウケースは，乾燥した場所に施設し，内部を乾燥した状態で使用する。
②使用電圧▶300V以下
③外部から見えやすい箇所に限り，断面積0.75mm²以上のコードまたはキャブタイヤケーブルを造営材に接触して施設できる。
④電線の取付け点間の距離▶1m以下
⑤他の低圧屋内配線との接続には，差込み接続器などを使用する。

図5-22 ショウウインドー内の施設

2 メタルラス張りなどの木造造営物での施設

木造の造営物の壁などには，メタルラス，ワイヤラスなどの金属製の網が下地に張られています。メタルラス張り，ワイヤラス張り，または金属板張りの木造の造営物に金属管工事を施設する場合，屋内配線とメタルラスなどは，絶縁しなければなりません。絶縁が不十分であると，漏電による火災事故などの原因となります。

ことばの説明

▶「メタルラスなど」
メタルラス，ワイヤラス，金属板をいう。

▶「金属製の管やダクトなど」
金属管，金属製可とう電線管，金属線ぴ，金属ダクト，バスダクト，ライティングダクトをいう。

①メタルラスなどと，金属製の管やダクトなどは，電気的に接続しないように施設する。

②金属製の管やダクト，またはケーブルなどがメタルラス張りなどの造営材を貫通する場合は，貫通する部分のメタルラスなどを十分に切り開き，かつ，その部分の金属製の管やダクト，またはケーブルなどに耐久性のある絶縁管をはめる，または耐久性のある絶縁テープを巻いて，メタルラスなどと電気的に接続しないように施設する。

③電気機械器具を施設する場合は，メタルラスなどと電気機械器具の金属製部分とは，電気的に接続しないように施設する。

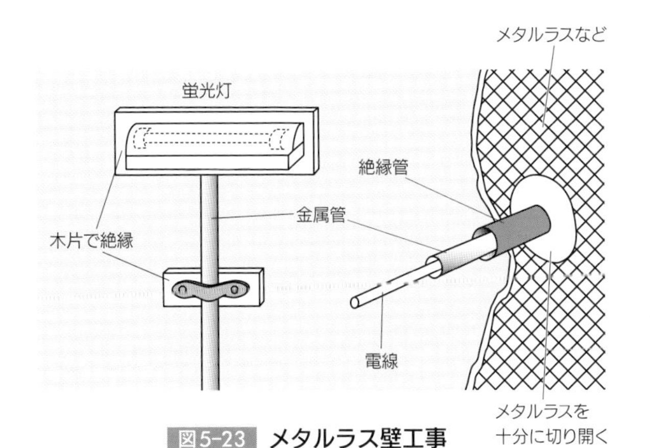

図5-23 メタルラス壁工事

CHAPTER 5

14 ネオン放電灯の施設など

攻略ポイント

- □ネオン放電灯の管灯回路の配線は，ネオン電線を使用する。
- □ネオン変圧器の外箱には，D種接地工事を施す。
- □可燃性ガスなどのある場所▶金属管工事，ケーブル工事
- □危険物などのある場所▶金属管工事，ケーブル工事，合成樹脂管工事

1 ネオン放電灯の施設

ネオン放電灯工事は，放電管にネオン放電灯を使用した工事です。広告塔や看板のネオンサインなどに使用されます。

使用電圧1 000Vを超えるネオン放電灯工事については，次のように定められています。

①簡易接触防護措置を施す。

②放電灯用変圧器は，ネオン変圧器であること。

③管灯回路の配線▶

イ　展開した場所または点検できる隠ぺい場所に施設する。

ロ　がいし引き配線により，ネオン電線を使用する。

ハ　電線の支持点間の距離は，1m以下，電線相互の間隔は，6cm以上とする。

④ネオン変圧器の外箱には，D種接地工事を施す。

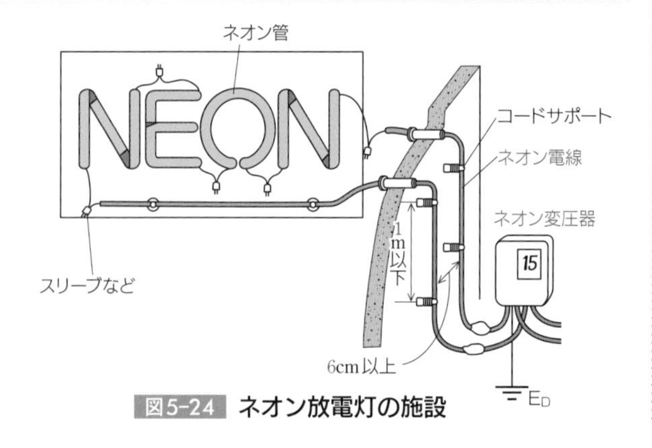

図5-24 ネオン放電灯の施設

ことばの説明

▶管灯回路

放電灯用安定器または放電灯用変圧器から放電管までの電路。

2 特殊場所の施設

感電や火災または爆発などの危険度が高い特殊な場所では，一般の場所と異なり，その環境に応じた適切な施設方法で工事を行う必要があります。

表5-4 特殊な場所での施工方法

特殊な場所	工事の種類	施設方法など
①可燃性ガスなどのある場所 ②爆燃性粉じんのある場所	金属管工事	薄鋼電線管と同等以上の強度の管を使用する。
	ケーブル工事	MIケーブル，がい装ケーブルを使用し，それ以外は管などの防護装置に収めて使用する。
	爆燃性粉じんのある場所には，電気機械器具は，粉じん防爆特殊防じん構造のものを使用する。	
③危険物などのある場所 ④可燃性粉じんのある場所	金属管工事	薄鋼電線管と同等以上の強度の管を使用する。
	ケーブル工事	MIケーブル，がい装ケーブルを使用し，それ以外は管などの防護装置に収めて使用する。
	合成樹脂管工事	CD管を除く。

①可燃性ガス▶水素や石炭ガスなど，常温において気体であり，その蒸気と空気が一定の割合で混合した場合，点火源があれば爆発するもの。

②爆燃性粉じん▶マグネシウム，アルミニウムなどの粉じんで，空気中に浮遊した状態，または床上に集積した状態で，着火したときに爆発するおそれのあるもの。

③危険物など▶セルロイド，マッチ，石油類など，燃えやすい危険なもの。

④可燃性粉じん▶小麦粉，でん粉，その他の可燃性の粉じんで，空気中に浮遊した状態で，着火したときに爆発的に燃焼するおそれのあるもの。

CHAPTER 5

15 弱電流電線などとの離隔など

攻略ポイント

□ 小勢力回路▶①最大使用電圧が60V以下。
②絶縁変圧器を使用する。
③電線は直径0.8mm以上の軟銅線。

□ 臨時配線の使用期間▶がいし引き工事の場合：4ヶ月以内
▶ケーブルをコンクリートに直接埋設する場合：1年以内

1 弱電流電線などとの離隔

漏電による感電事故や火災事故を防止するため，電線は，電話線などの**弱電流電線**や水管，ガス管などと接触しないように施設します。

がいし引き工事による低圧屋内配線と弱電流電線などが接近または交さする場合は，これらを10cm以上はなすことが定められています。ただし，使用電圧が300V以下で，これらの間に絶縁性の隔壁を取り付けたり，絶縁管に収める場合は適用されません。

ことばの説明

▶弱電流電線
電話線，電信線など弱電流電気を送る電線。

▶水管
水道管などの水を通す管。

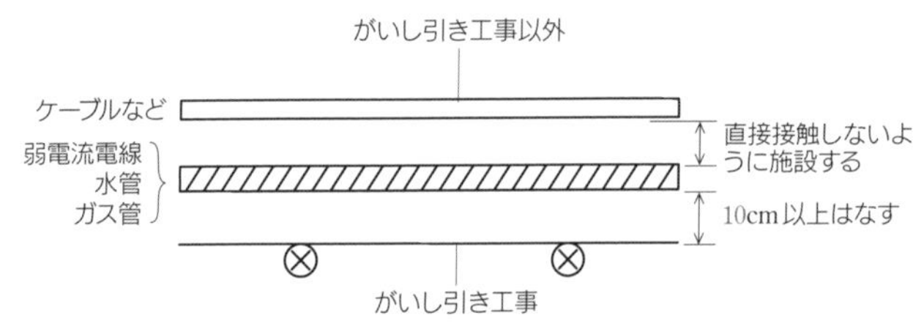

図5-25 弱電流電線などとの離隔

2 小勢力回路とは

小勢力回路とは，呼鈴，警報ベル，電磁開閉器の操作回路などに使用され，最大電圧が60V以下の回路をいいます。低圧屋内配線に比べて電圧が低く，危険度も低いため，簡易な工事方法で配線することができます。電源には専用の**絶縁変圧器**を使用します。試験では，玄関に取り付けられた押しボタンの操作で，来訪者を知らせる回路として出題されます。

①最大使用電圧▶60V以下
②絶縁変圧器を使用する。
③絶縁変圧器の一次側の対地電圧は，300V以下。
④電線は，ケーブルを除く直径0.8mm以上の軟銅線を使用する。
⑤電線は，絶縁電線，ケーブル，コードなどを使用する。
⑥架空配線は，直径1.2mm以上の硬銅線を使用する。

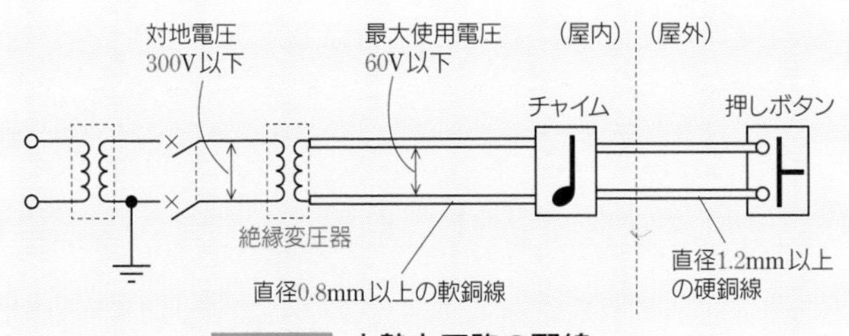

図5-26 小勢力回路の配線

3 臨時配線の施設

臨時配線とは，イベント会場の照明など，使用期間が短い臨時の配線をいいます。

【がいし引きの工事】
①使用電線▶OW線を除く絶縁電線
②建築現場の電路には，漏電遮断器を設ける。
③屋内の乾燥した展開した場所で，人が容易に触れるおそれのない場合は，電線相互および造営材との離隔距離をとらなくてもよい。
④使用期間▶工事完了の日から4ヶ月以内。
⑤使用電圧▶屋内：300V以下　▶屋外：150V以下
【ケーブルの工事】
①使用電線▶ケーブル
②使用期間▶ケーブルをコンクリートに直接埋設する場合は，工事完了の日から1年以内。
③使用電圧▶300V以下

第5章の過去問に挑戦

問題1

H30・上期・20

乾燥した点検できない隠ぺい場所の低圧屋内配線工事の種類で，**適切なものは。**

イ． 合成樹脂管工事
ロ． バスダクト工事
ハ． 金属ダクト工事
ニ． がいし引き工事

問題2

H26・上期・21

単相100Vの屋内配線工事における絶縁電線相互の接続で，**不適切なものは。**

イ． 絶縁電線の絶縁物と同等以上の絶縁効力のあるもので十分被覆した。
ロ． 電線の引張強さが15%減少した。
ハ． 差込形コネクタによる終端接続で，ビニルテープによる絶縁は行わなかった。
ニ． 電線の電気抵抗が5%増加した。

問題3

R2・下期（午前）・19

使用電圧100Vの屋内配線で，湿気の多い場所における工事の種類として，**不適切なものは。**

イ． 展開した場所で，ケーブル工事
ロ． 展開した場所で，金属線ぴ工事
ハ． 点検できない隠ぺい場所で，防湿装置を施した金属管工事
ニ． 点検できない隠ぺい場所で，防湿装置を施した合成樹脂管工事（CD管を除く）

この章からは，D種接地工事に関する問題，施設場所における工事の種類に関する問題などが出題される。また，配線工事では，主にケーブル工事，金属管工事などが出題される。

解答と解説

問題1のHint

天井ふところ，壁内，コンクリート床内など。

P.136～137参照

問題1　イ

乾燥した点検できない隠ぺい場所の工事には，ケーブル工事，合成樹脂管工事，金属管工事，金属可とう電線管工事（二種），セルラダクト工事，フロアダクト工事などがある。よって，ここでは**イ**の合成樹脂管工事が当てはまる。

問題2のHint

接続不良によって生ずることは。

P.144参照

問題2　ニ

絶縁電線相互の接続で，**ニ**の電線の電気抵抗は増加させてはならない。これは，接続部を電流が流れると，電流I^2 × 抵抗Rの熱が発生し，温度上昇による絶縁不良や火災の危険をともなうためである。

電線の引張強さは20％以上減少させてはならないので，20％未満の**ロ**は適切である。

問題3のHint

湿気の多い場所は浴室や床下など。

P.146～153参照

問題3　ロ

金属線ぴ工事は展開した場所および点検できる隠ぺい場所で，乾燥した場所に施設することができる。よって，**ロ**が不適切。

イのケーブル工事は展開した場所や隠ぺい場所など，施設場所にほとんど制限がない。**ハ**の金属管工事は，施設場所についてはほとんど制限がない。**ニ**の合成樹脂管工事も展開した場所，隠ぺい場所などすべての場所に施設することができる（ただし，CD管は自己消火性がないため，コンクリート埋設が必要）。

問題4

H27・下期・22

D種接地工事を**省略できないものは。**

ただし，電路には定格感度電流15mA，動作時間が0.1秒以下の電流動作型の漏電遮断器が取り付けられているものとする。

イ. 乾燥した場所に施設する三相200V（対地電圧200V）動力配線の電線を収めた長さ3mの金属管

ロ. 水気のある場所のコンクリートの床に施設する三相200V（対地電圧200V）誘導電動機の鉄台

ハ. 乾燥した木製の床の上で取り扱うように施設する三相200V（対地電圧200V）空気圧縮機の金属製外箱部分

ニ. 乾燥した場所に施設する単相3線式100/200V（対地電圧100V）配線の電線を収めた長さ7mの金属管

問題5

R3・下期（午後）・21

単相3線式100/200Vの屋内配線工事で漏電遮断器を**省略できないものは。**

イ. 乾燥した場所の天井に取り付ける照明器具に電気を供給する電路

ロ. 小勢力回路の電路

ハ. 簡易接触防護措置を施してない場所に施設するライティングダクトの電路

ニ. 乾燥した場所に施設した，金属製外箱を有する使用電圧200Vの電動機に電気を供給する電路

問題6

H27・上期・22

使用電圧100Vの屋内配線の施設場所における工事の種類で，**不適切なものは。**

イ. 点検できない隠ぺい場所であって，乾燥した場所の金属管工事

ロ. 点検できない隠ぺい場所であって，湿気の多い場所の合成樹脂管工事（CD管を除く）

ハ. 展開した場所であって，水気のある場所のケーブル工事

ニ. 展開した場所であって，水気のある場所のライティングダクト工事

解答と解説

問題4のHint

危険度の高い場所は。

P.140～141参照

問題4　ロ

水気のある場所では，たとえ漏電遮断器を施設しても接地工事の省略はできない。

イ，**ニ**の金属管工事で，①使用電圧300V以下，管の長さが4m以下のものを乾燥した場所に施設する場合，②対地電圧150V以下，管の長さが8m以下で，簡易接触防護措置を施す場合，または乾燥した場所に施設する場合は，接地工事を省略できる。

問題5のHint

漏電による事故のおそれが少ない場合は省略できる。

P.143参照

問題5　ハ

ハは「簡易接触防護措置を施してない」とあるので，漏電遮断器を省略できない。**イ**は「乾燥した場所」なので省略できる。**ロ**の「小勢力回路」は絶縁変圧器を使用した最大電圧60V以下の回路で、対地電圧が150V以下の場合に当てはまるので省略できる。**ニ**は「乾燥した場所」なので省略できる。

Point

漏電遮断器の省略

①機械器具に簡易接触防護措置を施す場合
②機械器具を乾燥した場所に施設する場合
③対地電圧が150V以下の機械器具を水気のある場所以外の場所に施設する場合
④電気用品安全法の適用を受ける二重絶縁構造の機械器具を施設する場合
⑤機械器具に施されたC種接地工事またはD種接地工事の接地抵抗値が3Ω以下の場合

など。

問題6のHint

水気，乾燥，湿気という条件に注目する。

P.136～137参照

問題6　ニ

施設場所の制限がない工事は，ケーブル工事，合成樹脂管工事，金属管工事，金属可とう電線管工事（二種）の4工事である。ライティングダクト工事は，水気，湿気のある場所に施設することはできない。

問題7

H26・下期・21

硬質塩化ビニル電線管による合成樹脂管工事として，**不適切なものは。**

イ. 管相互及び管とボックスとの接続で，接着剤を使用しないで管の差込み深さを管の外径の0.8倍とした。

ロ. 管の支持点間の距離は1mとした。

ハ. 湿気の多い場所に施設した管とボックスとの接続箇所に，防湿装置を施した。

ニ. 三相200V配線で，簡易接触防護措置を施した（人が容易に触れるおそれがない）場所に施設した管と接続する金属製プルボックスに，D種接地工事を施した。

問題8

R1・上期・20

100Vの低圧屋内配線工事で，**不適切なものは。**

イ. フロアダクト工事で，ダクトの長さが短いのでD種接地工事を省略した。

ロ. ケーブル工事で，ビニル外装ケーブルと弱電流電線が接触しないように施設した。

ハ. 金属管工事で，ワイヤラス張りの貫通箇所のワイヤラスを十分に切り開き，貫通部分の金属管を合成樹脂管に収めた。

ニ. 合成樹脂管工事で，その管の支持点間の距離を1.5mとした。

問題9

R5・下期（午後）・22

特殊場所とその場所に施工する低圧屋内配線工事の組合せで，**不適切なものは。**

イ. プロパンガスを他の小さな容器に小分けする可燃性ガスのある場所
厚鋼電線管で保護した600Vビニル絶縁ビニルシースケーブルを用いたケーブル工事

ロ. 小麦粉をふるい分けする可燃性粉じんのある場所
硬質ポリ塩化ビニル電線管VE28を使用した合成樹脂管工事

ハ. 石油を貯蔵する危険物の存在する場所
金属線ぴ工事

ニ. 自動車修理工場の吹き付け塗装作業を行う可燃性ガスのある場所
厚鋼電線管を使用した金属管工事

解答と解説

問題7のHint

合成樹脂管相互の接続。

P.148～149参照

問題7　イ

硬質塩化ビニル電線管（VE管）相互および管とボックスとの接続の差込み深さは，管外径の1.2倍（接着剤を使用する場合は，0.8倍）以上とする。

問題8のHint

異常電圧の抑制，漏電による感電の防止などの観点で考える。

P.141，148，161，164参照

問題8　イ

フロアダクト工事，バスダクト工事，金属ダクト工事，セルラダクト工事は，D種接地工事の省略は認められていない。

Point

D種接地工事の省略が認められているのは，主に次のような場合である。

- ○対地電圧150V以下の機械器具を乾燥した場所に施設する場合
- ○低圧用の機械器具を乾燥した木製の床（その他これに類する絶縁性のもの）の上で取り扱うように施設する場合
- ○電気用品安全法の適用を受ける二重絶縁構造の機械器具を施設する場合
- ○水気のある場所以外の場所に施設する低圧用の機械器具に電気を供給する電路に，漏電遮断器（定格感度電流15mA以下，動作時間0.1秒以下のもの）を施設する場合

問題9のHint

その環境に応じた適切な施設方法は。

P.163参照

問題9　ハ

危険物（セルロイド，マッチ，石油など）を製造または貯蔵する場所では，金属管工事，合成樹脂管工事（CD管を除く）またはケーブル工事による。ただし，電動機に至る短い部分で可とう性を必要とする場合は，金属可とう電線管工事とすることができる。金属線ぴ工事は使用できない。

引火性物質（アルコールなど）やプロパンガスなどの可燃性のガスが存在する場所の施設方法は，一般には金属管工事がよいが，ケーブル工事によることもできる。小麦粉などの可燃性粉じんのある場所の施設方法は，合成樹脂管工事（CD管を除く），金属管工事，またはケーブル工事による。

問題10 H26・下期・20

特殊場所とその場所に施工する低圧屋内配線工事の組合せで，**不適切なものは。**

イ． プロパンガスを他の小さな容器に小分けする場所：合成樹脂管工事
ロ． 小麦粉をふるい分けする粉じんのある場所：厚鋼電線管を使用した金属管工事
ハ． 石油を貯蔵する場所：厚鋼電線管で保護した600Vビニル絶縁ビニルシースケーブルを用いたケーブル工事
ニ． 自動車修理工場の吹き付け塗装作業を行う場所：厚鋼電線管を使用した金属管工事

問題11 H30・下期・21

木造住宅の単相3線式100/200V屋内配線工事で，**不適切な工事方法は。**ただし，使用する電線は600Vビニル絶縁電線，直径1.6mm（軟銅線）とする。

イ． 同じ径の硬質塩化ビニル電線管（VE）2本をTSカップリングで接続した。
ロ． 合成樹脂製可とう電線管（CD管）を木造の床下や壁の内部及び天井裏に配管した。
ハ． 金属管を点検できない隠ぺい場所で使用した。
ニ． 合成樹脂製可とう電線管（PF管）内に通線し，支持点間の距離を1.0mで造営材に固定した。

問題12 R5・上期（午後）・20

右表は使用電圧100Vの屋内配線の施設場所による工事の種類を示す表である。表中のa～fのうち，**「施設できない工事」を全て選んだ組合せとして，正しいものは。**

施設場所の区分	工事の種類		
	金属線ぴ工事	金属ダクト工事	ライティングダクト工事
展開した場所で湿気の多い場所	a	b	c
点検できる隠ぺい場所で乾燥した場所	d	e	f

イ． a，b，c　**ロ．** a，c
ハ． b，e　**ニ．** d，e，f

問題13 H30・上期・21

使用電圧200Vの三相電動機回路の施工方法で，**不適切なものは。**

イ． 湿気の多い場所に1種金属製可とう電線管を用いた金属可とう電線管工事を行った。
ロ． 乾燥した場所の金属管工事で，管の長さが3mなので金属管のD種接地工事を省略した。
ハ． 造営材に沿って取り付けた600Vビニル絶縁ビニルシースケーブルの支持点間の距離を2m以下とした。
ニ． 金属管工事に600Vビニル絶縁電線を使用した。

解答と解説

問題10のHint
対象物質が，爆燃性，可燃性，危険物のどれに該当するか。
P.163参照

問題10　イ

電気工作物が点火源となって爆発や火災を引き起こすおそれのある場所では，危険の程度によって工事の種類が制限されている。プロパンガスは可燃性ガスに該当するので，金属管工事またはケーブル工事を施さなければならない。

問題11のHint
合成樹脂管工事の施設について。
P.148～149参照

問題11　ロ

CD管は，直接コンクリートに埋め込んで施設する場合を除き，専用の不燃性又は自消性のある難燃性の管又はダクトに収めて施設する必要がある。

問題12のHint
表中の工事はすべて，工事できる場所と工事できない場所が同じ。
P.136参照

問題12　イ

金属線ぴ工事，金属ダクト工事，ライティングダクト工事は，いずれも展開した場所および点検できる隠ぺい場所で，乾燥した場所に施設できる。その他の場所（湿気の多い場所）では施設できない。

問題13のHint
金属製可とう電線管の1種と2種の違いは。
P.136参照

問題13　イ

金属可とう電線管工事に使用できる電線管は，原則2種金属製可とう電線管であるが，次のすべてに適合する場合は，1種金属製可とう電線管を使用することができる。

・展開した場所又は点検できる隠ぺい場所であって，乾燥した場所であること。
・屋内配線の使用電圧が300Vを超える場合は，電動機に接続する部分で可とう性を必要とする部分であること。
・管の厚さは，0.8mm以上であること。

イは湿気の多い場所，つまり乾燥した場所ではないので，不適切である。

候補問題とは

技能試験は，電気技術者試験センターからネット上などで事前に公表される候補問題13問の中から，上期試験・下期試験ともにそれぞれ1問ずつ出題されます。候補問題は上期・下期共通ですが，上期試験で出題された候補問題が下期試験で再度出題される場合もありますので，下期試験で受験する場合でも候補問題13問はすべて練習しておきましょう。候補問題の配線図から，工事の種類，使用材料，配線器具などが確認できます。13問のどれが出題されても本番であわてることのないように，しっかりと確認をしておきましょう。

実際の技能試験では，配線寸法や施工条件などが，参考書や講習会などで練習したものと全く同じになるとは限りません。また，公表される候補問題は，次の①～③の詳細な情報が不足しています。

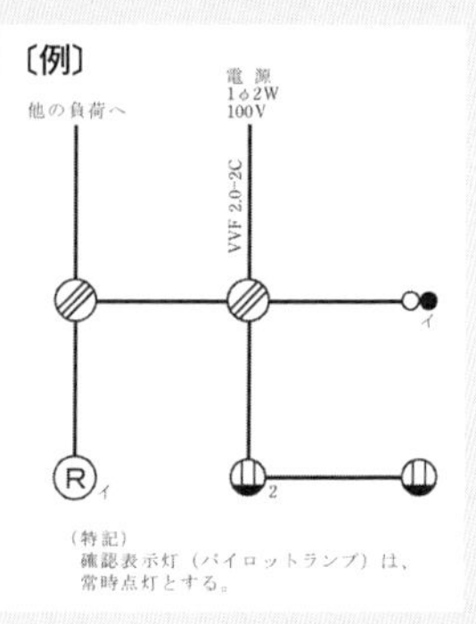

①施工条件

②ジョイントボックス内の電線接続の方法

③配線寸法

試験当日は問題をよく読み，与えられた条件に従って落ち着いて作業をしましょう。そして，作業が終わったら作品を徹底的にチェックしましょう。

【技能試験合格に向けて】

①電気工事の基本作業をしっかり身に付ける。

技能試験は，原則として，「欠陥」が1つでもあれば不合格となります。

②配られる材料，器具の使用法を熟知しておく。

配られた材料から，作業手順をイメージすることができます。

③施工条件をよく読み，複線図を正確にかけるようにする。

ジョイントボックス内の電線の接続点，電線の色分けなどを確認しましょう。

④試験時間（40分）内に完成させる。

見た目の美しさにこだわらず，施工上のポイントをおさえた作業を心がけましょう。

第6章 一般用電気工作物の検査方法

CHAPTER 6 1

一般用電気工作物の検査

（いっぱんようでんきこうさくぶつのけんさ）

攻略ポイント

- □竣工検査▶目視点検，絶縁抵抗測定，接地抵抗測定，導通試験
- □測定器と用途▶検電器は，電路の充電の有無を判定する。
  検相器は，三相回路の相順を判定する。
- □導通試験▶電線の断線を確認，回路の接続状態，器具の結線状態

1 低圧屋内配線の竣工検査

一般用電気工作物等が完成したとき，その電気工作物の低圧屋内配線が電気設備技術基準に適合して施工されているか，また漏電による感電や火災などの危険がないかどうかを検査する必要があります。この検査を竣工検査といい，表6-1の検査を行います。

表6-1 竣工検査

検査項目	器具・測定器	検査順序
目視点検	ドライバなど	最初に目視点検を行う。
絶縁抵抗測定	絶縁抵抗計	
接地抵抗測定	接地抵抗計	
導通試験	回路計など	

2 測定・試験項目と測定器

工事現場などで検査に使用される測定器とその用途を表6-2に示します。

表6-2 測定器

測定器	用途
検電器（ネオン式）	電路の充電の有無
回路計（テスタ）	抵抗，電圧，電流など
絶縁抵抗計（メガー）	絶縁抵抗
接地抵抗計（アーステスタ）	接地抵抗
クランプ形電流計	負荷電流，漏えい電流
電力計	消費電力
電圧計，電流計，電力計の3つで測定	負荷の力率
検相器	三相回路の相順
回転計	電動機の回転速度

＊実物写真はP.28～29を参照。

+プラスα

検電器

ネオン管の発光で知らせるネオン式と，音響・発光で知らせる音響発光式がある。

3 導通試験の目的

導通試験は，次の目的で，一般的に回路計（テスタ）を使用して行います。

①電線の断線がないかを確認する。

②回路の接続に誤りがないかを確認する。

③器具への結線の接続不良がないかを確認する。

+プラスα

導通試験の方法

回路計のロータリスイッチを抵抗に合わせて測定する。導通がある場合は0Ω，ない場合は∞Ωを示す。

4 計器の種類と記号

電流や電圧などの値を測定し，その値を表示する器具を**計器**といいます。測定の対象，使用される回路，動作原理などによって，計器は，表6-3のように分類されます。

表6-3 主な計器の分類

動作原理	記号	使用回路	主な測定対象
永久磁石可動コイル形		直流	電圧，電流
可動鉄片形		交流（直流）	電圧，電流
誘導形		交流	電力量
整流形		交流	電圧，電流
電流力計形		直流・交流	電圧，電流，電力
熱電形		直流・交流	電圧，電流

計器は，測定するときの置き方によって記号が定められています。測定するときの置き方は，計器の目盛板上に記号で表示されています。

表6-4 計器の配置記号

置き方	記号
水平に置いて使用	
鉛直に立てて使用	
傾斜させて使用（45度の場合）	45°

CHAPTER 6 2

絶縁抵抗の測定

攻略ポイント

□ 低圧電路の絶縁抵抗値▶100/200V単相3線式電路は，0.1MΩ以上。
絶縁抵抗値の測定が困難な場合は，漏えい電流の値を1mA以下に保つ。

□ 絶縁抵抗の測定方法▶①電線相互間は，負荷は取り外し，スイッチは「入」。
②電路と大地間は，負荷は接続したまま，スイッチは「入」。

1 測定計器

絶縁物の抵抗を**絶縁抵抗**といい，この値は，**絶縁抵抗計（メガー）**を使用して測定します。測定によって電気配線などの絶縁劣化を発見し，火災や感電事故を防止します。しかし病院や工場などで，測定のために施設を停電することができない場合は，**漏れ電流計**を使用して，回路を切断せずに検査を行います。
この検査によって，絶縁物にわずかに流れる電流（**漏えい電流**）を測定します。漏えい電流の値が大きければ絶縁劣化が進んでいると考えます。

クランプ形漏れ電流計

+プラスα
E端子，L端子
絶縁抵抗計には，EとLの2つの端子が付いている。
E端子：アース（接地端子）
L端子：ライン（線路端子）

2 低圧電路の絶縁抵抗値

低圧電路の電線相互間，電路と大地間の絶縁抵抗値は，電気設備技術基準により，分岐回路ごとに絶縁抵抗値が定められています。

表6-5 低圧電路の絶縁抵抗値

電路の使用電圧の区分		絶縁抵抗値	適用電路
300V以下	対地電圧が150V以下の場合	0.1MΩ以上	・100V単相2線式 ・100/200V単相3線式（単相3線式の電圧についてはP.115参照）
	その他の場合	0.2MΩ以上	・200V三相3線式
300Vを超えるもの		0.4MΩ以上	・400V三相4線式

＊絶縁抵抗値の測定が困難な場合は，漏えい電流の値を1mA以下に保つように定められている。

ことばの説明
▶MΩ（メガオーム）
絶縁物の抵抗はとても大きいため，オーム[Ω]ではなく，メガオーム[MΩ]の単位で表す。
M：10^6＝1 000 000

3 絶縁抵抗の測定方法

低圧電路の絶縁抵抗は，電線相互間，電路と大地間の2種類について行います。

①電線相互間の絶縁抵抗の測定

電線相互間の絶縁抵抗の測定を行う場合は，次の点に注意します。

(1) 分岐開閉器を開く。
(2) 負荷はすべて**取り外して**おく。
(3) スイッチはすべて「**入**」にしておく。
(4) E端子とL端子のリード線を電線にあてて測定する。

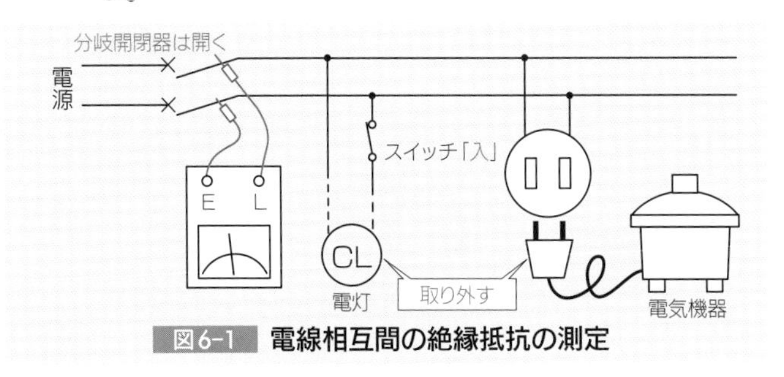

図6-1 電線相互間の絶縁抵抗の測定

②電路と大地間の絶縁抵抗の測定

低圧屋内配線と大地間の絶縁抵抗の測定を行う場合は，次の点に注意します。

(1) 分岐開閉器を開く。
(2) 負荷はすべて**接続して**おく。
(3) スイッチはすべて「**入**」にしておく。
(4) E端子を接地極に，L端子のリード線を電線にあてて測定する。

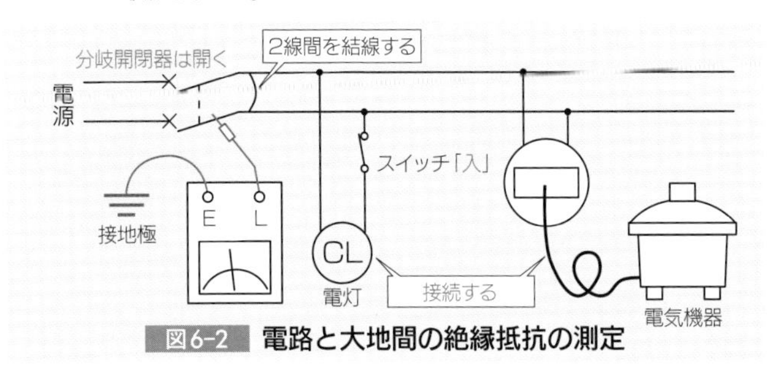

図6-2 電路と大地間の絶縁抵抗の測定

+プラスα
E端子を接続する接地極が近くにない場合は，電源の接地側電線にE端子をあてて測定する。

CHAPTER 6 3

接地抵抗の測定

（せっちていこうのそくてい）

攻略ポイント

- □ 接地工事の接地抵抗値▶
  D種接地工事：100Ω以下，C種接地工事：10Ω以下
  0.5秒以内で動作する漏電遮断器を施設した場合：500Ω以下
- □ 接地工事の接地線の太さ▶D種，C種接地工事：1.6mm以上
- □ 測定法▶E端子を被測定接地極に，P，C端子を補助接地極に約10m間隔で配置する。

1 測定計器

接地極と大地間の電気抵抗を**接地抵抗**といい，この値は，**接地抵抗計（アーステスタ）**を使用して測定します。測定によって接地不良を発見し，電気機器などの感電事故を防ぎます。

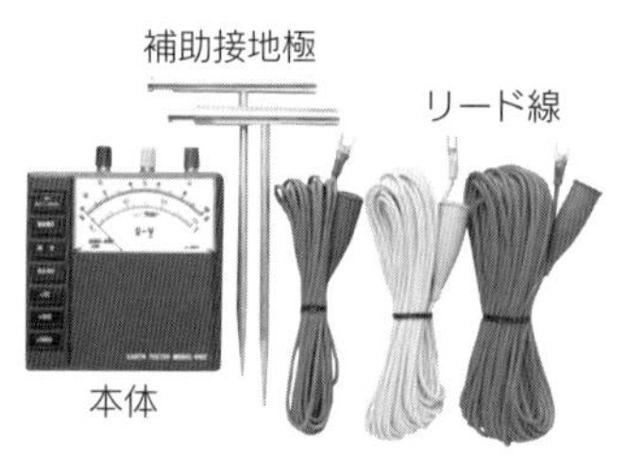

接地抵抗計

+プラスα

接地抵抗計

接地抵抗計で直流を使用すると，分極作用によって正確な測定ができなくなるので，交流を使用する。

2 接地工事の種類

接地工事には，A種，B種，C種，D種の4種類があり，第二種電気工事士試験では，このうち，C種，D種接地工事の問題が出題されます。各接地工事の接地抵抗値，接地線の太さ，接地工事の対象は，表6-6に示すような関係になります。

ことばの説明

▶**D種接地工事**

使用電圧300V以下の低圧のもの。

▶**C種接地工事**

使用電圧300Vを超える低圧のもの。

表6-6 接地工事の種類・接地抵抗値など

種類	D種接地工事	C種接地工事
接地抵抗値	100Ω以下	10Ω以下
	地絡を生じた場合，0.5秒以内に自動的に電路を遮断する装置（漏電遮断器）を施設した場合は，500Ω以下。	
接地線の太さ	1.6mm以上（軟銅線）	
接地工事の対象	電気機械器具の金属製外箱や金属製の電線管，線ぴ，ダクトなど。	

+プラスα

A種，B種接地工事

主に高圧電気機器の接地で，第一種電気工事士試験に出題される。

3 接地抵抗の測定法

接地抵抗計には3つの端子E，P，Cと，2つの補助電極が付属されています。

①接地抵抗計による測定

接地抵抗計による測定を行う場合は，次の点に注意します。

(1) 測定する接地極を基準にして，一直線上に約10m間隔に2本の**補助接地極**を打ち込む。

(2) 接地抵抗計のE端子（緑），P端子（黄），C端子（赤）と各接地極を接続する。

▶E端子：被測定接地極に接続する。

▶P端子：中央の補助接地極に接続する。

▶C端子：端の補助接地極に接続する。

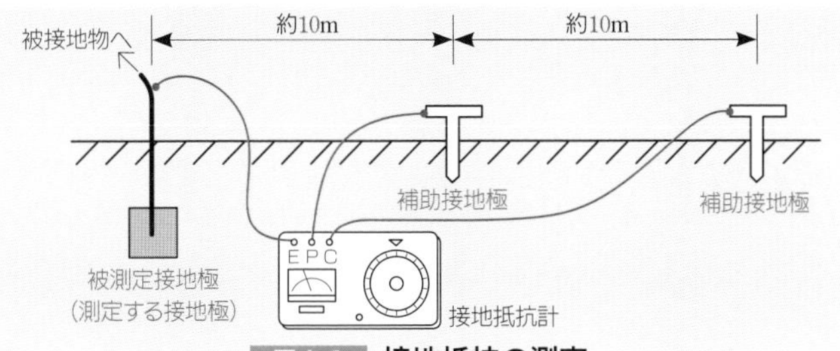

図6-3 接地抵抗の測定

②簡易測定法

コンクリートなどで補助接地極が打ち込めない場合は，埋設された接地抵抗値の低い金属体を補助接地極として利用して測定します。この場合は，E端子を被測定接地極に接続し，P端子とC端子を短絡して金属体に接続します。

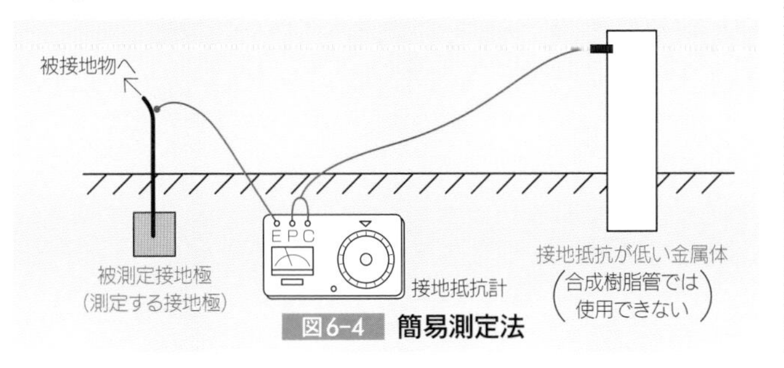

図6-4 簡易測定法

ことばの説明

▶P，C端子

P端子：ポテンシャル（電圧端子）

C端子：カレント（電流端子）

プラスα

直読式接地抵抗計

接地抵抗測定試験の測定器として，主に図6-3のような直読式接地抵抗計が用いられている。

プラスα

簡易測定法の接地抵抗値

測定値から金属体の接地抵抗値を引いて求める。

4 電圧・電流・電力・力率の測定

（でんあつ でんりゅう でんりょく りきりつ そくてい）

攻略ポイント

- □電圧計・電流計の接続▶電圧計は並列に，電流計は直列に接続する。
- □電力計の接続▶電圧コイルは並列に，電流コイルは直列に接続する。
- □力率の測定▶電圧計・電流計・電力計の組合せで求める。
- □クランプ形漏れ電流計による測定▶
  電路の回路を一括して，漏れ電流計の変流器部分で測定する。

1 電圧計・電流計・電力計の接続

電圧計Ⓥは，測定しようとする回路に**並列に接続**し，電流計Ⓐは，測定しようとする回路に**直列に接続**します。また，電力計Ⓦには電圧コイルと電流コイルがあり，測定しようとする回路に対し，電圧コイルは並列に，電流コイルは直列に接続します。

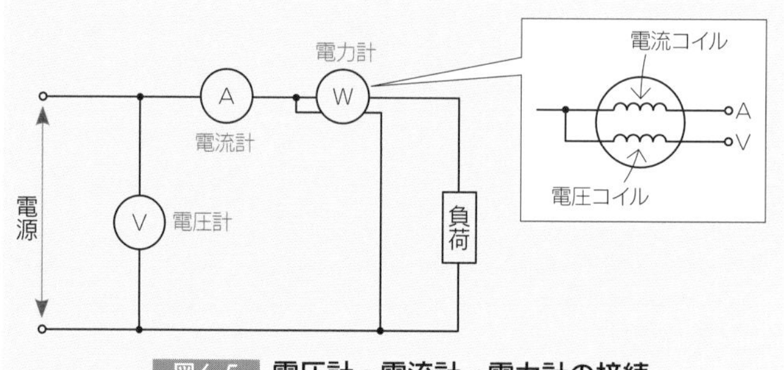

図6-5 電圧計・電流計・電力計の接続

2 力率の測定

力率計を使用すれば，進み力率と遅れ力率の値を測定することができますが，力率計を使用しなくても，いくつかの測定器を組み合わせることで力率を求めることができます。力率$\cos\theta$は，

$$\cos\theta = \frac{電力P}{電圧V \times 電流I}$$

で求められるので，力率を求める場合は，電圧計，電流計，電力計を，測定しようとする回路に接続し，その測定値を式にあてはめて求めることができます。

ことばの説明

▶$\cos\theta = \frac{P}{VI}$
P.92参照

3 漏えい電流の測定

漏えい電流の測定を行う場合は，**クランプ形漏れ電流計**を使用します。電気機器の絶縁劣化などによる漏えい電流を，回路を切断せずに測定することができます。漏えい電流の測定を行うときは，電路の回路を一括して，単相2線式の場合は2**本とも**，単相3線式と三相3線式の場合は3**本とも**クランプ（はさみ込み）します。

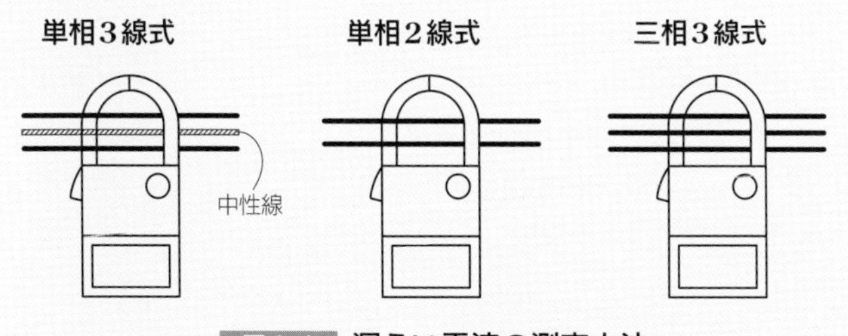

図6-6 漏えい電流の測定方法

クランプ形漏れ電流計は**零相変流器**と同じしくみです。地絡が発生して地絡電流が流れると，鉄心内に磁束の変化が生じます。これにより，巻線に電圧が誘起されます。

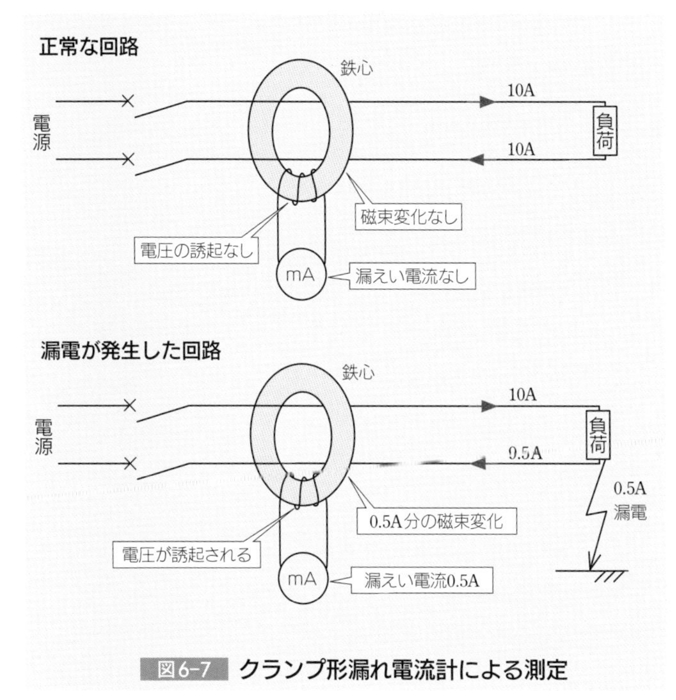

図6-7 クランプ形漏れ電流計による測定

一般用電気工作物の検査方法

5 変流器（へんりゅうき）・倍率器（ばいりつき）・分流器（ぶんりゅうき）

攻略ポイント

- □ 変流器▶大きな電流を小さな電流に変流して，電流を測定する。
- □ 変流器に接続した電流計の取替え▶変流器の二次側端子を短絡しておく。
- □ 倍率器▶電圧計の測定範囲を拡大する。
- □ 分流器▶電流計の測定範囲を拡大する。

1 変流器

大きな電流の回路を測定する場合は，**変流器**で小さな電流に変流して測定します。変流器は，鉄心に2つのコイルを巻いたもので，巻数の少ない一次側に測定する電流を流し，巻数の多い二次側に電流計を接続します。

$$変流比 n = \frac{一次側電流 I_1}{二次側電流 I_2} = \frac{二次側巻数 N_2}{一次側巻数 N_1}$$

$$一次側電流 I_1 = nI_2$$

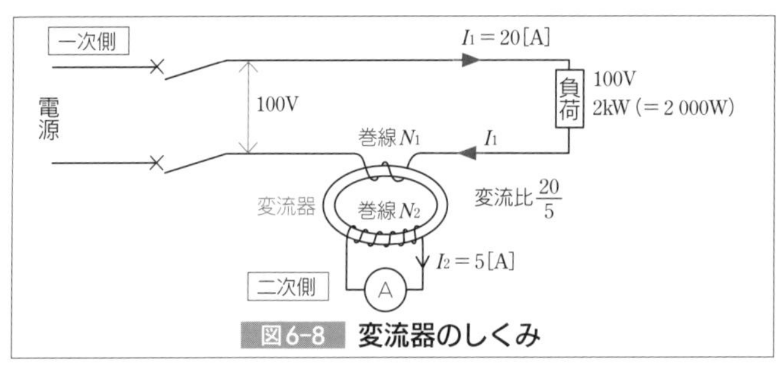

図6-8 変流器のしくみ

消費電力2kWの抵抗負荷を単相100Vの回路に接続し，この回路に変流比$\frac{20}{5}$の変流器を使用する場合を考えます。変流比$n = \frac{I_1}{I_2}$を変形すると，$I_2 = I_1 \div n$となるので，二次側電流I_2は，

$$I_2 = \frac{2\,000}{100} \div \frac{20}{5} = 20 \div \frac{20}{5} = 5[A]$$

と求められます。よって，20Aの一次側電流を最大目盛値5Aの電流計で測定できることが分かります。

+プラスα
変流器
変流器の二次側定格電流は，一般的に5A。

変流器の二次側に接続した**電流計を取り替えるときは，二次側端子を必ず短絡**しておきます。短絡せずに電流計を取り外すと，二次側端子に高電圧が発生するおそれがあり，危険です。

2 倍率器

大きな電圧を測定する場合は，電圧計の測定範囲を拡大するために，電圧計と**倍率器**（抵抗器）を**直列に接続**します。

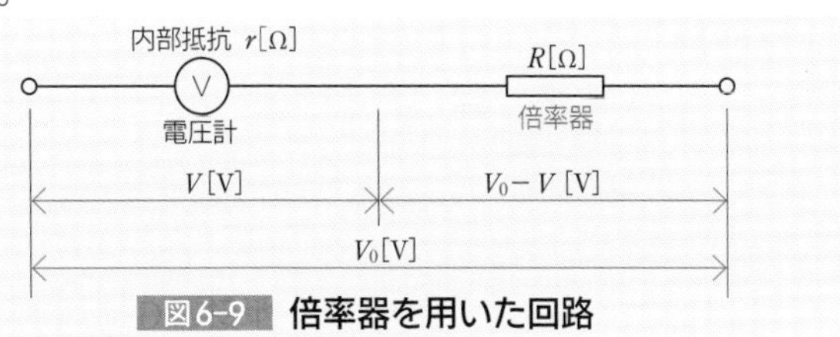

図6-9 倍率器を用いた回路

電圧計と倍率器に流れる電流Iは等しいので，

$$I=\frac{V}{r}=\frac{V_0-V}{R}$$

よって，倍率器の抵抗Rは，

$$R=\frac{V_0-V}{V}\times r[\Omega]$$

3 分流器

大きな電流を測定する場合は，電流計の測定範囲を拡大するために，電流計と**分流器**（抵抗器）を**並列に接続**します。

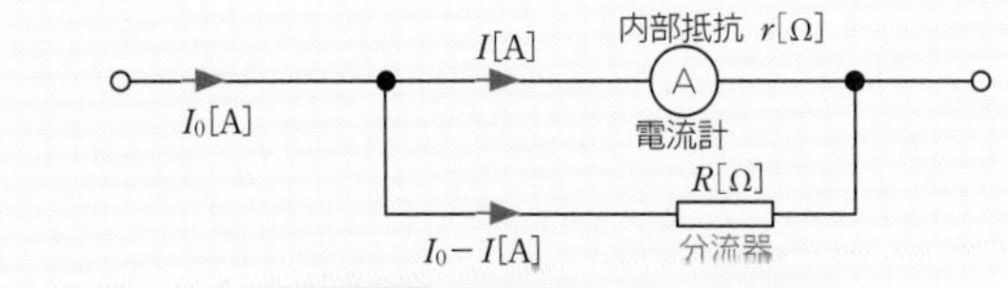

図6-10 分流器を用いた回路

電流計と分流器に加わる電圧Vは等しいので，

$$V=Ir=(I_0-I)R$$

よって，分流器の抵抗Rは，

$$R=\frac{I}{I_0-I}\times r[\Omega]$$

＋プラスα
電圧計の内部抵抗は大きく，電流計の内部抵抗は小さい。

第6章の過去問に挑戦

問題1

R2・下期（午前）・27

直動式指示電気計器の目盛板に図のような記号がある。
記号の意味及び測定できる回路で，**正しいものは。**

イ． 永久磁石可動コイル形で目盛板を水平に置いて，直流回路で使用する。
ロ． 永久磁石可動コイル形で目盛板を水平に置いて，交流回路で使用する。
ハ． 可動鉄片形で目盛板を鉛直に立てて，直流回路で使用する。
ニ． 可動鉄片形で目盛板を水平に置いて，交流回路で使用する。

問題2

R3・上期（午前）・24

低圧電路で使用する測定器とその用途の組合せとして，**正しいものは。**

イ． 検電器　と　電路の充電の有無の確認
ロ． 回転計　と　三相回路の相順（相回転）の確認
ハ． 回路計（テスタ）　と　絶縁抵抗の測定
ニ． 電力計　と　消費電力量の測定

問題3

R2・下期（午後）・25

単相3線式100/200Vの屋内配線において，開閉器又は過電流遮断器で区切ることができる電路ごとの絶縁抵抗の最小値として，「電気設備に関する技術基準を定める省令」に規定されている値［MΩ］の組合せで，**正しいものは。**

イ． 電路と大地間　0.2　　電線相互間　0.4
ロ． 電路と大地間　0.2　　電線相互間　0.2
ハ． 電路と大地間　0.1　　電線相互間　0.1
ニ． 電路と大地間　0.1　　電線相互間　0.2

この章からは，電路の絶縁抵抗値，絶縁抵抗の測定方法に関する問題が多く，次いで接地抵抗値，電圧計・電流計・電力計の接続，竣工検査などが出題される。

解答と解説

問題1のHint
左の記号は動作原理，右の記号は置き方を表す。
P.177参照

問題1　イ

左の記号は永久磁石可動コイル形，右の記号は「水平に置いて使用」を表す。可動コイル形の計器は，永久磁石の磁界中にコイルが置かれ，そこに流れる電流の磁気力で動作する。主に直流の電圧計，電流計として使用される。

ハ，**ニ**の可動鉄片形は≹の記号で示す。また，「鉛直に立てて使用」する場合は，⊥の記号で示す。

問題2のHint
それぞれの測定器の用途は。
P.176参照

問題2　イ

低圧電路で使用する測定器とその用途の組合せとして正しいものは，**イ**の検電器（電路の充電の有無の確認）。**ロ**の回転計は，電動機の回転速度を測定する。三相回路の相順の確認をする測定器は検相器である。**ハ**の回路計（テスタ）は抵抗，電圧，電流を測定する。絶縁抵抗を測定する測定器は絶縁抵抗計（メガー）である。**ニ**の電力計は，消費電力を測定する。消費電力量を測定する測定器は電力量計である。

問題3のHint
対地電圧が150V以下の場合。
P.178参照

問題3　ハ

電路の使用電圧が300V以下で対地電圧が150V以下の場合（100V単相2線式，100/200V単相3線式）の絶縁抵抗値は，電路と大地間，電線相互間ともに0.1MΩ以上。

電路の使用電圧の区分		絶縁抵抗値	適用電路
300V以下	対地電圧が150V以下の場合	0.1MΩ以上	・100V単相2線式 ・100/200V単相3線式
	その他の場合	0.2MΩ以上	・200V三相3線式
300Vを超えるもの		0.4MΩ以上	・400V三相4線式

問題4　　R3・下期（午前）・24

低圧回路を試験する場合の試験項目と測定器に関する記述として，**誤っているものは。**

イ． 導通試験に回路計（テスタ）を使用する。
ロ． 絶縁抵抗測定に絶縁抵抗計を使用する。
ハ． 負荷電流の測定にクランプ形電流計を使用する。
ニ． 電動機の回転速度の測定に検相器を使用する。

問題5　　R3・下期（午前）・25

分岐開閉器を開放して負荷を電源から完全に分離し，その負荷側の低圧屋内電路と大地間の絶縁抵抗を一括測定する方法として，**適切なものは。**

イ． 負荷側の点滅器をすべて「切」にして，常時配線に接続されている負荷は，使用状態にしたままで測定する。
ロ． 負荷側の点滅器をすべて「入」にして，常時配線に接続されている負荷は，使用状態にしたままで測定する。
ハ． 負荷側の点滅器をすべて「切」にして，常時配線に接続されている負荷は，すべて取り外して測定する。
ニ． 負荷側の点滅器をすべて「入」にして，常時配線に接続されている負荷は，すべて取り外して測定する。

問題6　　R1・上期・25

使用電圧が低圧の電路において，絶縁抵抗測定が困難であったため，使用電圧が加わった状態で漏えい電流により絶縁性能を確認した。「電気設備の技術基準の解釈」に定める，絶縁性能を有していると判断できる漏えい電流の最大値[mA]は。

イ． 0.1　　**ロ．** 0.2　　**ハ．** 1　　**ニ．** 2

問題7　　H29・上期・27

図の交流回路は，負荷の電圧，電流，電力を測定する回路である。図中にa，b，cで示す計器の組合せとして，**正しいものは。**

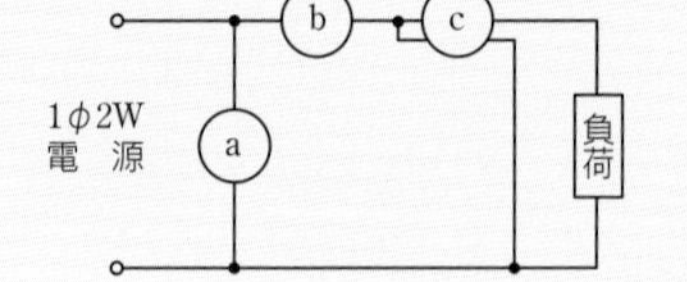

	a電流計		a電力計		a電圧計		a電圧計
イ．	b電圧計	**ロ．**	b電流計	**ハ．**	b電流計	**ニ．**	b電力計
	c電力計		c電圧計		c電力計		c電流計

解答と解説

問題4の Hint

電気工作物が安全に使用できるかどうかを確認する。

P.176参照

問題4　ニ

電動機の回転速度の測定に使用するのは，検相器ではなく回転計である。**イ**の導通試験は，回路の接続状態，器具への結線状態，電線の断線などを確認するもので，試験には一般的に回路計（テスタ）が使用される。**ロ**の絶縁抵抗試験には絶縁抵抗計を使用する。施設を停電できないときは，漏れ電流計を使用して漏れ電流が増加していないかを確認する。**ハ**のクランプ形電流計は，交流専用，直流専用，交直流両用等があり，電路に計器を挿入せずに電流を測定することができる。

問題5の Hint

電路の電線相互間の絶縁抵抗の測定との違いを考える。

P.179参照

問題5　ロ

電路と大地間の絶縁抵抗を一括測定する場合は，分岐開閉器を開いて，負荷側のスイッチをすべて「入」にし，常時配線に接続されている負荷は接続したままの状態で測定する。

Point

電路と大地間の絶縁抵抗値が低い場合は，大地への漏電が生じ，感電や火災などの原因となる。

問題6の Hint

漏えい電流は，絶縁物にわずかに流れる電流。

P.178参照

問題6　ハ

絶縁抵抗値の測定には，絶縁抵抗計（メガー）を使用するが，絶縁抵抗の測定が困難な場合は，回路を切断せずに漏えい電流を測定する。測定値は，1mA以下。

Point

漏れ電流1mA以下

単相100V回路では，絶縁抵抗値は0.1MΩ以上。

このときの電流の大きさは，

$$\frac{100\text{V}}{0.1\text{M}\Omega}=\frac{100\text{V}}{100\,000\,\Omega}=0.001[\text{A}]=1[\text{mA}]$$

以下となる。

問題7の Hint

電力計の内部には，電圧コイルと電流コイルがある。

P.182参照

問題7　ハ

測定しようとする回路に，電圧計は回路に並列に，電流計は直列に接続する。また，電力計は，電圧コイルは並列に，電流コイルは直列に接続する。

問題8

H30・上期・24

一般に使用される回路計（テスタ）によって**測定できないものは**。

イ. 直流電圧　　**ロ.** 交流電圧
ハ. 回路抵抗　　**ニ.** 漏れ電流

問題9

H27・上期・26

接地抵抗計（電池式）に関する記述として，**誤っているものは**。

イ. 接地抵抗計には，ディジタル形と指針形（アナログ形）がある。
ロ. 接地抵抗計の出力端子における電圧は，直流電圧である。
ハ. 接地抵抗測定の前には，接地抵抗計の電池容量が正常であることを確認する。
ニ. 接地抵抗測定の前には，対地電圧が許容値以下であることを確認する。

問題10

R4・上期（午後）・26

直読式接地抵抗計（アーステスタ）を使用して直読で，接地抵抗を測定する場合，被測定接地極Eに対する，2つの補助接地極P（電圧用）及びC（電流用）の配置として，**最も適切なものは**。

イ.
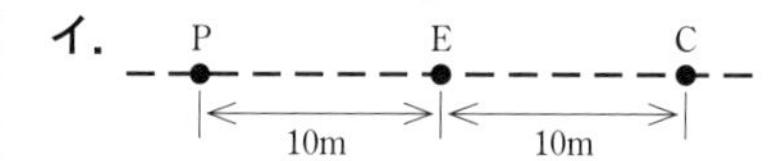

ロ.
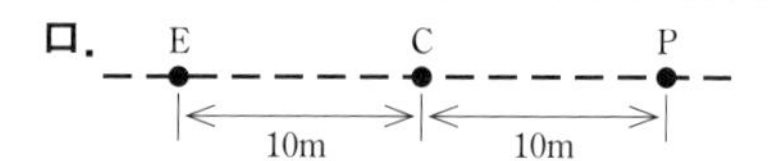

ハ.
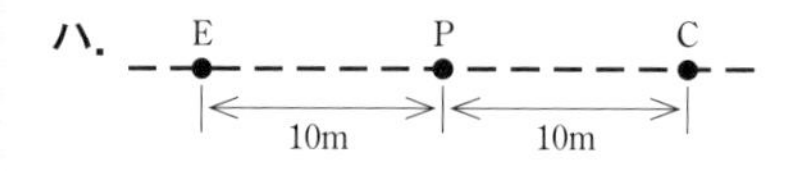

ニ.
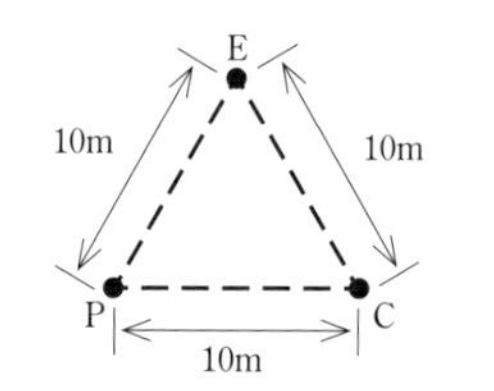

問題11

R4・下期（午前）・27

単相2線式100V回路の漏れ電流を，クランプ形漏れ電流計を用いて測定する場合の測定方法として，**正しいものは**。ただし，▨▨▨ は接地線を示す。

イ.
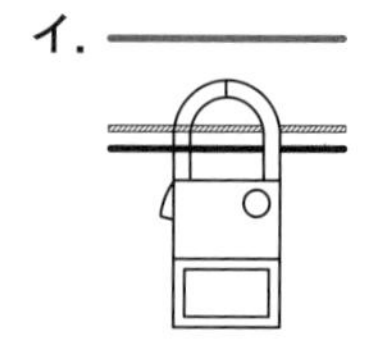

ロ.
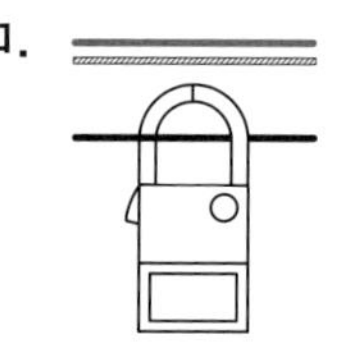

ハ.
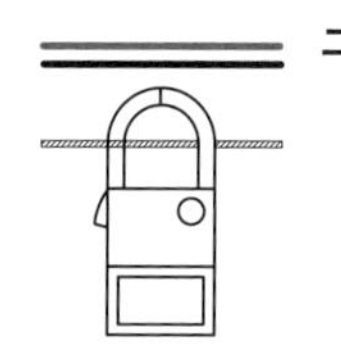

ニ.
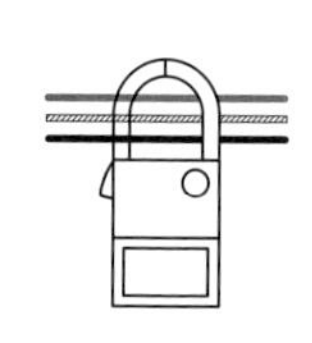

解答と解説

問題8のHint
回路計（テスタ）によって測定できるものは。
P.176，183参照

問題8　ニ

回路計（テスタ）によって測定できるものは，回路の抵抗，電流，電圧である。ただし，漏れ電流（漏えい電流）を測定するときは，複数の心線をまとめて計測するため，回路計ではなく，クランプ形漏れ電流計を使用する。

問題9のHint
抵抗値を正確に測定するためには。
P.180参照

問題9　ロ

接地抵抗計（アーステスタ）の出力端子の電圧は，直流電圧ではなく交流電圧である。直流では接地極が埋設された土壌によって分極作用が生じ，抵抗値が変化するので，正確に測定することができなくなる。

問題10のHint
接地抵抗計の端子はE（緑），P（黄），C（赤）で色分けされている。
P.181参照

問題10　ハ

直読式接地抵抗計による測定を行う場合は，測定する接地極（被測定接地極E）を基準にして，一直線上に約10m間隔に2つの補助接地極を配置する。実際には，E-C（電流用）間に電流を流して抵抗値を測定するので，P（電圧用）はそのまん中に配置する必要があり，E（緑）-P（黄）-C（赤）の並びで信号機と同じになる。

問題11のHint
単相2線式の場合は，電線を2本ともクランプする。
P.183参照

問題11　イ

クランプ形漏れ電流計で電路の漏えい電流を測定する場合，測定電路の回路を一括して漏れ電流計の変流器の部分でクランプ（はさみ込み）して測定する。

単相2線式では2本，単相3線式では3本を一括してはさんで測定する。

Point
負荷電流の測定
測定する線をクランプメータではさんで測定する。

問題12

R1・下期・26

次の空欄（A），（B）及び（C）に当てはまる組合せとして，**正しいものは。**

使用電圧が300Vを超える低圧の電路の電線相互間及び電路と大地との間の絶縁抵抗は区切ることのできる電路ごとに［（A）］［MΩ］以上でなければならない。また，当該電路に施設する機械器具の金属製の台及び外箱には［（B）］接地工事を施し，接地抵抗値は［（C）］［Ω］以下に施設することが必要である。ただし，当該電路に施設された地絡遮断装置の動作時間は0.5秒を超えるものとする。

イ．（A）0.4　（B）C種　（C）10
ロ．（A）0.4　（B）C種　（C）500
ハ．（A）0.2　（B）D種　（C）100
ニ．（A）0.4　（B）D種　（C）500

問題13

H26・上期・27

絶縁抵抗計（電池内蔵）に関する記述として，**誤っているものは。**

イ． 絶縁抵抗計には，ディジタル形と指針形（アナログ形）がある。
ロ． 絶縁抵抗計の定格測定電圧（出力電圧）は，交流電圧である。
ハ． 絶縁抵抗測定の前には，絶縁抵抗計の電池容量が正常であることを確認する。
ニ． 電子機器が接続された回路の絶縁測定を行う場合は，機器等を損傷させない適正な定格測定電圧を選定する。

問題14

R5・下期（午後）・26

工場の200V三相誘導電動機（対地電圧200V）への配線の絶縁抵抗値［MΩ］及びこの電動機の鉄台の接地抵抗値［Ω］を測定した。電気設備技術基準等に適合する測定値の組合せとして，**適切なものは。**ただし，200V電路に施設された漏電遮断器の動作時間は0.1秒とする。

イ． 0.2MΩ　300Ω
ロ． 0.4MΩ　600Ω
ハ． 0.1MΩ　200Ω
ニ． 0.1MΩ　50Ω

解答と解説

問題12のHint

地絡を生じた場合の遮断装置の動作時間を確認する。

P.180参照

問題12 イ

問題3の表より，使用電圧が300Vを超える低圧電路の電線相互間，電路と大地間の絶縁抵抗地は，0.4MΩである（**ハ**は当てはまらない）。また，300Vを超える低圧の機械器具の金属製台や外箱にはC種接地工事を施す（**ハ**と**ニ**は当てはまらない）。ただし，地絡を生じた場合に0.5秒以内に自動的に電路を遮断する装置を施設した場合，接地抵抗値は500Ω以下でもよいが，ここでは0.5秒を超える地絡遮断装置が用いられている（**ロ**と**ニ**は当てはまらない）。よって，**イ**の組合せが正しい。

問題13のHint

正確な絶縁抵抗値を測定するためには。

P.178参照

問題13 ロ

絶縁抵抗計の定格測定電圧（出力電圧）は「交流電圧」ではなく「直流電圧」である。交流電圧で測定すると，絶縁物の静電容量によって電流が流れるため，正しい絶縁抵抗値が得られない。

問題14のHint

200V三相誘導電動機（対地電圧200V）であることに注目する。

P.178参照

問題14 イ

電路の使用電圧が300V以下で対地電圧が150V以下でない場合の絶縁抵抗値は，0.2MΩ以上。

電路の使用電圧の区分		絶縁抵抗値	適用電路
300V以下	対地電圧が150V以下の場合	0.1MΩ以上	・100V単相2線式 ・100/200V単相3線式 （単相3線式の電圧についてはP.115参照）
	その他の場合	0.2MΩ以上	・200V三相3線式
300Vを超えるもの		0.4MΩ以上	・400V三相4線式

一般用電気工作物の検査方法

工具選びのポイント

技能試験では以下の「指定工具」を持参します。電動工具以外のすべての工具が持込み可能ですが，電気技術者試験センターでは，技能試験を受験するために，最低限必要な工具７点を指定工具として定めています。受験者間での工具の貸借は禁止されており，貸借を行った場合は失格になりますので，忘れることのないように注意しましょう。なお，色鉛筆やマーカーなどの筆記用具は，持込み自由です。

①ペンチ
②ドライバ（プラス）
③ドライバ（マイナス）
④ナイフ
⑤スケール
⑥ウォータポンププライヤ
⑦リングスリーブ用圧着ペンチ（JIS C 9711：1982・1990・1997適合品）

指定工具以外に，ケーブルストリッパがあると便利です。速く正確に作業が行えるため，ケーブルのシース（外装）や電線の絶縁被覆をはぐときは，ナイフよりもケーブルストリッパを使用する人が多くなっています。ただし，一般的なケーブルストリッパでは，VVRケーブルのシースのはぎ取りに対応できないので，ナイフを使う方法も練習しておきましょう。

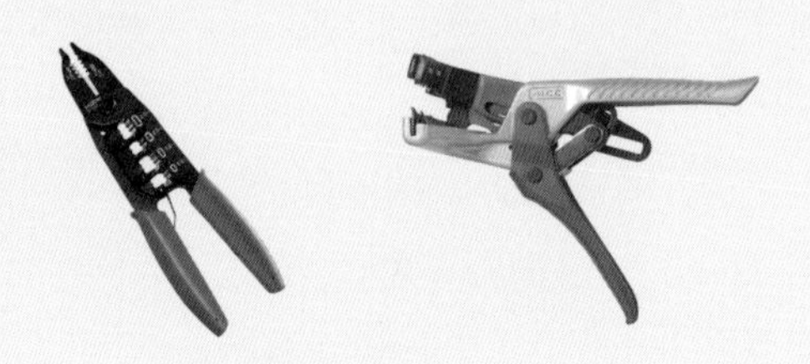

①工具は使い慣れたものを使う。
試験直前に新しい工具を購入するのは避けましょう。

②工具は作業に適したサイズのものを揃える。
試験用工具一式として，販売もされています。

法令

第7章

1 電気事業法（でんきじぎょうほう）

攻略ポイント

□一般用電気工作物▶①600V以下の低圧受電の設備
②小規模発電設備（小規模事業用電気工作物に区分されるものは除く）

□自家用電気工作物▶①600Vを超える電圧で受電する設備
②小規模発電設備のうち小規模事業用電気工作物があるもの

□一般用電気工作物の調査義務▶電力会社などの電気を供給する者が行う。

1 電気工作物の種類

電気事業法は，①電気事業の運営について，②電気工作物の工事や保安などについて規定されており，電気工事士としては，②の内容が重要になります。

電気工作物とは，発電，変電，送電，配電または電気の使用のために設置する機械，器具，電線路その他の工作物をいい，一般用電気工作物，自家用電気工作物，電気事業用電気工作物の3つに分類されています。

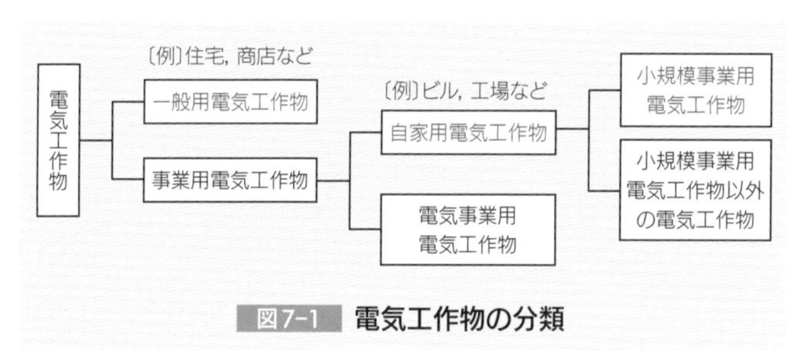

図7-1 電気工作物の分類

+プラスα
電気事業法の目的
「電気事業の運営を適正かつ合理的ならしめることによって，電気の使用者の利益を保護し，及び電気事業の健全な発達を図るとともに，電気工作物の工事，維持及び運用を規制することによって，公共の安全を確保し，及び**環境の保全を図る**ことを目的とする」（第1条）

2 一般用電気工作物

電気事業法では，電力会社などから受電した電気を利用する需要家のうち，主に住宅や個人商店などのような小規模な電気設備を**一般用電気工作物**として扱います。一般用電気工作物は，次のような設備のある電気工作物をいいます。

①600V以下の低圧受電で，**受電の場所と同一の構内**で使用するための電気工作物

②電圧600V以下で，出力が表7-1のような，**小規模発電設備**

表7-1 小規模発電設備

小規模発電設備（発電電圧が600V以下，出力の合計が50kW未満）		
分類	発電設備の種類	出力
自家用電気工作物（小規模事業用電気工作物）	風力発電設備	20kW未満
	太陽光発電設備	10kW以上50kW未満
一般用電気工作物		10kW未満
	水力発電設備（ダムは除く）	20kW未満
	内燃力発電設備	10kW未満
	燃料電池発電設備	
	スターリングエンジン発電設備	

これらについては第一種・第二種電気工事士のみが電気工事ができることになっています。一般用電気工作物の保安責任はその所有者にありますが，電気を供給する者に調査義務等を課しています。

3 自家用電気工作物

一般用電気工作物以外の電気工作物を事業用電気工作物といい，**電気事業用電気工作物**と**自家用電気工作物**に分類されます。このうち，自家用電気工作物は，ビルや工場など，比較的大きな規模の需要家の電気設備を指し，次のような設備のある電気工作物をいいます。

①600Vを超える高圧で受電する設備

②**小規模発電設備**のうち小規模事業用電気工作物があるもの

③火薬類取締法に規定する火薬類を製造する事業場

4 一般用電気工作物の調査義務

一般用電気工作物が技術基準に適しているかどうかは，電力会社などの電気を供給する者が調査を行うことになっていますが，実際には電力会社に委託された電気保安協会などが行うこともあります。

一般用電気工作物が設置されたときや変更の工事が完成したとき，また，使用中にも**4年に1回**以上の調査を行います。

ことばの説明

▶以上・以下
○○以上・○○以下は，○○を含む。例えば，「600V以下」は600Vを含む。

▶未満
○○未満は，○○を含まず，○○より小さい。例えば，「20kW未満」は20kWを含まない。

+プラスα
600V以下の低圧受電の設備であっても，火薬製造所や石炭坑などの設備は，自家用電気工作物になる。

+プラスα
電気供給者
電気を供給する者を電気供給者と呼ぶこともある。

CHAPTER 7-2 電気工事士法①

（でんきこうじしほう）

攻略ポイント

- □電気工事士法の目的▶「電気工事の欠陥による災害の発生の防止に寄与」
- □第二種電気工事士の作業範囲▶一般用電気工作物等の電気工事。
- □電気工事士の義務▶①電気設備技術基準に適合する作業を行う。
  - ②電気工事の作業時には，電気工事士免状を携帯する。
  - ③適正な表示が付された電気用品を使用する。
  - ④都道府県知事からの報告要求に対し，すみやかに報告する。

1 電気工事士法の目的

電気工事士法は，電気工事の作業に従事する者に対して定めた法律で，その内容は，電気工事士等の資格と作業範囲，電気工事士の義務，電気工事士の免状などについて定められています。

電気工事士法の目的は，「電気工事の作業に従事する者の資格及び義務を定め，もって電気工事の**欠陥による災害の発生の防止**に寄与すること」です（第1条）。

2 電気工事士等の資格と作業範囲

電気工事士等の作業範囲を表7-2に示します。

表7-2 電気工事士等の作業範囲

電気工作物 ＼ 資格	一般用電気工作物	自家用電気工作物（500kW未満）			
	一般用電気工作物等				
	小規模発電設備				
		小規模事業用電気工作物		特殊電気工事	簡易電気工事
第一種電気工事士	○	○	○		○
第二種電気工事士	○	○			
特種電気工事資格者				○	
認定電気工事従事者					○

電気工事従事者の資格には，第一種・第二種電気工事士の資格の他に，**認定電気工事従事者**と**特種電気工事資格者**があります。認定電気工事従事者は，自家用電気工

+プラスα

電気工事士法で規定する自家用電気工作物は，最大電力500kW未満の設備を指す。

ことばの説明

▶認定電気工事従事者

第二種電気工事士の免状取得後，実務経験3年以上または所定の講習を受講すると，認定を受けることができる。

作物の電気工事のうち，低圧600V以下の簡易電気工事に従事し，特種電気工事資格者は，自家用電気工作物の電気工事のうち，ネオン工事や非常用予備発電装置工事の特殊電気工事に従事します。

第二種電気工事士が従事できるのは，一般用電気工作物等の電気工事です。自家用電気工作物の電気工事に従事するためには，第一種電気工事士の資格が必要です。ただし，軽微な工事については，電気工事士の資格がなくても従事することができます。

3 電気工事士の義務

電気工事士個人に対しては，次のように義務づけられています。

①電気工事の作業を行うときは，**電気設備技術基準**に適合するように作業を行わなければならない。

②電気工事の作業に従事するときは，**電気工事士免状を携帯**していなければならない。

③電気工事の作業に電気用品安全法で定められた電気用品を使用する場合は，適正な表示が付されたものを使用しなければならない。

④電気工事の業務に関して**都道府県知事**から報告を求められた場合は，報告しなければならない。

4 電気工事士免状の交付・書換え・再交付

第二種電気工事士免状の交付，書換え，再交付については，次のように定められています。

①免状は，居住地の**都道府県知事**が交付する。

②免状の記載事項で**氏名**を変更したときは，免状を交付した都道府県知事に**書換え**を申請する。

③免状を汚したり，破ったり，**紛失**したりしたときは，免状を交付した都道府県知事に**再交付**を申請する。

ことばの説明

▶電気設備技術基準
正式名称は，「電気設備に関する技術基準を定める省令」

+プラスα

電気用品表示記号

特定電気用品

特定電気用品以外の電気用品

+プラスα

免状の記載事項
免状の種類，交付番号，交付年月日，氏名，生年月日。

法令

CHAPTER 7 3

電気工事士法②

攻略ポイント

□電気工事士でなくてもできる作業▶
①露出型の点滅器，コンセントを取り替える作業。
②樹脂製のボックスなどを造営材などに取り付け，または取り外す作業。

□軽微な工事▶電気工事士を補助する仕事など。

1 電気工事士でなければできない作業

一般用電気工作物等に係る電気工事において，電気工事士でなければできない作業と，電気工事士以外の者でも従事できる軽微な工事があります。電気工事士でなければできない作業については，次のように定められています。

①電線相互を接続する作業
②がいしに電線を取り付け，または取り外す作業
③電線を直接造営材などに取り付け，または取り外す作業
④電線管，線ぴ，ダクトなどに電線を収める作業
⑤配線器具を造営材などに取り付け，もしくは取り外し，またはこれに電線を接続する作業（露出型の点滅器，コンセントを取り替える作業を除く）
⑥電線管の曲げ，もしくはねじ切り，または電線管相互もしくは電線管とボックスなどを接続する作業
⑦金属製のボックスを造営材などに取り付け，または取り外す作業
⑧電線，電線管，線ぴ，ダクトなどが造営材を貫通する部分に金属製の防護装置を取り付け，または取り外す作業
⑨金属製の電線管，線ぴ，ダクトなどやその付属品を，建造物のメタルラス張り，ワイヤラス張り，金属板張りの部分に取り付け，または取り外す作業

ことばの説明
▶造営材
屋根，柱，壁などを構成する材料。
▶電線管
金属管，合成樹脂製電線管などがある。
▶配線器具
開閉器，過電流遮断器，接続器などがある。

⑩**配電盤**を造営材に取り付け，または取り外す作業
⑪接地線を一般用電気工作物等（電圧600V以下で使用する電気機器を除く）などに取り付け，または取り外し，**接地線相互**もしくは**接地線**と**接地極**とを接続し，または接地極を地面に埋設する作業
⑫電圧600Vを超えて使用する電気機器に**電線**を接続する作業

2 電気工事士でなくてもできる軽微な工事

電気工事士を補助する作業に資格は必要ありません。また，電気事業用電気工作物や500kW以上の自家用電気工作物の電気工事を行う場合は，電気工事士の資格は関係ありません。電気工事士でなくてもできる軽微な工事については，次のように定められています。

①電圧600V以下で使用する差込み接続器，ねじ込み接続器，ソケット，ローゼット，その他の接続器または電圧600V以下で使用するナイフスイッチ，カットアウトスイッチ，スナップスイッチ，その他の開閉器にコードまたはキャブタイヤケーブルを接続する工事
②電圧600V以下で使用する電気機器（配線器具を除く），蓄電池の端子に電線をねじ止めする工事
③電圧600V以下で使用する電力量計もしくは電流制限器または**ヒューズ**を取り付け，または取り外す工事
④電鈴，インターホン，火災感知器，豆電球などの施設に使用する小型変圧器（二次電圧36V以下のものに限る）の二次側の配線工事
⑤電線を支持する**柱**，**腕木**などの工作物を設置し，または変更する工事
⑥地中電線用の**暗きょ**または**管**を設置し，または変更する工事

+プラスα
①の作業
差込み接続器やスイッチなどに絶縁電線やケーブルを接続する作業は，電気工事士でなければできない。

ことばの説明
▶差込み接続器
コンセント，プラグなど。

法令

CHAPTER 7 4

電気用品安全法

攻略ポイント

- □電気用品安全法の目的▶「電気用品による危険及び障害の発生を防止」
- □電気用品▶特定電気用品とそれ以外の電気用品に分けられる。
- □特定電気用品は，登録検査機関の適合性検査を受ける必要がある。
- □電気用品の表示▶特定電気用品：◇PSE，特定電気用品以外の電気用品：○PSE

1 電気用品安全法の目的

電気用品安全法は，住宅や商店などで使用する一般用電気工作物等の配線設備や電気機械器具などの電気用品が安全に使用されるために規制する法律です。電気用品安全法の目的は，「電気用品の製造，販売等を規制するとともに，電気用品の安全性の確保につき民間事業者の自主的な活動を促進することにより，電気用品による**危険及び障害の発生を防止**すること」です（第1条）。

2 電気用品の種類

電気用品とは，一般用電気工作物等の部分となり，またはこれに接続して用いられる機械や器具または材料などをいいます。電気用品は，**特定電気用品**と**特定電気用品以外の電気用品**に分けられます。

特定電気用品は，構造上または使用方法その他の使用状況から，特に危険または障害の発生するおそれが多い電気用品をいい，販売するまでに登録検査機関の適合性検査を受ける必要があります。

3 電気用品の表示

技術基準に適合していると認められた電気用品の表示例を表7-3に示します。

表7-3 電気用品の表示

	特定電気用品	特定電気用品以外の電気用品
表示記号	◇PSE または，<PS>E	○PSE または，(PS) E

ことばの説明

▶P, S, E

P：プロダクト（製品）

S：セーフティー（安全）

E：エレクトリカル（電気の）

4 販売の制限

電気用品の製造・輸入業者，販売事業者は，所定の**表示**のない電気用品を販売したり，販売の目的で**陳列**してはなりません。

5 使用の制限

電気工事士，認定電気工事従事者，特種電気工事資格者は，所定の表示のない電気用品を電気工作物の**設置**や**変更**の工事に使用してはなりません。表示のない電気用品は，**販売**も**使用**も認められません。

6 電気用品の主なもの

主な特定電気用品を表7-4に示します。

表7-4 特定電気用品

主な特定電気用品
電線▶絶縁電線（公称断面積100mm^{2}以下）
ケーブル（公称断面積22mm^{2}以下，線心7本以下）
コード
キャブタイヤケーブル（公称断面積100mm^{2}以下，線心7本以下）
ヒューズ▶温度ヒューズ
その他のヒューズ（定格電流1A以上200A以下）
配線器具▶タンブラースイッチ，タイムスイッチその他の点滅器（定格電流30A以下）
フロートスイッチ，配線用遮断器，漏電遮断器（定格電流100A以下）
差込み接続器，ねじ込み接続器

特定電気用品より危険度が低いと考えられる，主な特定電気用品以外の電気用品を表7-5に示します。

表7-5 特定電気用品以外の電気用品

主な特定電気用品以外の電気用品
電線▶蛍光灯電線，ネオン電線（公称断面積100mm^{2}以下）
ケーブル（公称断面積22mm^{2}超100mm^{2}以下，線心7本以下）
電線管類とその附属品，ケーブル配線用スイッチボックス
配線器具▶カバー付ナイフスイッチ，電磁開閉器
光源▶白熱電球，蛍光ランプ（定格消費電力40W以下）
電動力応用機械器具▶換気扇（定格消費電力300W以下）
小形交流電動機▶三相かご形誘導電動機（定格出力3kW以下）

+プラスα
過去に出題された特定電気用品
600Vビニル絶縁電線，600Vビニル絶縁ビニルシースケーブル，配線用遮断器など。

ことばの説明
▶線心
導体に絶縁体を施したもの。

+プラスα
過去に出題された特定電気用品以外の電気用品
金属管，金属製可とう電線管，蛍光ランプ，換気扇，ケーブル配線用スイッチボックスなど。

5 電気工事業法

でんきこうじぎょうほう

攻略ポイント

- □登録の有効期限▶5年
- □主任電気工事士▶第一種電気工事士または第二種電気工事士で実務経験3年以上の者。
- □器具の備付け▶①絶縁抵抗計，②接地抵抗計，③回路計
- □標識の掲示▶営業所および電気工事の施工場所ごとに標識を掲げる。
- □帳簿の備付け▶帳簿は5年間保存する。

1 電気工事業法の目的

電気工事業法は，電気工事士を雇用する電気工事業者の登録およびその業務規制を定めた法律です。

電気工事業法の目的は，「電気工事業を営む者の登録等及びその業務の規制を行うことにより，その業務の適正な実施を確保し，もって一般用電気工作物等及び自家用電気工作物の**保安の確保**に資すること」です（第1条）。

ことばの説明

▶電気工事業法
正式名称は，「電気工事業の業務の適正化に関する法律」。試験では，正式名称で出題される。

2 登録制度

電気工事業を営もうとする者は，経済産業大臣または都道府県知事の登録を受けなければなりません。

①登録先▶2つ以上の都道府県内に営業所を設置する業者は，**経済産業大臣**の登録を受ける。
▶1つの都道府県内に営業所を設置する業者は，**都道府県知事**の登録を受ける。

②登録の有効期限▶5年（5年ごとに更新登録が必要）

+プラスα

登録の変更・廃止
登録を変更または廃止する場合は，30日以内に登録申請先に届け出る。

3 主任電気工事士の設置

登録電気工事業者は，その業務を行う営業所ごとに，主任電気工事士を置かなければなりません。主任電気工事士になれるのは，第一種電気工事士，または第二種電気工事士の免状の交付を受けてから3年以上の実務経験を有する電気工事士です。

4 測定器具の備付け

一般用電気工作物等の電気工事の業務を行う営業所にあっては，①**絶縁抵抗計**，②**接地抵抗計**，③**回路計**（抵抗，交流電圧を測定できるもの）を備え付けなければなりません。

5 標識の掲示

登録電気工事業者は，その営業所および電気工事の施工場所ごとに，次の事項を記載した標識を掲げなければなりません。

①**氏名**または**名称**（法人の場合は代表者の氏名）
②営業所の**名称**と業務に係る電気工事の**種類**
③登録の**年月日**と**登録番号**
④主任電気工事士等の**氏名**

6 帳簿の備付け

登録電気工事業者は，その営業所ごとに帳簿を備え付け，施工した電気工事ごとに次の事項を記載して，保存しなければなりません。この帳簿の保存期間は，記載の日から5年間です。

①注文者の**氏名**または**名称**および**住所**
②電気工事の**種類**および**施工場所**
③**施工年月日**
④**主任電気工事士**等および作業者の氏名
⑤**配線図**
⑥**検査結果**

7 電気用品の使用の制限

電気工事には，電気用品安全法による所定の表示がある電気用品を使用しなければなりません。

法令

6 電気設備技術基準・解釈

攻略ポイント

□ 電圧の種別▶低圧：交流600V以下，直流750V以下
高圧：低圧を超え，7 000V以下

□ 屋内電路の対地電圧の制限▶
原則は，150V以下。
300V以下が認められる電気機器の定格消費電力は，2kW以上。

1 電気設備技術基準・解釈とは

電気設備技術基準は，「電気設備に関する技術基準を定める省令」といい，この技術基準の要件を満たすものと認められる技術的内容を具体的に規定したものを，「**電気設備の技術基準の解釈**」といいます。

ここでは，「電気設備技術基準」および「電気設備の技術基準の解釈」のうち，まだ本書でくわしく取り上げられていない重要事項をまとめます。

2 電圧の種別

電圧は，低圧，高圧，特別高圧の3種に分類され，それぞれ表7-6のように規定されています。これより，一般用電気工作物は，600V以下の低圧受電の設備に該当することになります。

表7-6 電圧の種別

種別	交流	直流
低圧	600V以下	750V以下
高圧	600Vを超え，7 000V以下	750Vを超え，7 000V以下
特別高圧	7 000Vを超えるもの	

ことばの説明
▶低圧
住宅や小規模な商店，事務所などで受電する電圧。
▶高圧
ビル，工場などで受電する電圧。

+プラスα
試験では低圧と高圧に関するものがよく出題される。

3 屋内電路の対地電圧の制限

住宅の屋内電路の対地電圧は，150V以下にすることが定められています。ただし，この規定を超える200V三相3線式の大型エアコンのように，定格消費電力が，2kW以上の電気機械器具および専用の屋内配線を施設する場

合は，次の条件で施設することができます。

①使用電圧は，300V以下であること。
②電気機械器具および屋内配線には，**簡易接触防護措置**を施すこと。
③電気機械器具は，屋内配線と直接接続して施設すること。
④電気機械器具の電路には，専用の開閉器および過電流遮断器を施設すること。
⑤電気機械器具の電路には，漏電遮断器を施設すること。

+プラスα
③屋内配線と直接接続
コンセントなどの使用は認められない。

4 接触防護措置と簡易接触防護措置

①接触防護措置

接触防護措置とは，感電などを防ぐために，設備を人が接触しないように施設することです。次のいずれかに適合するように施設します。

イ　設備を，屋内にあっては床上2.3m以上，屋外にあっては地表上2.5m以上の高さに，かつ，人が通る場所から手を伸ばしても触れることのない範囲に施設すること。

ロ　設備に人が接近または接触しないように，さく，へい等を設け，または設備を金属管に収める等の防護措置を施すこと。

②簡易接触防護措置

次の**イ**に「容易に」とあるように，接触防護措置よりも施設する高さがゆるやかです。次のいずれかに適合するように施設します。

イ　設備を屋内にあっては床上1.8m以上，屋外にあっては地表上2m以上の高さに，かつ，人が通る場所から容易に触れることのない範囲に施設すること。

ロ　設備に人が接近または接触しないように，さく，へい等を設け，または設備を金属管に収める等の防護措置を施すこと。

第7章の過去問に挑戦

問題1

R2・下期（午前）・28

「電気工事士法」の主な目的は。

イ. 電気工事に従事する主任電気工事士の資格を定める。
ロ. 電気工作物の保安調査の義務を明らかにする。
ハ. 電気工事士の身分を明らかにする。
ニ. 電気工事の欠陥による災害発生の防止に寄与する。

問題2

H26・上期・30

「電気設備に関する技術基準を定める省令」における電圧の低圧区分の組合せで，**正しいものは。**

イ. 直流にあっては600V以下，交流にあっては600V以下のもの
ロ. 直流にあっては600V以下，交流にあっては750V以下のもの
ハ. 直流にあっては750V以下，交流にあっては600V以下のもの
ニ. 直流にあっては750V以下，交流にあっては750V以下のもの

問題3

R3・上期（午前）・30

一般用電気工作物の適用を**受けないものは**。ただし，発電設備は電圧600V以下で，1構内に設置するものとする。

イ. 低圧受電で，受電電力の容量が35kW，出力15kWの非常用内燃力発電設備を備えた映画館
ロ. 低圧受電で，受電電力の容量が35kW，出力10kWの太陽電池発電設備と電気的に接続した出力5kWの風力発電設備を備えた農園
ハ. 低圧受電で，受電電力の容量が45kW，出力5kWの燃料電池発電設備を備えたコンビニエンスストア
ニ. 低圧受電で，受電電力の容量が35kW，出力15kWの太陽電池発電設備を備えた幼稚園

法令の問題では，電気工事士法の問題が最も多く出題されている。例年同じような内容の問題が出題されるので，過去問をくり返し解いておく。

解答と解説

問題1のHint

電気工事士等の資格と作業範囲，義務，免状などについて定められている。

P.198参照

問題1　ニ

電気工事士法は電気工事の作業に従事する者に対して定めた法律で，その目的は，「電気工事の作業に従事する者の資格及び義務を定め，もって電気工事の欠陥による災害の発生の防止に寄与すること」である。

電気工作物＼資格	一般用電気工作物	自家用電気工作物（500kW未満）			
	一般用電気工作物等				
	小規模発電設備				
		小規模事業用電気工作物		特殊電気工事	簡易電気工事
第一種電気工事士	○	○	○		○
第二種電気工事士	○	○			
特種電気工事資格者				○	
認定電気工事従事者					○

問題2のHint

交流電圧と直流電圧で，区切り目の数値が異なる。

P.206参照

問題2　ハ

低圧，高圧，特別高圧の3種に分類され，それぞれ次のように区分される。

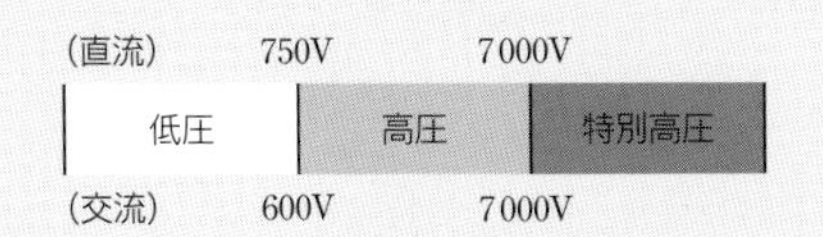

問題3のHint

それぞれの発電設備の出力に注目する。

P.196〜197参照

問題3　イ

イの非常用内燃力発電設備（出力15kW）は，出力10kW以上で小規模発電設備に該当しないので，一般用電気工作物の適用を受けない。**ロ**の太陽電池発電設備（出力10kW）と**ニ**の太陽電池発電設備（15kW）は出力50kW未満，**ハ**の燃料電池発電設備（5kW）は出力10kW未満で，いずれも小規模発電設備に該当する。

問題4

H30・下期・28

電気工事士の義務又は制限に関する記述として，**誤っているものは。**

イ． 電気工事士は，電気工事士法で定められた電気工事の作業に従事するときは，電気工事士免状を携帯していなければならない。

ロ． 電気工事士は，氏名を変更したときは，免状を交付した都道府県知事に申請して免状の書換えをしてもらわなければならない。

ハ． 第二種電気工事士のみの免状で，需要設備の最大電力が500kW未満の自家用電気工作物の低圧部分の電気工事のすべての作業に従事することができる。

ニ． 電気工事士は，電気工事士法で定められた電気工事の作業を行うときは，電気設備に関する技術基準を定める省令に適合するよう作業を行わなければならない。

問題5

H28・下期・28

電気工事士法において，第二種電気工事士免状の交付を受けている者であっても**従事できない**電気工事の作業は。

イ． 自家用電気工作物（最大電力500kW未満の需要設備）の地中電線用の管を設置する作業

ロ． 自家用電気工作物（最大電力500kW未満の需要設備）の低圧部分の電線相互を接続する作業

ハ． 一般用電気工作物の接地工事の作業

ニ． 一般用電気工作物のネオン工事の作業

問題6

R3・下期（午前）・29

「電気用品安全法」の適用を受ける配線器具のうち，特定電気用品の組合せとして，**正しいものは。**ただし，定格電圧，定格電流，極数等から全てが「電気用品安全法」に定める電気用品であるとする。

イ． タンブラースイッチ，カバー付ナイフスイッチ

ロ． 電磁開閉器，フロートスイッチ

ハ． タイムスイッチ，配線用遮断器

ニ． ライティングダクト，差込み接続器

解答と解説

問題4のHint

電気工事の欠陥による災害などの防止につながっているか。

P.198参照

問題4　ハ

第二種電気工事士は，一般用電気工作物等にかかわる工事に従事することができるが，自家用電気工作物（最大電力500kW未満の設備）の工事には従事できない。

問題5のHint

第二種電気工事士が従事できる電気工事は。

P.198～201参照

問題5　ロ

イの地中電線用の管を設置する作業は，軽微な工事として，一般用電気工作物，自家用電気工作物にかかわらず電気工事士でなくても従事できる作業，**ハ**，**ニ**は，一般用電気工作物の電気工事の作業なので，第二種電気工事士が従事できる電気工事の作業である。**ロ**は，自家用電気工作物（最大電力500kW未満の需要設備）の電気工事の作業なので，第二種電気工事士の資格だけでは，その作業に従事することはできない。

Point

自家用電気工作物（500kW未満の需要設備）の低圧部分の電気工事は，簡易電気工事として，次の者がその電気工事の作業に従事することができる。

①第一種電気工事士

②第二種電気工事士で実務経験3年以上または所定の講習の課程を修了し，認定電気工事従事者認定証の交付を受けた者

問題6のHint

特定電気用品以外の電気用品は，特定電気用品より危険度が低いと考えられている。

P.203参照

問題6　ハ

特定電気用品に該当する配線器具と該当しない配線器具を区別する問題である。

【特定電気用品（配線器具）】	【特定電気用品以外（配線器具）】
・タンブラースイッチ、タイムスイッチその他の点滅器（定格電流30A以下） ・フロートスイッチ，配線用遮断器，漏電遮断器（定格電流100A以下） ・差込み接続器，ねじ込み接続器	・リモートコントロールリレー ・カバー付ナイフスイッチ，電磁開閉器などの開閉器（定格電流100A以下） ・ライティングダクトおよびその附属品・接続器

法令

問題7

H26・上期・29

電気用品安全法により，電気工事に使用する特定電気用品に付すことが**要求されていない**表示事項は。

イ． 〈PSE〉又は〈PS〉Eの記号　　**ロ．** 届出事業者名

ハ． 登録検査機関名　　**ニ．** 製造年月

問題8

R4・下期（午前）・29

「電気用品安全法」における電気用品に関する記述として，**誤っているものは。**

イ． 電気用品の製造又は輸入の事業を行う者は，「電気用品安全法」に規定する義務を履行したときに，経済産業省令で定める方式による表示を付すことができる。

ロ． 特定電気用品は構造又は使用方法その他の使用状況からみて特に危険又は障害の発生するおそれが多い電気用品であって，政令で定めるものである。

ハ． 特定電気用品には(PSE)又は(PS)Eの表示が付されている。

ニ． 電気工事士は，「電気用品安全法」に規定する表示の付されていない電気用品を電気工作物の設置又は変更の工事に使用してはならない。

問題9

H27・上期・29

電気工事士法において，一般用電気工作物の工事又は作業でa，bともに電気工事士でなければ**従事できないものは。**

イ． a：電線が造営材を貫通する部分に金属製の防護装置を取り付ける。
b：電圧200Vで使用する電力量計を取り外す。

ロ． a：電線管相互を接続する。
b：接地極を地面に埋設する。

ハ． a：地中電線用の管を設置する。
b：配電盤を造営材に取り付ける。

ニ． a：電線を支持する柱を設置する。
b：電圧100Vで使用する蓄電池の端子に電線をねじ止めする。

解答と解説

問題7の Hint

電気用品による危険及び障害の発生を防止する。

P.202参照

問題7　ニ

特定電気用品に付すことが要求されている表示事項は，①<PS E>又は〈PS〉Eの記号，②届出事業者名，③登録検査機関名，④定格電圧・定格電流など。

③登録検査機関名の表示は，特定電気用品の場合に義務付けられる。

問題8の Hint

特定電気用品とそれ以外の電気用品の表示を区別する。

P.202参照

問題8　ハ

特定電気用品は<PS E>または〈PS〉Eのように，ひし形の記号で表示する。特定電気用品以外の電気用品は(PS E)または(PS)Eのように，丸形の記号で表示する。

問題9の Hint

電気工事士を補助する軽微な作業を除く。

P.200～201参照

問題9　ロ

電気工事士でなければできない作業と電気工事士でなくてもできる軽微な作業は，次のように分けられる。

イ. a：電気工事士でなければできない作業
　　b：軽微な作業

ロ. a：電気工事士でなければできない作業
　　b：電気工事士でなければできない作業

ハ. a：軽微な作業
　　b：電気工事士でなければできない作業

ニ. a：軽微な作業
　　b：軽微な作業

材料箱について

技能試験の開始前に，試験問題，材料箱，作業板（板紙）が配られます。試験官から指示が出たら，試験問題の材料表と材料箱の中の材料を照合し，材料の不備や不足などを確認する時間があります。

不備や不足があった場合は，挙手をして試験官に申し出て，支給を受けましょう。

材料箱には，材料，予備品，受験番号札，くず入れ用ビニル袋が入っています。試験官の指示に従って，受験番号札に必要事項を記入し，試験終了後に作品に取り付けます。

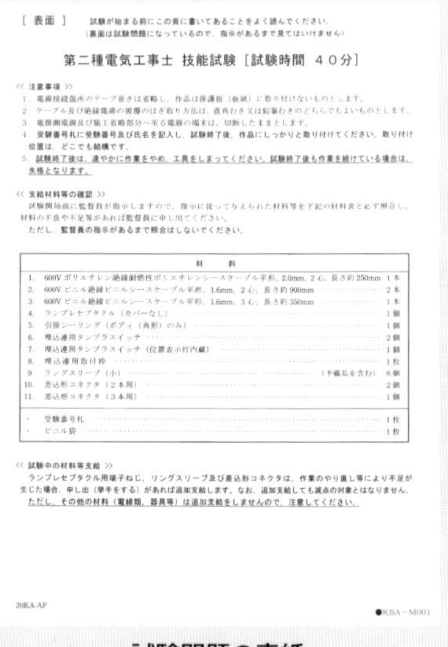

［表面］　試験が始まる前にこの頁に書いてあることをよく読んでください。
（裏面は試験問題になっているので，指示があるまで見てはいけません）

第二種電気工事士 技能試験［試験時間 40分］

《注意事項》

1．電線接続箇所のテープ巻きは省略し，作品は保護板（板紙）に取り付けないものとします。
2．ケーブル及び絶縁電線の被覆のはぎ取り方法は，直角むき又は鉛筆むきのどちらでもよいものとします。
3．電源側電線及び施工省略部分へ至る電線の端末は，切断したままとします。
4．受験番号札に受験番号及び氏名を記入し，試験終了後，作品にしっかりと取り付けてください。取り付け位置は，どこでも結構です。
5．試験終了後は，速やかに作業をやめ，工具をしまってください。試験終了後も作業を続けている場合は，失格となります。

《支給材料等の確認》

試験開始前に監督員が指示しますので，指示に従って与えられた材料等を下記の材料表と必ず照合し，材料の不良や不足等があれば監督員に申し出てください。
ただし，監督員の指示があるまで照合はしないでください。

	材料	
1.	600V ポリエチレン絶縁耐燃性ポリエチレンシースケーブル平形，2.0mm，2心，長さ約250mm	1本
2.	600V ビニル絶縁ビニルシースケーブル平形，1.6mm，2心，長さ約900mm	2本
3.	600V ビニル絶縁ビニルシースケーブル平形，1.6mm，3心，長さ約350mm	1本
4.	ランプレセプタクル（カバーなし）	1個
5.	引掛シーリング（ボディ（角形）のみ）	1個
6.	埋込連用タンブラスイッチ	2個
7.	埋込連用タンブラスイッチ（位置表示灯内蔵）	1個
8.	埋込連用取付枠	1枚
9.	リングスリーブ（小）（予備品を含む）	8個
10.	差込形コネクタ（2本用）	2個
11.	差込形コネクタ（3本用）	1個
・	受験番号札	1枚
・	ビニル袋	1枚

《試験中の材料等支給》

ランプレセプタクル用端子ねじ，リングスリーブ及び差込形コネクタは，作業のやり直し等により不足が生じた場合，申し出（挙手をする）があれば追加支給します。なお，追加支給しても減点の対象とはなりません。
ただし，その他の材料（電線類，器具等）は追加支給をしませんので，注意してください。

20KA-AF　　●KBA－M001

試験問題の表紙

【材料の照合】

①材料表の順番に箱から材料を出して，不備や不足などを確認した後，机の上に並べておく。

②材料に不備や不足があった場合や不明な点があった場合は，速やかに挙手で申し出る。

③電線，ケーブルはまっすぐに伸ばして長さを調べ，不足などがないか確認する。

④照合の過程で何番の候補問題が出題されるかを予測し，作業の進め方などをイメージしておく。

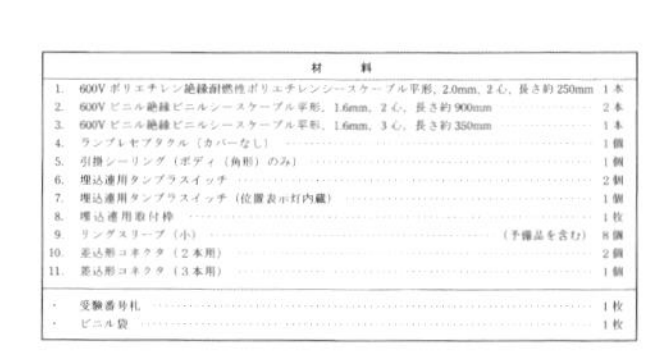

	材料	
1.	600V ポリエチレン絶縁耐燃性ポリエチレンシースケーブル平形，2.0mm，2心，長さ約250mm	1本
2.	600V ビニル絶縁ビニルシースケーブル平形，1.6mm，2心，長さ約900mm	2本
3.	600V ビニル絶縁ビニルシースケーブル平形，1.6mm，3心，長さ約350mm	1本
4.	ランプレセプタクル（カバーなし）	1個
5.	引掛シーリング（ボディ（角形）のみ）	1個
6.	埋込連用タンブラスイッチ	2個
7.	埋込連用タンブラスイッチ（位置表示灯内蔵）	1個
8.	埋込連用取付枠	1枚
9.	リングスリーブ（小）（予備品を含む）	8個
10.	差込形コネクタ（2本用）	2個
11.	差込形コネクタ（3本用）	1個
・	受験番号札	1枚
・	ビニル袋	1枚

試験問題表紙の材料表

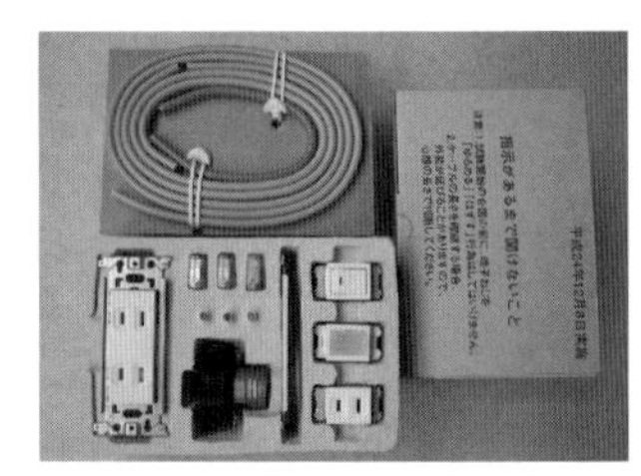

材料箱の中（見本）

配線図

第8章

1 配線図と結線図

攻略ポイント

- □配線図は，需要家の負荷設備や工事方法などを表した図面。
- □配線図は, JIS C 0303(構内電気設備の配線用図記号)の図記号を使用。
- □図記号の名称や用途，また，図記号が示す物の写真を覚える。
- □電気設備技術基準の内容を把握する。

1 配線図

配線図とは，工場や住宅などに施設される電灯，スイッチ，コンセントなどの配線のようすを，図記号（JIS）を用いて表した電気工事の設計図で，一般に**単線図**でかかれています。配線図には，建物内の電気配線を表した平面図と分電盤などの接続を表した分電盤結線図があります。試験に出題される配線図の一例を図8-1に示します。

2 配線図問題の考え方

①配線図問題は，全部で20問出題され，このうち約半分は配線図記号に関する問題が出題される。

②図記号から，配線の種類，使用機器具の種類などを判断する。

③受電する電気の種類（1 ϕ 3W 100Vなど）により，電路の絶縁抵抗値，接地工事の種類，接地抵抗値などを判断する。

④図記号が表す器具や材料・工具などの写真を選別できるようにする。

⑤電気設備技術基準の内容（引込線取付点の高さ，引込口配線の工事方法，引込開閉器の省略，地中埋設配線の工事方法，電路の絶縁抵抗値，接地工事など）を把握する。

ことばの説明

▶分電盤
電灯やコンセントなどの分岐回路用の配線用遮断器を組み込んだ盤で，一般に引込開閉器や漏電遮断器も収納されている。

平面図

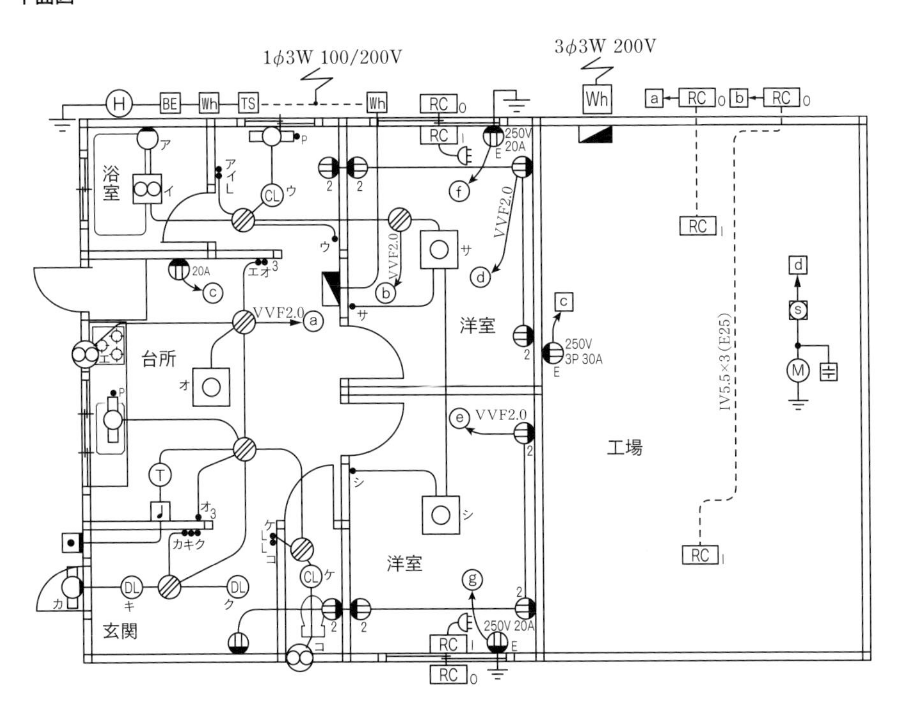

分電盤結線図

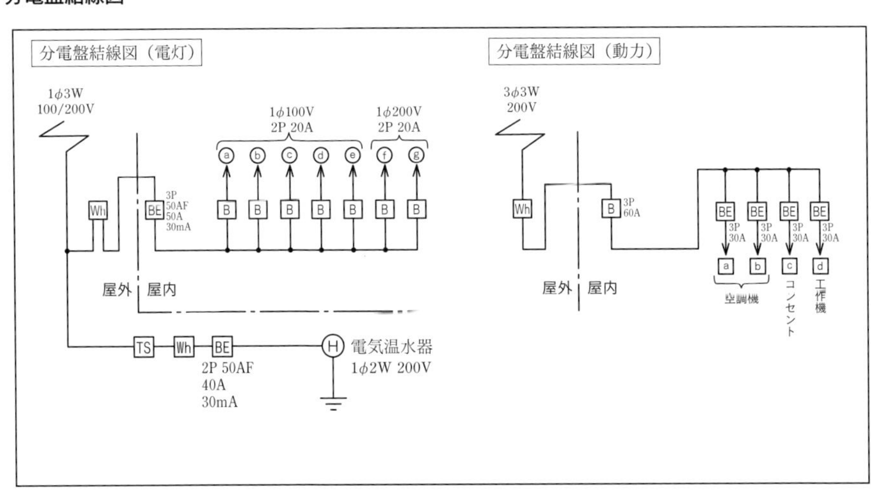

図8-1 配線図の例

配線図

CHAPTER 8 2

電灯回路の基本

攻略ポイント

□ 100V単相2線式の電源▶接地側電線と非接地側電線がある。
□ 電灯, 点滅器, コンセントなどは, 接地側電線と非接地側電線の間に結線される。
□ 電灯回路では, 点滅器（スイッチ）は非接地側電線に接続する。
□ コンセント回路では, コンセントは電源に並列に接続する。

1 単相2線式配線

住宅や商店などで電灯の電源に用いられる配電方式は, 100V単相2線式です。最近では, これに代わって100/200V単相3線式の100V回路が利用されることが多くなってきています。これらの配電方式は, 電源となる変圧器の内部故障で, 低圧線に高電圧が侵入（混触）した場合でも, 低圧線が高電圧にならないように接地されています。大地に接地されている線を**接地側電線**, その他の線を**非接地側電線**といいます。電灯, 点滅器, コンセントなどは, すべてこの2線間に結線されています。

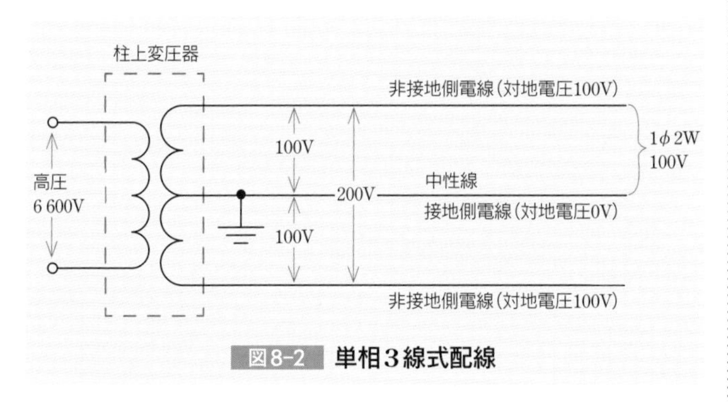

図8-2 単相3線式配線

ことばの説明
▶柱上変圧器
P.108参照

2 電灯回路の基本

電灯回路では, 1個の電灯を1個のスイッチで点滅させる回路を基本の回路とし, その他スイッチの種類, 電灯の数によって, さまざまな回路に変わります。ただし, コンセント回路の場合は, 接地極の有無の他は, あまり大きな違いはありません。

電灯回路には，次のきまりがあります。

①**点滅器（スイッチ）は，電源の非接地側電線に接続し，電灯は，電源の接地側電線に接続**されます。

図8-3の㋑は正しい回路です。スイッチ「切」で電灯が消えれば，電灯に電圧は加わっていないので，電球の取替えなどの際に，感電するおそれはありません。㋺はスイッチを接地側電線に取り付けた誤った回路です。スイッチ「切」で電灯が消えても，電灯に電圧が加わったままなので，感電するおそれがあります。

②**コンセントは，電源に並列に接続**します。

コンセントには接地側電線を接続する接地側極（Wの表示がある）と，非接地側電線を接続する非接地側極があります。例えば，100V・15Aコンセントの受口は，**非接地側は短く，接地側は長くなっている**ので，図8-3の㋩は正しい回路で，㋥は誤った回路になります。

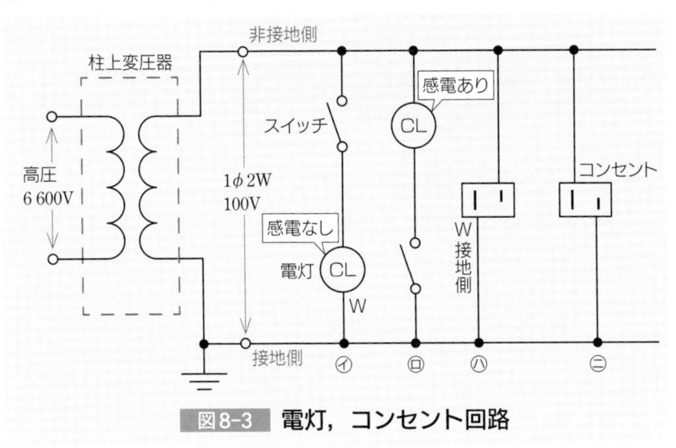

図8-3 電灯，コンセント回路

3 配線図問題の出題ポイント

配線図問題では，配線の最少電線本数（心線数）や，ジョイントボックス内でどのように電線を接続すればよいか，また，接続に使用するリングスリーブや差込形コネクタの大きさや数などが問われます。

これらの問題を考えるとき，単線図を複線図にすることで，電線の本数や配線の様子などが分かります。

単線図から複線図へ

攻略ポイント

- □電灯配線の基本回路を理解し，複線図へのかき換え手順に従ってかく。
- □複線図にかき換えるとき，点滅器（スイッチ）は非接地側電線に，電灯は接地側電線に接続する。
- □複線図は，最少電線本数の回路でかく。

1 単線図から複線図へのかき換えの原則

単線図から複線図へのかき換えは，電灯配線の基本回路をもとに，次の①から③の手順で行います。

手順①　電源の接地側と非接地側を決める

器具と電源を単線図の配置に従ってかき，電線接続のジョイントボックスの位置を記入する。図8-4の㋐，㋑，㋒の回路がある場合は，始めに，その回路に電源から２本の線を直接引いておく。

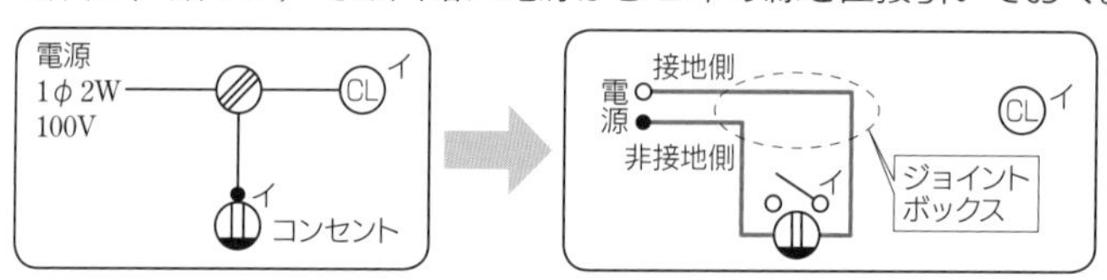

※ここでは，電源の接地側を○，非接地側を●で表しています。

手順②　接地側を電灯に，非接地側をスイッチに接続する

スイッチやコンセントなど，器具と器具の間の共通する電線には，わたり線を用いる。

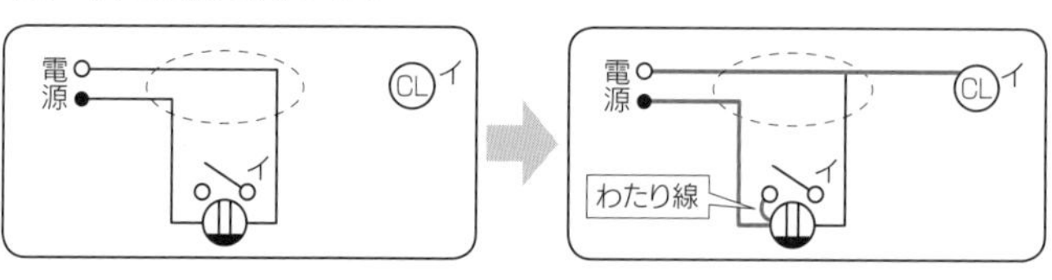

手順③　電灯とスイッチを接続する

点滅回路が複数の場合は，添字のイ，ロ，ハを確認し，対応する電灯とスイッチの接続をする。最後に電線の接続点に黒点を記入する。

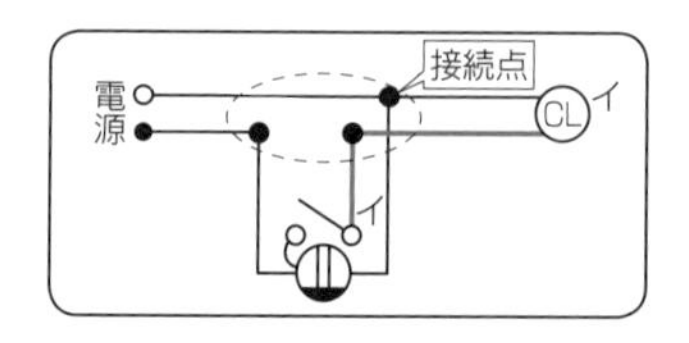

＋プラスα
複線図をかくとき，電線はジョイントボックス内を通るようにかく。

＋プラスα
ボックス内で，接続点が必要ないように見える場合でも，接続点を記入します。

図8-4は，100V単相2線式の電源の非接地側電線と接地側電線の2線間に接続された電灯配線の基本回路を複線図で表したものです。

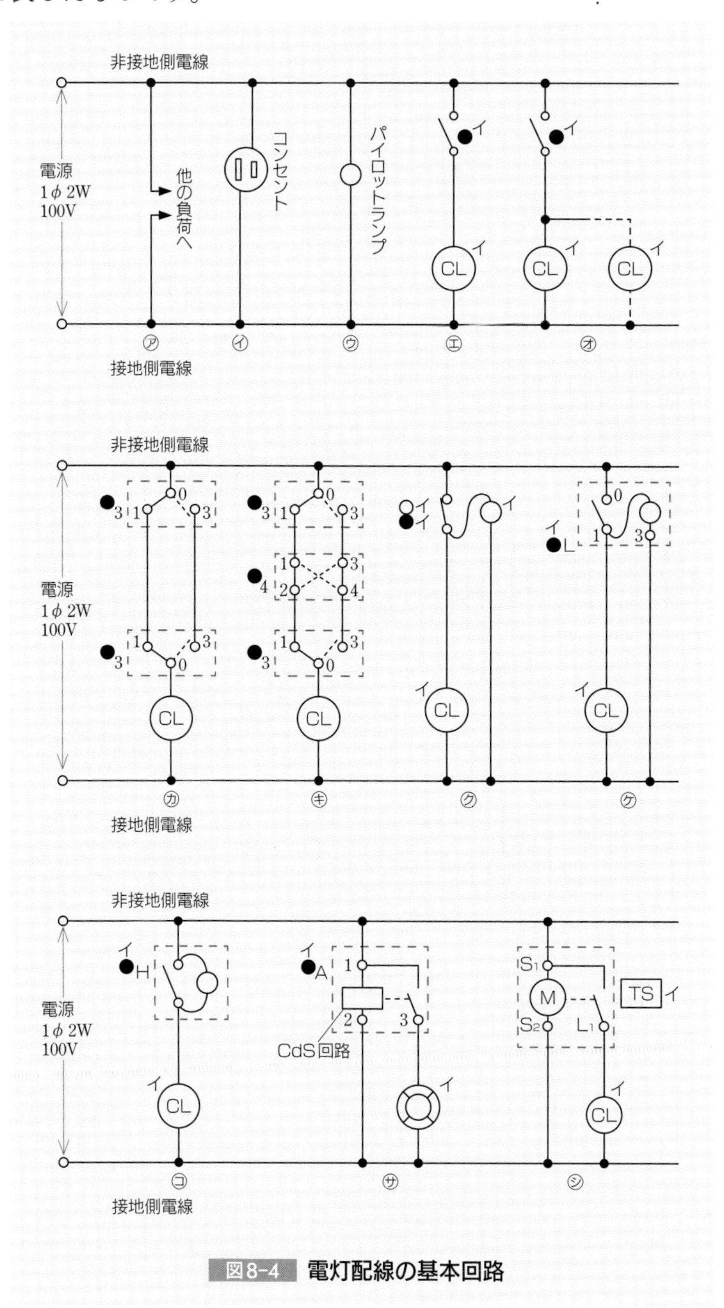

図8-4 電灯配線の基本回路

2 電灯配線の基本回路

かき換えの手順に従ってかきましょう。

基本回路㋐㋑

●コンセント回路

●他の負荷への電源送り回路

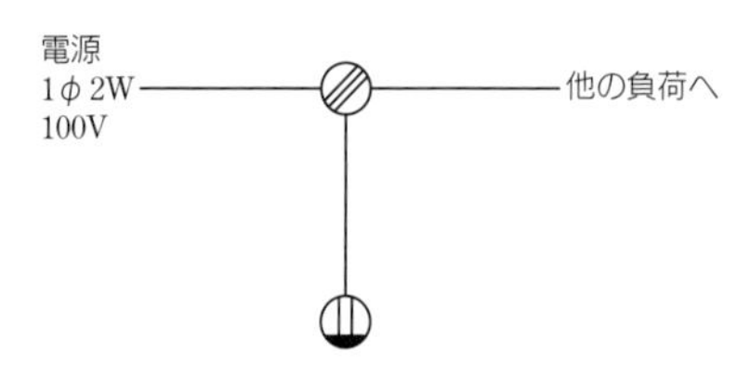

手順① 器具や電源などを配置し，電源の○，●を決める。

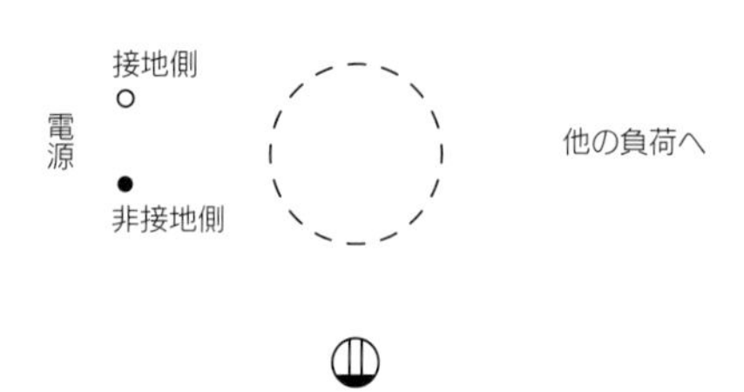

手順② 他の負荷への電源送りとコンセントへ，電源から２本の線を直接引く。

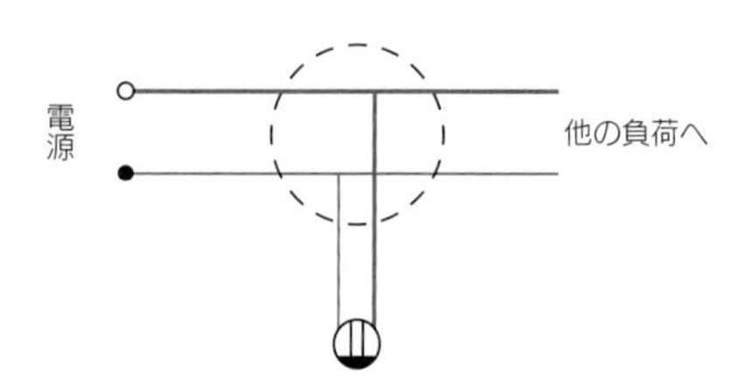

手順③ 電線の接続点に黒点を記入する。

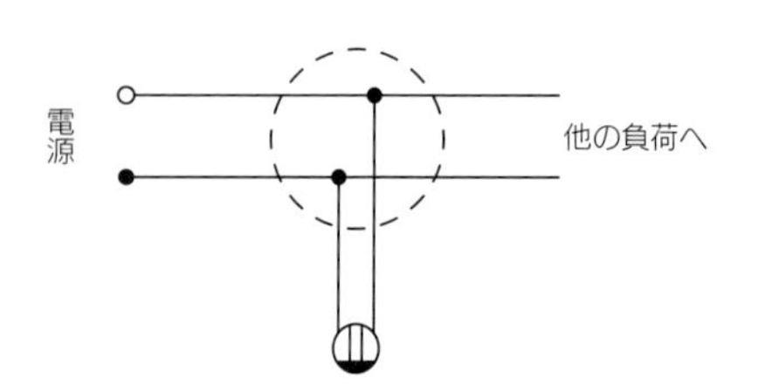

基本回路㋓

●スイッチ１個で電灯１個を点滅する回路

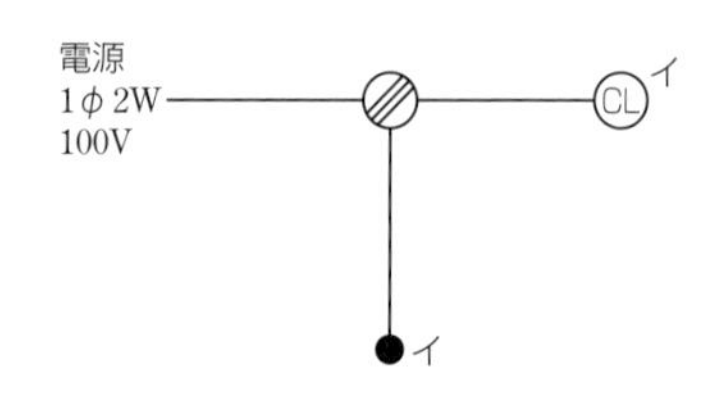

手順① 器具や電源などを配置し，電源の○，●を決める。

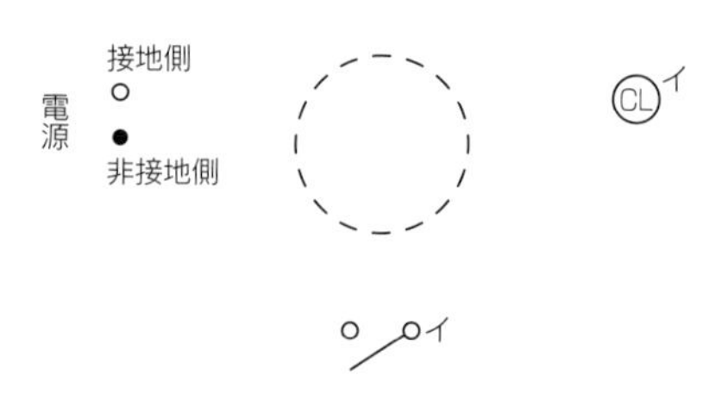

手順② 接地側電線を電灯に，非接地側電線をスイッチに接続する。

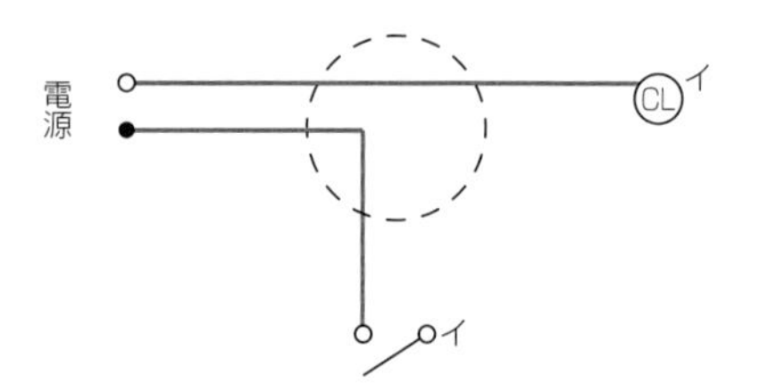

手順③ スイッチと電灯を接続し，電線の接続点に黒点を記入する。

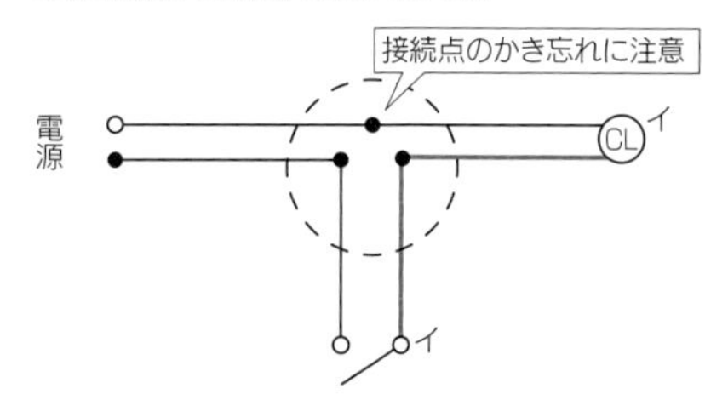

基本回路㋔

- スイッチ１個で電灯２個を点滅する回路

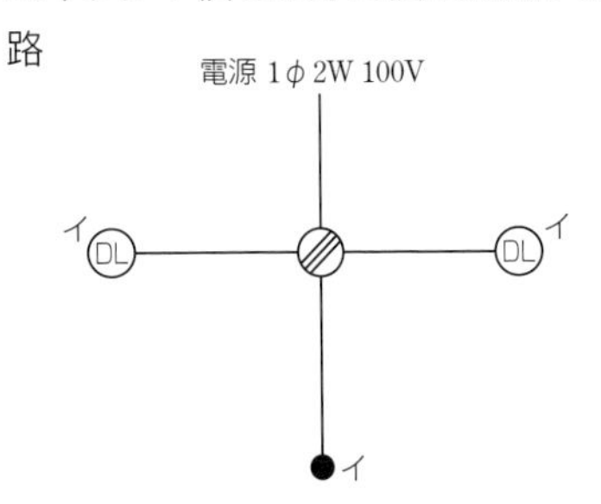

手順① 器具や電源などを配置し，電源の○，●を決める。

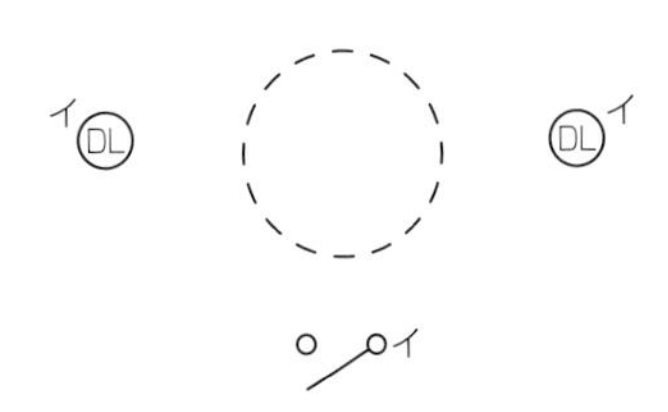

手順② 接地側電線を電灯２個に，非接地側電線をスイッチに接続する。

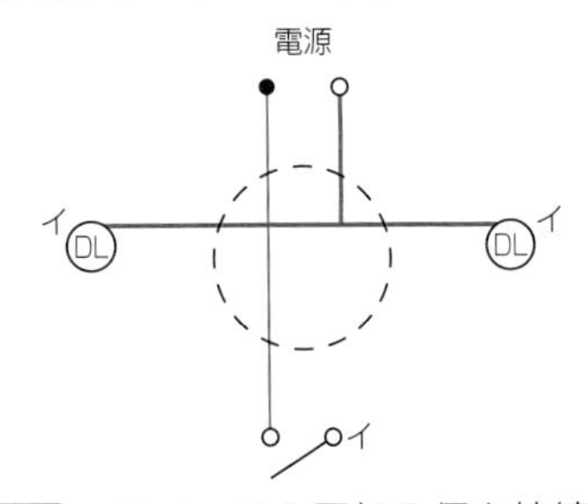

手順③ スイッチと電灯２個を接続し，電線の接続点に黒点を記入する。

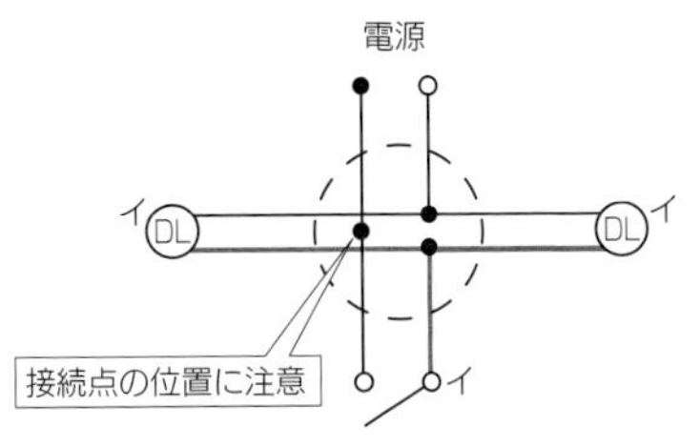

基本回路㋕

- ３路スイッチの回路

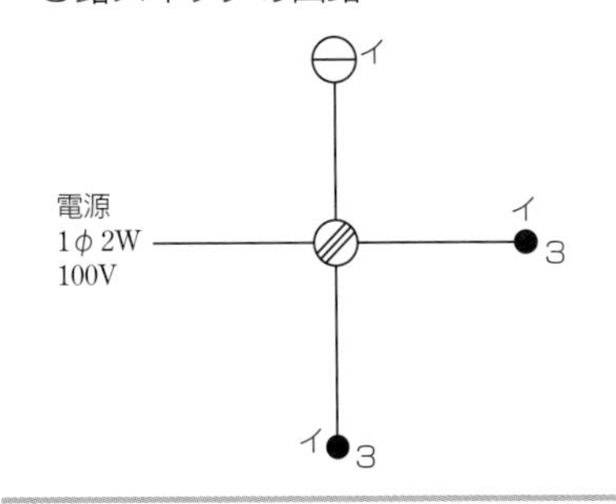

手順① 接地側電線を電灯に，非接地側電線を一方の３路スイッチの端子（0）に接続し，次に２個の３路スイッチの端子（1，3）を接続する。

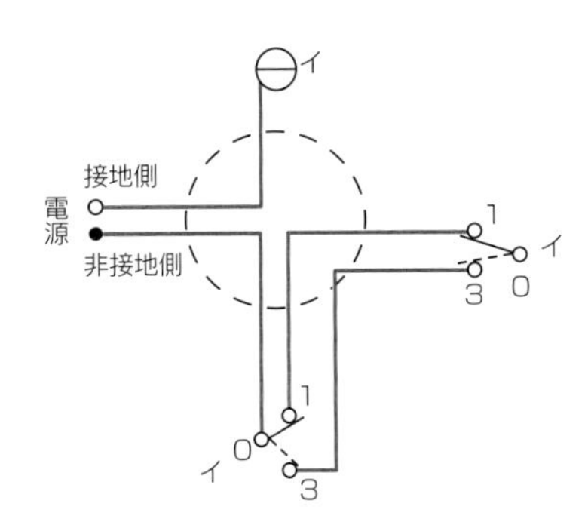

手順② 他方の３路スイッチの端子（0）と電灯を接続し，接続点に黒点を記入する。

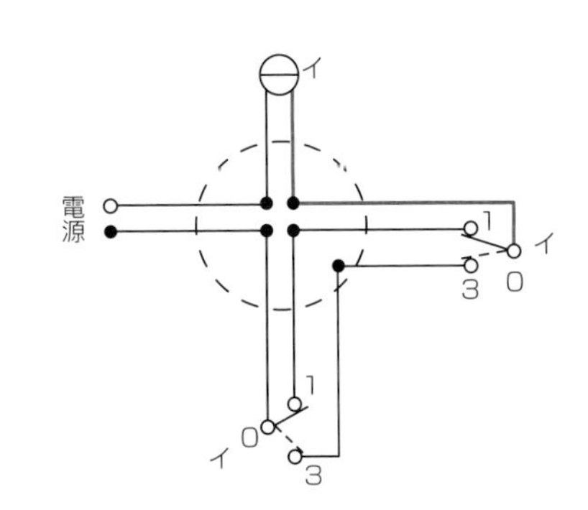

基本回路㊖

● 3路，4路スイッチの回路

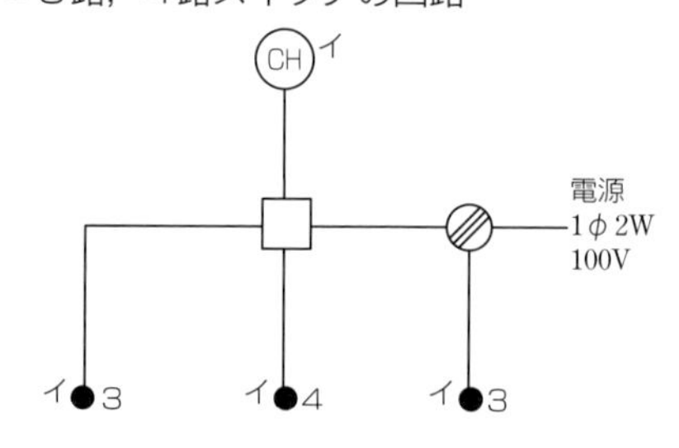

手順① 接地側電線を電灯に，非接地側電線を一方の3路スイッチの端子（0）に接続し，次に3路スイッチの端子（1，3）を4路スイッチの端子（1，3）に接続する。

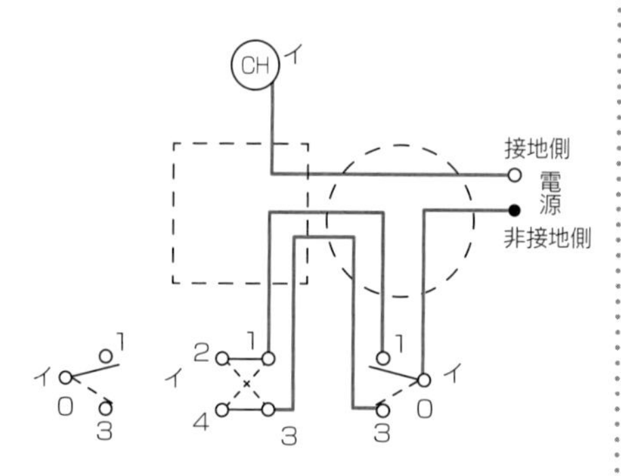

手順② 4路スイッチの端子（2，4）から他方の3路スイッチの端子（1，3）に接続し，端子（0）と電灯を接続する。接続点に黒点を記入する。

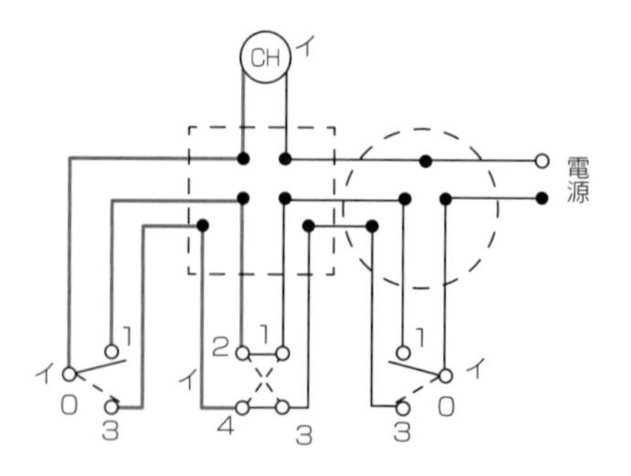

基本回路㋗

● 電灯とパイロットランプの同時点滅回路

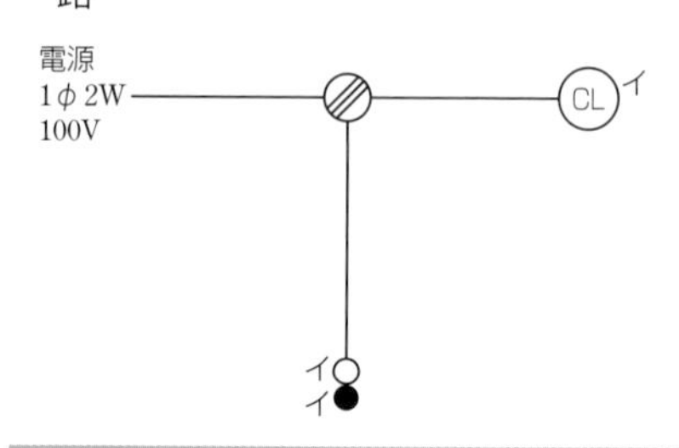

手順① 接地側電線を電灯とパイロットランプに，非接地側電線をスイッチに接続する。

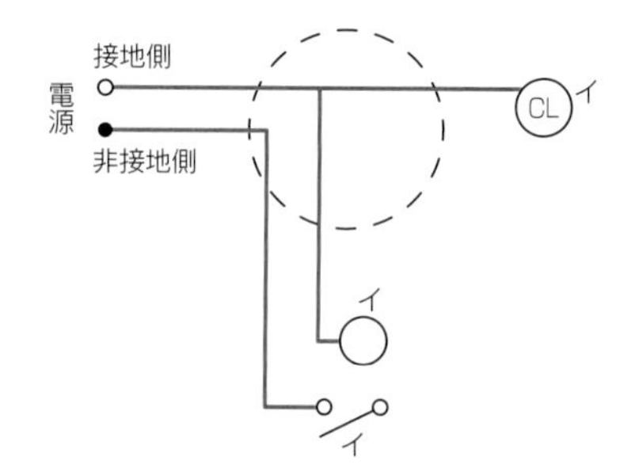

手順② スイッチ，パイロットランプ，電灯を接続し，接続点に黒点を記入する。

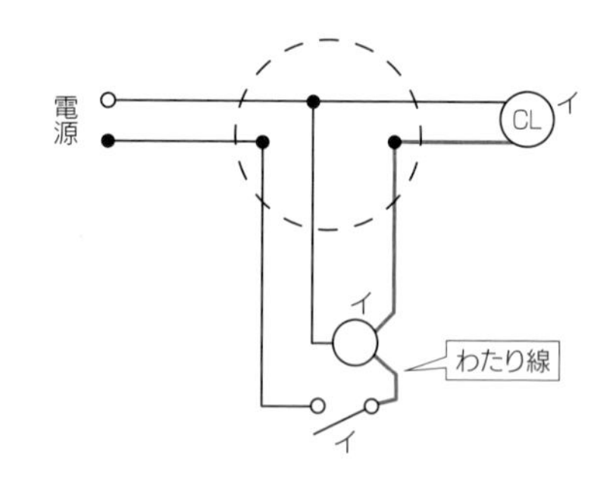

基本回路㋗

●確認表示灯内蔵スイッチの配線回路

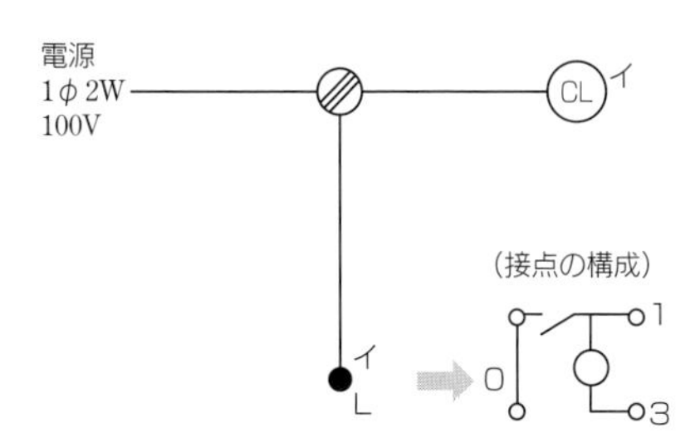

手順① 接地側電線を電灯と表示灯の端子（3）に接続し，非接地側電線をスイッチの端子（0）に接続する。

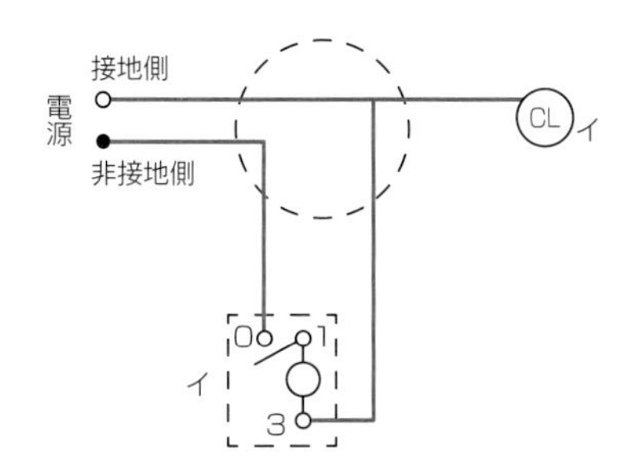

手順② スイッチの端子（1）と電灯を接続し，接続点に黒点を記入する。

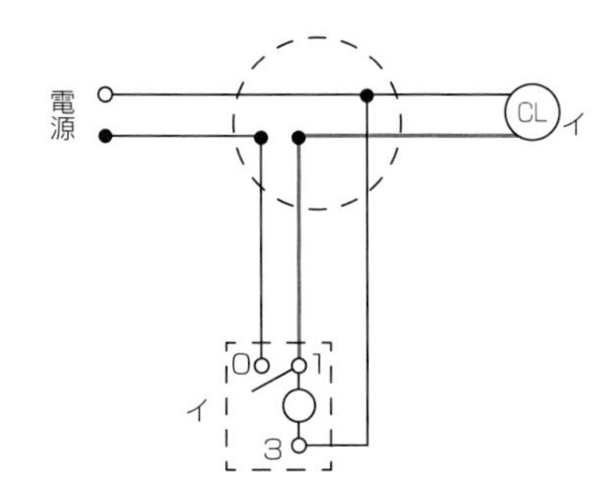

基本回路㋙

●位置表示灯内蔵スイッチの配線回路

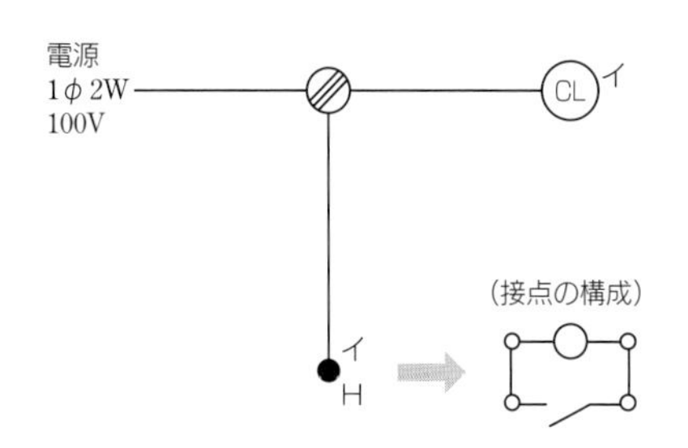

手順① 接地側電線を電灯に接続し，非接地側電線をスイッチに接続する。

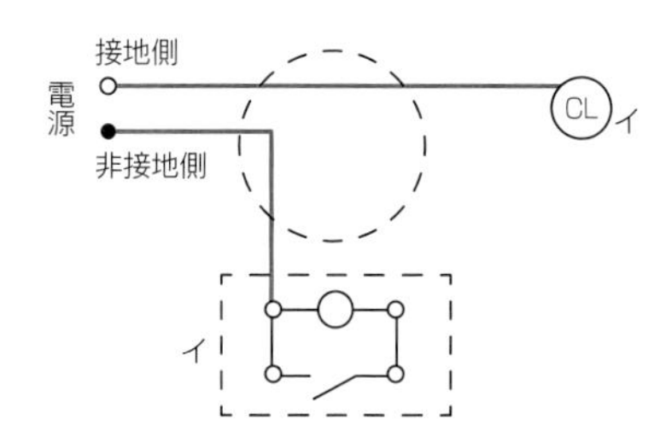

手順② スイッチと電灯を接続し，接続点に黒点を記入する。

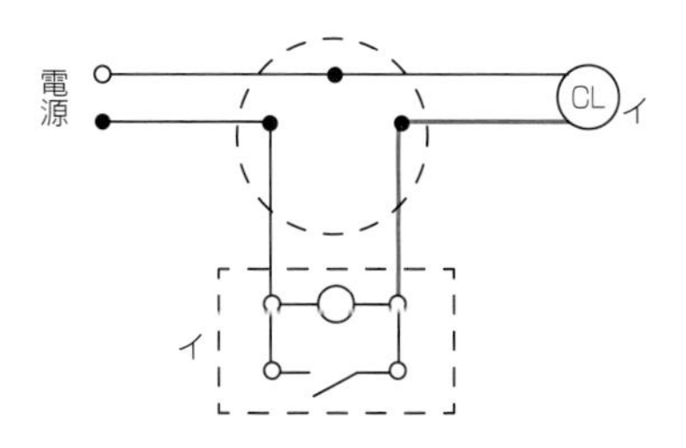

※パイロットランプがスイッチの投入などで並列に短絡されると，電流はすべて短絡された経路に流れるので，パイロットランプに電流は流れず，点灯しません。

配線図

基本回路㋚

●自動点滅器の配線回路

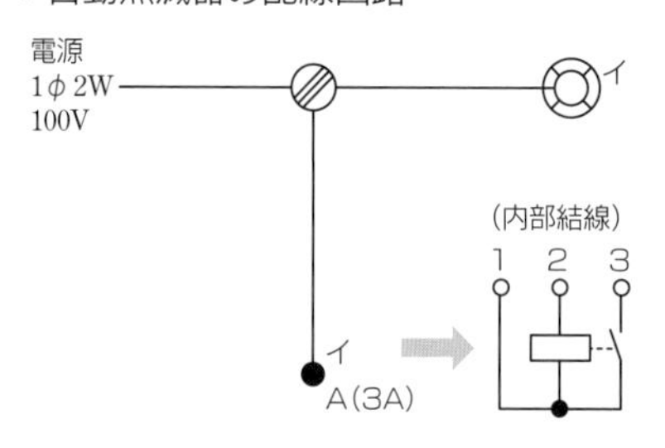

手順① 自動点滅器の端子（1，2）へ，電源から２本の線を直接引く。

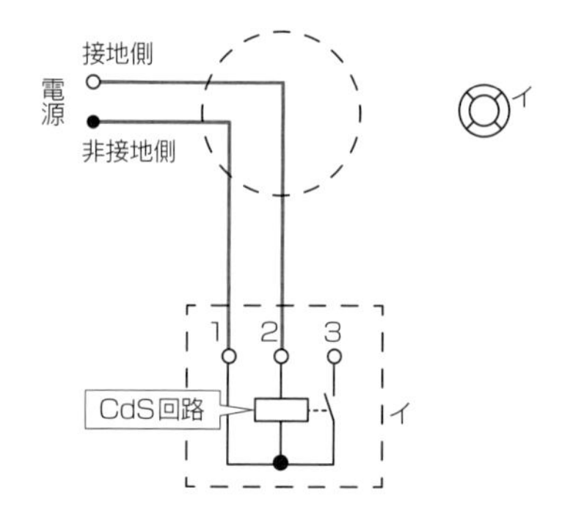

手順② 接地側電線を電灯に接続する。次に自動点滅器の端子（3）と電灯を接続し，接続点に黒点を記入する。

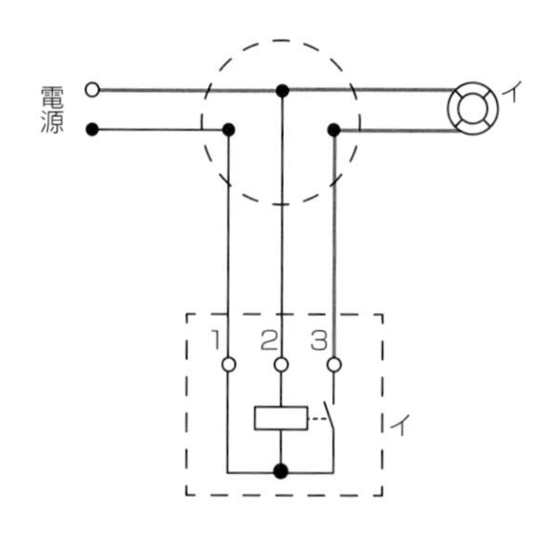

基本回路㋛

●タイムスイッチの配線回路

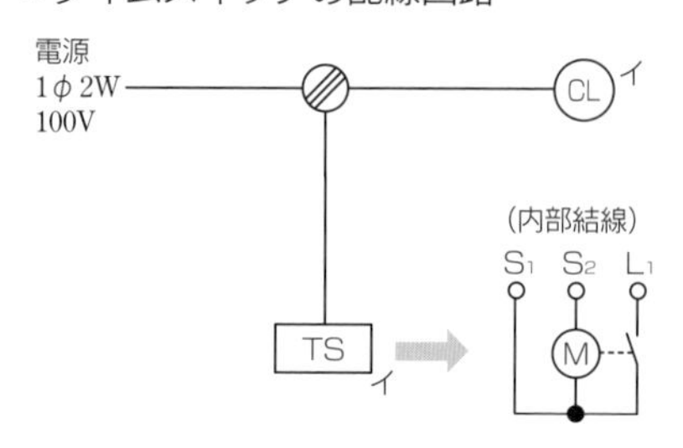

手順① タイムスイッチの端子（S_1，S_2）へ，電源から２本の線を直接引く。

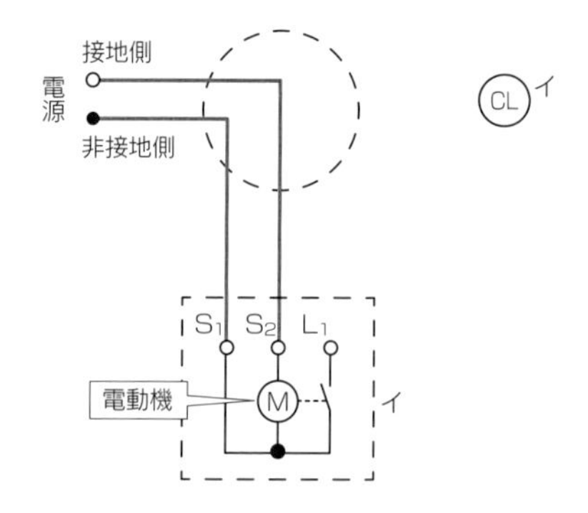

手順② 接地側電線を電灯に接続する。次にタイムスイッチの端子（L_1）と電灯を接続し，接続点に黒点を記入する。

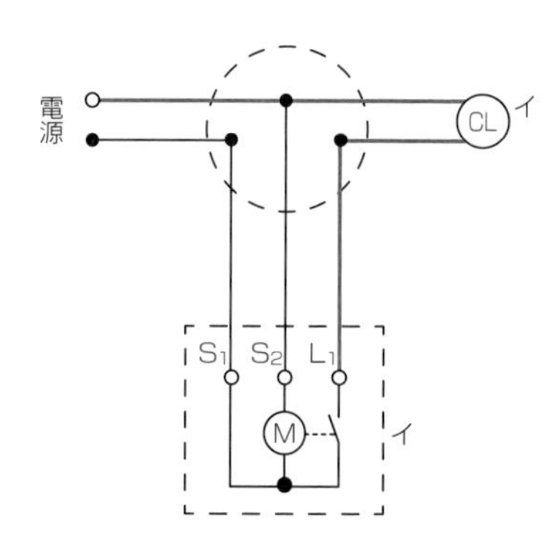

3 電灯配線の複合回路

基本回路を組み合わせた回路です。基本回路と同じ手順でかきましょう。

複合回路①

- コンセント回路
- スイッチ１個で電灯１個を点滅する回路

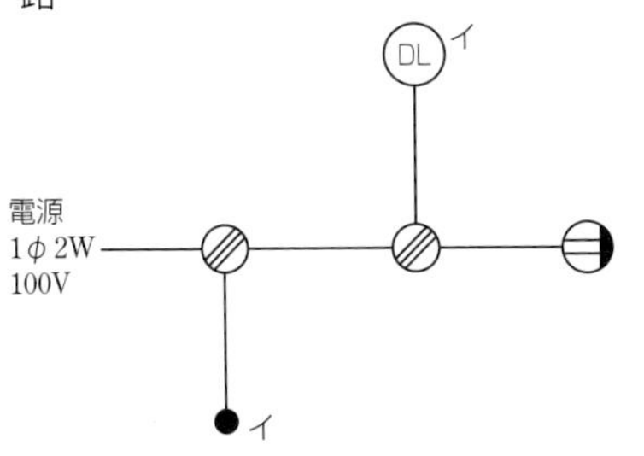

手順①　始めにコンセントへ，電源から２本の線を直接引く。次に，接地側電線を電灯に，非接地側電線をスイッチに接続する。

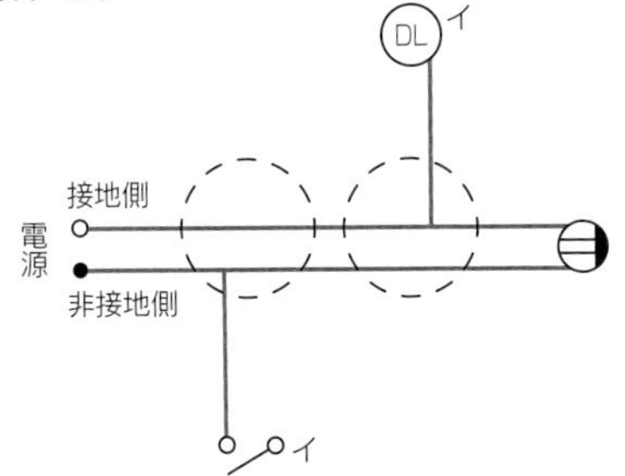

手順②　スイッチと電灯を接続し，接続点に黒点を記入する。

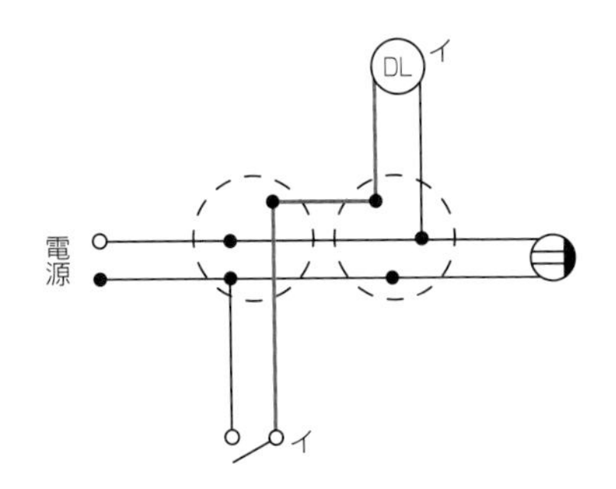

複合回路②

- 他の負荷への電源送り回路
- スイッチ２個で電灯２個を点滅する回路

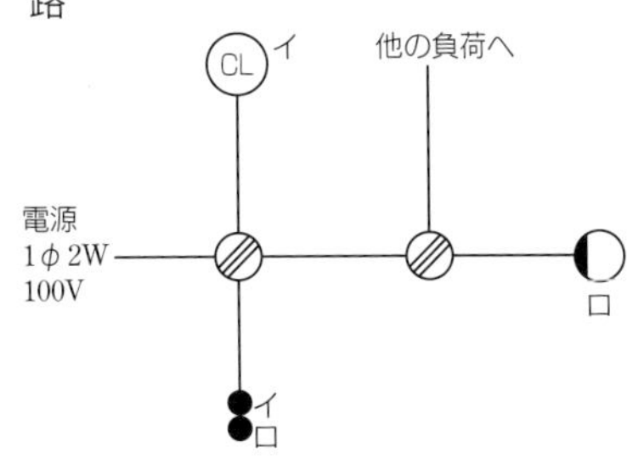

手順①　始めに他の負荷へ，電源から２本の線を直接引く。次に接地側電線を電灯２個に，非接地側電線をスイッチに接続する。

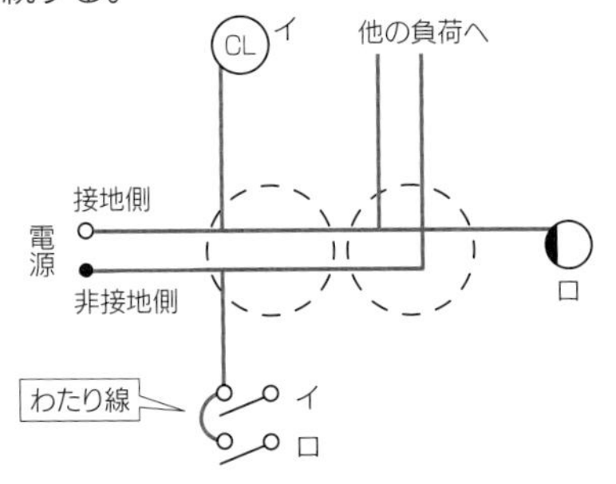

手順②　添字のイ，ロを確認して，対応する電灯とスイッチを接続し，接続点に黒点を記入する。

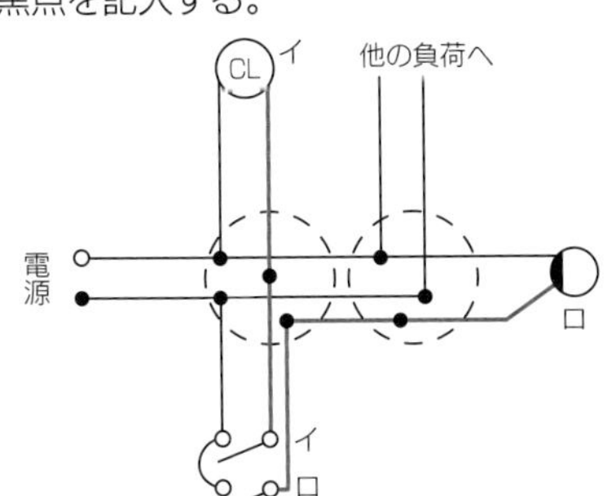

配線図

- コンセント回路
- スイッチ１個で電灯１個を点滅する回路
- ３路スイッチの回路

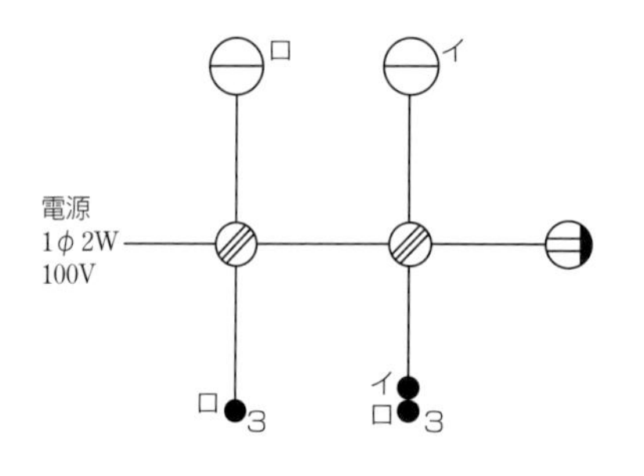

手順① 始めにコンセントへ，電源から２本の線を直接引く。

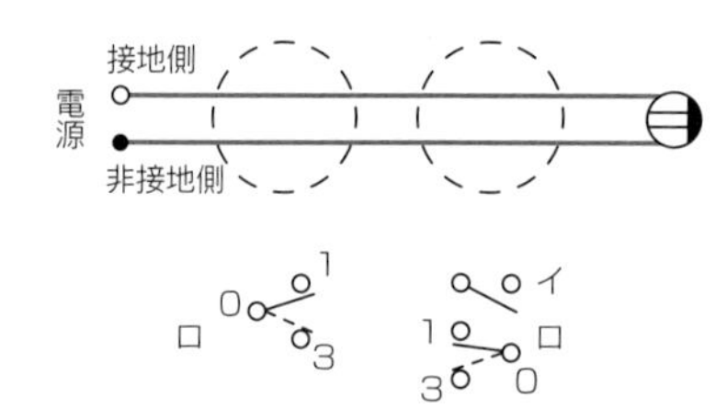

手順② 接地側電線を電灯に，非接地側電線をスイッチに接続する。

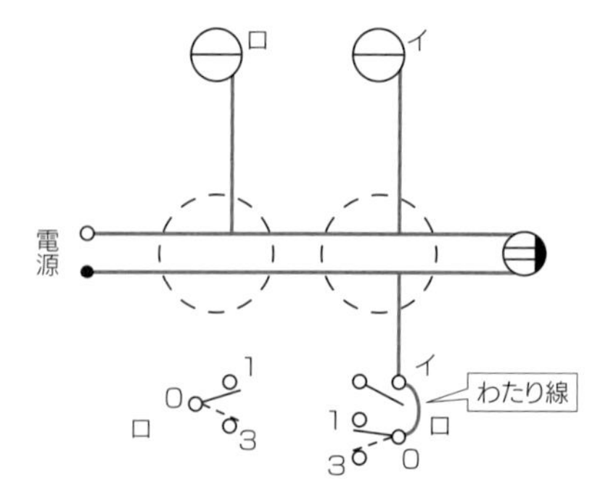

手順③ ２個の３路スイッチの端子（1，3）を接続する。

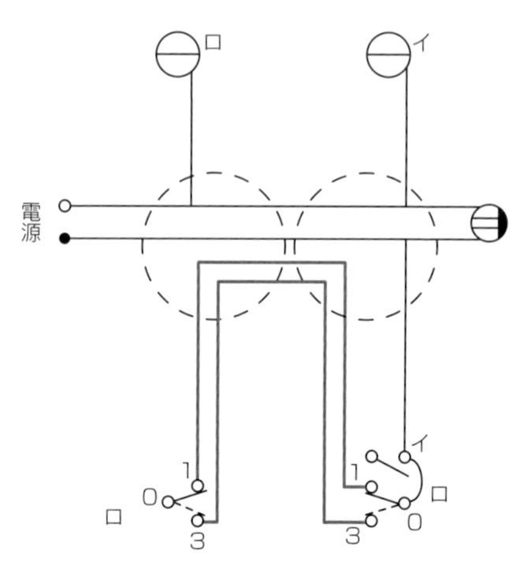

手順④ 添字のイ，ロを確認して対応する電灯とスイッチを接続し，接続点に黒点を記入する。

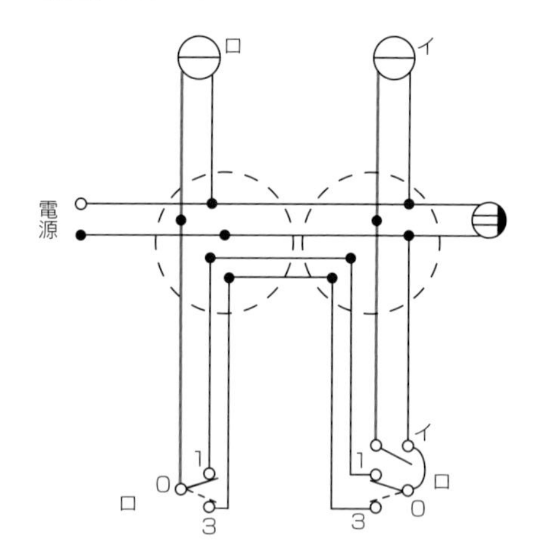

4 リングスリーブと差込形コネクタ

ジョイントボックス内の電線接続に使用するリングスリーブと差込形コネクタの種類と数は，次の通りです。

①リングスリーブの種類

使用するリングスリーブの種類を決める方法には次の**(1)(2)**の方法があります。

(1)リングスリーブと電線の組合せ

表8-1　リングスリーブの種類と接続電線①

種類	刻印	電線の本数
小	○	1.6mm×2本
	小	1.6mm×3～4本 2.0mm×2本 2.0mm×1本と1.6mm×1～2本
中	中	1.6mm×5～6本 2.0mm×3～4本 2.0mm×1本と1.6mm×3～5本 2.0mm×2本と1.6mm×1～3本 2.0mm×3本と1.6mm×1本
大	大	中スリーブを超える組合せ

＊電線2.6mm以上は省略する。

(2)リングスリーブと電線の総断面積

直径1.6mmと2.0mmの電線の断面積から，断面積の合計を求めてリングスリーブの種類を決めます。

表8-2　リングスリーブと接続電線②

リングスリーブの種類	電線の総断面積	備考
小	8mm^{2}以下	・直径1.6mmなら，断面積は，2mm^2 ・直径2.0mmなら，断面積は，3.5mm^2
中	8mm^{2}超14mm^{2}未満	
大	14mm^{2}以上	

＊例外：2.0mm 4本は，$3.5 \times 4 = 14$[mm^2] になるが，中スリーブを使う。

②差込形コネクタの種類

差込形コネクタの種類と数は，複線図にかかれた電線の数や接続点の数から判断します。

+プラスα
リングスリーブ用圧着ペンチ

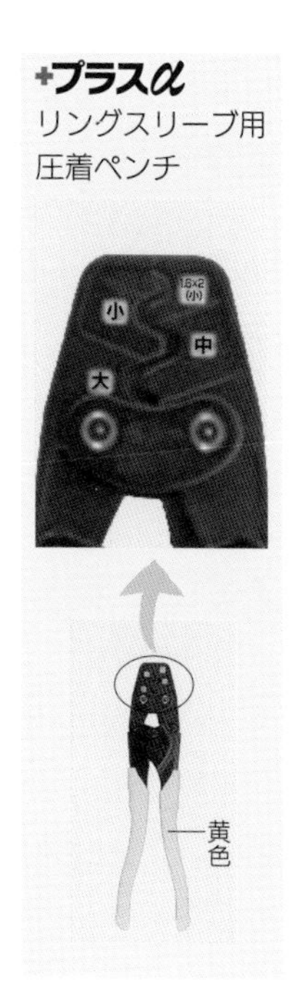

CHAPTER 8

4 配線図と電気設備技術基準

(はいせんず　でんきせつび　ぎじゅつきじゅん)

攻略ポイント

- □引込線取付点の高さ▶交通に支障がなければ2.5m以上。
- □木造住宅の引込口配線工事▶がいし引き工事，合成樹脂管工事，ケーブル工事
- □引込口開閉器の省略▶屋外（屋側を含む）配線の長さが15m以下。
- □配線用遮断器の省略▶屋外配線または屋側配線の長さが8m以下。

1 架空引込線と引込線取付点の高さ

架空電線路の支持物から需要家の引込線取付点までの架空引込線は，ケーブルを使用する場合を除き，直径2.6mm以上（径間15m以下の場合は，直径2mm以上）の硬銅線を使用します。また，引込線取付点の地表上の高さは，原則は4m以上ですが，技術上やむを得ない場合で，交通に支障がないときは，2.5m以上でもかまいません。

ことばの説明

▶引込線
空中を通す架空引込線と地中を通す地中引込線がある。一般的には，架空引込線が使われる。

▶径間
支持点間の距離。この場合は，電柱から引込線取付点までの距離。

2 引込口配線（屋側電線路）と引込口

引込線取付点から電力量計を経て引込口に至る配線を引込口配線といいます。建物が木造住宅の場合，引込口配線で施工できる工事は，**がいし引き工事，合成樹脂管工事，ケーブル工事**（金属外装のケーブルを除く）のいずれかです。木造住宅の壁は，ワイヤラス張り，メタルラス張りが多く，ラスに漏電して火災が発生するのを防ぐため，金属管工事やこれに類する工事は禁止されています。

ことばの説明

▶屋側
建造物の外部側面。

▶引込口
屋外または屋側からの電路が家屋の外壁を貫通する部分をいう。

▶ラス
金網の一種。

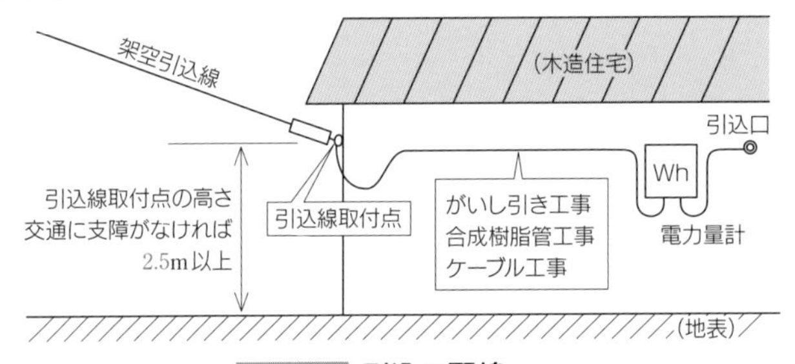

図8-5　引込口配線

3 引込開閉器の省略

母屋の屋内配線から車庫，倉庫，勉強部屋などの別棟の建物に電気を引き込む場合は，その別棟にも**引込開閉器**を施設するのが原則です。ただし，次の条件をすべて満たす場合は，施設を省略することができます。

①使用電圧が300V以下

②屋外（屋側を含む）配線の長さが15m以下

③屋内電路の配線用遮断器が20A以下

4 配線用遮断器の省略

屋外配線または屋側配線の開閉器と過電流遮断器は，**屋内電路用のものと兼用させないことが原則**です。ただし，次の条件をすべて満たす場合は，兼用させることができます。

①屋外配線または屋側配線の長さが8m以下

②屋内電路の配線用遮断器が20A以下

ことばの説明

▶屋外配線
母屋から離れた屋外の電気使用場所に施設する配線。

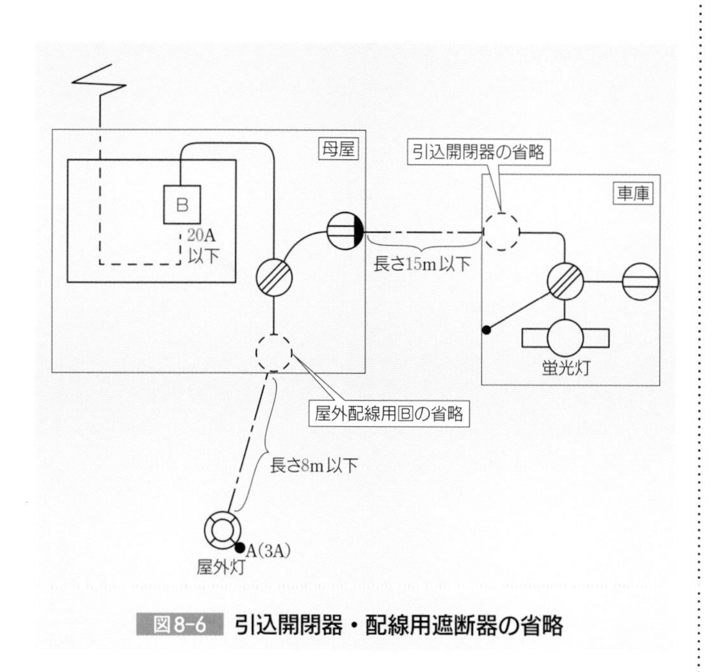

図8-6 引込開閉器・配線用遮断器の省略

配線図

配線図問題

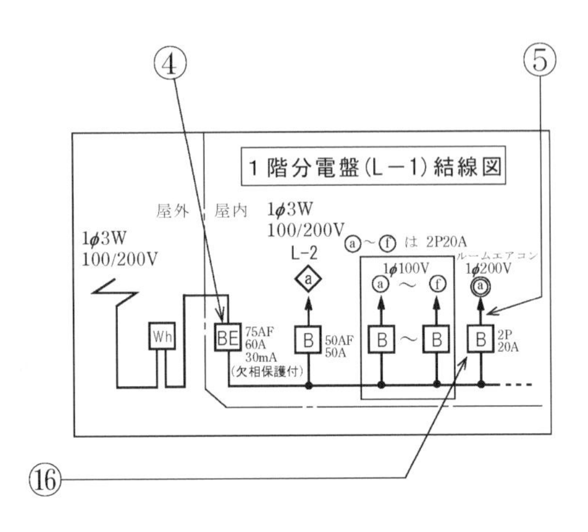
④
⑤
1 階分電盤(L－1)結線図
屋外
屋内
1φ3W
100/200V
L-2
ⓐ～ⓕ は 2P20A
ルームエアコン
1φ100V
1φ200V
Wh
BE
75AF
60A
30mA
(欠相保護付)
B
50AF
50A
2P
20A
⑯

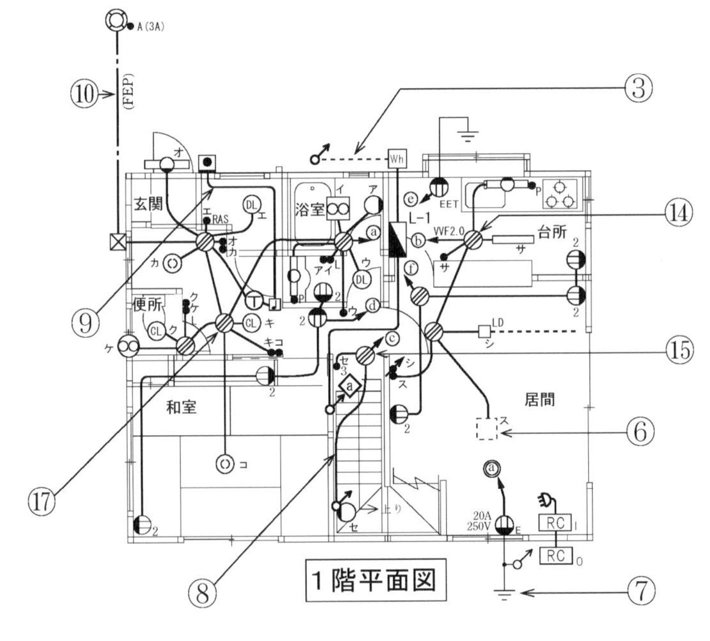
A(3A)
⑩
(FEP)
③
⑭
玄関
浴室
台所
便所
和室
居間
L-1
VVF2.0
EET
RAS
DL
CL
LD
⑨
⑮
⑥
⑰
⑧
⑦
20A
250V
RC
上り
1 階平面図

配線図問題では，各図記号と傍記表示の名称や用途，また，写真の選別が最も多く出題されている（20問のうち10問程度）。

R5・上期【午後】

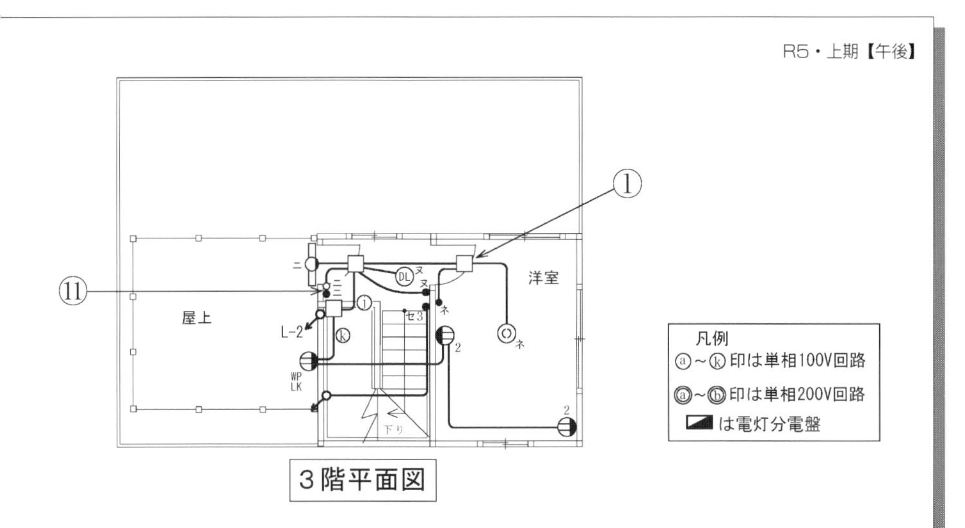

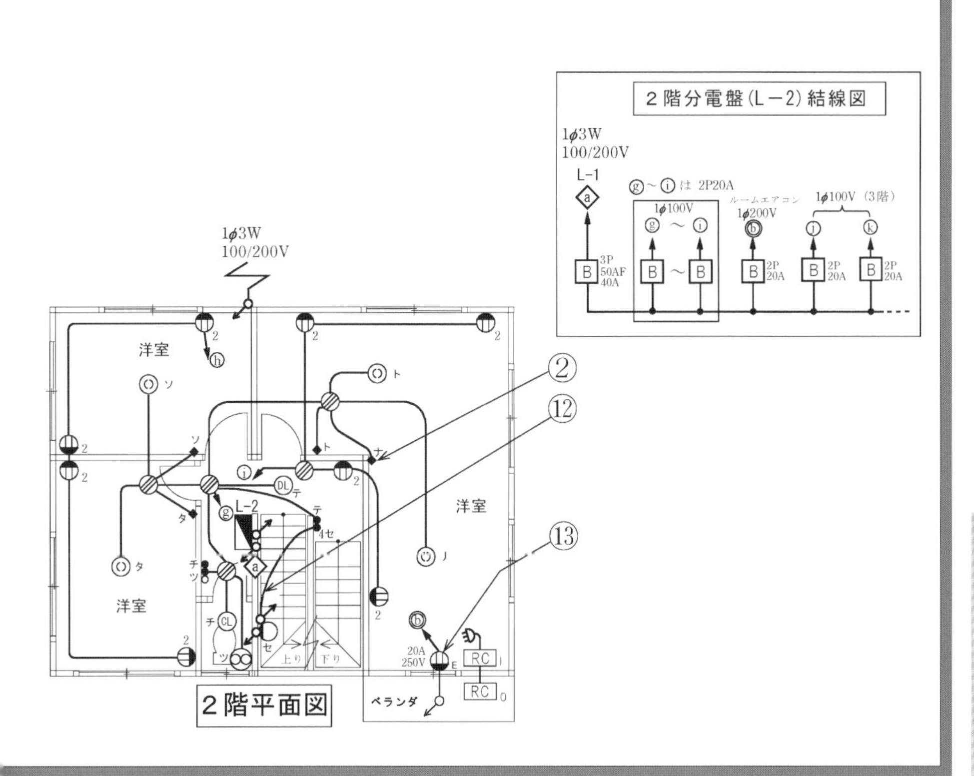

図は，木造3階建住宅の配線図である。この図に関する次の各問いには4通りの答え（**イ**，**ロ**，**ハ**，**ニ**）が書いてある。それぞれの問いに対して，答えを1つ選びなさい。

【注意】 1．屋内配線の工事は，特記のある場合を除き600Vビニル絶縁ビニルシースケーブル平形（VVF）を用いたケーブル工事である。
2．屋内配線等の電線の本数，電線の太さ，その他，問いに直接関係のない部分等は省略又は簡略化してある。
3．漏電遮断器は，定格感度電流30mA，動作時間0.1秒以内のものを使用している。
4．選択肢（答え）の写真にあるコンセント及び点滅器は，「JIS C 0303：2000 構内電気設備の配線用図記号」で示す「一般形」である。
5．図においては，必要なジョイントボックスがすべて示されているとは限らないが，ジョイントボックスを経由する電線は，すべて接続箇所を設けている。
6．3路スイッチの記号「0」の端子には，電源側又は負荷側の電線を結線する。

	問　い	答　え
1	①で示す図記号の名称は。	**イ．** プルボックス **ロ．** VVF用ジョイントボックス **ハ．** ジャンクションボックス **ニ．** ジョイントボックス
2	②で示す図記号の器具の名称は。	**イ．** 一般形点滅器 **ロ．** 一般形調光器 **ハ．** ワイド形調光器 **ニ．** ワイドハンドル形点滅器
3	③で示す部分の工事の種類として，**正しいものは**。	**イ．** ケーブル工事（CVT） **ロ．** 金属線ぴ工事 **ハ．** 金属ダクト工事 **ニ．** 金属管工事
4	④で示す部分に施設する機器は。	**イ．** 3極2素子配線用遮断器（中性線欠相保護付） **ロ．** 3極2素子漏電遮断器（過負荷保護付，中性線欠相保護付） **ハ．** 3極3素子配線用遮断器 **ニ．** 2極2素子漏電遮断器（過負荷保護付）
5	⑤で示す部分の電路と大地間の絶縁抵抗として，許容される最小値［MΩ］は。	**イ．** 0.1　**ロ．** 0.2　**ハ．** 0.4　**ニ．** 1.0
6	⑥で示す部分に照明器具としてペンダントを取り付けたい。図記号は。	**イ．** CL　**ロ．** CH　**ハ．** ◎　**ニ．** ⊖
7	⑦で示す部分の接地工事の種類及びその接地抵抗の許容される最大値［Ω］の組合せとして，**正しいものは**。	**イ．** A種接地工事10Ω **ロ．** A種接地工事100Ω **ハ．** D種接地工事100Ω **ニ．** D種接地工事500Ω
8	⑧で示す部分の最少電線本数（心線数）は。	**イ．** 2　**ロ．** 3　**ハ．** 4　**ニ．** 5

9	⑨で示す部分の小勢力回路で使用できる電圧の最大値［V］は。	**イ.** 24　**ロ.** 30　**ハ.** 40　**ニ.** 60
10	⑩で示す部分の配線工事で用いる管の種類は。	**イ.** 波付硬質合成樹脂管 **ロ.** 硬質ポリ塩化ビニル電線管 **ハ.** 耐衝撃性硬質ポリ塩化ビニル電線管 **ニ.** 耐衝撃性硬質ポリ塩化ビニル管
11	⑪で示す部分の配線を器具の裏面から見たものである。**正しいものは**。ただし，電線の色別は，白色は電源からの接地側電線，黒色は電源からの非接地側電線とする。	**イ.** 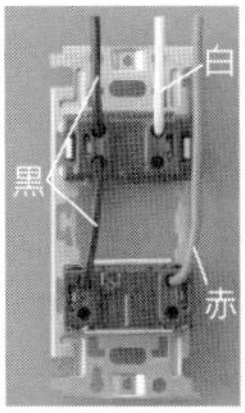 白 黒 赤　**ロ.** 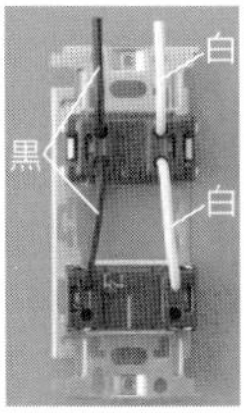 白 黒 白　**ハ.** 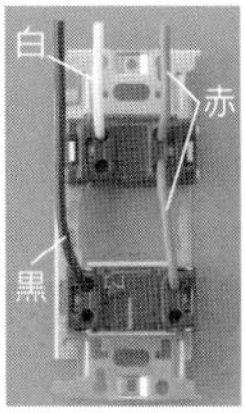 白 赤 黒　**ニ.** 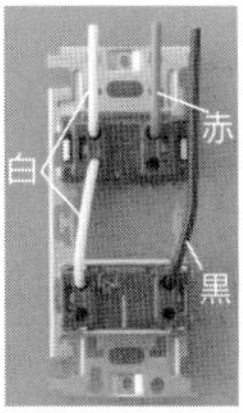 赤 白 黒
12	⑫で示す部分の配線工事に必要なケーブルは。ただし，心線数は最少とする。	**イ.** 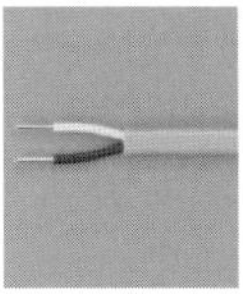　**ロ.** 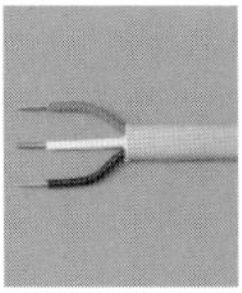　**ハ.** 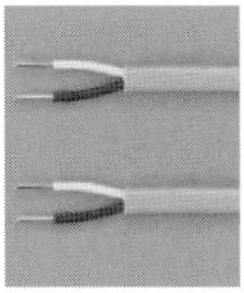　**ニ.** 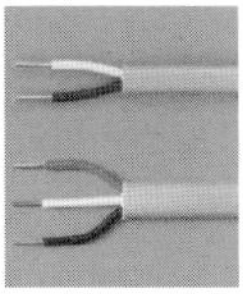
13	⑬で示す図記号の器具は。	**イ.** 　**ロ.** 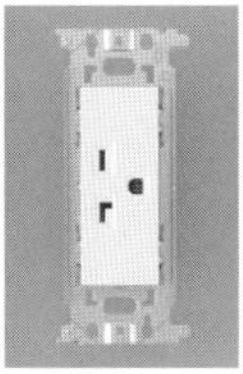　**ハ.** 　**ニ.** 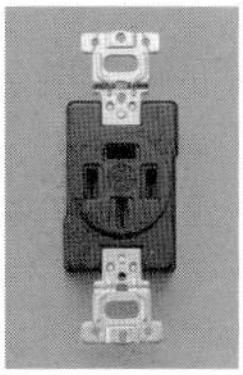
14	⑭で示すボックス内の接続をすべて圧着接続とする場合，使用するリングスリーブの種類と最少個数の組合せで，**正しいものは**。ただし，使用する電線は特記のないものはVVF1.6とする。	**イ.** 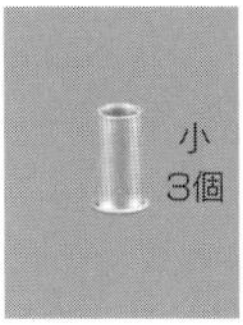 小 3個　**ロ.** 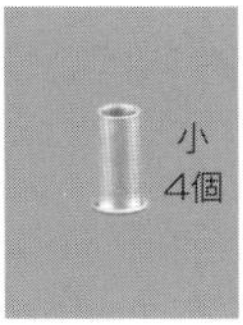 小 4個　**ハ.** 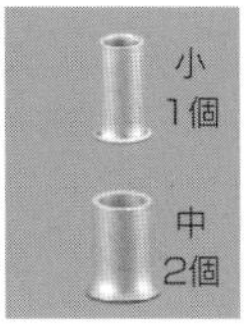 小 1個 中 2個　**ニ.** 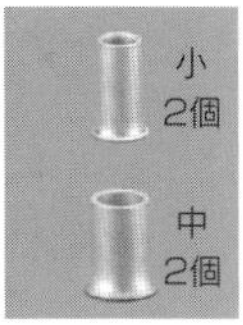 小 2個 中 2個
15	⑮で示すボックス内の接続をリングスリーブで圧着接続した場合のリングスリーブの種類，個数及び圧着接続後の刻印との組合せで，**正しいものは**。ただし，使用する電線はすべてVVF1.6とする。また，写真に示す**リングスリーブ中央**の**○**，**小**は刻印を表す。	**イ.** 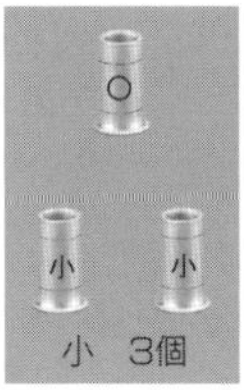 ○ 小 小　小 3個　**ロ.** 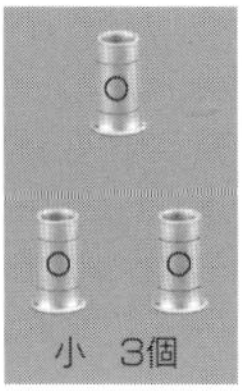 ○ ○ ○　小 3個　**ハ.** 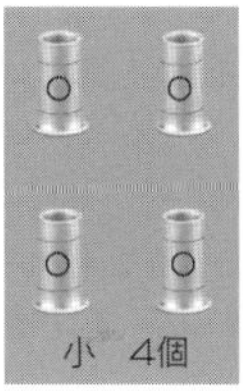 ○ ○ ○ ○　小 4個　**ニ.** 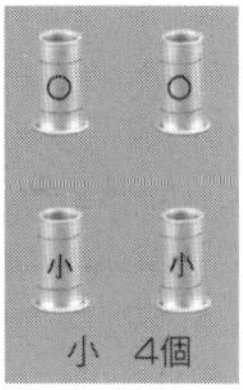 ○ ○ 小 小　小 4個

配線図

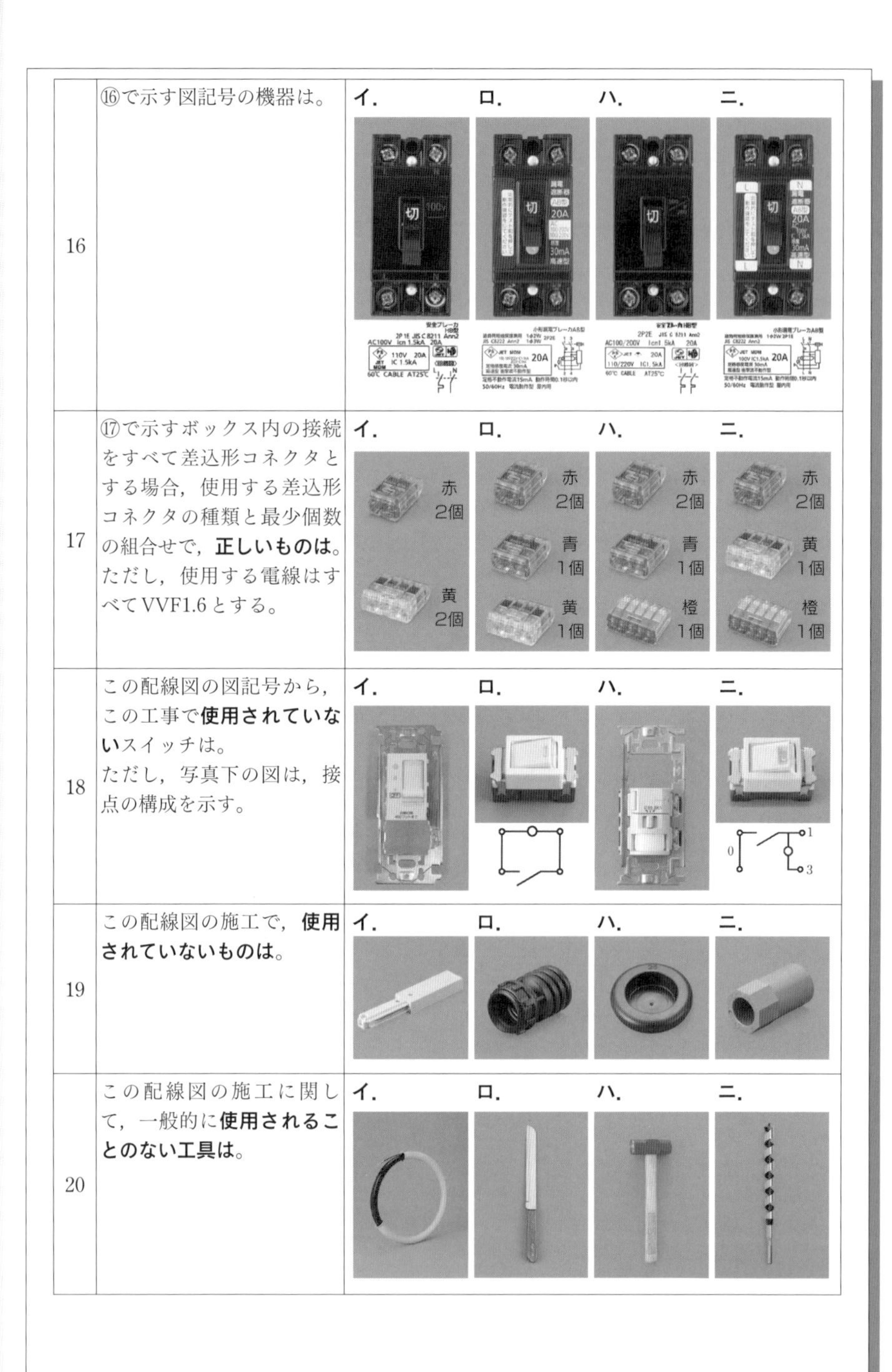

		イ.	ロ.	ハ.	ニ.
16	⑯で示す図記号の機器は。				
17	⑰で示すボックス内の接続をすべて差込形コネクタとする場合，使用する差込形コネクタの種類と最少個数の組合せで，**正しいものは**。 ただし，使用する電線はすべてVVF1.6とする。	赤 2個 黄 2個	赤 2個 青 1個 黄 1個	赤 2個 青 1個 橙 1個	赤 2個 黄 1個 橙 1個
18	この配線図の図記号から，この工事で**使用されていない**スイッチは。 ただし，写真下の図は，接点の構成を示す。				0 1 3
19	この配線図の施工で，**使用されていないものは**。				
20	この配線図の施工に関して，一般的に**使用されることのない工具は**。				

解答と解説

問題1 ニ

①で示す図記号□は，**ニ**のジョイントボックスを表す。**イ**のプルボックスは☒，**ロ**のVVF用ジョイントボックスは⊘，**ハ**のジャンクションボックスは用途により異なるが，フロアダクト用の場合は，◎の図記号で表す。

問題2 ニ

②で示す図記号◆は，**ニ**のワイドハンドル形点滅器を表す。**イ**の一般形点滅器は●，**ロ**の一般形調光器は●↗，**ハ**のワイド形調光器は◆↗で表す（P.246参照）。

問題3 イ

③で示す部分は，展開した水気のある場所なので，ケーブル工事または金属管工事である。ただし，木造屋側引込口配線では金属管工事は施設できないので，**イ**のケーブル工事（CVT）を行う。600V架橋ポリエチレン絶縁ビニルシースケーブル（単心3本のより線）を用いる。

問題4 ロ

④で示す部分[BE]は，漏電遮断器である。図に「欠相保護付」とあるので，施設する機器は，**ロ**の3極2素子漏電遮断器（過負荷保護付，中性線欠相保護付）である。欠相保護付には，過電圧検出リード線がついており，中性線の欠相により生じる異常電圧を検出すると，ブレーカーが遮断される。

問題5 イ

⑤で示す部分は「単相3線式100/200V」の電路で，対地電圧は150V以下のため，絶縁抵抗値は0.1MΩ以上となる。

問題6 ニ

⑥で示す部分に取り付けるペンダントの図記号は，**ニ**の⊖である。**イ**はシーリング（天井直付），**ロ**はシャンデリヤ，**ハ**は屋外灯（白熱灯）の図記号である。

問題7 ニ

⑦で示す部分の接地工事は，使用電圧は250V（300V以下）なので，D種接地工事である。また，【注意】の3．に「漏電遮断器は，定格感度電流30mA，動作時間0.1秒以内のものを使用している」とあるので，接地抵抗の許容される最大値は500Ωである（P.139参照）。

問題8 ロ

⑧で示す部分を複線図で表すと右のようになる。⑧で示す部分は，階段の1階から2階へ行く立上げの間，VVF用ジョイントボックスから立上りにつながる線なので，3本である。

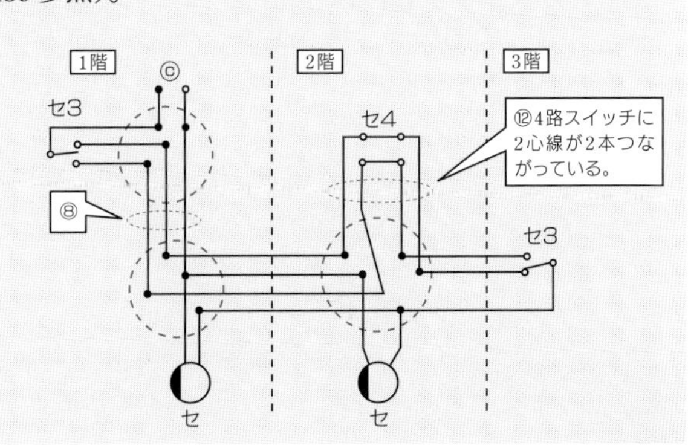

配線図

問題9　ニ

⑨で示す部分の小勢力回路は，絶縁変圧器を使用して，最大電圧を60V以下にした回路なので，**ニ**の60である。また，使用する電線は，ケーブルを除く直径0.8㎜以上の軟銅線である。

問題10　イ

⑩で示す部分の配線工事について，「FEP」は**イ**の波付硬質合成樹脂管を表す。**ロ**の硬質ポリ塩化ビニル電線管（硬質塩化ビニル電線管）は「VE」，**ハ**の耐衝撃性硬質ポリ塩化ビニル電線管（耐衝撃性硬質塩化ビニル電線管）は「HIVE」，**ニ**の耐衝撃性硬質ポリ塩化ビニル管は「HIVP」で表す。

問題11　ハ

⑪で示す部分を複線図で表すと右のようになる。選択肢の写真において，スイッチは下の器具で，非接地側電線（黒色）と負荷に結線する電線（赤色）を接続する。上の器具はパイロットランプで，接地側電線（白色）と負荷に結線する電線（赤色）を接続する。したがって，**ハ**とわかる。

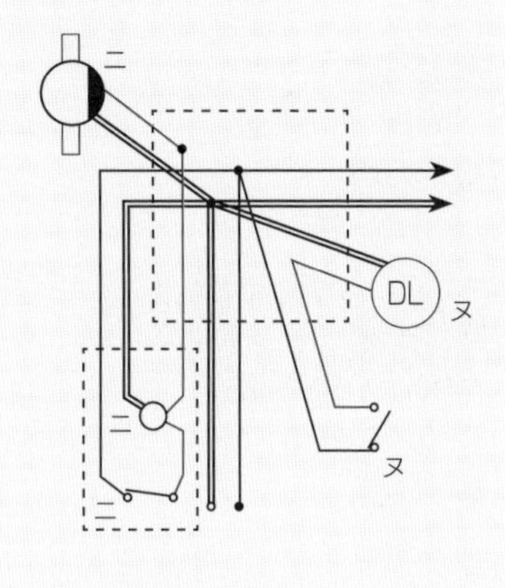

問題12　ハ

問題8の複線図で考える。4路スイッチに2心線が2本つながっているので，**ハ**のVVFケーブル（2心）が2本である。

問題13　ロ

⑬で示す図記号の傍記表示は「20A 250V E（接地極付）」とあるので，**ロ**である。**イ**は20V250Vの接地極付接地端子付，**ハ**は15A250Vの接地極付，**ニ**は三相200V動力用の接地極付。

問題14　ハ

⑭で示す部分を複線図で表すと右のようになる。リングスリーブの種類と電線の本数はP.229の表8-1のようになる。「使用する電線は特記のないものはVVF1.6とする」とあるので，分電盤（L-1）からジョイントボックスにのびる電線はVVF2.0で，それ以外の電線はVVF1.6を使用している。ボックス内の接続は，「2.0㎜×1本と1.6㎜×3本」で「中」が2個，「1.6㎜×2本」で「小」が1個。

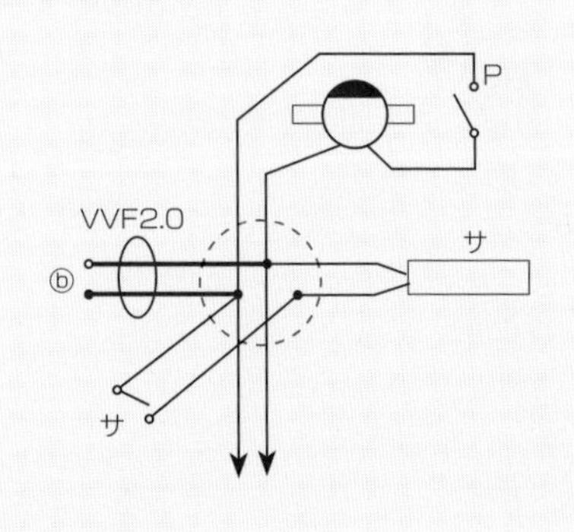

解答と解説

問題15　ハ

問題8の複線図で考える。使用する電線はVVF1.6で，2本接続するのが4か所なので，使用するリングスリーブは「小」が4個とわかる。刻印は「○」が4個である。

問題16　ハ

⑯で示す図記号B は配線用遮断器を表し，傍記表示が「2P 20A」とあるので，**ハ**の100/200V用2極2素子（2P2E）を使用する。**イ**の配線用遮断器は100V用2極1素子（2P1E），**ロ**と**ニ**は漏電遮断器で図記号はBE。

問題17　ニ

⑰で示す部分を複線図で表すと右のようになる。差込形コネクタは「2本用」が2個，「4本用」が1個，「5本用」が1個となる。

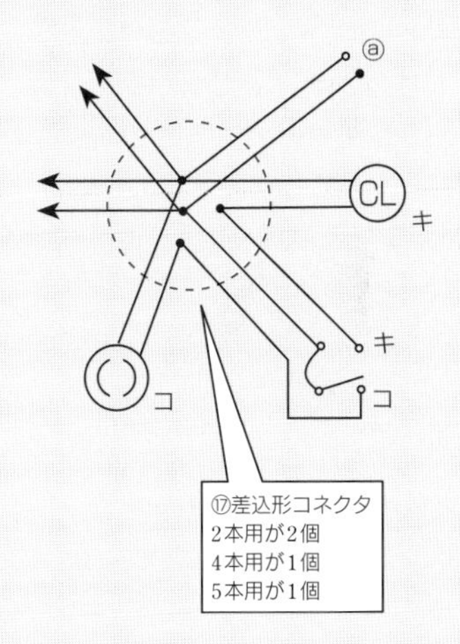

問題18　ロ

この配線図の図記号で使用されていないスイッチは**ロ**の位置表示灯内蔵スイッチで●H の図記号で表す。**イ**の調光器 は居間，**ハ**の熱線式自動スイッチ「RAS」は玄関，**ニ**の確認表示灯内蔵スイッチ●L は浴室で使用されている。

問題19　ニ

この配線図の施工で使用されていないものは，**ニ**の2号ボックスコネクタで，硬質ポリ塩化ビニル電線管をアウトレットボックス等に接続するときに用いる。**イ**はフィードインキャップで，ライティングダクトに電源を引き込む際に用いる（1階・居間「LD」の表示)。**ロ**はFEP管用のコネクタで，FEP管とボックス類との接続に用いる（1階・屋外「FEP」の表示)。**ハ**はゴムブッシングで，ジョイントボックスに用いる（3階・洋室ジョイントボックス)。

問題20　ロ

この配線図の施工に関して，一般的に使用されることのない工具は，**ロ**のプリカナイフである。プリカナイフは二種金属製可とう電線管の切断に使用するが，この電線管（F2）は配線図では使われていない。**イ**は呼び線挿入器で，電線管内に電線を通すとき等に用いる。**ハ**は金づち（げんのう)，**ニ**は木工用ドリルである。

配線図

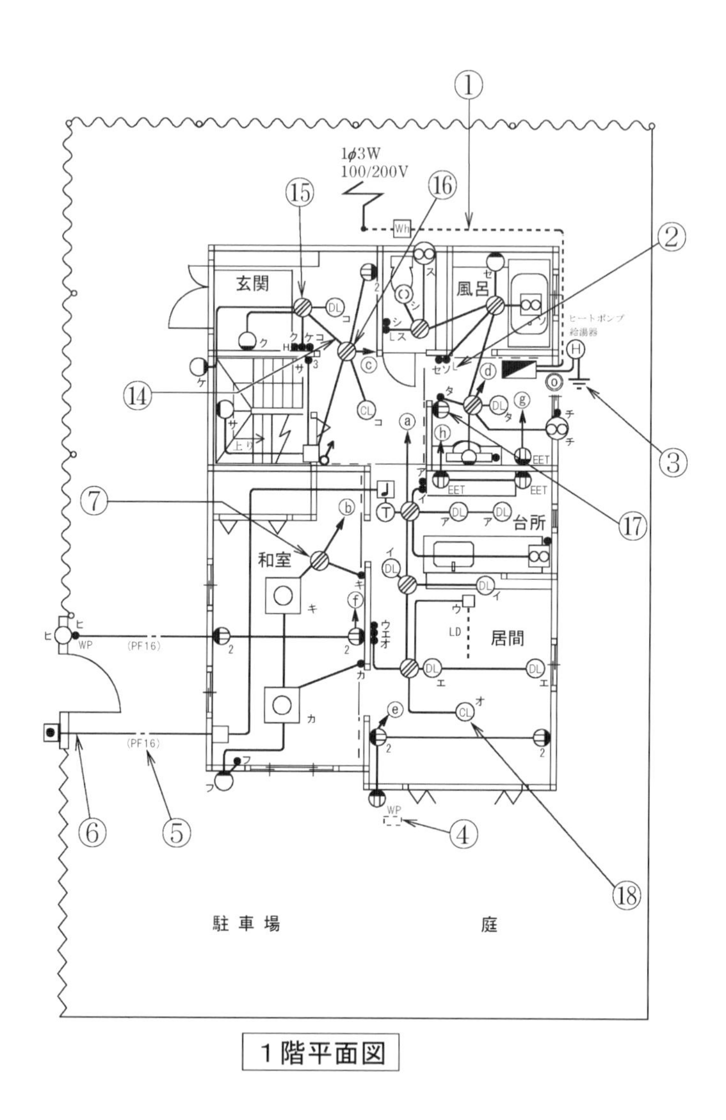
1φ3W
100/200V
Wh
玄関
風呂
ヒートポンプ給湯器
和室
台所
居間
駐車場
庭
LD
(PF16)
(PF16)
WP
WP
EET
上り

1階平面図

R4・上期【午後】

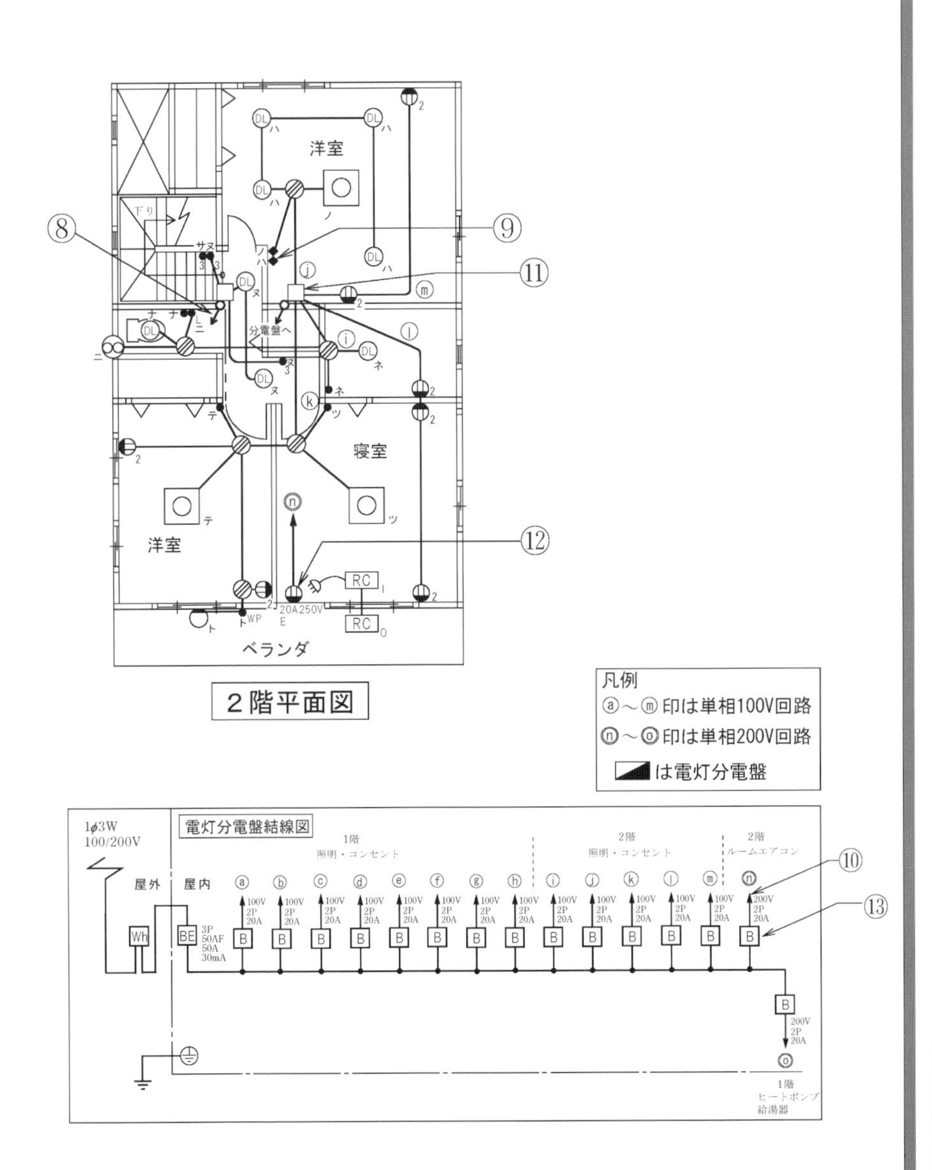
洋室
寝室
洋室
ベランダ
下り
分電盤へ
20A250V
E
WP
RC
⑧
⑨
⑩
⑪
⑫
⑬
2階平面図
凡例
ⓐ～ⓜ 印は単相100V回路
ⓝ～ⓞ 印は単相200V回路
は電灯分電盤
電灯分電盤結線図
1φ3W
100/200V
屋外
屋内
Wh
BE
3P
50AF
50A
30mA
1階
照明・コンセント
2階
照明・コンセント
2階
ルームエアコン
100V
2P
20A
200V
2P
20A
1階
ヒートポンプ
給湯器

図は，木造2階建住宅の配線図である。この図に関する次の各問いには4通りの答え（**イ**，**ロ**，**ハ**，**ニ**）が書いてある。それぞれの問いに対して，答えを1つ選びなさい。

【注意】1．屋内配線の工事は，特記のある場合を除き600Vビニル絶縁ビニルシースケーブル平形（VVF）を用いたケーブル工事である。
2．屋内配線等の電線の本数，電線の太さ，その他，問いに直接関係のない部分等は省略又は簡略化してある。
3．漏電遮断器は，定格感度電流30mA，動作時間0.1秒以内のものを使用している。
4．分電盤の外箱は合成樹脂製である。
5．選択肢（答え）の写真にあるコンセント及び点滅器は，「JIS C 0303：2000 構内電気設備の配線用図記号」で示す「一般形」である。
6．図記号で示す一般用照明にはLED照明器具を使用することとし，選択肢（答え）の写真にある照明器具は，すべてLED照明器具とする。
7．ジョイントボックスを経由する電線は，すべて接続箇所を設けている。
8．3路スイッチの記号「0」の端子には，電源側又は負荷側の電線を結線する。

	問　い	答　え
1	①で示す部分の工事方法として，**適切なものは**。	**イ．** 金属管工事 **ロ．** 金属可とう電線管工事 **ハ．** 金属線ぴ工事 **ニ．** 600Vビニル絶縁ビニルシースケーブル丸形を使用したケーブル工事
2	②で示す図記号の器具の種類は。	**イ．** 位置表示灯を内蔵する点滅器 **ロ．** 確認表示灯を内蔵する点滅器 **ハ．** 遅延スイッチ **ニ．** 熱線式自動スイッチ
3	③で示す部分の接地工事の種類及びその接地抵抗の許容される最大値［Ω］の組合せとして，**正しいものは**。	**イ．** C種接地工事　10Ω　**ロ．** C種接地工事　100Ω **ハ．** D種接地工事　100Ω　**ニ．** D種接地工事　500Ω
4	④で示す部分は抜け止め形の防雨形コンセントである。その図記号の傍記表示は。	**イ．** L　**ロ．** T　**ハ．** K　**ニ．** LK
5	⑤で示す部分の配線で（PF16）とあるのは。	**イ．** 外径16mmの硬質ポリ塩化ビニル電線管である。 **ロ．** 外径16mmの合成樹脂製可とう電線管である。 **ハ．** 内径16mmの硬質ポリ塩化ビニル電線管である。 **ニ．** 内径16mmの合成樹脂製可とう電線管である。
6	⑥で示す部分の小勢力回路で使用できる電圧の最大値［V］は。	**イ．** 24　**ロ．** 30　**ハ．** 40　**ニ．** 60

7	⑦で示す図記号の名称は。	**イ.** ジョイントボックス **ロ.** VVF用ジョイントボックス **ハ.** プルボックス **ニ.** ジャンクションボックス
8	⑧で示す部分の最少電線本数（心線数）は。	**イ.** 2　**ロ.** 3　**ハ.** 4　**ニ.** 5
9	⑨で示す図記号の名称は。	**イ.** 一般形点滅器　**ロ.** 一般形調光器 **ハ.** ワイドハンドル形点滅器　**ニ.** ワイド形調光器
10	⑩で示す部分の電路と大地間の絶縁抵抗として，許容される最小値［MΩ］は。	**イ.** 0.1　**ロ.** 0.2　**ハ.** 0.3　**ニ.** 0.4
11	⑪で示す図記号のものは。	**イ.** 　**ロ.** 　**ハ.** 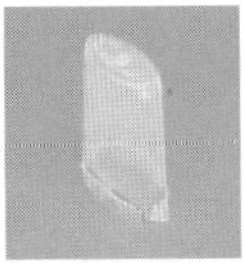　**ニ.** 
12	⑫で示す図記号の器具は。	**イ.** 　**ロ.** 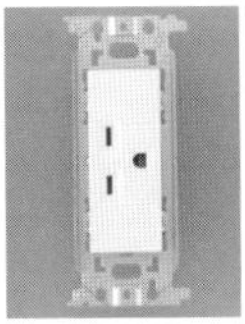　**ハ.** 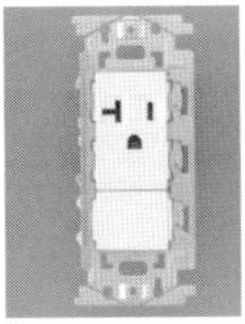　**ニ.** 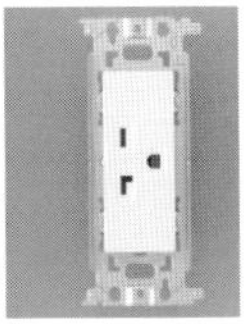
13	⑬で示す図記号の機器は。	 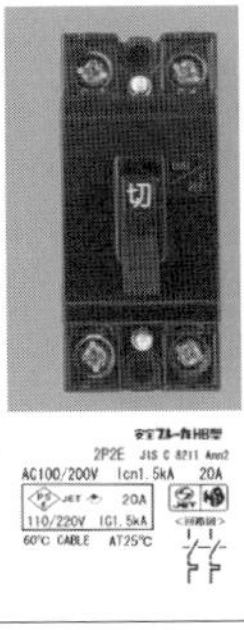 **イ.** 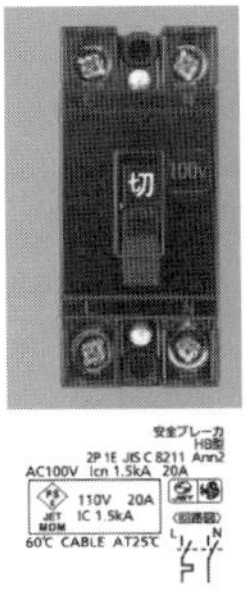 切 100V / 安全ブレーカ HB型 2P 1E JIS C 8211 Ann2 AC100V Icn 1.5kA 20A / 110V 20A IC 1.5kA / 60℃ CABLE AT25℃ / 〈回路図〉 L N **ロ.** 切 漏電遮断器 AB型 20A 30mA 高速型 / 小形漏電ブレーカAB型 過負荷短絡保護兼用 1φ2W 1φ3W 2P2E JIS C8222 Ann2 / JET MDM 20A / 定格感度電流 30mA 高速型 衝撃波不動作型 / 定格不動作電流15mA 動作時間0.1秒以内 50/60Hz 電流動作型 屋内用 **ハ.** 切 / 安全ブレーカHB型 2P2E JIS C 8211 Ann2 AC100/200V Icn1.5kA 20A / JET 20A 110/220V IC1.5kA / 60℃ CABLE AT25℃ / 〈回路図〉 **ニ.** 切 L N 漏電遮断器 AB型 20A 30mA / 小形漏電ブレーカAB型 過負荷短絡保護兼用 1φ2W 2P1E JIS C8222 Ann2 / JET MDM 100V IC1.5kA 20A / 定格感度電流 30mA 高速型 衝撃波不動作型 / 定格不動作電流15mA 動作時間0.1秒以内 50/60Hz 電流動作型 屋内用 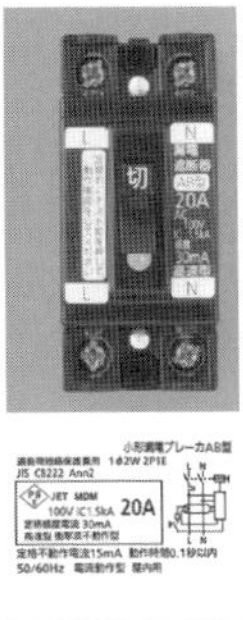
14	⑭で示す部分の配線工事に必要なケーブルは。ただし，使用するケーブルの心線数は最少とする。	**イ.** 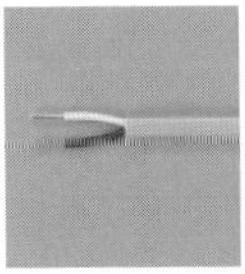　**ロ.** 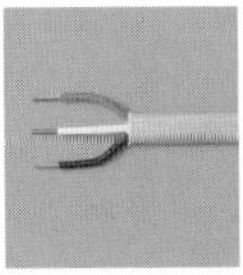　**ハ.** 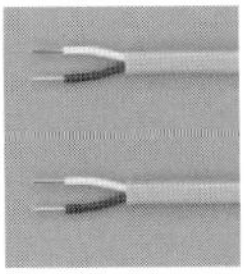　**ニ.** 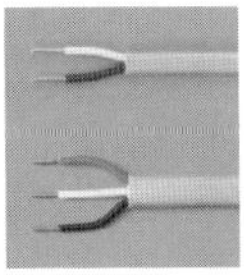

15	⑮で示すボックス内の接続をすべて圧着接続とする場合，使用するリングスリーブの種類と最少個数の組合せで，**正しいものは**。ただし，使用する電線はすべてVVF1.6とする。	**イ.** 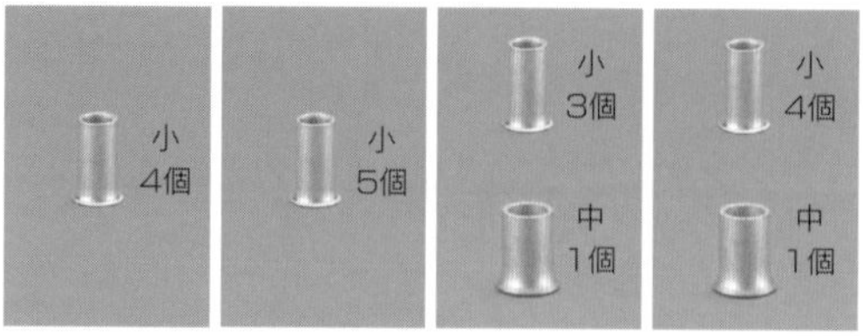 小 4個	**ロ.** 小 5個	**ハ.** 小 3個 中 1個	**ニ.** 小 4個 中 1個
16	⑯で示すボックス内の接続をすべて差込形コネクタとする場合，使用する差込形コネクタの種類と最少個数の組合せで，**正しいものは**。ただし，使用する電線はすべてVVF1.6とする。	**イ.** 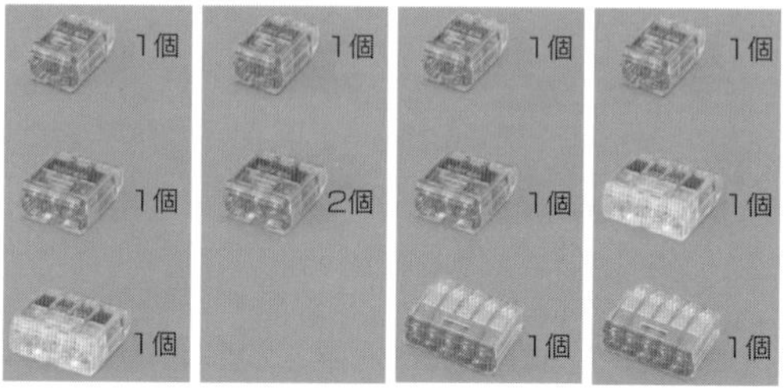 1個 1個 1個	**ロ.** 1個 2個	**ハ.** 1個 1個 1個	**ニ.** 1個 1個 1個
17	⑰で示す部分の配線を器具の裏面から見たものである。**正しいものは**。ただし，電線の色別は，白色は電源からの接地側電線，黒色は電源からの非接地側電線，赤色は負荷に結線する電線とする。	**イ.** 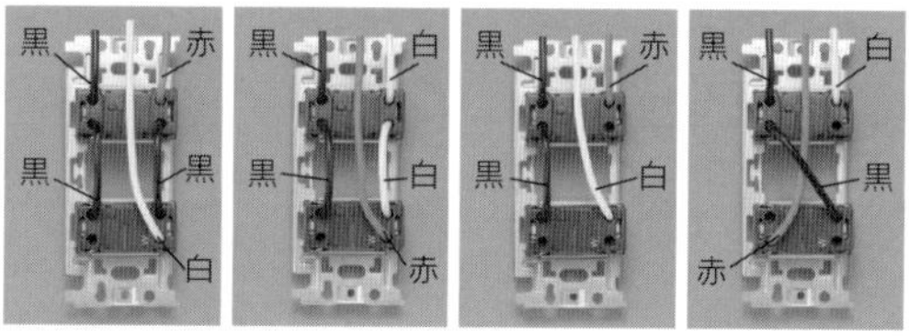 黒 赤 黒 黒 白	**ロ.** 黒 白 黒 白 赤	**ハ.** 黒 赤 黒 白	**ニ.** 黒 白 黒 赤
18	⑱で示す図記号の器具は。	**イ.**	**ロ.**	**ハ.**	**ニ.** 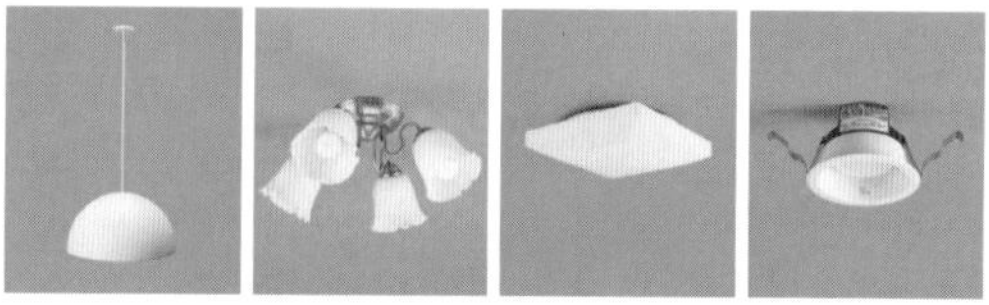
19	この配線図で，**使用されていない**スイッチは。ただし，写真下の図は，接点の構成を示す。	**イ.** 0 1 3	**ロ.** 遅れ機構	**ハ.** 0 3 1	**ニ.** 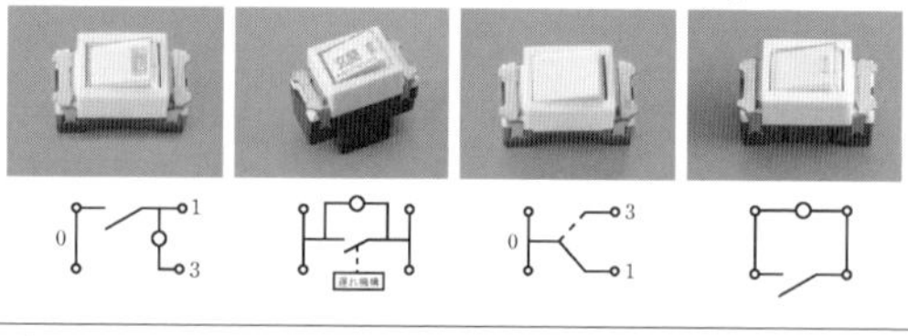
20	この配線図の施工で，一般的に**使用されることのないものは**。	**イ.**	**ロ.**	**ハ.**	**ニ.** 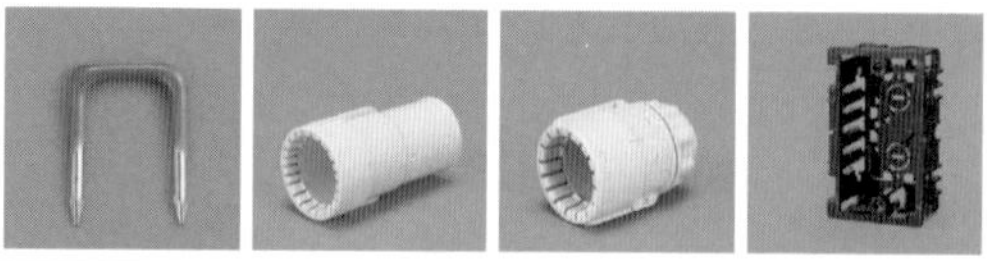

解答と解説

問題1　ニ

①で示す引込口配線- - - - - - - - -は木造住宅の場合，がいし引き工事，合成樹脂管工事，ケーブル工事のいずれかで，金属管工事やこれに類する工事は禁止されている。①で示す引込線取付点の地表上の高さの最低値は，原則は4m以上だが，技術上やむを得ない場合で，交通に支障がないときは，2.5m以上でもかまわない。

問題2　ロ

②で示す図記号●Lは，**ロ**の確認表示灯を内蔵する点滅器である。**イ**の位置表示等を内蔵する点滅器は「H」，**ハ**の遅延スイッチは「D」，**ニ**の熱線式自動スイッチは「RAS」を傍記表示する。

問題3　ニ

③で示す部分の接地工事は，使用電圧300V以下なので，D種接地工事である。また，【注意】の3．に「漏電遮断器は，定格感度電流30mA，動作時間0.1秒以内のものを使用している」とあるので，接地抵抗の許容される最大値は500Ωである。

問題4　ニ

④で示す部分の上にある傍記表示の「WP」は防雨形を表していることから，抜け止め形を表す**ニ**の「LK」が入る。**ロ**の「T」は引掛形コンセント，**イ**の「L」と**ハ**の「K」の傍記表示はコンセントにはない。

問題5　ニ

（PF16）は内径16mmのPF管（合成樹脂製可とう電線管）を表す。**イ**・**ハ**の硬質ポリ塩化ビニル電線管はVEで表し，ともに合成樹脂管のサイズは内径で表す。なお，金属管は厚鋼電線管が内径だが，薄鋼電線管とねじなし管は外径で表す。

問題6　ニ

⑥で示す部分の小勢力回路は，1階中央にある[♩]と(T)の図記号からチャイム（呼鈴）用に変圧されていることがわかる。最大電圧は60V以下でケーブルを除く直径0.8mm以上の軟銅線で使用できる。

問題7　ロ

⑦で示す図記号▨は，VVF用ジョイントボックスを表す。**イ**のジョイントボックス（アウトレットボックス）は□，**ハ**のプルボックスは⊠の図記号で表す。

配線図

解答と解説

問題8　ハ

⑧で示す部分は1階への引下げを表しており，サの壁付照明につながっている。サは1階と2階の3路スイッチで入切できることから，心線は接地側と非接地側の2本，および3路スイッチの1・3端子を結ぶ送り線2本の計4本が必要となる（P.228手順④の図参照）。

問題9　ハ

⑨で示す図記号◆は，ワイドハンドル形点滅器を表す。**イ**の一般形点滅器は●，**ロ**の一般形調光器は●↗，**ニ**のワイド形調光器は◆↗で表す。

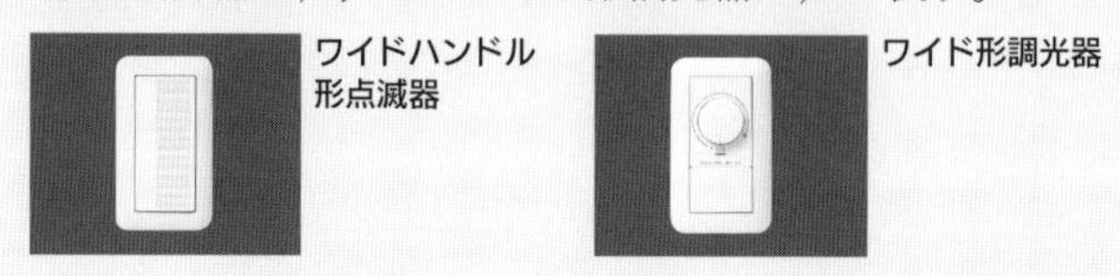

問題10　イ

⑩で示す部分は「単相100/200V」の電路で対地電圧は150V以下のため，絶縁抵抗値は0.1MΩ以上となる。

問題11　イ

⑪で示す図記号□は**イ**のアウトレットボックス（ジョイントボックス）。**ロ**のプルボックスは⊠，**ハ**と**ニ**のVVF用ジョイントボックスは⊘の図記号で表す。**ハ**もVVF用ジョイントボックスの一種。

問題12　ニ

⑫で示す図記号◓の傍記表示は「20A250V E」とある。**イ**は三相200V動力用の接地極付，**ロ**は15A250Vの接地極付，**ハ**は15A・20A兼用125Vの接地極付。

問題13　ハ

⑬で示す図記号[B]は配線用遮断器を表し，傍記表示が「200V 2P 20A」とあるので，**ハ**の100/200V用2極2素子（2P2E）を使用する。**イ**の配線用遮断器は100V用2極1素子（2P1E），**ロ**と**ニ**は漏電遮断器で図記号は[BE]。

問題14　ロ

⑭で示す部分を複線図で表すと右のようになる。3心のVVFケーブルが1本必要である。

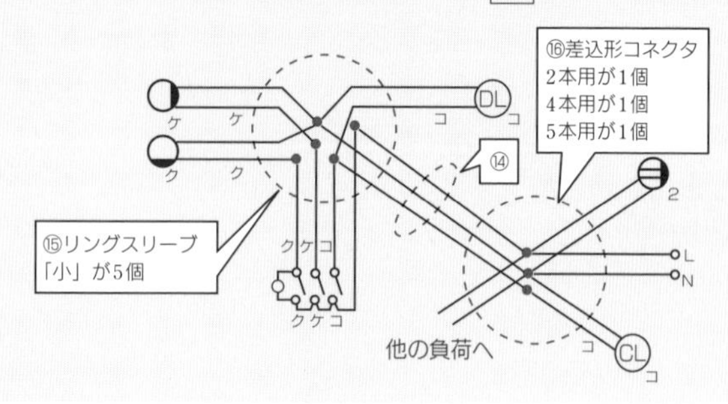

解答と解説

問題15　ロ

問題14の複線図で考える。リングスリーブの種類，個数はP.229の表8-1のようになる。使用する電線はすべて1.6mmであることから，ボックス内の接続はリングスリーブの「小」が5個である。なお，刻印は4本および3本の接続箇所が「小」，2本の接続箇所3つが「○」となる。

問題16　ニ

問題14の複線図で考える。差込形コネクタは「2本用」，「4本用」，「5本用」が各1個となる。

問題17　ハ

⑰で示す部分の図記号はコンセントとスイッチで，写真のコンセントには接地側極を表すWの表示がある。選択肢の写真において，コンセントは下の器具で，接地側（右）に白色線，非接地側（左）に黒色線を接続する。スイッチである上の器具には非接地側電線（黒色）と負荷に結線する電線（赤色）を接続する。これらにあてはまる選択肢は**イ**と**ハ**だが，**イ**はコンセントの接地側とスイッチも結線しているため，スイッチを入れると短絡（ショート）して危険である（P.219参照）。

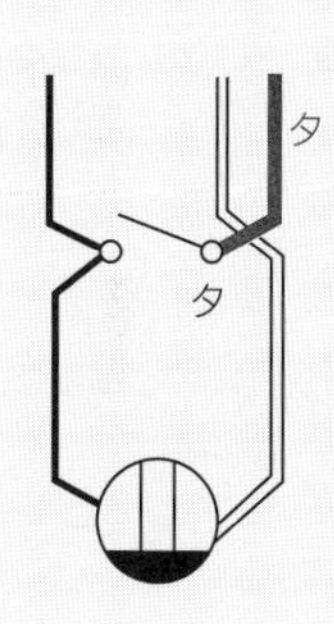

問題18　ハ

⑱で示す図記号(CL)はシーリングライト（天井直付）。**イ**のペンダントは⊖，**ロ**のシャンデリヤは(CH)，**ニ**のダウンライトは(DL)の図記号で表す。

問題19　ロ

この配線図の図記号で使用されていないスイッチは「遅れ機構」の表示がある**ロ**の遅延スイッチで●$_D$の図記号で表す。**イ**の確認表示灯内蔵スイッチ●$_L$は②など，**ハ**の3路スイッチ●$_3$は階段で，**ニ**の位置表示灯内蔵スイッチ●$_H$は玄関で使用されている。

問題20　ロ

ロはPF管とVE管を接続するコンビネーションカップリングで，この配線図ではVE管を使用していない。**イ**はステープルでVVFケーブルの固定，**ハ**はPF管用ボックスコネクタ，**ニ**は合成樹脂製スイッチボックス。

COLUMN

学科試験当日の心得（筆記方式の場合）

試験当日は誰でも緊張します。緊張のあまり，思わぬ忘れ物や試験時間の勘違いなどがおこらないように，前日はしっかりと休み，気持ちを落ち着かせましょう。また，試験会場は大学の施設や都心部のビルなど，各都道府県によってさまざまです。試験会場までの行き方を十分把握しておきましょう。しっかりとした準備は，試験本番で実力を発揮するために，とても重要です。

1. 試験前日の準備

①当日の持ち物を準備しておく。

- 受験申込書兼写真票（写真貼付）および受験票
- HBの鉛筆（3～4本）またはシャープペンシル（2本）
- プラスチック消しゴム
- 時計

②自宅から試験会場までの交通手段，所要時間を確認しておく。

- 遅刻などしないように，家を出る時間を決めておく。

③試験日までの健康管理に留意し，試験前日も早めに寝る。

2. 試験当日

①持ち物の確認をする。

②入室時刻の30分前に試験会場に着くように家を出る。

③試験会場では，試験官の指示・説明に従う。

3. 試験が開始されてから心がけること

①試験時間は120分あるので，あわてず落ち着いて問題を解いていく。

②答えがよく分からないときは，問題番号にチェックを入れておき，一通り解答した後，再びチェックを入れた問題に取り組む。

③すべて解き終わったら，チェックを入れた問題をもう一度見直す。

④試験時間をフルに活用し，終了の合図があるまで粘り強く見直しをする（たった1問が合否を分けることはよくある）。

⑤たとえ分からない問題があっても，必ずマークをする。

⑥自分の答えをメモした問題用紙を持ち帰り，後で自己採点をする。

※翌日に電気技術者試験センターから正解の発表がある。

※CBT方式の場合は試験結果が即時表示される。

索引

数字・アルファベット

あ

い

う

え

お

か

き

く

け

こ

さ

し

す

せ

そ

た

ち

て

ふ

へ

ほ

ま

む

め

も

や

ゆ

よ

ら

り

る

れ

ろ

わ

著者：河原康志（かわはら やすゆき）

1938年千葉県生まれ。明治大学工学部卒業。1963年東京都入都。技術専門校の技術・技能指導員（電気系職種）を経て，電気工事士の受験講習会の講師，受験書の執筆などに従事。第一種電気工事士，第三種電気主任技術者。趣味は囲碁，旅行。

本文デザイン　水谷イタル，(有)中央制作社
編集協力　株式会社エディット（古屋雅敏）

【写真提供】（五十音順）
永楽産業株式会社／株式会社アゲオ／株式会社石崎電機製作所／株式会社泉精器製作所／株式会社稲葉電機／株式会社小野測器／株式会社オノマシン／株式会社カスタム／株式会社三桂製作所／株式会社ダイア／株式会社フルプラ／株式会社松阪鉄工所／クボタシーアイ株式会社／昭和電線ホールディングス株式会社／スターヒューズ株式会社／大洋エンジニアリング株式会社／東芝ライテック株式会社／那須電機鉄工株式会社／日東工業株式会社／パナソニック株式会社／日立工機株式会社／藤井電工株式会社／古川電気工業株式会社／ホーザン株式会社／三菱電機株式会社／未来工業株式会社／レッキス工業株式会社

本書に関する正誤等の最新情報は下記のURLでご確認下さい。
https://www.seibidoshuppan.co.jp/support

※上記URLに記載されていない箇所で正誤についてお気づきの場合は、書名・発行日・質問事項（ページ数、問題番号等）・氏名・郵便番号・住所・FAX番号を明記の上、郵送かFAXで成美堂出版までお問い合わせ下さい。※電話でのお問い合わせはお受けできません。
※本書の正誤に関するご質問以外はお受けできません。また、受験指導などは行っておりません。
※ご質問到着確認後10日前後に回答を普通郵便またはFAXで発送いたします。
※ご質問の受付期限は2024年の各学科試験日の10日前必着といたします。

1回で受かる! 第二種電気工事士 合格テキスト '24年版

2024年2月20日発行

著　者　河原康志（かわはらやすゆき）
発行者　深見公子
発行所　成美堂出版
〒162-8445　東京都新宿区新小川町1-7
電話(03)5206-8151　FAX(03)5206-8159
印　刷　広研印刷株式会社

ISBN978-4-415-23796-1
落丁·乱丁などの不良本はお取り替えします
定価はカバーに表示してあります

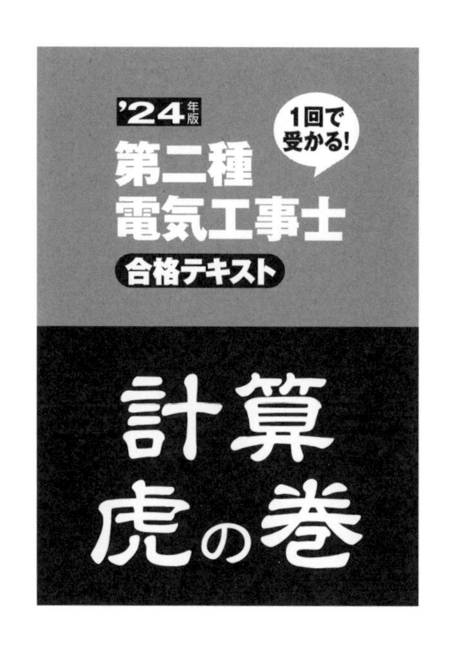

成美堂出版

別冊

計算虎の巻

成美堂出版

本書の使い方

この別冊は，基礎編と応用編の2つから構成されており，過去問対策の入門書としても活用できます。計算問題などは，学生の頃に勉強し，覚えている内容もあるかもしれませんが，読むだけで終わりにせず，手で書いて確認しながら練習しましょう。

【基礎編】

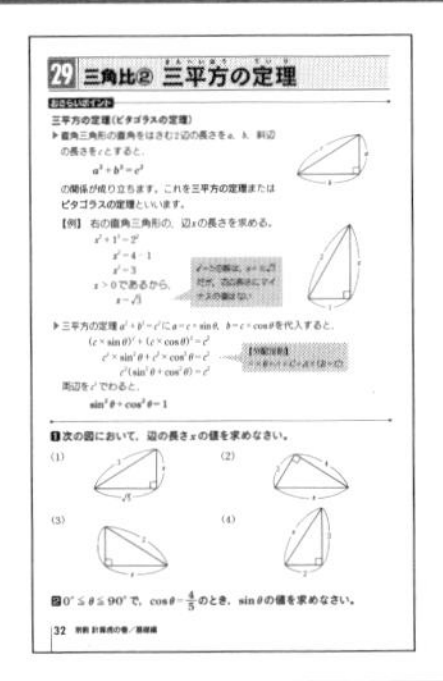

29 三角比② 三平方の定理

おさらいポイント

三平方の定理(ピタゴラスの定理)

数学の基礎的な内容を扱っています。**おさらいポイント**をよく読み，【例】で解き方の手順を理解してから問題演習に取り組みましょう。試験では電卓の持込みができないので，実際に紙に書いて計算しましょう。

【応用編】

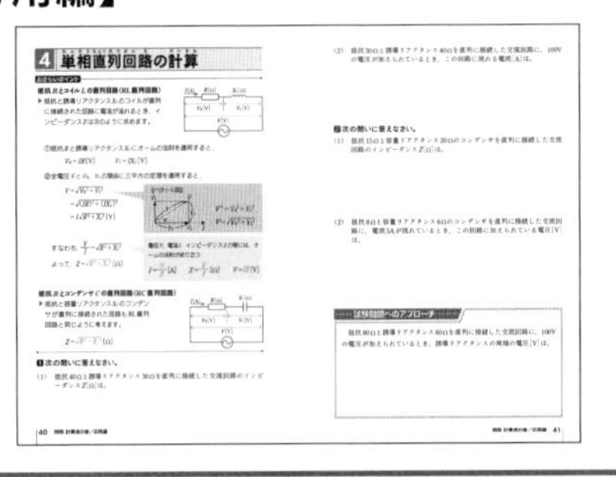

4 単相直列回路の計算

試験問題へのアプローチ

電気工事士の基礎となる電気的な考え方を学習します。基礎編で重要公式を覚えてから問題演習に取り組みましょう。最後に「試験問題へのアプローチ」で過去問の類題に挑戦します。

【過去問】

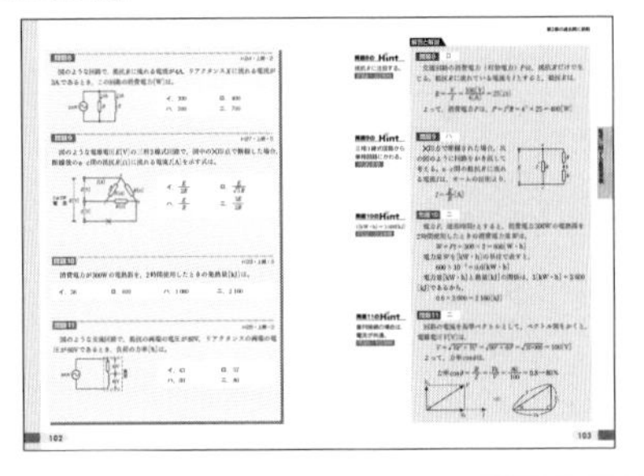

別冊の学習が終了したら，『第二種電気工事士合格テキスト』の過去問に挑戦しましょう。学科試験は過去問からの類似問題が多く出題されます。間違えた問題は解説をよく読み，解き直しをしましょう。

別冊

計算虎の巻

基礎編

1 分数① 最小公倍数と最大公約数

(ruby: さいしょうこうばいすう さいだいこうやくすう)

おさらいポイント

最小公倍数

▶ある整数を1倍，2倍，3倍，…してできる数を**倍数**といいます。

▶2つ以上の整数に共通する倍数を**公倍数**といい，そのうち最も小さい公倍数を**最小公倍数**といいます。例えば，6と9の倍数は，

6の倍数 → 6，12，18，24，30，36，42，48，54，…
9の倍数 → 9，18，27，36，45，54，63，72，81，…

これより，6と9の公倍数は{18，36，54，…}，最小公倍数は18となります。

最大公約数

▶例えば，36を2つの整数の積で表すと，1×36，2×18，3×12，4×9，6×6の5通りの表し方があります。ここで表された{1，2，3，4，6，9，12，18，36}を36の**約数**といいます。

▶2つ以上の整数に共通する約数を**公約数**といい，そのうち最も大きい公約数を**最大公約数**といいます。例えば，24と54の約数は，

24の約数 → 1，2，3，4，6，8，12，24
54の約数 → 1，2，3，6，9，18，27，54

これより，24と54の公約数は{1，2，3，6}，最大公約数は6となります。

次の問いに答えなさい。

(1) 8と6の最小公倍数はいくつか。

(2) 3と2の公倍数で，2番目に小さい公倍数はいくつか。

(3) 36と48の公約数は全部で何個あるか。

(4) 42と63の最大公約数はいくつか。

(5) 18と30の最大公約数と最小公倍数はいくつか。

2 分数② 通分と約分

おさらいポイント

通分

▶分母のちがう分数を，分母の共通な分数に直すことを**通分**といいます。通分をするときは，ふつう分母どうしの最小公倍数を見つけます。

【例】 $\frac{5}{12}$と$\frac{2}{9}$を通分する。

$$\frac{5}{12}=\frac{5\times3}{12\times3}=\frac{15}{36}$$

$$\frac{2}{9}=\frac{2\times4}{9\times4}=\frac{8}{36}$$

(×2) (×3)

$$\frac{5}{12}=\frac{10}{24}=\frac{15}{36}$$

(×2) (×3) (×4)

$$\frac{2}{9}=\frac{4}{18}=\frac{6}{27}=\frac{8}{36}$$

▶通分するとき，分母どうしの最小公倍数を連除法で求めることができます。

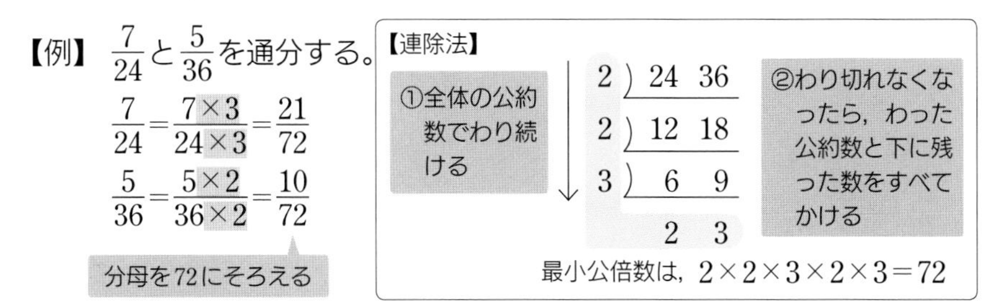

約分

▶分母と分子を最大公約数でわって，簡単な分数にすることを**約分**といいます。分数は，ふつう既約分数（これ以上約分できない分数）で表します。

【例】 $\frac{8}{12}$を約分する。

8と12の最大公約数の4でわる

$$\frac{\cancel{8}^{\,2}}{\cancel{12}_{\,3}}=\frac{2}{3}$$

公約数の2でわり続けることもできる

$$\frac{\cancel{8}\ \cancel{4}\ 2}{\cancel{12}\ \cancel{6}\ 3}$$

❶次の分数を通分しなさい。

(1) $\frac{3}{10}$，$\frac{2}{5}$　　(2) $\frac{3}{4}$，$\frac{5}{6}$　　(3) $\frac{5}{14}$，$\frac{3}{10}$

❷次の分数を約分しなさい。

(1) $\frac{14}{21}$　　(2) $\frac{30}{42}$　　(3) $\frac{24}{64}$

3 分数③ たし算(ざん)とひき算(ざん)

おさらいポイント

分数のたし算・ひき算

▶分母のちがう分数のたし算・ひき算は，通分してから分子どうしのたし算・ひき算を行います。答えは必ず約分し，既約分数で表します。

【例】 $\frac{7}{30}-\frac{2}{15}=\frac{7}{30}-\frac{4}{30}$ 　分母を30にそろえる

$=\frac{\cancel{3}^{1}}{\cancel{30}_{10}}$ 　分母と分子を最大公約数の3でわる

$=\frac{1}{10}$

$$\begin{array}{r|rr} 3 & 30 & 15 \\ \hline 5 & 10 & 5 \\ \hline & 2 & 1 \end{array}$$

最小公倍数は，

$3\times5\times2\times1=30$

3つ以上の分数のたし算・ひき算

▶分母の3つの数の最小公倍数を連除法で求め，通分してから計算します。

【例】 $\frac{3}{16}+\frac{5}{12}-\frac{3}{18}$

$=\frac{27}{144}+\frac{60}{144}-\frac{24}{144}$

$=\frac{\cancel{63}^{7}}{\cancel{144}_{16}}$ 　分母と分子を最大公約数の9でわる

$=\frac{7}{16}$

$$\begin{array}{r|rrr} 2 & 16 & 12 & 18 \\ \hline 2 & 8 & 6 & 9 \\ \hline 3 & 4 & 3 & 9 \\ \hline & 4 & 1 & 3 \end{array}$$

全体の公約数が1以外にないときは，2つの数の公約数でわり続け，わり切れない数はそのままおろす

最小公倍数は，

$2\times2\times3\times4\times1\times3=144$

※計算に慣れてくると，連除法を使わなくても通分ができるようになります。

次の計算をしなさい。

(1) $\frac{2}{3}+\frac{1}{4}$

(2) $\frac{7}{12}-\frac{3}{8}$

(3) $\frac{7}{18}+\frac{4}{9}$

(4) $\frac{8}{15}-\frac{4}{10}$

(5) $\frac{1}{4}+\frac{5}{6}-\frac{1}{3}$

(6) $\frac{3}{5}-\frac{13}{30}+\frac{1}{3}$

4 分数④ かけ算

おさらいポイント

分数のかけ算

▶分数×分数の計算は，分母は分母どうし，分子は分子どうしをそれぞれかけ算します。

▶分数×整数の計算は，整数を分母が1の分数と考えて計算します。

【例】 $\frac{5}{6}\times\frac{4}{5}$

$=\frac{\overset{1}{\cancel{5}}\times\overset{2}{\cancel{4}}}{\underset{3}{\cancel{6}}\times\underset{1}{\cancel{5}}}$

$=\frac{2}{3}$

計算の途中で約分できるものは約分する

【例】 $\frac{2}{3}\times 9$

$=\frac{2}{3}\times\frac{9}{1}$

$=\frac{2\times\overset{3}{\cancel{9}}}{\underset{1}{\cancel{3}}\times 1}$

$=\frac{6}{1}=6$

計算に慣れたら，分母の1は省略してかまいません $\frac{2\times\overset{3}{\cancel{9}}}{\underset{1}{\cancel{3}}}$

積が分母が1の分数になったときは整数に直す

次の計算をしなさい。

(1) $\frac{2}{9}\times 2$

(2) $7\times\frac{1}{5}$

(3) $15\times\frac{5}{12}$

(4) $\frac{3}{8}\times 6$

(5) $\frac{3}{5}\times\frac{2}{7}$

(6) $\frac{7}{2}\times\frac{6}{7}$

(7) $\frac{8}{15}\times\frac{5}{6}$

(8) $\frac{4}{9}\times\frac{3}{20}$

(9) $\frac{5}{8}\times\frac{3}{7}\times\frac{7}{10}$

(10) $\frac{5}{12}\times\frac{3}{7}\times\frac{14}{15}$

5 分数⑤ わり算

おさらいポイント

分数のわり算

▶分数÷分数の計算は，わる数の分母と分子を入れかえてかけ算します。

▶分数÷整数の計算は，整数を分母が1の分数と考えて計算します。

【例】 $\frac{3}{7} \div \frac{15}{16}$

$= \frac{\overset{1}{\cancel{3}}}{7} \times \frac{16}{\underset{5}{\cancel{15}}}$

$= \frac{16}{35}$

分母と分子を入れかえてかける

【例】 $\frac{4}{9} \div 24$

$= \frac{4}{9} \div \frac{24}{1}$

$= \frac{\overset{1}{\cancel{4}}}{9} \times \frac{1}{\underset{6}{\cancel{24}}}$

$= \frac{1}{54}$

計算に慣れたら，分子の1は省略してかまいません $\frac{\overset{1}{\cancel{4}}}{9 \times \underset{6}{\cancel{24}}}$

次の計算をしなさい。

(1) $\frac{3}{5} \div 4$

(2) $5 \div \frac{2}{3}$

(3) $\frac{9}{14} \div 3$

(4) $35 \div \frac{5}{7}$

(5) $\frac{7}{8} \div \frac{2}{3}$

(6) $\frac{4}{15} \div \frac{1}{3}$

(7) $\frac{5}{14} \div \frac{10}{21}$

(8) $\frac{3}{16} \div \frac{27}{28}$

(9) $\frac{5}{3} \div \frac{1}{9} \div \frac{5}{7}$

(10) $\frac{7}{12} \div \frac{10}{3} \div \frac{4}{15}$

6 分数⑥ 四則の混じった計算

おさらいポイント

整数・小数・分数の混合計算

▶整数・小数・分数の混合計算では，整数や小数を分数に直して計算します。

$2=\frac{2}{1}$　　$0.1=\frac{1}{10}$　　$0.03=\frac{3}{100}$　　$0.014=\frac{14}{1000}=\frac{7}{500}$

四則の混じった計算

▶四則の混じった計算は，かっこの中→乗除（×，÷）→加減（＋，－）の順に計算します。

【例】 $2-\left(0.3+\frac{1}{2}\right)\div 2.04$ ①

$=2-\frac{4}{5}\div 2.04$ ②

$=2-\frac{20}{51}$ ③

$=\frac{82}{51}$

計算①
$0.3+\frac{1}{2}=\frac{3}{10}+\frac{1}{2}=\frac{3}{10}+\frac{5}{10}=\frac{8}{10}=\frac{4}{5}$

計算②
$\frac{4}{5}\div 2.04=\frac{4}{5}\div\frac{204}{100}=\frac{4}{5}\times\frac{100}{204}=\frac{20}{51}$

計算③
$2-\frac{20}{51}=\frac{2}{1}-\frac{20}{51}=\frac{102}{51}-\frac{20}{51}=\frac{82}{51}$

▶分母や分子が分数からなる分数を**繁分数**（はん）といいます。繁分数は，分数を含んだ分母や分子から計算します。

【例】 $\frac{1}{\frac{1}{5}+\frac{1}{10}}\times\frac{1}{4}=\frac{1}{\frac{3}{10}}\times\frac{1}{4}=\frac{10}{3}\times\frac{1}{4}=\frac{5}{6}$

$\frac{b}{a}=b\div a$

計算① $\frac{1}{5}+\frac{1}{10}=\frac{3}{10}$

計算② $\frac{1}{\frac{3}{10}}=1\div\frac{3}{10}=1\times\frac{10}{3}=\frac{10}{3}$

次の計算をしなさい。

(1) $0.4\times\frac{5}{8}$

(2) $\frac{1}{6}\div 0.25$

(3) $\frac{100}{7+\frac{6\times 3}{6+3}}$

(4) $\frac{6}{1+\frac{1}{2}}\times 3$

7 正の数・負の数① たし算(ざん)

おさらいポイント

数直線と絶対値

▶ +3や+1.5のような，0より大きい数を**正の数**，−7や−0.8のような，0より小さい数を**負の数**といいます。0は正の数でも負の数でもありません。

▶数直線上で，原点(0)からの距離を，その数の**絶対値**といいます。例えば，+3と−3の絶対値はどちらも3になります。0の絶対値は0です。

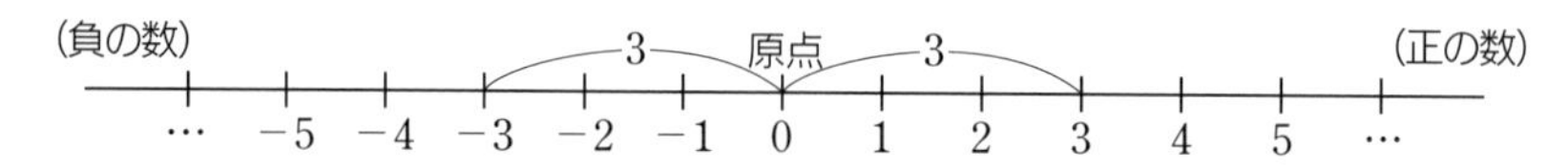

正の数・負の数のたし算(加法)

▶同符号のとき…絶対値の和に，共通の符号をつけます。

$(+7)+(+5)=+12$　（7+5，共通の符号）　$(-3)+(-6)=-9$　（3+6，共通の符号）

▶異符号のとき…絶対値の差に，絶対値の大きいほうの符号をつけます。

$(+5)+(-2)=+3$　（5−2，大きいほうの符号）　$(-8)+(+4)=-4$　（8−4，大きいほうの符号）

次の計算をしなさい。

(1)　$(-3)+(-3)$

(2)　$(+7)+(-4)$

(3)　$(-9)+(+8)$

(4)　$0+(-35)$

(5)　$(+7.2)+(-3.9)$

(6)　$(-4.3)+(+2.8)$

(7)　$\left(-\frac{2}{5}\right)+\left(-\frac{1}{5}\right)$

(8)　$\left(+\frac{5}{8}\right)+\left(-\frac{3}{4}\right)$

8 正の数・負の数② ひき算(ざん)

おさらいポイント

正の数・負の数のひき算(減法)

▶ある数をひくときは，ひく数の符号を変えて，たします。

【例】 $(+8)-(+2)=(+8)+(-2)=+6$

【例】 $(-4)-(-7)=(-4)+(+7)=+3$

符号を変える

加法と減法の混じった計算

▶ 7−5+4−3のような（ ）をはぶいた式は，次のように考えて計算することができます。

$$
\begin{aligned}
&7-5+4-3\\
&=7+4-5-3\\
&=11-8\\
&=3
\end{aligned}
$$

$$
\begin{aligned}
&(+7)+(-5)+(+4)+(-3)\\
&=(+7)+(+4)+(-5)+(-3)\\
&=(+11)+(-8)\\
&=+3
\end{aligned}
$$

上の式では，+7，−5，+4，−3を**項**といい，+7，+4を**正の項**，−5，−3を**負の項**といいます。正の項と負の項をそれぞれまとめて計算しています。

※計算の結果が正の数のときは，+の符号をはぶいて3とすることができます。

次の計算をしなさい。

(1) $(-5)-(-1)$

(2) $0-(-9)$

(3) $(-0.8)-(+0.7)$

(4) $(-1.9)-(-3.4)$

(5) $\left(+\frac{1}{5}\right)-\left(-\frac{3}{5}\right)$

(6) $\left(-\frac{1}{2}\right)-\left(-\frac{2}{7}\right)$

(7) $-6+8-9$

(8) $5-11+4-7$

9 正の数・負の数③ かけ算

おさらいポイント

正の数・負の数のかけ算(乗法)

▶同符号のとき…絶対値の積に，＋の符号をつけます。

【例】$(+6)\times(+7)=+42=42$　　【例】$(-3)\times(-5)=+15=15$

▶異符号のとき…絶対値の積に，－の符号をつけます。

【例】$(-4)\times(+2)=-8$　　【例】$(+8)\times(-7)=-56$

※0との積は0になります。【例】$0\times(+7)=0$，$(-10)\times0=0$

3つ以上の数の乗法

▶負の数が奇数個のとき…積の符号は－になります。

【例】$5\times(-2)\times4=-40$　　【例】$(-6)\times(-3)\times(-7)=-126$

▶負の数が偶数個のとき…積の符号は＋になります。

【例】$3\times(-21)\times(-4)\times9=2268$

※負の数が0個の場合も偶数個と考えます。【例】$12\times5\times6=360$

累乗の計算

▶同じ数をいくつかかけたものを，その数の**累乗**といい，右上に小さく書いた**指数**で，かけた数の個数を示します。

【例】$(-5)^2=(-5)\times(-5)=25$　　【例】$-5^2=-(5\times5)=-25$

※$(-5)^2$と-5^2の違いに気を付けましょう。

次の計算をしなさい。

(1)　$(-4)\times(-6)$　　(2)　$(-7)\times(+2)$

(3)　$3\times(-3)\times(-4)$　　(4)　$(-10)\times27\times\frac{1}{6}$

(5)　$(-1)^4$　　(6)　-3^2

(7)　$(-3)\times2^3$　　(8)　$(-6)\times(-2)^2$

10 正の数・負の数④ わり算(ざん)

おさらいポイント

正の数・負の数のわり算(除法)

▶同符号のとき…絶対値の商に，＋の符号をつけます。

【例】$(+8)\div(+2)=+4=4$　　【例】$(-28)\div(-4)=+7=7$

▶異符号のとき…絶対値の商に，－の符号をつけます。

【例】$(-18)\div(+3)=-6$　　【例】$(+15)\div(-3)=-5$

※0を0以外の数でわった商は，0です。【例】$0\div(-5)=0$

※0でわる除法は考えません。【例】$7\div0=\times$

除法を乗法に直す

▶ある数でわることは，ある数の逆数をかけることと同じです。

【例】$12\div(-4)$

$=12\times\left(-\frac{1}{4}\right)$

（-4の逆数は$-\frac{1}{4}$）

$=-\frac{\overset{3}{\cancel{12}}\times1}{\underset{1}{\cancel{4}}}$

$=-3$

【例】$(-9)\div\left(-\frac{6}{5}\right)$

$=(-9)\times\left(-\frac{5}{6}\right)$

（$-\frac{6}{5}$の逆数は$-\frac{5}{6}$）

$=\frac{\overset{3}{\cancel{9}}\times5}{\underset{2}{\cancel{6}}}=\frac{15}{2}$

1 次の計算をしなさい。

(1) $(+24)\div(+4)$　　(2) $(-45)\div(-9)$

(3) $(-98)\div(+7)$　　(4) $0\div(-36)$

2 次のわり算をかけ算に直して計算しなさい。

(1) $12\div(-6)$　　(2) $(-3)\div(-9)$

(3) $6\div\left(-\frac{2}{5}\right)$　　(4) $\left(-\frac{5}{7}\right)\div\frac{2}{3}$

11 正の数・負の数⑤ 四則の混じった計算

おさらいポイント

計算の順序

▶加減（＋，−）と乗除（×，÷）の混じった計算では，乗除（×，÷）の計算を先に計算します。

【例】 $-8+16\div(-2)^2$
$=-8+16\div4$
$=-8+4$
$=-4$

累乗の計算をする $(-2)^2=(-2)\times(-2)=4$

除法の計算をする $16\div4=4$

※累乗はかけ算に直して先に計算します。

▶かっこのある式の計算では，かっこの中を先に計算します。

【例】 $5+(10-2^4)\times(-3)$
$=5+(10-16)\times(-3)$
$=5-6\times(-3)$
$=5+18=23$

累乗の計算をする $-2^4=-(2\times2\times2\times2)=-16$

かっこの中を計算する $10-16=-6$

乗法の計算をする $-6\times(-3)=18$

次の計算をしなさい。

(1) $16+(-3)\times(-5)$

(2) $-7-16\div(-4)$

(3) $(-12)\div(-7+5)$

(4) $(-3)\times(-4+7)-(-8)$

(5) $(-4)\times6-(-5)\times(-6)$

(6) $5\times(-2)-(-18)\div6$

(7) $10+(7-3^2)\times6$

(8) $9-(-4^2)\times(-3)$

12 指数① 累乗(るいじょう)

おさらいポイント

累乗

▶同じ数をいくつかかけたものを，その数の累乗といいます。

【例】 $5\times5\times5=5^3$ …「5の3乗」と読みます。

右上の小さい数は，かけあわせた個数を示したもので，これを指数といいます。

a^0, a^{-n} の定義

▶一般に，指数が0または負の整数のとき，次のように累乗を定めます。

① $\boldsymbol{a^0=1}$ 【例】 $10^0=1$

② $\boldsymbol{a^{-n}=\frac{1}{a^n}}$ 【例】 $10^{-3}=\frac{1}{10^3}=\frac{1}{10\times10\times10}=\frac{1}{1000}$

「10の3乗分の1」

「10のマイナス3乗」

1 次の□の中にあてはまる指数を求めなさい。

(1) $2\times2\times2=2^{\square}$ (2) $3\times3\times3\times3=3^{\square}$

(3) $V\times V=V^{\square}$ (4) $R\times I\times I=RI^{\square}$

2 次の計算をしなさい。

(1) 3^3 (2) 4^0

(3) 10^2 (4) 2^{-2}

3 次の□の中にあてはまる指数を求めなさい。

(1) $10000=10^{\square}$ (2) $\frac{1}{10^5}=10^{\square}$

(3) $\frac{1}{1000}=10^{\square}$ (4) $0.01=10^{\square}$

13 指数② 指数の計算

おさらいポイント

指数法則

▶一般に，累乗について次の法則が成り立ちます。

① $a^m \times a^n = a^{m+n}$

【例】 $10^2 \times 10^4 = (10 \times 10) \times (10 \times 10 \times 10 \times 10) = 10^6 = 10^{2+4}$

② $a^m \div a^n = a^{m-n}$

【例】 $10^4 \div 10^2 = \dfrac{10^4}{10^2} = \dfrac{10 \times 10 \times \overset{1}{\cancel{10}} \times \overset{1}{\cancel{10}}}{\underset{1}{\cancel{10}} \times \underset{1}{\cancel{10}}} = 10^2 = 10^{4-2}$

$b \div a = \dfrac{b}{a}$

③ $(a^m)^n = a^{m \times n}$

【例】 $(10^3)^2 = 10^3 \times 10^3 = (10 \times 10 \times 10) \times (10 \times 10 \times 10) = 10^6 = 10^{3\times2}$

❶次の□の中にあてはまる指数を求めなさい。

(1)　$10^5 \times 10^3 = 10^{\square}$

(2)　$10^{-3} \times 10^5 = 10^{\square}$

(3)　$10^8 \div 10^5 = 10^{\square}$

(4)　$10^4 \div 10^{-2} = 10^{\square}$

(5)　$\dfrac{10^7}{10^4} = 10^{\square}$

(6)　$\dfrac{10^2}{10^7} = 10^{\square}$

(7)　$(10^5)^3 = 10^{\square}$

(8)　$(10^{-2})^2 = 10^{\square}$

❷電圧が80Vで電流が2×10^{-3}[A]のとき，抵抗値[Ω]はいくらか。

（イ）4×10^2

（ロ）4×10^3

（ハ）4×10^4

（ニ）4×10^5

14 指数③ 単位の換算

おさらいポイント

単位の接頭語

▶電流[A]や抵抗[Ω]などの単位は，m（ミリ）やM（メガ）などの接頭語を付けた単位[mA]，[MΩ]などで表すこともあります。

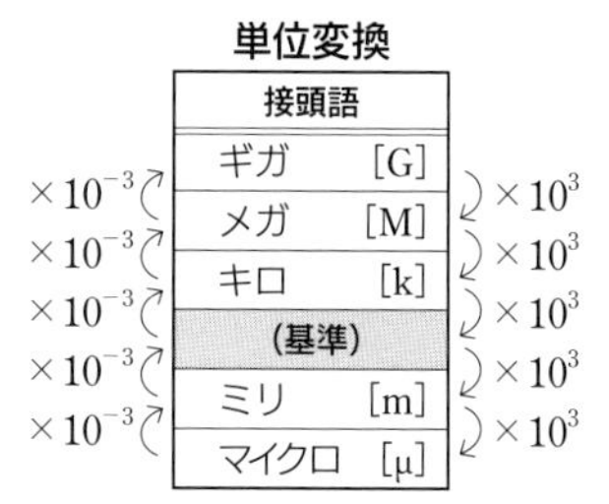

※(基準)…[A],[V],[Ω],[W]など。

【例】 0.02[A]を[mA]の単位で表す。

$0.02[A] \rightarrow 0.02 \times 10^{3} = 0.02 \times 1000 = 20[mA]$

0.020 ×1000

※小数点は10倍するごとに右に1つずれる。

【例】 3000[kW]を[MW]の単位で表す。

$3000[kW] \rightarrow 3000 \times 10^{-3} = 3000 \times \frac{1}{1000} = 3[MW]$

【接頭語の意味】

G（ギガ）：10^{9}
M（メガ）：10^{6}
k（キロ）：10^{3}
m（ミリ）：10^{-3}
μ（マイクロ）：10^{-6}

次の□にあてはまる数を書き，[ ]の中の単位で表しなさい。

(1) $4\,MW = 4 \times 10^{\square}[kW] = \square[kW]$

(2) $7000\,m = 7000 \times 10^{\square}[km] = \square[km]$

(3) $6\,mA = 6 \times 10^{\square}[A] = \square[A]$

(4) $0.3\,kA = 0.3 \times 10^{\square}[A] = \square[A]$

(5) $5500\,V = 5500 \times 10^{\square}[kV] = \square[kV]$

(6) $0.4\,M\Omega = 0.4 \times 10^{\square}[\Omega] = \square[\Omega]$

(7) $2000\,\mu F = 2000 \times 10^{\square}[F] = \square[F]$

15 指数④ 円の面積

おさらいポイント

円の面積

▶円の面積Sは半径をr[mm]とすると，

$$\boldsymbol{S=\pi r^2}\,[\mathbf{mm^2}]$$

で求めることができます。π（パイ）は円周率を表し，一般に$\pi=3.14$として計算します。

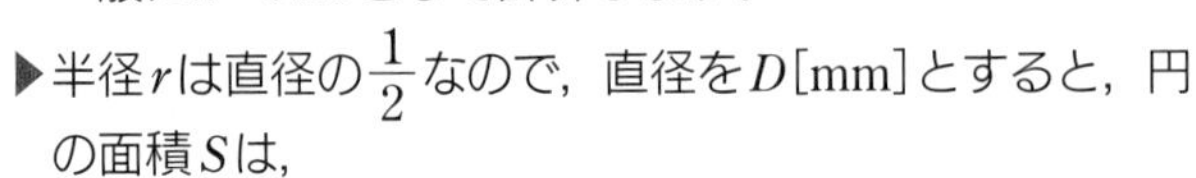

▶半径rは直径の$\frac{1}{2}$なので，直径をD[mm]とすると，円の面積Sは，

$$\boldsymbol{S=\pi\times\left(\frac{D}{2}\right)^2=\frac{\pi D^2}{4}}\,[\mathbf{mm^2}]$$

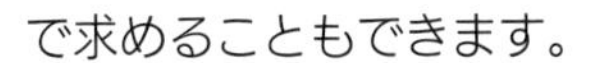

で求めることもできます。

【例】 直径2.0mmの軟銅線の断面積を求める。

$$S=\frac{\pi D^2}{4}=\frac{3.14\times\cancel{2}^{1}\times\cancel{2}^{1}}{{}_{1}\cancel{2}\,\cancel{4}}=3.14\,[\mathrm{mm^2}]$$

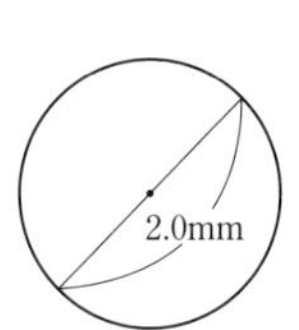

次の問いに答えなさい。ただし，答えは四捨五入して小数第二位までの概数で求めなさい。

(1) 直径1.6mmの軟銅線の断面積はいくらか。

(2) 直径2.6mmの軟銅線の断面積はいくらか。

(3) 直径3.2mmの軟銅線の断面積はいくらか。

(4) 直径2.6mmの軟銅線の断面積は，直径1.6mmの軟銅線の断面積の何倍か。

(5) 直径2.0mmの軟銅線の断面積は，直径1.6mmの軟銅線の断面積の何倍か。

16 平方根① 平方根の基本

おさらいポイント

平方根

▶2乗してaになる数をaの**平方根**といいます。すなわち，$x^2=a$となるxの値が，aの平方根です。

【例】 16の平方根

$4^2=(-4)^2=16$より，16の平方根は，4と-4

▶aが正の数のとき，aの平方根は正と負の2つあります。正の方を$\sqrt{a}$，負の方を$-\sqrt{a}$と書き，これらをまとめて$\pm\sqrt{a}$と書くことがあります。記号$\sqrt{\ }$を**根号**といい，$\sqrt{a}$は「ルートa」と読みます。

【例】 7の平方根

正の方が$\sqrt{7}$，負の方が$-\sqrt{7}$より，

7の平方根は，$\sqrt{7}$と$-\sqrt{7}$，すなわち$\pm\sqrt{7}$

▶0の平方根は，0だけです。

【例】 0の平方根　$\sqrt{0}=0$

1 次の数を根号を用いて表しなさい。

(1) 10の平方根

(2) 0.5の平方根

(3) 3の平方根の正の方

(4) $\frac{3}{7}$の平方根の負の方

2 次の数を根号を用いないで表しなさい。

(1) $\sqrt{36}$

(2) $-\sqrt{25}$

(3) $\sqrt{7^2}$

(4) $-\sqrt{13^2}$

(5) $\sqrt{(-4)^2}$

(6) $\sqrt{\frac{4}{9}}$

(7) $-\sqrt{\frac{49}{64}}$

(8) $\sqrt{3^2+4^2}$

(9) $\sqrt{8^2+6^2}$

17 平方根② 素因数分解（そいんすうぶんかい）

おさらいポイント

素因数分解

▶1とその数の他に約数をもたない自然数を**素数**といいます。ただし，1は素数ではありません。

素数 → 2，3，5，7，11，13，17，19，23，29，…

▶自然数がいくつかの自然数の積で表されるとき，1つひとつの数を，もとの数の**因数**といい，素数である因数を**素因数**といいます。自然数を素因数の積に分解することを**素因数分解**するといいます。

【例】 18を素因数分解する。

$18=2\times3\times3$

$=2\times3^2$

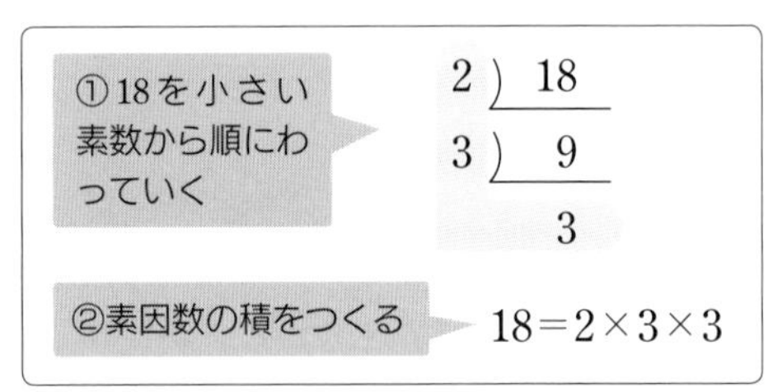

【例】 36の平方根を求める。

$36=2\times2\times3\times3$

$=(2\times3)\times(2\times3)$

$=(2\times3)^2$

$=6^2$

2) 36
2) 18
3) 9
3

$36=2\times2\times3\times3$

$6^2=(-6)^2=36$より，36の平方根は，6と-6

※素因数分解を利用して，平方根を求めることができます。

1 次の数を素因数分解しなさい。

(1) 12　　(2) 36　　(3) 120　　(4) 189

2 次の数の平方根を素因数分解を利用して求めなさい。

(1) 225　　(2) 324

18 平方根③ 平方根の乗法と除法

おさらいポイント

平方根の積と商

▶ aとbが正の数のとき，次の式が成り立ちます。

① $\sqrt{a}\times\sqrt{b}=\sqrt{ab}$　【例】$\sqrt{5}\times\sqrt{7}=\sqrt{5\times7}=\sqrt{35}$

② $\dfrac{\sqrt{b}}{\sqrt{a}}=\sqrt{\dfrac{b}{a}}$　【例】$\dfrac{\sqrt{20}}{\sqrt{5}}=\sqrt{\dfrac{20}{5}}=\sqrt{4}=\sqrt{2^2}=2$

※×をはぶいて，$\sqrt{a}\times\sqrt{b}$は$\sqrt{a}\sqrt{b}$，$\sqrt{a\times b}$は$\sqrt{ab}$とも書きます。

平方根の変形

▶ kとaが正の数のとき，$k\sqrt{a}=\sqrt{k^2}\sqrt{a}=\sqrt{k^2a}$

【例】$3\sqrt{5}$を$\sqrt{a}$の形に変形する。
$3\sqrt{5}=\sqrt{3^2\times5}=\sqrt{45}$

※「3」を根号の中に入れるときは，「3^2」のように，2乗します。

【例】$\sqrt{50}$を$k\sqrt{a}$の形に変形する。
$\sqrt{50}=\sqrt{5^2\times2}=5\sqrt{2}$

※「5^2」を根号の外に出すときは，「5」のように，2乗をとります。

根号の外に出す数を見つけるときは，根号の中の数を素因数分解する

2) 50
5) 25
　　5

$50=2\times5^2$

1 次の計算をしなさい。

(1)　$\sqrt{3}\times\sqrt{5}$　　(2)　$\dfrac{\sqrt{24}}{\sqrt{12}}$

(3)　$\sqrt{8}\times\sqrt{2}$　　(4)　$\sqrt{54}\div\sqrt{6}$

2 次の数を$\sqrt{a}$の形に表しなさい。

(1)　$3\sqrt{5}$　　(2)　$4\sqrt{3}$

3 次の数を$k\sqrt{a}$の形に表しなさい。

(1)　$\sqrt{63}$　　(2)　$\sqrt{180}$

19 平方根④ 平方根の計算

おさらいポイント

平方根の加法と減法

▶根号の中が同じ数は，$\sqrt{\ }$ を文字とみて，同類項の計算と同じようにまとめます。

【例】 $3\sqrt{2}+2\sqrt{2}=(3+2)\sqrt{2}=5\sqrt{2}$

▶根号の中が異なる場合も，$k\sqrt{a}$ の形に変形してまとめられる場合があります。

【例】 $\sqrt{75}-\sqrt{27}=5\sqrt{3}-3\sqrt{3}=(5-3)\sqrt{3}=2\sqrt{3}$

$75=\sqrt{5^2\times3}$，$27=\sqrt{3^2\times3}$

平方根の乗法と除法

▶根号の中どうし，外どうしをそれぞれ計算します。

【例】 $2\sqrt{3}\times2\sqrt{15}=2\times2\times\sqrt{3}\times\sqrt{15}=4\sqrt{3\times3\times5}=4\sqrt{3^2\times5}=12\sqrt{5}$

▶わり算は，分数の形に表して計算することもできます。

【例】 $5\sqrt{9}\div\sqrt{3}=\dfrac{5\sqrt{9}}{\sqrt{3}}=5\sqrt{\dfrac{9}{3}}=5\sqrt{3}$

【例】 $\sqrt{8}\times\sqrt{10}\div\sqrt{5}=\dfrac{\sqrt{8}\times\sqrt{10}}{\sqrt{5}}=\sqrt{\dfrac{8\times\overset{2}{\cancel{10}}}{\underset{1}{\cancel{5}}}}=\sqrt{16}=4$

※$\sqrt{2}\fallingdotseq1.41$，$\sqrt{3}\fallingdotseq1.73$は，問題でよく用いる平方根の概数です。

次の計算をしなさい。

(1) $5\sqrt{3}+2\sqrt{3}$

(2) $\sqrt{20}-9\sqrt{5}$

(3) $\sqrt{32}+\sqrt{18}-\sqrt{50}$

(4) $5\sqrt{3}-\sqrt{48}+2\sqrt{27}$

(5) $\sqrt{100}\div\sqrt{4}$

(6) $\sqrt{147}\div\sqrt{3}$

(7) $\sqrt{6}\div\sqrt{3}\times\sqrt{7}$

(8) $\sqrt{18}\times\sqrt{5}\div\sqrt{10}$

20 文字式① 文字の混じった乗法と除法

おさらいポイント

積の表し方

▶乗法の記号×は省略します。

【例】 $a\times b=ab$　　$a\times(b+c)=a(b+c)$

▶文字と数の積では，数を文字の前に書きます。

【例】 $a\times 4=4a$　　$(x+y)\times(-6)=-6(x+y)$

▶1は省略して表します。

【例】 $x\times 1=x$　　$m\times(-1)=-m$

▶同じ文字の積は，累乗の指数を用いて表します。

【例】 $a\times a\times a=a^3$　　$x\times x\times x\times 6\times y\times y=6x^3y^2$

商の表し方

▶除法の記号÷を使わずに，分数の形で表します。

【例】 $a\div 4=\frac{a}{4}$ （$\frac{1}{4}a$と書いてもよい）　　$(x+y)\div 5=\frac{x+y}{5}$ （( )をはずす）

▶文字も数字と同じように約分できます。

【例】 $xy\div xyz=\frac{xy}{xyz}=\frac{1}{z}$　　$6x\div(-3x)=-\frac{6x}{3x}=-2$

次の式を文字式の表し方にしたがって書きなさい。

(1) $y\times 1$　　(2) $m\times 0.3$

(3) $6\times a\times 3\times b$　　(4) $x\times x\times y\times x\times 9\times y$

(5) $x\div(-x)$　　(6) $5\div(2m-7)$

(7) $24x\div(-3)$　　(8) $-5ab\div b$

21 文字式② 四則の混じった計算

（しそくまじったけいさん）

おさらいポイント

文字式の表し方

▶乗法と除法の記号（×，÷）は省略します。

【例】 $a\times b-5\div c=ab-\frac{5}{c}$

▶文字と数の積では，数を文字の前に書きます。

【例】 $x\times 13\times y+z\times 4=13xy+4z$

▶いくつかの文字の積では，ふつう文字をアルファベット順に書きます。

【例】 $c\times b\times(-9)\times a=-9abc$

▶同じ文字の積は，累乗の指数を用いて表します。

【例】 $n\times n\div m=\frac{n^2}{m}$

次の式を文字式の表し方にしたがって書きなさい。

(1) $3a\times 3-2b$

(2) $2x\div y+7$

(3) $9a\times 2b\div 6$

(4) $4x\div 5y\div 2$

(5) $8a-27ab\div 3a$

(6) $a\times(x+y)\div 6$

(7) $5-y\times 4\div x$

(8) $x\times(-4)-y\div(-7)$

22 文字式③ 同類項の計算

おさらいポイント

文字式の表し方

▶式$5x+7x+3$で，記号＋で結ばれた$5x$，$7x$，3の1つひとつを**項**といいます。また，$5x$，$7x$という項で，数の部分5，7をxの**係数**といいます。

▶文字を使った式の中で，文字の部分が同じ項を**同類項**といいます。同類項は1つの項にまとめることができます。

【例】 $10x+8-7x-5$

$=10x-7x+8-5$ 同類項どうしでまとめる

$=(10-7)x+8-5$

$=3x+3$

次の計算をしなさい。

(1) $4a-9a$

(2) $7x+8x$

(3) $15y-7y+3y$

(4) $8a+2a-(-4a)+3a$

(5) $9x-5-7x+3$

(6) $-6x+3+3x-9$

(7) $2a+b-4a+6b$

(8) $-4m-3n+9m+n$

23 方程式① 等式の性質

(とうしき せいしつ)

おさらいポイント

等式

▶数量の等しい関係を，等号（＝）を使って表した式を**等式**といいます。等式では，等号の左側の式を**左辺**，右側の式を**右辺**といい，左辺と右辺を合わせて**両辺**といいます。

【等式】

$3a+6=12$

左辺　右辺

両辺

▶文字に代入する値によって，成り立ったり，成り立たなかったりする等式を**方程式**といいます。

等式の性質

▶$A=B$ならば，次の等式が成り立ちます。

①$\boldsymbol{A+C=B+C}$

②$\boldsymbol{A-C=B-C}$

③$\boldsymbol{A\times C=B\times C}$

④$\boldsymbol{\dfrac{A}{C}=\dfrac{B}{C}}$

【例】 $x+5=9$

$x+5-5=9-5$

$x=4$

両辺から5をひく（等式の性質②）

▶等式は，両辺を左右入れかえても成り立ちます。

$\boldsymbol{A=B \Rightarrow B=A}$

等式の性質を用いて，次の方程式を解きなさい。

(1)　$x+5=2$

(2)　$x-9=-4$

(3)　$-8x=56$

(4)　$\dfrac{4}{5}x=8$

(5)　$8x-2=7x+9$

(6)　$3x-5=16-4x$

(7)　$2+8x=5x+1$

(8)　$5x+5=x-4$

24 方程式② 1次方程式の解き方

おさらいポイント

1次方程式の解き方

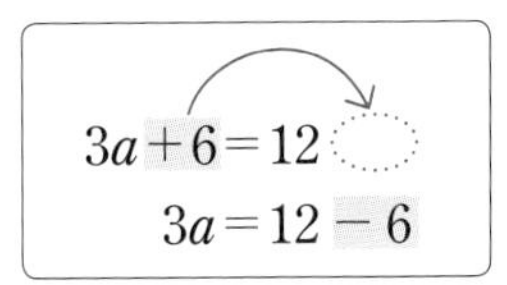

▶等式の一方の辺にある項は，符号を変えて他方の辺に移すことができます。これを**移項**するといいます。

▶上の方程式$3a+6=12$を移項して整理すると，$3a=6$になります。このように，$ax=b$（$a\neq0$）の形になる方程式をxについての**1次方程式**といいます。

▶1次方程式は，次のような手順で解くことができます。

①移項して，xをふくむ項を左辺に，数の項を右辺に集める。

②$ax=b$の形に整理する。

③$ax=b$の両辺を，xの係数aでわる。　【例】$3a\div3=6\div3 \Rightarrow a=2$

▶係数に小数や分数があれば，両辺を何倍かして，係数を整数に直して解きます。

①係数に小数がある方程式は，両辺を10倍，100倍，…して整数に直す。

【例】　$0.4x+5=0.2x+7$

$(0.4x+5)\times10=(0.2x+7)\times10$

$4x+50=2x+70$

【分配法則】$A\times(B+C)=A\times B+A\times C$

$(0.4x+5)\times10=4x+50$

②係数に分数がある方程式は，両辺に分母の公倍数をかけて，分母をはらう。

【例】　$\frac{3}{4}y-4=y-\frac{2}{3}$

$\left(\frac{3}{4}y-4\right)\times12=\left(y-\frac{2}{3}\right)\times12$

$9y-48=12y-8$

分母の4と3の公倍数12を両辺にかける

次の方程式を解きなさい。

(1)　$2x-6=8$

(2)　$7x-9=4x$

(3)　$4x+6=x+9$

(4)　$7x-8=4x+7$

(5)　$0.6x-0.5=3.1$

(6)　$\frac{x}{5}-\frac{2}{3}=\frac{x}{6}+\frac{3}{5}$

25 割合と比・比例① 割合と百分率

おさらいポイント

百分率

▶**割合**の表し方で，全体を100として考えるものを**百分率**といい，％（パーセント）を使って表します。例えば60％は，

$$\frac{60}{100}=0.6$$

なので，出力300Wで効率60％の電源の実際の出力は，

$$300\times0.6=180[\mathrm{W}]$$

となります。

▶百分率では，0.01倍を1％，0.1倍を10％，1倍を100％と表します。

小数	0	0.02	0.5	0.75	1	1.5	1.75	2
百分率	0％	2％	50％	75％	100％	150％	175％	200％

❶次の小数を百分率で表しなさい。

(1)　0.36　　(2)　0.02　　(3)　0.6　　(4)　1.75

❷次の百分率を小数で表しなさい。

(1)　80％　　(2)　5％　　(3)　15％　　(4)　121％

❸次の問いに答えなさい。

(1)　120Vの電圧Vを10％上昇させたとき，上昇した電圧[V]はいくらか。

(2)　200Ωの抵抗Rが20％小さくなったときの抵抗R[Ω]はいくらか。

26 割合と比・比例② 比の性質

おさらいポイント

比と比の値

▶ある数AとBがあるとき，Bに対するAの割合を$A:B$と書き，「A対B」と読みます。比べる量Aを**前項**といい，もとにする量Bを**後項**といいます。

▶比の前項を後項で割った商を**比の値**といいます。

$$A:B \Leftrightarrow A \div B = \frac{A}{B}$$

$A:B$と$C:D$の比の値が等しいとき，次のことが成り立ちます。

$$A:B = C:D \Leftrightarrow \frac{A}{B} = \frac{C}{D}$$

比例式

▶比例式の**外項**（AとD）の積と**内項**（BとC）の積は等しくなります。

【例】 $x:12=3:4$

$4x=36$

$x=9$

$A:B=C:D \Longleftrightarrow AD=BC$

次の比例式を解きなさい。

(1) $20:x=5:3$

(2) $4:7=16:x$

(3) $x:7=4:15$

(4) $6:9=x:20$

(5) $\frac{x}{7}=\frac{25}{35}$

(6) $\frac{40}{120}=\frac{x}{150}$

(7) $\frac{x}{21}=\frac{28}{12}$

(8) $\frac{56}{64}=\frac{x}{16}$

27 割合と比・比例③ 比例と反比例

おさらいポイント

2つの変化する数量

▶ 2つの数量xとyがあり，xの値が2倍，3倍，…になると，yの値も2倍，3倍，…になるとき，yはxに**比例**するといいます。

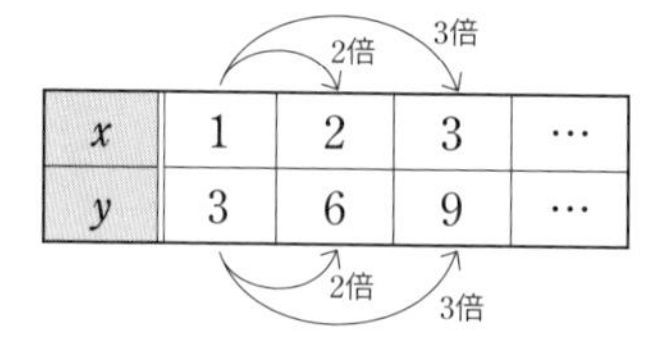

x	1	2	3	…
y	3	6	9	…

表より，yの値を，対応するxの値でわった商は，いつも3になる（$3\div1=3$，$6\div2=3$，…）。よって，$y\div x=3$より，$y=3x$が成り立つ

▶ 2つの数量xとyがあり，xの値が2倍，3倍，…になると，yの値が$\frac{1}{2}$，$\frac{1}{3}$，…になるとき，yはxに**反比例**するといいます。

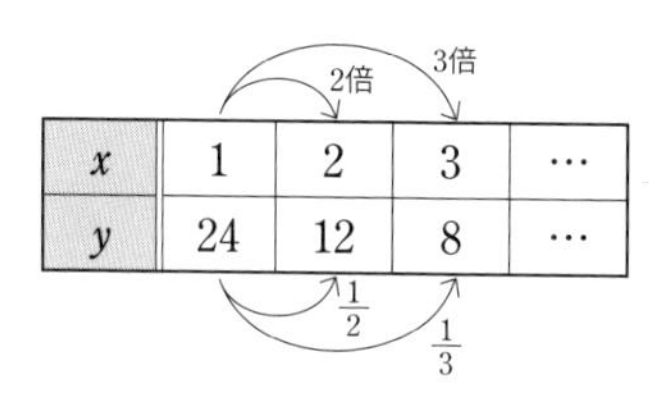

x	1	2	3	…
y	24	12	8	…

表より，xの値と，対応するyの値をかけた積は，いつも24になる（$1\times24=24$，$2\times12=24$，…）。よって，$xy=24$が成り立つ

次の表で，(1)と(2)は，xとyが比例し，(3)と(4)は，xとyが反比例している。表のア，イにあてはまる数をそれぞれ求めなさい。また，xとyの関係を式で表しなさい。

(1)

x	2	4	イ
y	4	ア	12

〔ア　，イ　，式　〕

(2)

x	2	ア	4
y	−8	−12	イ

〔ア　，イ　，式　〕

(3)

x	2	イ	6
y	ア	9	6

〔ア　，イ　，式　〕

(4)

x	4	ア	6
y	5	4	イ

〔ア　，イ　，式　〕

28 三角比① 三角比の定義

おさらいポイント

三角比の定義

▶下のような直角三角形で，直角でない角θ（シータ）の大きさが定まると，三角形の大きさに関係なく，$\frac{a}{c}$，$\frac{b}{c}$，$\frac{a}{b}$，の値はつねに一定の値をとるようになります。これらを，それぞれθのサイン，コサイン，タンジェントといい，$\sin\theta$，$\cos\theta$，$\tan\theta$と書きます。

① $\sin\theta=\frac{a}{c}$…𝓈　したがって，$a=c\times\sin\theta$

② $\cos\theta=\frac{b}{c}$…𝒸　したがって，$b=c\times\cos\theta$

③ $\tan\theta=\frac{a}{b}$…𝓉　したがって，$a=b\times\tan\theta$

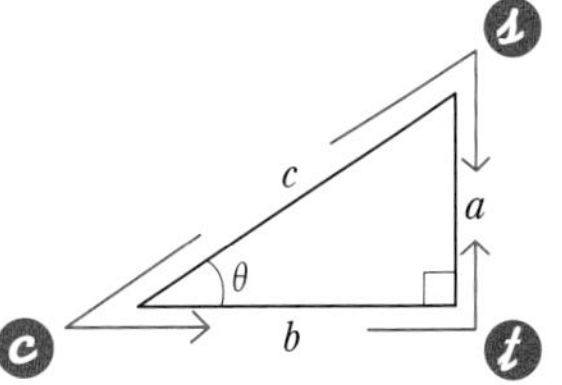

【覚え方】sin，cos，tanの頭文字を筆記体で書いた筆順に，a，b，cを①分母→②分子にあてはめる。

▶直角三角形で，直角でない角の1つが，30°，45°，60°のとき，三角比の値は下の表のように求められます。

θ	30°	45°	60°
$\sin\theta$	$\frac{1}{2}$	$\frac{1}{\sqrt{2}}$	$\frac{\sqrt{3}}{2}$
$\cos\theta$	$\frac{\sqrt{3}}{2}$	$\frac{1}{\sqrt{2}}$	$\frac{1}{2}$
$\tan\theta$	$\frac{1}{\sqrt{3}}$	1	$\sqrt{3}$

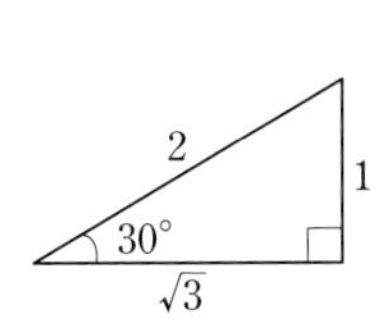

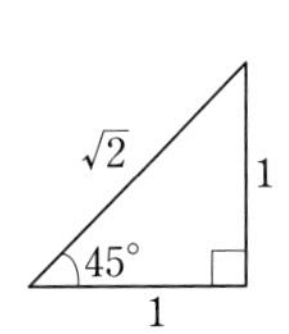

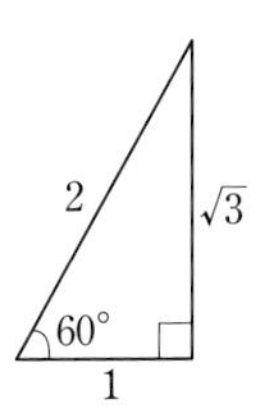

次の問いに答えなさい。

(1)　次の図の直角三角形ABCにおいて，$\tan A$，$\tan B$の値を求めなさい。

A　B　C　2　1　√3

(2)　次の図の直角三角形ABCにおいて，辺a，bの長さ[cm]を求めなさい。

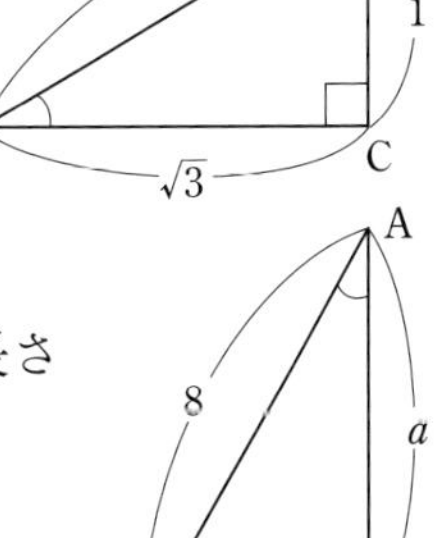

29 三角比② 三平方(さんへいほう)の定理(ていり)

おさらいポイント

三平方の定理(ピタゴラスの定理)

▶直角三角形の直角をはさむ2辺の長さをa, b, 斜辺の長さをcとすると,

$$\boldsymbol{a^2+b^2=c^2}$$

の関係が成り立ちます。これを**三平方の定理**または**ピタゴラスの定理**といいます。

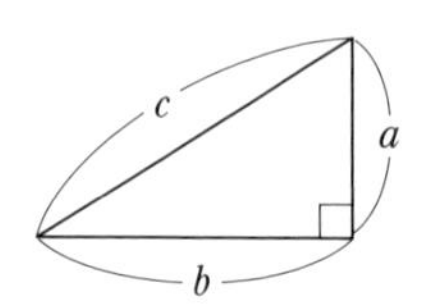

【例】 右の直角三角形の, 辺xの長さを求める。

$x^2+1^2=2^2$

$x^2=4-1$

$x^2=3$

$x>0$であるから,

$x=\sqrt{3}$

$x^2=3$の解は, $x=\pm\sqrt{3}$だが, 辺の長さにマイナスの値はない

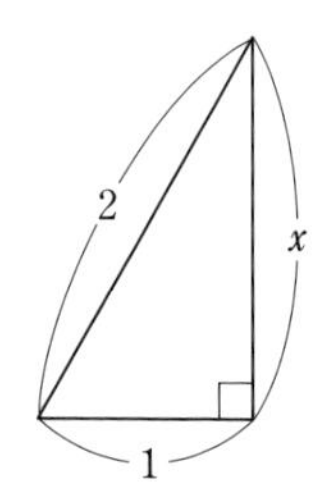

▶三平方の定理 $a^2+b^2=c^2$に$a=c\times\sin\theta$, $b=c\times\cos\theta$を代入すると,

$$(c\times\sin\theta)^2+(c\times\cos\theta)^2=c^2$$
$$c^2\times\sin^2\theta+c^2\times\cos^2\theta=c^2$$
$$c^2(\sin^2\theta+\cos^2\theta)=c^2$$

【分配法則】
$A\times B+A\times C=A\times(B+C)$

両辺をc^2でわると,

$$\boldsymbol{\sin^2\theta+\cos^2\theta=1}$$

※$(\sin\theta)^2$, $(\cos\theta)^2$, $(\tan\theta)^2$は, それぞれ$\sin^2\theta$, $\cos^2\theta$, $\tan^2\theta$とも書く。

1 次の図において, 辺の長さxの値を求めなさい。

(1)

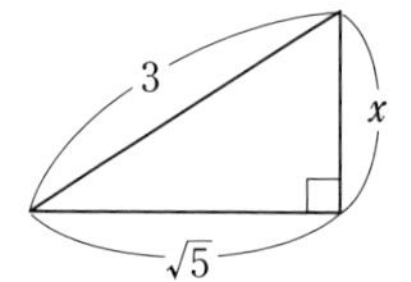

(2)

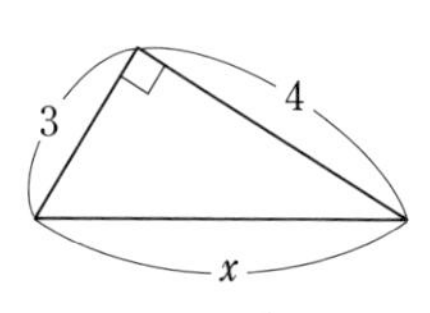

(3)

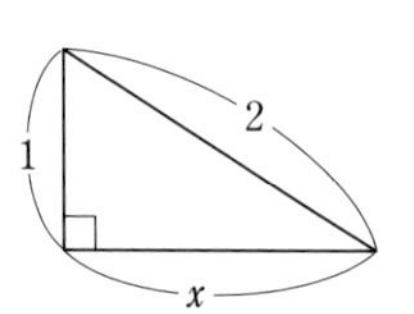

(4)

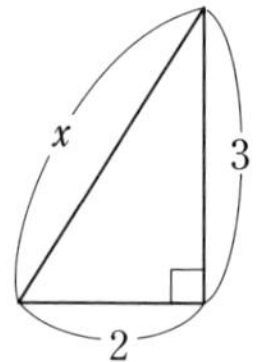

2 $0°\leqq\theta\leqq90°$で, $\cos\theta=\dfrac{4}{5}$のとき, $\sin\theta$の値を求めなさい。

別冊

計算虎の巻

応用編

1 電力の計算

おさらいポイント

オームの法則

▶回路を流れる電流は，加える電圧に比例し，抵抗に反比例します。

$$I=\frac{V}{R} \quad V=IR \quad R=\frac{V}{I}$$

電力

▶単位時間（1秒間）に行う電気的仕事を電力といいます。

$$P=VI$$

▶上の公式は，オームの法則の式を代入して次のように表すこともできます。

$$P=I^2R \qquad P=\frac{V^2}{R}$$

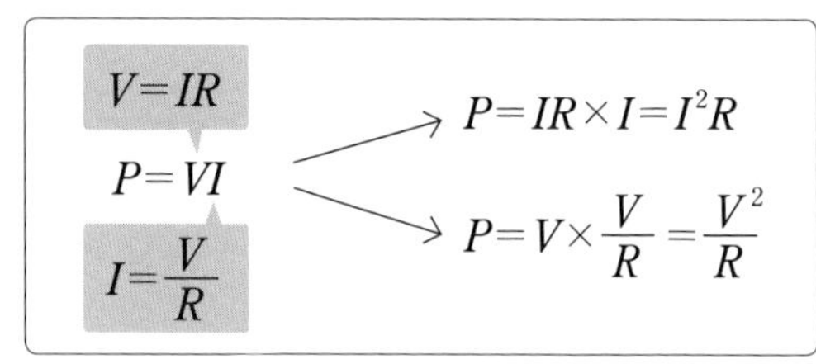

※I[A]：電流，V[V]：電圧，R[Ω]：抵抗，P[W]：電力

❶次の問いに答えなさい。

(1)　抵抗値50Ωのヒーターに100Vの電圧を加えた。このとき，ヒーターに流れる電流[A]は。

(2)　白熱灯に100Vの電圧を加えて点灯させたところ，0.4Aの電流が流れた。この白熱灯の点灯時の抵抗[Ω]は。

(3)　200Ωの抵抗に，電圧を加えたところ，0.5Aの電流が流れた。このとき，抵抗に加えた電圧[V]は。

❷次の問いに答えなさい。

(1)　電熱器に100Vを加えたところ，電熱器に3Aの電流が流れた。この電熱器の消費電力[W]は。

(2)　25Ωの抵抗に，ある電圧を加えたところ，4Aの電流が流れた。このとき，抵抗の消費電力[W]は。

(3)　抵抗値20Ωの電熱器に，100Vを加えた。このとき，電熱器の消費電力[W]は。

………試験問題へのアプローチ…………

抵抗負荷に200Vの電圧を加えたとき，2kWの電力が消費された。この抵抗負荷の抵抗値[Ω]は。公式にオームの法則の式を代入して求めなさい。

2 導体の抵抗

おさらいポイント

抵抗と抵抗率

▶導体の抵抗は，長さに比例し，断面積に反比例します。

$$R=\rho\frac{L}{S}$$

※R[Ω]：抵抗，ρ[Ω・mm^2/m]：抵抗率，L[m]：長さ，S[mm^2]：断面積

▶電線の断面は円の形をしているので，電線の断面積は円の面積になります。

$$S=\pi r^2=\pi\times\left(\frac{D}{2}\right)^2=\frac{\pi D^2}{4}$$

したがって，電線の抵抗の式は，次のように表すことができます。

$$R=\frac{4\rho L}{\pi D^2}$$

導体の抵抗は，長さに比例し，直径の2乗に反比例します。

$$R=\rho\frac{L}{S}=\rho\frac{L}{\frac{\pi D^2}{4}}=\rho\times L\div\frac{\pi D^2}{4}=\rho\times L\times\frac{4}{\pi D^2}=\frac{4\rho L}{\pi D^2}$$

※π：円周率（3.14），r[mm]：半径，D[mm]：直径

❶次の問いに答えなさい。

(1) 断面積8mm^2，1巻300mの絶縁電線の抵抗[Ω]は。ただし，絶縁電線は軟銅線とし，抵抗率は0.017Ω・mm^2/mとする。

(2) 直径1.6mm，1巻300mの絶縁電線の抵抗[Ω]は。ただし，絶縁電線は軟銅線とし，抵抗率は0.017Ω・mm^2/mとする。

(3)　直径3.2mm，1巻300mの絶縁電線の抵抗[Ω]は。ただし，絶縁電線は軟銅線とし，抵抗率は0.017Ω・mm^2/mとする。

❷次の問いに答えなさい。

(1)　直径1.6mm，長さ20mの絶縁電線Aがある。直径が同じで，長さ40mの絶縁電線Bの抵抗R_Bは，Aの抵抗R_Aの何倍になるか。

(2)　直径1.6mm，長さ10mの絶縁電線Aがある。直径が3.2mmで，長さが同じ絶縁電線Bの抵抗R_Bは，Aの抵抗R_Aの何倍になるか。

(3)　直径1.6mm，長さ40mの絶縁電線Aがある。断面積が8mm^{2}で長さが80mの絶縁電線Bの抵抗R_Bは，Aの抵抗R_Aの何倍になるか。

………試験問題へのアプローチ…………

直径1.6mm，長さ40mの軟銅線Aがある。同材質の直径3.2mmの軟銅線Bの抵抗R_Bは，Aの抵抗R_Aと同じ値であった。このときの軟銅線Bの長さ[m]は。

3 合成抵抗値の計算

おさらいポイント

直列接続の合成抵抗

▶直列接続の合成抵抗値は，各抵抗値の和になります。

$$R = R_1 + R_2 + R_3\,[\Omega]$$

並列接続の合成抵抗

▶並列接続の合成抵抗値は，各抵抗値の逆数の和の逆数になります。

$$R = \frac{1}{\frac{1}{R_1} + \frac{1}{R_2} + \frac{1}{R_3}}\,[\Omega]$$

2個の場合▶ $R = \frac{R_1 \times R_2}{R_1 + R_2}\,[\Omega] = \frac{積}{和}$

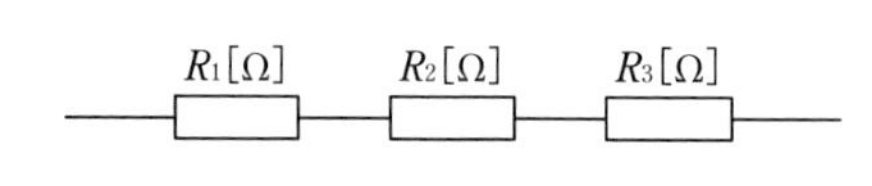

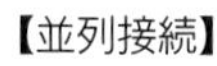

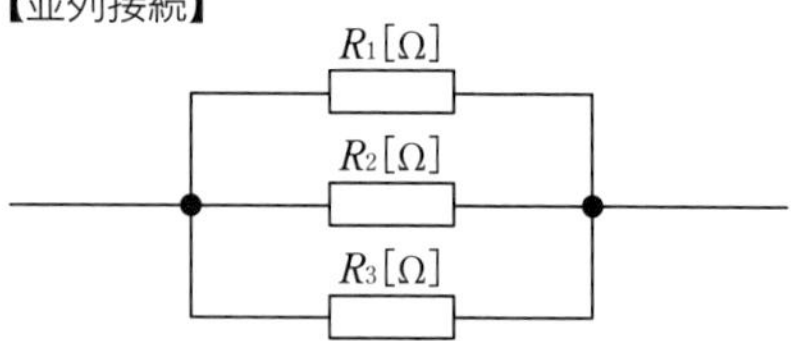

❶次の問いに答えなさい。

(1)　20Ωと30Ωの2個の抵抗が，図のように直列に接続された回路に，100Vの電圧が加えられているとき，この回路を流れる電流I[A]は。

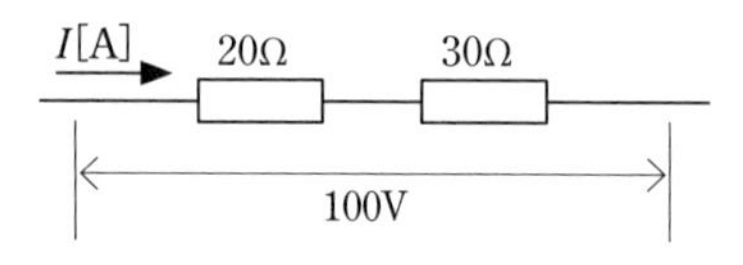

(2)　20Ωと30Ωと60Ωの3個の抵抗が，図のように直列に接続された回路に，2Aの電流が流れているとき，回路の両端に加えられている電圧V[V]は。

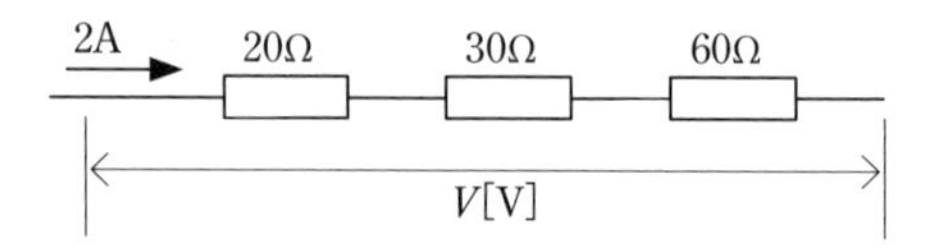

❷ 次の問いに答えなさい。

(1)　20Ωと30Ωの2個の抵抗が，図のように並列に接続された回路に，60Vの電圧が加えられているとき，この回路を流れる電流I[A]は。

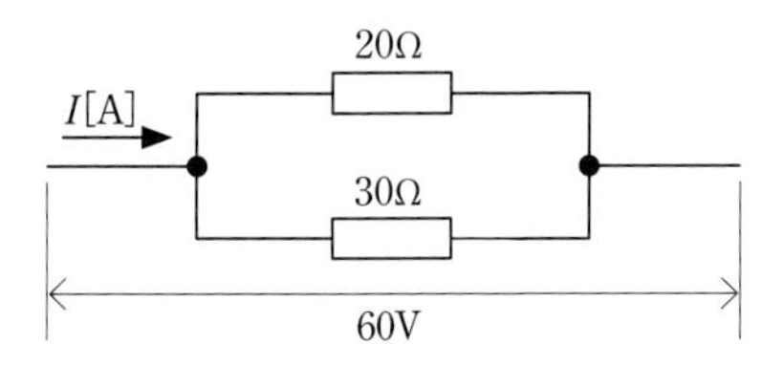

(2)　20Ωと30Ωと60Ωの3個の抵抗が，図のように並列に接続された回路の合成抵抗R[Ω]は。

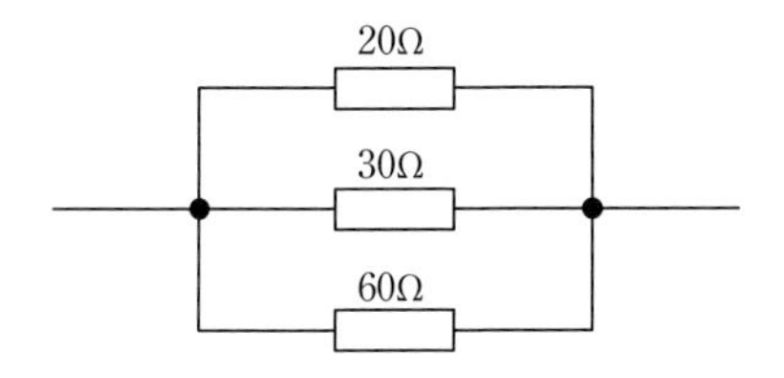

………試験問題へのアプローチ…………

20Ω1個と40Ω3個の計4個の抵抗が，図のように接続された直並列回路の合成抵抗R[Ω]は。

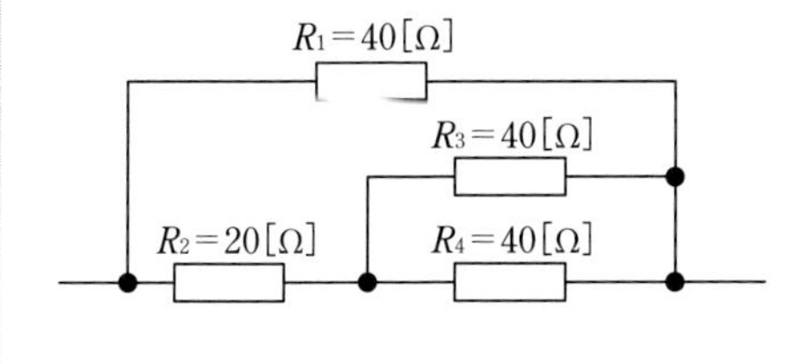

4 単相直列回路の計算

おさらいポイント

抵抗RとコイルLの直列回路(RL直列回路)

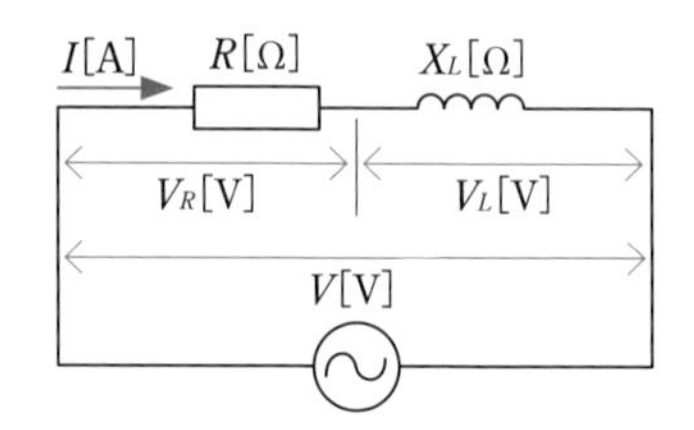

▶抵抗と誘導リアクタンスX_Lのコイルが直列に接続された回路に電流が流れるとき，インピーダンスZは次のように求めます。

①抵抗Rと誘導リアクタンスX_Lにオームの法則を適用すると，

$$V_R = IR\,[\mathrm{V}] \qquad V_L = IX_L\,[\mathrm{V}]$$

②全電圧VとV_R，V_Lの関係に三平方の定理を適用すると，

$$\begin{aligned} V &= \sqrt{V_R^2 + V_L^2} \\ &= \sqrt{(IR)^2 + (IX_L)^2} \\ &= I\sqrt{R^2 + X_L^2}\,[\mathrm{V}] \end{aligned}$$

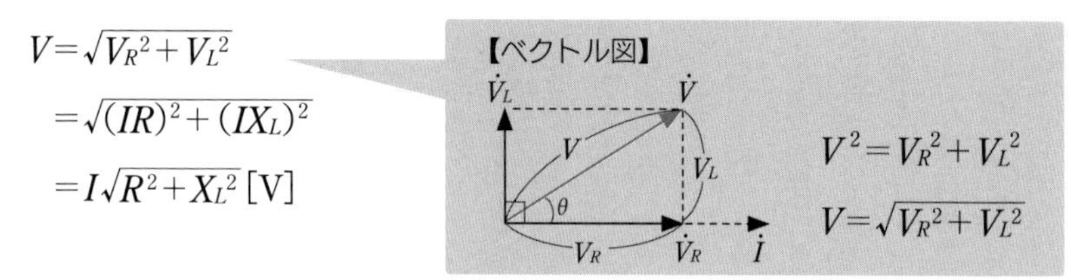

すなわち，$\dfrac{V}{I} = \sqrt{R^2 + X_L^2}$

よって，$Z = \sqrt{R^2 + X_L^2}\,[\Omega]$

電圧V，電流I，インピーダンスZの間には，オームの法則が成り立つ

$$I = \frac{V}{Z}\,[\mathrm{A}] \qquad Z = \frac{V}{I}\,[\Omega] \qquad V = IZ\,[\mathrm{V}]$$

抵抗RとコンデンサCの直列回路(RC直列回路)

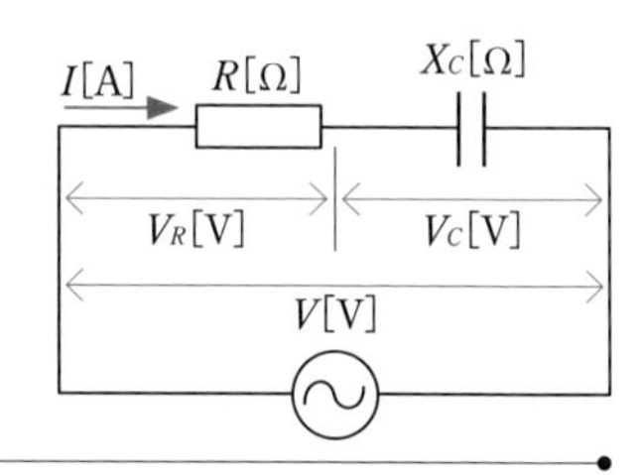

▶抵抗と容量リアクタンスX_Cのコンデンサが直列に接続された回路もRL直列回路と同じように考えます。

$$Z = \sqrt{R^2 + X_C^2}\,[\Omega]$$

❶次の問いに答えなさい。

(1)　抵抗40Ωと誘導リアクタンス30Ωを直列に接続した交流回路のインピーダンスZ[Ω]は。

(2)　抵抗30Ωと誘導リアクタンス40Ωを直列に接続した交流回路に，100Vの電圧が加えられているとき，この回路に流れる電流[A]は。

2 次の問いに答えなさい。

(1)　抵抗15Ωと容量リアクタンス20Ωのコンデンサを直列に接続した交流回路のインピーダンスZ[Ω]は。

(2)　抵抗8Ωと容量リアクタンス6Ωのコンデンサを直列に接続した交流回路に，電流5Aが流れているとき，この回路に加えられている電圧[V]は。

………試験問題へのアプローチ…………

抵抗80Ωと誘導リアクタンス60Ωを直列に接続した交流回路に，100Vの電圧が加えられているとき，誘導リアクタンスの両端の電圧[V]は。

5 単相並列回路の計算

おさらいポイント

抵抗 R とコイル L の並列回路（RL並列回路）

▶抵抗と誘導リアクタンス X_L のコイルが並列に接続された回路を考えます。

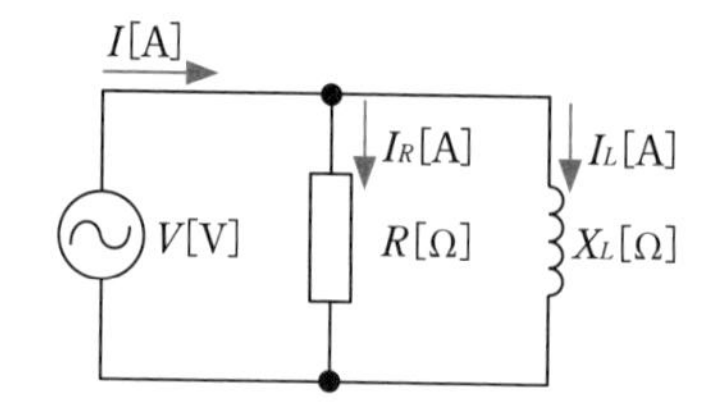

①抵抗 R と誘導リアクタンス X_L にオームの法則を適用すると，

$$I_R = \frac{V}{R} \text{[A]} \qquad I_L = \frac{V}{X_L} \text{[A]}$$

②全電流 I と I_R，I_L の関係に三平方の定理を適用すると，

$$I^2 = I_R{}^2 + I_L{}^2$$

$$I = \sqrt{I_R{}^2 + I_L{}^2} \text{[A]}$$

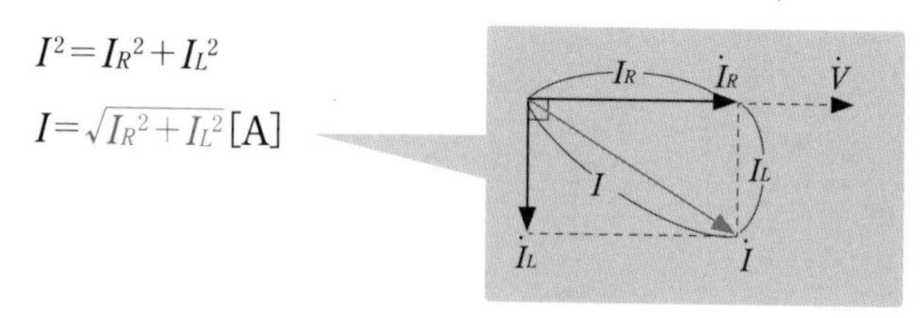

抵抗 R とコンデンサ C の並列回路（RC並列回路）

▶抵抗と容量リアクタンス X_C のコンデンサが並列に接続された回路もRL並列回路と同じように考えます。

$$I = \sqrt{I_R{}^2 + I_C{}^2} \text{[A]}$$

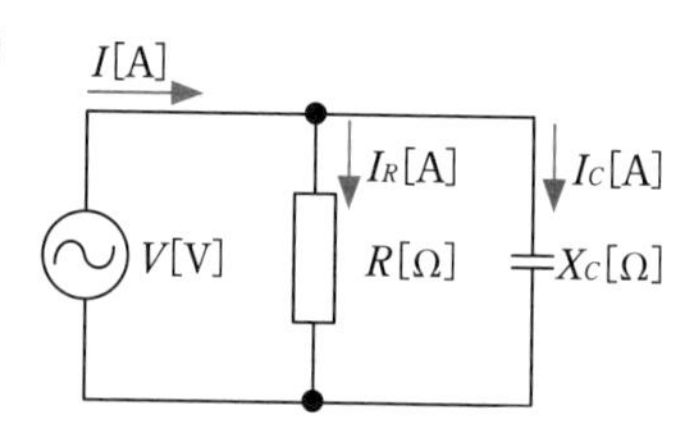

1 次の問いに答えなさい。

(1) 抵抗と誘導リアクタンスを並列に接続した交流回路において，抵抗には4A，誘導リアクタンスには3Aの電流が流れているとき，この回路に流れる全電流[A]は。

(2)　抵抗20Ωと誘導リアクタンス15Ωを並列に接続した交流回路に120Vの電圧が加えられているとき，この回路に流れる全電流[A]は。

❷次の問いに答えなさい。

(1)　抵抗とコンデンサを並列に接続した交流回路において，抵抗には9A，コンデンサには12Aの電流が流れているとき，この回路に流れる全電流[A]は。

(2)　抵抗30Ωと容量リアクタンス40Ωを並列に接続した交流回路に，120Vの電圧が加えられているとき，この回路に流れる全電流[A]は。

………試験問題へのアプローチ…………

抵抗とコイルを並列に接続した交流回路に120Vの電圧が加えられているとき，この回路に流れる全電流が10A，抵抗に流れる電流が8Aであった。並列に接続されたコイルの誘導リアクタンス[Ω]は。

6 単相交流回路の電力

おさらいポイント

単相交流回路の電力

▶単相交流回路の皮相電力Sは，供給される電圧と電流の積と等しくなります。

$$S=VI\,[\mathrm{VA}]$$

※V[V]：電圧，I[A]：電流

▶皮相電力のうち，有効電力Pは皮相電力Sと力率$\cos\theta$の積と等しく，無効電力Qは皮相電力Sと無効率$\sin\theta$の積と等しくなります。

$$P=VI\cos\theta\,[\mathrm{W}]$$

$$Q=VI\sin\theta\,[\mathrm{var}]$$

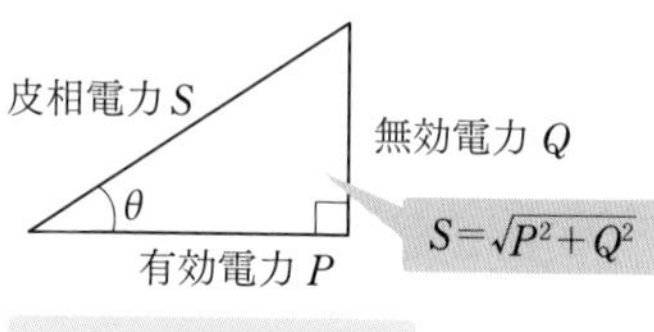

$$\cos\theta=\frac{P}{S}=\frac{P}{VI}$$

$$\sin\theta=\frac{Q}{S}=\frac{Q}{VI}$$

交流回路の力率

▶力率$\cos\theta$は回路が直列の場合は，次のように求めることもできます。

$$\cos\theta=\frac{R}{Z}$$

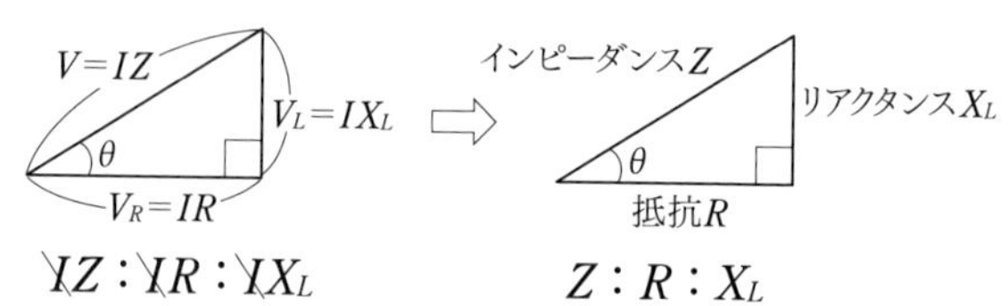

※R[Ω]：抵抗，Z[Ω]：インピーダンス，X_L[Ω]：誘導リアクタンス

1 次の問いに答えなさい。

(1)　電圧が200Vで，10Aの電流が流れている単相負荷の消費電力が1.6kWであった。このときの単相負荷の皮相電力，力率，無効電力はいくらか。

(2)　20 Ωの抵抗と 15 Ωの誘導リアクタンスの直列回路に，100V の電圧を加えた。このときの回路の力率と，流れる電流[A]は。

2 単相 100V の回路に，負荷を接続したところ，消費電力が 1.2kW で，15A の電流が流れた。この負荷の力率[%]は。

……試験問題へのアプローチ…………

単相 200V の回路に，消費電力 1.5kW の負荷を接続したとき，回路に流れる電流[A]は。ただし，負荷の力率は，60%とする。

7 三相交流回路の電力

さんそうこうりゅうかいろ　でんりょく

おさらいポイント

三相交流回路の電力

▶三相交流回路は，3つの単相交流回路を組み合わせた回路です。したがって三相電力Pは次のように表します。

$$P=3V_AI_A\cos\theta[\mathrm{W}]$$

また，次のような表し方もあります。

$$P=\sqrt{3}VI\cos\theta[\mathrm{W}]$$

三相電力＝3×(一相分の電力)
＝3×(相電圧×相電流×力率)
＝$\sqrt{3}$×線間電圧×線電流×力率
負荷の結線方法によって，
デルタ結線では，線電流＝$\sqrt{3}$×相電流
スター結線では，線間電圧＝$\sqrt{3}$×相電圧

※単に三相電力といえば，三相の有効電力を指します。

▶三相交流回路では，皮相電力S，有効電力P，無効電力Qは，線間電圧，線電流を使うと，結線方法に関係なく，次の式で表されます。

$$S=\sqrt{3}VI[\mathrm{VA}]$$
$$P=\sqrt{3}VI\cos\theta[\mathrm{W}]$$
$$Q=\sqrt{3}VI\sin\theta[\mathrm{var}]$$

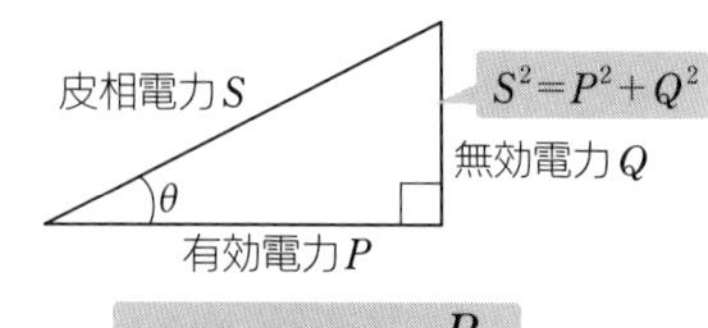

力率 $\cos\theta=\dfrac{P}{S}$

※V_A[V]：相電圧，I_A[A]：相電流，V[V]：線間電圧，I[A]：線電流

次の問いに答えなさい。

(1)　三相誘導電動機を電圧200V，電流10A，力率80%で運転している。このときの皮相電力[kVA]と消費電力[kW]は。ただし，$\sqrt{3}=1.73$とする。

(2)　三相負荷が，電圧200V，消費電力6.92kW，力率80%で運転している。このときの線電流[A]は。ただし，$\sqrt{3}=1.73$とする。

(3)　三相負荷が，電圧200V，消費電力5.19kW，線電流20Aで運転している。このときの力率[%]は。ただし，$\sqrt{3}=1.73$とする。

………試験問題へのアプローチ

図のような三相負荷の全消費電力[kW]は。ただし，抵抗Rは16Ω，誘導リアクタンスX_Lは12Ωとする。

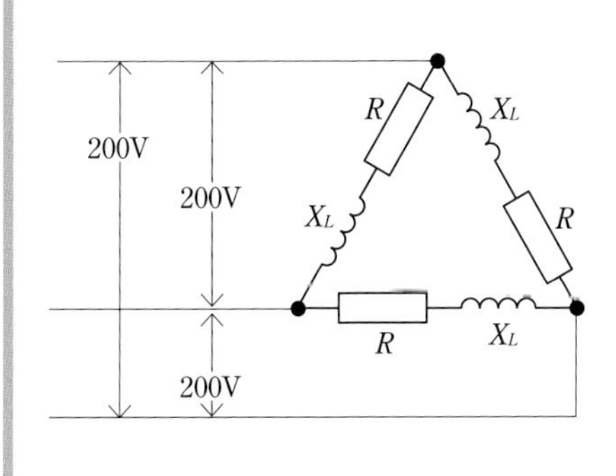

8 電圧降下

でんあつこうか

おさらいポイント

配電方式と電圧降下

▶電線1本分の電圧降下e[V]は，電圧＝電流×抵抗より，$I \times r = Ir$と表せます。したがって，次のそれぞれの電圧降下は，このIrの何倍かで考えます。

①単相2線式の場合

$$e = V_s - V_r = 2Ir\,[\mathrm{V}]$$

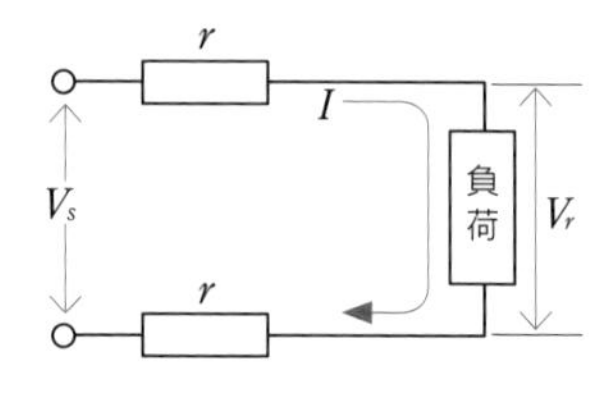

②単相3線式の場合（平衡負荷）

$$e = V_s - V_r = Ir\,[\mathrm{V}]$$

※平衡負荷では中性線の電流が0Aなので，中性線では電圧降下が生じません。

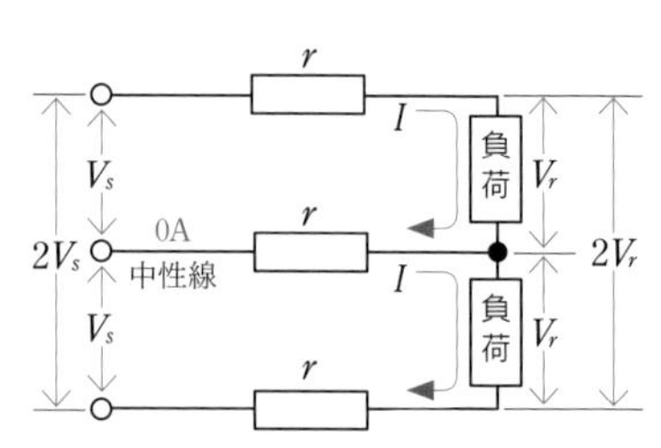

③三相3線式の場合（平衡負荷）

$$e = V_s - V_r = \sqrt{3}\,Ir\,[\mathrm{V}]$$

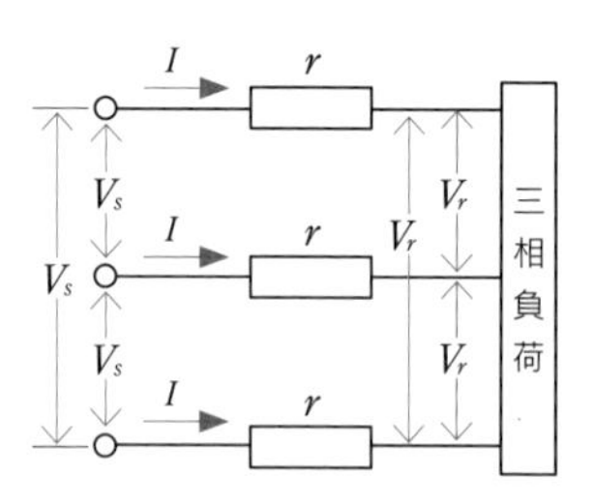

※V_s[V]：電源電圧，V_r[V]：負荷の端子電圧，I[A]：電流，r[Ω]：電線1本の抵抗

次の問いに答えなさい。

(1) 図のような単相2線式回路において，負荷の端子電圧を100Vとするとき，電源の端子電圧[V]は。ただし，負荷は抵抗負荷とし，負荷電流は10A，電線1本あたりの抵抗は0.2Ωとする。

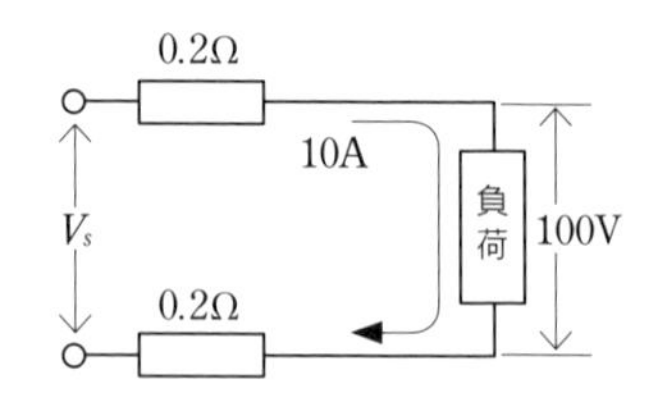

(2) 図のような単相3線式回路において，電源の端子電圧を105/210Vとするとき，負荷の端子電圧[V]は。ただし，負荷は抵抗負荷とし，各負荷の負荷電流は10A，電線1本あたりの抵抗は0.2Ωとする。

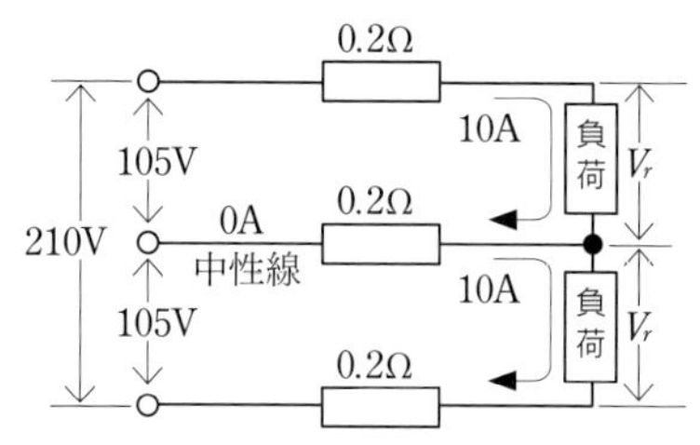

(3) 図のような三相3線式回路において，負荷側の線間電圧が200Vのとき，線路での線間電圧の電圧降下[V]は。ただし，負荷は抵抗負荷とし，線電流は10A，電線1本あたりの抵抗は0.2Ωとする。

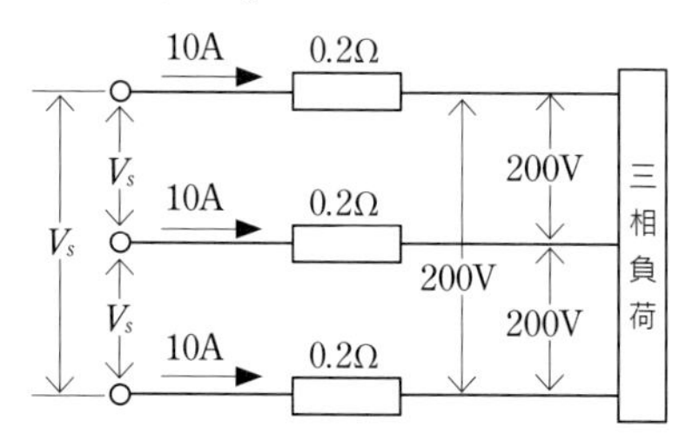

………試験問題へのアプローチ…………

図のような単相2線式回路で，c–c′間の電圧が100Vのとき，a–a′間の電圧[V]は。ただし，電線1本あたりの抵抗は，0.1Ωとする。

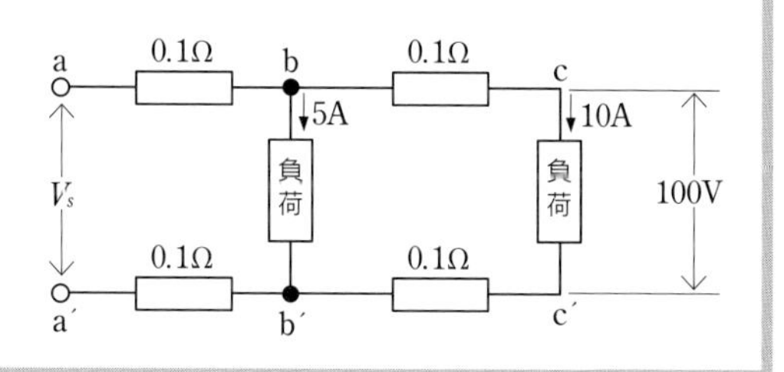

9 電力損失

でんりょくそんしつ

おさらいポイント

配電線路の電力損失

▶電線1本分の電力損失P_ℓは，電力＝電流^2×抵抗より，$I^2 \times r = I^2 r$と表せます。したがって，次のそれぞれの電力損失は，この$I^2 r$の何倍かで考えます。

電力＝電圧×電流
電流×抵抗

①単相2線式の場合

$$P_\ell = 2I^2 r[\mathrm{W}]$$

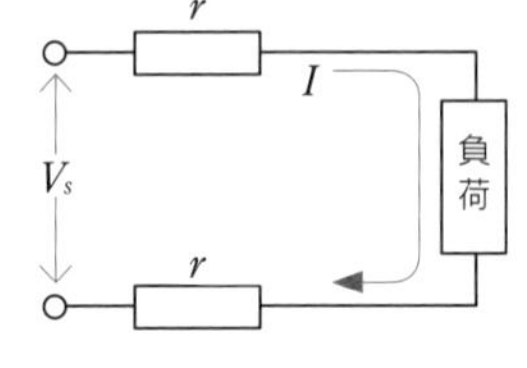

②単相3線式の場合（平衡負荷）

$$P_\ell = 2I^2 r[\mathrm{W}]$$

※平衡負荷では中性線の電流が0Aなので，中性線では電力損失が生じません。

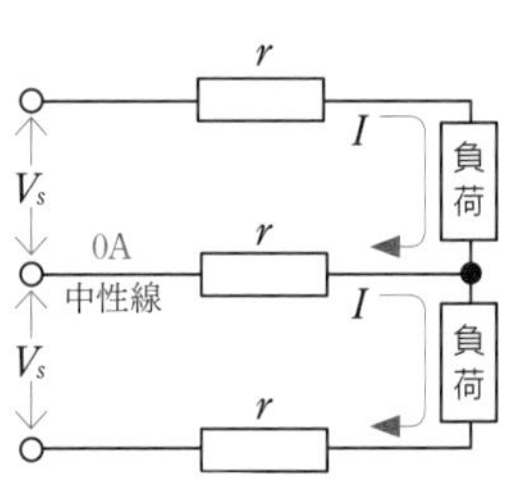

③三相3線式の場合（平衡負荷）

$$P_\ell = 3I^2 r[\mathrm{W}]$$

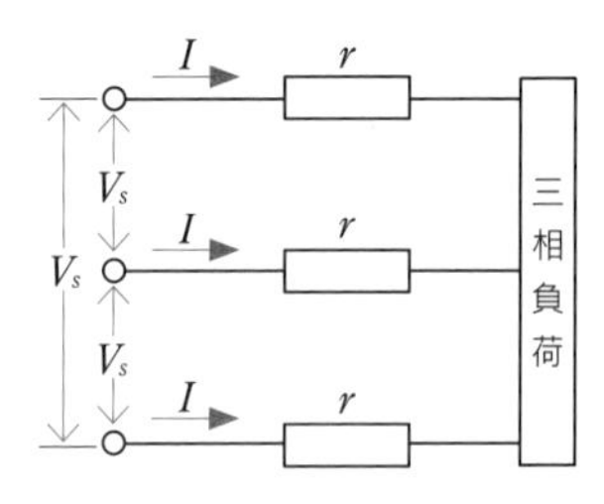

※I[A]：電流，r[Ω]：電線1本の抵抗

次の問いに答えなさい。

(1)　100V単相2線式回路で100V 2kWの抵抗負荷に電力を供給している。この配電線路の電力損失[W]は。ただし，電線1本あたりの抵抗を0.1Ωとする。

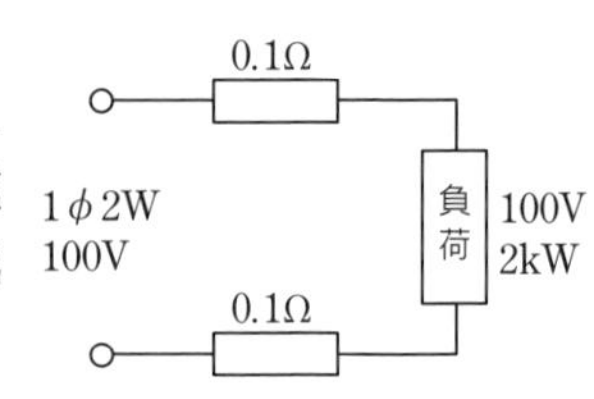

(2)　100/200V 単相3線式回路で100V 1kWの抵抗負荷2台に電力を供給している。この配電線路の電力損失[W]は。ただし，電線1本あたりの抵抗を0.1Ωとする。

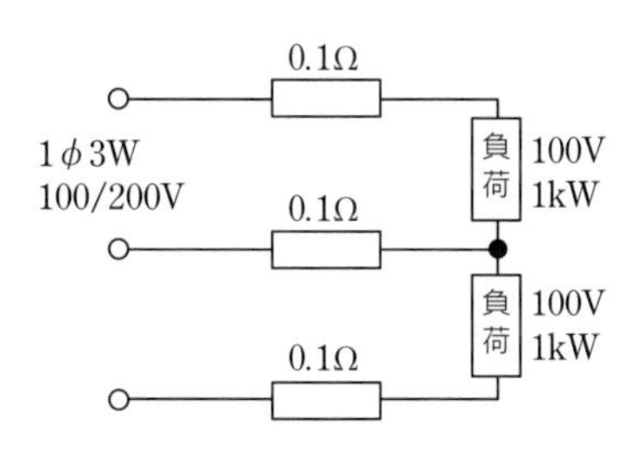

(3)　200V三相3線式回路で200V 2kWの三相抵抗負荷に電力を供給している。この配電線路の電力損失[W]は。ただし，電線1本あたりの抵抗を0.1Ωとする。

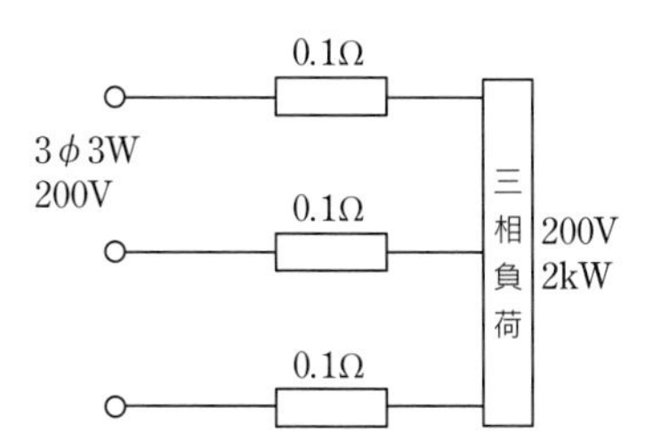

………試験問題へのアプローチ…………

図のように，100/200V単相3線式回路で100V 1kWの抵抗負荷2台と200V 2kWの抵抗負荷1台の，合計4kWに電力を供給している。この配電線路の電力損失[W]は。ただし，電線1本あたりの抵抗を0.1Ωとする。

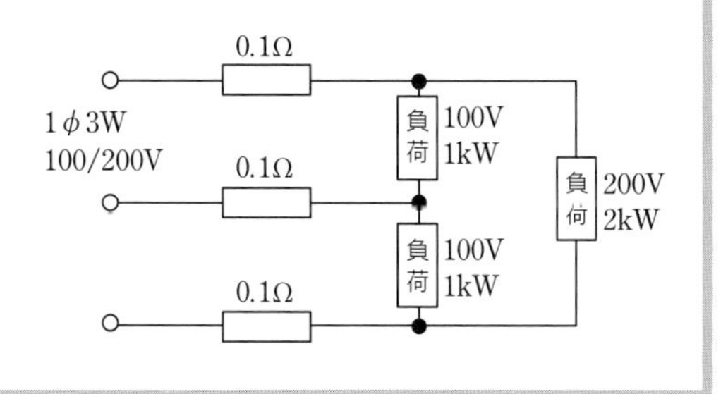

解答と解説 基礎編

1 分数① 最小公倍数と最大公約数
▶P.4

解答

(1)24　(2)12　(3)6個　(4)21
(5)最大公約数 6, 最小公倍数 90

(1)8の倍数→8, 16, 24, 32, …
6の倍数→6, 12, 18, 24, …

(2)3の倍数→3, 6, 9, 12, …
2の倍数→2, 4, 6, 8, 10, 12…

(3)36の約数→1, 2, 3, 4, 6, 9, 12, 18, 36
48の約数→1, 2, 3, 4, 6, 8, 12, 16, 24, 48

(4)42の約数→1, 2, 3, 6, 7, 14, 21, 42
63の約数→1, 3, 7, 9, 21, 63

(5)最大公約数
18の約数→1, 2, 3, 6, 9, 18
30の約数→1, 2, 3, 5, 6, 10, 15, 30
最小公倍数
18の倍数→18, 36, 54, 72, 90, …
30の倍数→30, 60, 90, 120, 150, …

2 分数② 通分と約分
▶P.5

解答

❶ (1)$\frac{3}{10}$, $\frac{4}{10}$　(2)$\frac{9}{12}$, $\frac{10}{12}$
(3)$\frac{25}{70}$, $\frac{21}{70}$

❷ (1)$\frac{2}{3}$　(2)$\frac{5}{7}$　(3)$\frac{3}{8}$

❶

(1)$\frac{3}{10}=\frac{3\times1}{10\times1}=\frac{3}{10}$

$\frac{2}{5}=\frac{2\times2}{5\times2}=\frac{4}{10}$

5) 10　5
　 2　1
5×2×1=10

(2)$\frac{3}{4}=\frac{3\times3}{4\times3}=\frac{9}{12}$

$\frac{5}{6}=\frac{5\times2}{6\times2}=\frac{10}{12}$

2) 4　6
　 2　3
2×2×3=12

(3)$\frac{5}{14}=\frac{5\times5}{14\times5}=\frac{25}{70}$

$\frac{3}{10}=\frac{3\times7}{10\times7}=\frac{21}{70}$

2) 14　10
　 7　5
2×7×5=70

❷

(1)$\frac{\cancel{14}^{2}}{\cancel{21}_{3}}=\frac{2}{3}$　(2)$\frac{\cancel{30}^{5}}{\cancel{42}_{7}}=\frac{5}{7}$

(3)$\frac{\cancel{24}^{3}}{\cancel{64}_{8}}=\frac{3}{8}$

3 分数③ たし算とひき算
▶P.6

解答

(1)$\frac{11}{12}$　(2)$\frac{5}{24}$　(3)$\frac{5}{6}$　(4)$\frac{2}{15}$
(5)$\frac{3}{4}$　(6)$\frac{1}{2}$

(1)$\frac{2}{3}+\frac{1}{4}=\frac{8}{12}+\frac{3}{12}=\frac{11}{12}$

(2)$\frac{7}{12}-\frac{3}{8}=\frac{14}{24}-\frac{9}{24}=\frac{5}{24}$

(3)$\frac{7}{18}+\frac{4}{9}=\frac{7}{18}+\frac{8}{18}=\frac{\cancel{15}^{5}}{\cancel{18}_{6}}=\frac{5}{6}$

(4)$\frac{8}{15}-\frac{4}{10}=\frac{16}{30}-\frac{12}{30}=\frac{\cancel{4}^{2}}{\cancel{30}_{15}}=\frac{2}{15}$

(5)$\frac{1}{4}+\frac{5}{6}-\frac{1}{3}$
$=\frac{3}{12}+\frac{10}{12}-\frac{4}{12}$
$=\frac{\cancel{9}^{3}}{\cancel{12}_{4}}=\frac{3}{4}$

2) 4　6　3
3) 2　3　3
　 2　1　1
2×3×2×1×1
=12

(6) $\frac{3}{5}-\frac{13}{30}+\frac{1}{3}$

$=\frac{18}{30}-\frac{13}{30}+\frac{10}{30}$

$=\frac{\cancel{15}^{1}}{\cancel{30}_{2}}=\frac{1}{2}$

$$\begin{array}{r|rrr} 3 & 5 & 30 & 3 \\ \hline 5 & 5 & 10 & 1 \\ \hline & 1 & 2 & 1 \end{array}$$

$3\times5\times1\times2\times1=30$

4 分数④ かけ算

▶P.7

解答

(1) $\frac{4}{9}$　(2) $\frac{7}{5}$　(3) $\frac{25}{4}$　(4) $\frac{9}{4}$

(5) $\frac{6}{35}$　(6) 3　(7) $\frac{4}{9}$　(8) $\frac{1}{15}$

(9) $\frac{3}{16}$　(10) $\frac{1}{6}$

(1) $\frac{2}{9}\times2=\frac{2\times2}{9}=\frac{4}{9}$

(2) $7\times\frac{1}{5}=\frac{7\times1}{5}=\frac{7}{5}$

(3) $15\times\frac{5}{12}=\frac{{}^{5}\cancel{15}\times5}{\cancel{12}_{4}}=\frac{25}{4}$

(4) $\frac{3}{8}\times6=\frac{3\times\cancel{6}^{3}}{\cancel{8}_{4}}=\frac{9}{4}$

(5) $\frac{3}{5}\times\frac{2}{7}=\frac{3\times2}{5\times7}=\frac{6}{35}$

(6) $\frac{7}{2}\times\frac{6}{7}=\frac{{}^{1}\cancel{7}\times\cancel{6}^{3}}{{}_{1}\cancel{2}\times\cancel{7}_{1}}=\frac{3}{1}=3$

(7) $\frac{8}{15}\times\frac{5}{6}=\frac{{}^{4}\cancel{8}\times\cancel{5}^{1}}{{}_{3}\cancel{15}\times\cancel{6}_{3}}=\frac{4}{9}$

(8) $\frac{4}{9}\times\frac{3}{20}=\frac{{}^{1}\cancel{4}\times\cancel{3}^{1}}{{}_{3}\cancel{9}\times\cancel{20}_{5}}=\frac{1}{15}$

(9) $\frac{5}{8}\times\frac{3}{7}\times\frac{7}{10}=\frac{{}^{1}\cancel{5}\times3\times\cancel{7}^{1}}{8\times\cancel{7}_{1}\times\cancel{10}_{2}}=\frac{3}{16}$

(10) $\frac{5}{12}\times\frac{3}{7}\times\frac{14}{15}=\frac{{}^{1}\cancel{5}\times\cancel{3}^{1}\times\cancel{14}^{2\,1}}{{}_{6}\cancel{12}\times\cancel{7}_{1}\times\cancel{15}_{5\,1}}=\frac{1}{6}$

5 分数⑤ わり算

▶P.8

解答

(1) $\frac{3}{20}$　(2) $\frac{15}{2}$　(3) $\frac{3}{14}$　(4) 49

(5) $\frac{21}{16}$　(6) $\frac{4}{5}$　(7) $\frac{3}{4}$　(8) $\frac{7}{36}$

(9) 21　(10) $\frac{21}{32}$

(1) $\frac{3}{5}\div4=\frac{3}{5\times4}=\frac{3}{20}$

(2) $5\div\frac{2}{3}=\frac{5}{1}\times\frac{3}{2}=\frac{15}{2}$

(3) $\frac{9}{14}\div3=\frac{\cancel{9}^{3}}{14\times\cancel{3}_{1}}=\frac{3}{14}$

(4) $35\div\frac{5}{7}=\frac{{}^{7}\cancel{35}}{1}\times\frac{7}{\cancel{5}_{1}}=\frac{49}{1}=49$

(5) $\frac{7}{8}\div\frac{2}{3}=\frac{7}{8}\times\frac{3}{2}=\frac{21}{16}$

(6) $\frac{4}{15}\div\frac{1}{3}=\frac{4}{{}_{5}\cancel{15}}\times\frac{\cancel{3}^{1}}{1}=\frac{4}{5}$

(7) $\frac{5}{14}\div\frac{10}{21}=\frac{{}^{1}\cancel{5}}{{}_{2}\cancel{14}}\times\frac{\cancel{21}^{3}}{\cancel{10}_{2}}=\frac{3}{4}$

(8) $\frac{3}{16}\div\frac{27}{28}=\frac{{}^{1}\cancel{3}}{{}_{4}\cancel{16}}\times\frac{\cancel{28}^{7}}{\cancel{27}_{9}}=\frac{7}{36}$

(9) $\frac{5}{3}\div\frac{1}{9}\div\frac{5}{7}=\frac{{}^{1}\cancel{5}}{{}_{1}\cancel{3}}\times\frac{\cancel{9}^{3}}{1}\times\frac{7}{\cancel{5}_{1}}=\frac{21}{1}=21$

(10) $\frac{7}{12}\div\frac{10}{3}\div\frac{4}{15}=\frac{7}{{}_{4}\cancel{12}}\times\frac{\cancel{3}^{1}}{{}_{2}\cancel{10}}\times\frac{\cancel{15}^{3}}{4}=\frac{21}{32}$

6 分数⑥ 四則の混じった計算

▶P.9

解答

(1) $\frac{1}{4}$　(2) $\frac{2}{3}$　(3) $\frac{100}{9}$　(4) 12

(1) $0.4\times\frac{5}{8}=\frac{{}^{1}\cancel{4}}{{}_{2}\cancel{10}}\times\frac{\cancel{5}^{1}}{\cancel{8}_{2}}=\frac{1}{4}$

(2) $\frac{1}{6}\div0.25=\frac{1}{6}\div\frac{25}{100}=\frac{1}{{}_{3}\cancel{6}}\times\frac{\cancel{100}^{\cancel{4}\,2}}{\cancel{25}_{1}}=\frac{2}{3}$

(3) $\frac{100}{7+\frac{6\times3}{6+3}}=\frac{100}{7+\frac{\cancel{18}^{2}}{\cancel{9}_{1}}}=\frac{100}{7+2}=\frac{100}{9}$

(4) $\dfrac{6}{1+\dfrac{1}{2}}\times3=\dfrac{6}{\dfrac{3}{2}}\times3$

$=6\div\dfrac{3}{2}\times3=\dfrac{6}{1}\times\dfrac{2}{3}\times\dfrac{3}{1}=12$

7 正の数・負の数① たし算

▶P.10

解答

(1) -6 (2) $+3$ (3) -1 (4) -35
(5) $+3.3$ (6) -1.5 (7) $-\dfrac{3}{5}$ (8) $-\dfrac{1}{8}$

(1) $(-3)+(-3)=-6$

(2) $(+7)+(-4)=+3$

(3) $(-9)+(+8)=-1$

(4) $0+(-35)=-35$

(5) $(+7.2)+(-3.9)=+3.3$

(6) $(-4.3)+(+2.8)=-1.5$

(7) $\left(-\dfrac{2}{5}\right)+\left(-\dfrac{1}{5}\right)=-\dfrac{3}{5}$

(8) $\left(+\dfrac{5}{8}\right)+\left(-\dfrac{3}{4}\right)$

$=\left(+\dfrac{5}{8}\right)+\left(-\dfrac{6}{8}\right)=-\dfrac{1}{8}$

8 正の数・負の数② ひき算

▶P.11

解答

(1) -4 (2) $+9$ (3) -1.5 (4) $+1.5$
(5) $+\dfrac{4}{5}$ (6) $-\dfrac{3}{14}$ (7) -7 (8) -9

(1) $(-5)-(-1)=(-5)+(+1)=-4$

(2) $0-(-9)=0+(+9)=+9$

(3) $(-0.8)-(+0.7)=(-0.8)+(-0.7)$
$=-1.5$

(4) $(-1.9)-(-3.4)=(-1.9)+(+3.4)$
$=+1.5$

(5) $\left(+\dfrac{1}{5}\right)-\left(-\dfrac{3}{5}\right)=\left(+\dfrac{1}{5}\right)+\left(+\dfrac{3}{5}\right)$
$=+\dfrac{4}{5}$

(6) $\left(-\dfrac{1}{2}\right)-\left(-\dfrac{2}{7}\right)=\left(-\dfrac{1}{2}\right)+\left(+\dfrac{2}{7}\right)$
$=-\dfrac{3}{14}$

(7) $-6+8-9=8-6-9=8-15=-7$

(8) $5-11+4-7=5+4-11-7$
$=9-18=-9$

9 正の数・負の数③ かけ算

▶P.12

解答

(1) 24 (2) -14 (3) 36 (4) -45
(5) 1 (6) -9 (7) -24 (8) -24

(1) $(-4)\times(-6)=24$

(2) $(-7)\times(+2)=-14$

(3) $3\times(-3)\times(-4)=36$

(4) $(-10)\times27\times\dfrac{1}{6}$

$=-\left(\dfrac{10}{1}\times\dfrac{27}{1}\times\dfrac{1}{6}\right)=-45$

(5) $(-1)^4=1$

(6) $-3^2=-9$

(7) $(-3)\times2^3=-3\times8=-24$

(8) $(-6)\times(-2)^2=-6\times4=-24$

10 正の数・負の数④ わり算

▶P.13

解答

❶ (1) 6 (2) 5 (3) -14 (4) 0
❷ (1) -2 (2) $\dfrac{1}{3}$ (3) -15 (4) $-\dfrac{15}{14}$

❶

(1) $(+24)\div(+4)=6$

(2) $(-45)\div(-9)=5$

(3) $(-98)\div(+7)=-14$

(4) $0\div(-36)=0$

❷

(1) $12\div(-6)=12\times\left(-\dfrac{1}{6}\right)$

$=-\dfrac{12\times1}{6}=-2$

(2) $(-3)\div(-9)=(-3)\times\left(-\frac{1}{9}\right)$

$=\frac{{}^{1}\cancel{3}\times 1}{\cancel{9}_{3}}=\frac{1}{3}$

(3) $6\div\left(-\frac{2}{5}\right)=6\times\left(-\frac{5}{2}\right)$

$=-\frac{{}^{3}\cancel{6}\times 5}{\cancel{2}_{1}}=-15$

(4) $\left(-\frac{5}{7}\right)\div\frac{2}{3}=\left(-\frac{5}{7}\right)\times\frac{3}{2}$

$=-\frac{5\times 3}{7\times 2}=-\frac{15}{14}$

11 正の数・負の数⑤ 四則の混じった計算

▶P.14

解答

(1) 31　(2) −3　(3) 6　(4) −1
(5) −54　(6) −7　(7) −2　(8) −39

(1) $16+(-3)\times(-5)=16+15=31$

(2) $-7-16\div(-4)=-7+4=-3$

(3) $(-12)\div(-7+5)=(-12)\div(-2)=6$

(4) $(-3)\times(-4+7)-(-8)$
$=(-3)\times 3-(-8)$
$=-9-(-8)$
$=-9+8=-1$

(5) $(-4)\times 6-(-5)\times(-6)$
$=-24-30=-54$

(6) $5\times(-2)-(-18)\div 6$
$=-10-(-3)=-10+3=-7$

(7) $10+(7-3^2)\times 6=10+(7-9)\times 6$
$=10+(-2)\times 6=10-12=-2$

(8) $9-(-4^2)\times(-3)$
$=9-(-16)\times(-3)=9-48=-39$

12 指数① 累乗

▶P.15

解答

❶ (1) 3　(2) 4　(3) 2　(4) 2
❷ (1) 27　(2) 1　(3) 100　(4) $\frac{1}{4}$
❸ (1) 4　(2) −5　(3) −3　(4) −2

❷

(1) $3^3=3\times 3\times 3=27$

(2) $4^0=1$

(3) $10^2=10\times 10=100$

(4) $2^{-2}=\frac{1}{2^2}=\frac{1}{2\times 2}=\frac{1}{4}$

❸

(1) $10000=10\times 10\times 10\times 10=10^4$

(2) $\frac{1}{10^5}=10^{-5}$

(3) $\frac{1}{1000}=\frac{1}{10^3}=10^{-3}$

(4) $0.01=\frac{1}{100}=\frac{1}{10^2}=10^{-2}$

13 指数② 指数の計算

▶P.16

解答

❶ (1) 8　(2) 2　(3) 3　(4) 6　(5) 3
(6) −5　(7) 15　(8) −4　❷ (ハ)

❶

(1) $10^5\times 10^3=10^{5+3}=10^8$

(2) $10^{-3}\times 10^5=10^{-3+5}=10^2$

(3) $10^8\div 10^5=10^{8-5}=10^3$

(4) $10^4\div 10^{-2}=10^{4-(-2)}=10^{4+2}=10^6$

(5) $\frac{10^7}{10^4}=10^{7-4}=10^3$

(6) $\frac{10^2}{10^7}=10^{2-7}=10^{-5}$

(7) $(10^5)^3=10^{5\times 3}=10^{15}$

(8) $(10^{-2})^2=10^{(-2)\times 2}=10^{-4}$

❷

オームの法則より，$R=\frac{V}{I}=\frac{80}{2\times 10^{-3}}$

$=\frac{\cancel{80}^{40}}{{}_{1}\cancel{2}\times 10^{-3}}=\frac{40}{10^{-3}}=40\div 10^{-3}=40\div\frac{1}{10^3}$

$=40\times 10^3=4\times 10\times 10^3=4\times 10^4$

14 指数③ 単位の換算

▶P.17

解答

(1) 3, 4000　(2) −3, 7　(3) −3, 0.006
(4) 3, 300　(5) −3, 5.5　(6) 6, 400000
(7) −6, 0.002

(1) $4MW = 4\times10^3[kW] = 4000[kW]$

(2) $7000m = 7000\times10^{-3}[km] = 7[km]$

(3) $6mA = 6\times10^{-3}[A] = 0.006[A]$

(4) $0.3kA = 0.3\times10^3[A] = 300[A]$

(5) $5500V = 5500\times10^{-3}[kV] = 5.5[kV]$

(6) $0.4M\Omega = 0.4\times10^6[\Omega] = 400000[\Omega]$

(7) $2000\mu F = 2000\times10^{-6}[F] = 0.002[F]$

15 指数④ 円の面積

▶P.18

解答

(1) $2.01mm^2$　(2) $5.31mm^2$
(3) $8.04mm^2$　(4) 2.64倍　(5) 1.56倍

(1) $\frac{\pi D^2}{4} = \frac{3.14\times1.6\times1.6}{4}$
$= 2.0096 \rightarrow 2.01$

(2) $\frac{\pi D^2}{4} = \frac{3.14\times2.6\times2.6}{4}$
$= 5.3066 \rightarrow 5.31$

(3) $\frac{\pi D^2}{4} = \frac{3.14\times3.2\times3.2}{4}$
$= 8.0384 \rightarrow 8.04$

(4)「AはBの何倍か」という問題は，
「$A\div B$」を計算して求める。
(1)(2)より，
$5.31\div2.01 = 2.641\cdots \rightarrow$ 2.64倍

(5) $\frac{\pi D^2}{4} = \frac{3.14\times2.0\times2.0}{4} = 3.14$
(1)より，$3.14\div2.01 = 1.562\cdots$
$\rightarrow$ 1.56倍

16 平方根① 平方根の基本

▶P.19

解答

❶ (1) $\pm\sqrt{10}$　(2) $\pm\sqrt{0.5}$　(3) $\sqrt{3}$
(4) $-\sqrt{\frac{3}{7}}$

❷ (1) 6　(2) -5　(3) 7　(4) -13
(5) 4　(6) $\frac{2}{3}$　(7) $-\frac{7}{8}$　(8) 5　(9) 10

❷

(1) $\sqrt{36} = \sqrt{6^2} = 6$

(2) $-\sqrt{25} = -\sqrt{5^2} = -5$

(3) $\sqrt{7^2} = 7$

(4) $-\sqrt{13^2} = -13$

(5) $\sqrt{(-4)^2} = \sqrt{4^2} = 4$

(6) $\sqrt{\frac{4}{9}} = \sqrt{\left(\frac{2}{3}\right)^2} = \frac{2}{3}$

(7) $-\sqrt{\frac{49}{64}} = -\sqrt{\left(\frac{7}{8}\right)^2} = -\frac{7}{8}$

(8) $\sqrt{3^2+4^2} = \sqrt{9+16} = \sqrt{25} = \sqrt{5^2} = 5$

(9) $\sqrt{8^2+6^2} = \sqrt{64+36} = \sqrt{100} = \sqrt{10^2} = 10$

17 平方根② 素因数分解

▶P.20

解答

❶ (1) $2^2\times3$　(2) $2^2\times3^2$　(3) $2^3\times3\times5$
(4) $3^3\times7$

❷ (1) 15と-15　(2) 18と-18

❶

(1) $12 = 2\times2\times3$
$= 2^2\times3$

```
2) 12
2)  6
    3
```

(2) $36 = 2\times2\times3\times3$
$= 2^2\times3^2$

```
2) 36
2) 18
3)  9
    3
```

(3) $120 = 2\times2\times2\times3\times5 = 2^3\times3\times5$

(4) $189 = 3\times3\times3\times7 = 3^3\times7$

❷

(1) $225 = 3\times3\times5\times5$
$= (3\times5)\times(3\times5)$
$= (3\times5)^2 = 15^2$
$15^2 = (-15)^2 = 225$より，
225の平方根は，15と-15

(2) $324 = 2\times2\times3\times3\times3\times3$
$= (2\times3\times3)\times(2\times3\times3)$
$= (2\times3\times3)^2 = 18^2$
$18^2 = (-18)^2 = 324$より，
324の平方根は，18と-18

18 平方根③ 平方根の乗法と除法
▶P.21

解答

1 (1)$\sqrt{15}$　(2)$\sqrt{2}$　(3)4　(4)3

2 (1)$\sqrt{45}$　(2)$\sqrt{48}$

3 (1)$3\sqrt{7}$　(2)$6\sqrt{5}$

1

(1)$\sqrt{3}\times\sqrt{5}=\sqrt{3\times5}=\sqrt{15}$

(2)$\dfrac{\sqrt{24}}{\sqrt{12}}=\sqrt{\dfrac{24}{12}}=\sqrt{2}$

(3)$\sqrt{8}\times\sqrt{2}=\sqrt{8\times2}=\sqrt{16}=\sqrt{4^2}=4$

(4)$\sqrt{54}\div\sqrt{6}=\dfrac{\sqrt{54}}{\sqrt{6}}=\sqrt{\dfrac{54}{6}}=\sqrt{9}=\sqrt{3^2}=3$

2

(1)$3\sqrt{5}=\sqrt{3^2\times5}=\sqrt{9\times5}=\sqrt{45}$

(2)$4\sqrt{3}=\sqrt{4^2\times3}=\sqrt{16\times3}=\sqrt{48}$

3

(1)$\sqrt{63}=\sqrt{3\times3\times7}=\sqrt{3^2\times7}=3\sqrt{7}$

(2)$\sqrt{180}=\sqrt{2\times2\times3\times3\times5}$
$=\sqrt{2^2\times3^2\times5}$
$=2\times3\times\sqrt{5}=6\sqrt{5}$

19 平方根④ 平方根の計算
▶P.22

解答

(1)$7\sqrt{3}$　(2)$-7\sqrt{5}$　(3)$2\sqrt{2}$
(4)$7\sqrt{3}$　(5)5　(6)7　(7)$\sqrt{14}$　(8)3

(1)$5\sqrt{3}+2\sqrt{3}=(5+2)\sqrt{3}=7\sqrt{3}$

(2)$\sqrt{20}-9\sqrt{5}=2\sqrt{5}-9\sqrt{5}$
$=(2-9)\sqrt{5}=-7\sqrt{5}$

(3)$\sqrt{32}+\sqrt{18}-\sqrt{50}=4\sqrt{2}+3\sqrt{2}-5\sqrt{2}$
$=(4+3-5)\sqrt{2}$
$=2\sqrt{2}$

(4)$5\sqrt{3}-\sqrt{48}+2\sqrt{27}=5\sqrt{3}-4\sqrt{3}+6\sqrt{3}$
$=(5-4+6)\sqrt{3}$
$=7\sqrt{3}$

(5)$\sqrt{100}\div\sqrt{4}=\dfrac{\sqrt{100}}{\sqrt{4}}=\sqrt{\dfrac{100}{4}}=\sqrt{25}=5$

(6)$\sqrt{147}\div\sqrt{3}=\dfrac{\sqrt{147}}{\sqrt{3}}=\sqrt{\dfrac{147}{3}}=\sqrt{49}=7$

(7)　$\sqrt{6}\div\sqrt{3}\times\sqrt{7}$
$=\dfrac{\sqrt{6}\times\sqrt{7}}{\sqrt{3}}=\sqrt{\dfrac{6\times7}{3}}=\sqrt{14}$

(8)　$\sqrt{18}\times\sqrt{5}\div\sqrt{10}$
$=\dfrac{\sqrt{18}\times\sqrt{5}}{\sqrt{10}}=\sqrt{\dfrac{18\times5}{10}}=\sqrt{9}=3$

20 文字式① 文字の混じった乗法と除法
▶P.23

解答

(1)y　(2)$0.3m$　(3)$18ab$　(4)$9x^3y^2$
(5)-1　(6)$\dfrac{5}{2m-7}$　(7)$-8x$　(8)$-5a$

(1)$y\times1=y$

(2)$m\times0.3=0.3m$

(3)$6\times a\times3\times b=18ab$

(4)$x\times x\times y\times x\times9\times y=9x^3y^2$

(5)$x\div(-x)=-\dfrac{x}{x}=-1$

(6)$5\div(2m-7)=\dfrac{5}{2m-7}$

(7)$24x\div(-3)=-\dfrac{24x}{3}=-8x$

(8)$-5ab\div b=-\dfrac{5ab}{b}=-5a$

21 文字式② 四則の混じった計算
▶P.24

解答

(1)$9a-2b$　(2)$\dfrac{2x}{y}+7$　(3)$3ab$
(4)$\dfrac{2x}{5y}$　(5)$8a-9b$　(6)$\dfrac{a(x+y)}{6}$
(7)$5-\dfrac{4y}{x}$　(8)$-4x+\dfrac{y}{7}$

(1)$3a\times3-2b=9a-2b$

(2)$2x\div y+7=2x\times\dfrac{1}{y}+7=\dfrac{2x}{y}+7$

(3)$9a\times2b\div6=9a\times2b\times\dfrac{1}{6}=3ab$

(4)$4x\div5y\div2=4x\times\dfrac{1}{5y}\times\dfrac{1}{2}=\dfrac{2x}{5y}$

(5)$8a-27ab\div3a=8a-27ab\times\dfrac{1}{3a}$
$=8a-9b$

(6) $a\times(x+y)\div 6=a\times(x+y)\times\frac{1}{6}$
$=\frac{a(x+y)}{6}$

(7) $5-y\times 4\div x=5-y\times 4\times\frac{1}{x}$
$=5-\frac{4y}{x}$

(8) $x\times(-4)-y\div(-7)$
$=x\times(-4)-y\times\left(-\frac{1}{7}\right)$
$=-4x+\frac{y}{7}$

22 文字式③ 同類項の計算

▶P.25

解答

(1) $-5a$　(2) $15x$　(3) $11y$　(4) $17a$
(5) $2x-2$　(6) $-3x-6$
(7) $-2a+7b$　(8) $5m-2n$

(1) $4a-9a=(4-9)a=-5a$

(2) $7x+8x=(7+8)x=15x$

(3) $15y-7y+3y=(15-7+3)y=11y$

(4) $8a+2a-(-4a)+3a$
$=8a+2a+4a+3a$
$=(8+2+4+3)a=17a$

(5) $9x-5-7x+3$
$=9x-7x-5+3=2x-2$

(6) $-6x+3+3x-9$
$=-6x+3x+3-9=-3x-6$

(7) $2a+b-4a+6b$
$=2a-4a+b+6b=-2a+7b$

(8) $-4m-3n+9m+n$
$=-4m+9m-3n+n=5m-2n$

23 方程式① 等式の性質

▶P.26

解答

(1) $x=-3$　(2) $x=5$　(3) $x=-7$
(4) $x=10$　(5) $x=11$　(6) $x=3$
(7) $x=-\frac{1}{3}$　(8) $x=-\frac{9}{4}$

(1) $x+5=2$　両辺から5をひくと，
$x+5-5=2-5$　よって，$x=-3$

(2) $x-9=-4$　両辺に9をたすと，
$x-9+9=-4+9$　よって，$x=5$

(3) $-8x=56$　両辺を-8でわると，
$\frac{-8x}{-8}=\frac{56}{-8}$　よって，$x=-7$

(4) $\frac{4}{5}x=8$　両辺に$\frac{5}{4}$をかけると，
$\frac{4}{5}x\times\frac{5}{4}=8\times\frac{5}{4}$　よって，$x=10$

(5) $8x-2=7x+9$　両辺に2をたすと，
$8x-2+2=7x+9+2$
$8x=7x+11$　両辺から$7x$をひくと，
$8x-7x=7x+11-7x$
よって，$x=11$

(6) $3x-5=16-4x$　両辺に5をたすと，
$3x-5+5=16-4x+5$
$3x=-4x+21$　両辺に$4x$をたすと，
$3x+4x=-4x+21+4x$
$7x=21$　両辺を7でわると，
$\frac{7x}{7}=\frac{21}{7}$　よって，$x=3$

(7) $2+8x=5x+1$　両辺から2をひくと，
$2+8x-2=5x+1-2$
$8x=5x-1$　両辺から$5x$をひくと，
$8x-5x=5x-1-5x$
$3x=-1$　両辺を3でわると，
$\frac{3x}{3}=-\frac{1}{3}$　よって，$x=-\frac{1}{3}$

(8) $5x+5=x-4$　両辺から5をひくと，
$5x+5-5=x-4-5$
$5x=x-9$　両辺からxをひくと，
$5x-x=x-9-x$
$4x=-9$　両辺を4でわると，
$\frac{4x}{4}=-\frac{9}{4}$　よって，$x=-\frac{9}{4}$

24 方程式② 1次方程式の解き方

▶P.27

解答

(1) $x=7$　(2) $x=3$　(3) $x=1$
(4) $x=5$　(5) $x=6$　(6) $x=38$

(1) $2x-6=8$　移項すると，
$2x=8+6$
$2x=14$　両辺を2でわると，
$x=7$

(2) $7x-9=4x$　移項すると，
$7x-4x=9$
$3x=9$　両辺を3でわると，
$x=3$

(3) $4x+6=x+9$　移項すると，
$4x-x=9-6$
$3x=3$　両辺を3でわると，
$x=1$

(4) $7x-8=4x+7$　移項すると，
$7x-4x=7+8$
$3x=15$　両辺を3でわると，
$x=5$

(5) $0.6x-0.5=3.1$　両辺に10をかけると，
$(0.6x-0.5)\times10=3.1\times10$
$6x-5=31$　移項すると，
$6x=31+5$
$6x=36$　両辺を6でわると，
$x=6$

(6) $\frac{x}{5}-\frac{2}{3}=\frac{x}{6}+\frac{3}{5}$
両辺に30をかけると，
$\left(\frac{x}{5}-\frac{2}{3}\right)\times30=\left(\frac{x}{6}+\frac{3}{5}\right)\times30$
$6x-20=5x+18$
$x=38$

25 割合と比・比例① 割合と百分率
▶P.28

解答

❶ (1) 36%　(2) 2%　(3) 60%
(4) 175%
❷ (1) 0.8　(2) 0.05　(3) 0.15　(4) 1.21
❸ (1) 12V　(2) 160Ω

❶ (1) $0.36\times100=36$
(2) $0.02\times100=2$
(3) $0.6\times100=60$
(4) $1.75\times100=175$

❷ (1) $\frac{80}{100}=0.8$
(2) $\frac{5}{100}=0.05$
(3) $\frac{15}{100}=0.15$
(4) $\frac{121}{100}=1.21$

❸ (1) $\frac{10}{100}=0.1$
$120\times0.1=12$
(2) $\frac{20}{100}=0.2$
$200-200\times0.2=200\times(1-0.2)$
$=200\times0.8=160$

26 割合と比・比例② 比の性質
▶P.29

解答

(1) $x=12$　(2) $x=28$　(3) $x=\frac{28}{15}$
(4) $x=\frac{40}{3}$　(5) $x=5$　(6) $x=50$
(7) $x=49$　(8) $x=14$

(1) $20:x=5:3$
$5x=60$
これを解くと，$x=12$

(2) $4:7=16:x$
$4x=112$
これを解くと，$x=28$

(3) $x:7=4:15$
$15x=28$
これを解くと，$x=\frac{28}{15}$

(4) $6:9=x:20$
$9x=120$
これを解くと，$x=\frac{120}{9}=\frac{40}{3}$

(5) $\frac{x}{7}=\frac{25}{35}$のとき，$x:7=25:35$が成り立つから，
$x:7=25:35$
$35x=7\times25$
これを解くと，$x=\frac{7\times25}{35}=5$

(6) $\frac{40}{120}=\frac{x}{150}$ のとき, $40:120=x:150$ が成り立つから,

$$40:120=x:150$$
$$120x=40\times150$$

これを解くと, $x=\frac{{}^{1}\cancel{40}\times\cancel{150}^{50}}{\cancel{120}\,\cancel{3}_{1}}=50$

(7) $\frac{x}{21}=\frac{28}{12}$ のとき, $x:21=28:12$ が成り立つから,

$$x:21=28:12$$
$$12x=21\times28$$

これを解くと, $x=\frac{{}^{7}\cancel{21}\times\cancel{28}^{7}}{\cancel{12}\,\cancel{3}_{1}}=49$

(8) $\frac{56}{64}=\frac{x}{16}$ のとき, $56:64=x:16$ が成り立つから,

$$56:64=x:16$$
$$64x=56\times16$$

これを解くと, $x=\frac{{}^{7}\cancel{56}\times\cancel{16}^{2}}{\cancel{64}\,\cancel{8}_{1}}=14$

27 割合と比・比例③ 比例と反比例

▶P.30

解答

	ア	イ	式
(1)	8,	6,	$y=2x$
(2)	3,	−16,	$y=-4x$
(3)	18,	4,	$xy=36$
(4)	5,	$\frac{10}{3}$,	$xy=20$

(1) x と y は比例しているので, y の値を, 対応する x の値でわった商は, いつも2になる $(4\div2=2)$。よって, $y=2x$

(2) x と y は比例しているので, $-8\div2=-4$ より, $y=-4x$

(3) x と y は反比例しているので, x の値と, 対応する y の値をかけた積は, いつも36になる $(6\times6=36)$。よって, $xy=36$

(4) x と y は反比例しているので, $4\times5=20$ より, $xy=20$

28 三角比① 三角比の定義

▶P.31

解答

(1) $\tan A=\frac{1}{\sqrt{3}}$, $\tan B=\sqrt{3}$

(2) $a=7$[cm], $b=4$[cm]

(1) $\tan B=\frac{\sqrt{3}}{1}=\sqrt{3}$

(2) $a=c\times\sin\theta$ の式に $c=8$, $\sin60^\circ=\frac{\sqrt{3}}{2}$ を代入すると,

$a=8\times\frac{\sqrt{3}}{2}=4\sqrt{3}\fallingdotseq4\times1.73\fallingdotseq7$

$b=c\times\cos\theta$ の式に $c=8$, $\cos60^\circ=\frac{1}{2}$ を代入すると,

$b=8\times\frac{1}{2}=4$

$\sqrt{3}\fallingdotseq1.73$

29 三角比② 三平方の定理

▶P.32

解答

❶ (1) $x=2$ (2) $x=5$ (3) $x=\sqrt{3}$ (4) $x=\sqrt{13}$

❷ $\sin\theta=\frac{3}{5}$

❶ (1) $x^2+(\sqrt{5})^2=3^2$

$x^2=4$

$x>0$ であるから, $x=2$

(2) $3^2+4^2=x^2$

$x^2=25$

$x>0$ であるから, $x=5$

(3) $1^2+x^2=2^2$

$x^2=3$

$x>0$ であるから, $x=\sqrt{3}$

(4) $3^2+2^2=x^2$

$x^2=13$

$x>0$ であるから, $x=\sqrt{13}$

❷ $\sin^2\theta+\cos^2\theta=1$ より,

$\sin^2\theta+\left(\frac{4}{5}\right)^2=1$

$\sin^2\theta=\frac{9}{25}$

$0^\circ\leqq\theta\leqq90^\circ$ のとき, $\sin\theta\geqq0$ であるから, $\sin\theta=\frac{3}{5}$

解答と解説 応用編

1 電力の計算

▶P.34

解答

1 (1) 2A　(2) 250Ω　(3) 100V

2 (1) 300W　(2) 400W　(3) 500W

アプローチ 20Ω

1

(1) $I=\frac{V}{R}=\frac{100}{50}=2[\text{A}]$

(2) $R=\frac{V}{I}=\frac{100}{0.4}=250[\Omega]$

(3) $V=IR=0.5\times200=100[\text{V}]$

2

(1) $P=VI=100\times3=300[\text{W}]$

(2) $P=I^2R=4^2\times25=16\times25=400[\text{W}]$

(3) $P=\frac{V^2}{R}=\frac{100^2}{20}=500[\text{W}]$

試験問題へのアプローチ

$P=\frac{V^2}{R}$ を変形して,

$$R=\frac{V^2}{P}=\frac{200^2}{2000}=\frac{200\times200}{2000}=20[\Omega]$$

【別解】

$P=VI$ を変形して,

$$I=\frac{P}{V}=\frac{2000}{200}=10[\text{A}]$$

よって,オームの法則より,

$$R=\frac{V}{I}=\frac{200}{10}=20[\Omega]$$

2 導体の抵抗

▶P.36

解答

1 (1) 0.638Ω　(2) 2.54Ω　(3) 0.634Ω

2 (1) 2倍　(2) $\frac{1}{4}$倍　(3) $\frac{1}{2}$倍

アプローチ 160m

1

(1) $R=\rho\frac{L}{S}=0.017\times\frac{300}{8}\fallingdotseq0.638[\Omega]$

(2) $R=\frac{4\rho L}{\pi D^2}=\frac{4\times0.017\times300}{3.14\times1.6^2}\fallingdotseq2.54[\Omega]$

(3) $R=\frac{4\rho L}{\pi D^2}=\frac{4\times0.017\times300}{3.14\times3.2^2}\fallingdotseq0.634[\Omega]$

2

(1) $R_A=\frac{4\times\rho\times20}{3.14\times1.6^2}=\frac{80\rho}{8.0384}$

$R_B=\frac{4\times\rho\times40}{3.14\times1.6^2}=\frac{160\rho}{8.0384}$

$R_B\div R_A=\frac{160\rho}{8.0384}\div\frac{80\rho}{8.0384}$

$=\frac{160\rho}{8.0384}\times\frac{8.0384}{80\rho}=2$

(2) $R_A=\frac{4\times\rho\times10}{3.14\times1.6^2}=\frac{40\rho}{8.0384}$

$R_B=\frac{4\times\rho\times10}{3.14\times3.2^2}=\frac{40\rho}{32.1536}$

$R_B\div R_A=\frac{40\rho}{32.1536}\div\frac{40\rho}{8.0384}$

$=\frac{40\rho}{32.1536}\times\frac{8.0384}{40\rho}=\frac{1}{4}$

(3) $R_A=\frac{4\times\rho\times40}{3.14\times1.6^2}=\frac{160\rho}{8.0384}$

$R_B=\rho\frac{L}{S}=\rho\times\frac{80}{8}=10\rho$

$R_B\div R_A=10\rho\div\frac{160\rho}{8.0384}$

$=10\rho\times\frac{8.0384}{160\rho}\fallingdotseq0.5$

試験問題へのアプローチ

軟銅線Bの長さをL[m]とすると,

$R_A=\frac{4\times\rho\times40}{3.14\times1.6^2}=\frac{160\rho}{8.0384}$

$R_B=\frac{4\times\rho\times L}{3.14\times3.2^2}=\frac{4\rho L}{32.1536}$

$\dfrac{4\rho L}{32.1536}=\dfrac{160\rho}{8.0384}$ だから,

$L=\dfrac{160\rho}{8.0384}\times\dfrac{32.1536}{4\rho}=160[\mathrm{m}]$

3 合成抵抗値の計算

▶P.38

解答

❶ (1) 2A　(2) 220V

❷ (1) 5A　(2) 10Ω

アプローチ 20Ω

❶

(1) 合成抵抗 $R=20+30=50[\Omega]$

$I=\dfrac{V}{R}=\dfrac{100}{50}=2[\mathrm{A}]$

(2) 合成抵抗 $R=20+30+60=110[\Omega]$

$V=IR=2\times110=220[\mathrm{V}]$

❷

(1) 2個の場合は, $\dfrac{積}{和}$

$R=\dfrac{20\times30}{20+30}=12[\Omega]$

$I=\dfrac{V}{R}=\dfrac{60}{12}=5[\mathrm{A}]$

(2) 3個以上の場合は, 各抵抗値の逆数の和の逆数。

$\dfrac{1}{R_1}+\dfrac{1}{R_2}+\dfrac{1}{R_3}=\dfrac{1}{20}+\dfrac{1}{30}+\dfrac{1}{60}$

$=\dfrac{6}{60}=\dfrac{1}{10}$

よって, $R=\dfrac{1}{\dfrac{1}{10}}=1\div\dfrac{1}{10}=10[\Omega]$

試験問題へのアプローチ

直列接続または並列接続に分けて①～③の手順で計算する。

① R_3 と R_4 の並列合成抵抗 R_{34} は,

$R_{34}=\dfrac{R_3\times R_4}{R_3+R_4}=\dfrac{40\times40}{40+40}=20[\Omega]$

② ①の R_{34} と R_2 の直列合成抵抗 R_{234} は,

$R_{234}=R_2+R_{34}=20+20=40[\Omega]$

③ ②の R_{234} と R_1 の並列合成抵抗 R は,

$R=\dfrac{R_1\times R_{234}}{R_1+R_{234}}=\dfrac{40\times40}{40+40}=20[\Omega]$

4 単相直列回路の計算

▶P.40

解答

❶ (1) 50Ω　(2) 2A

❷ (1) 25Ω　(2) 50V

アプローチ 60V

❶

(1) $Z=\sqrt{R^2+X_L{}^2}=\sqrt{40^2+30^2}=50[\Omega]$

(2) $Z=\sqrt{R^2+X_L{}^2}=\sqrt{30^2+40^2}=50[\Omega]$

$I=\dfrac{V}{Z}=\dfrac{100}{50}=2[\mathrm{A}]$

❷

(1) $Z=\sqrt{R^2+X_C{}^2}=\sqrt{15^2+20^2}=25[\Omega]$

(2) $Z=\sqrt{R^2+X_C{}^2}=\sqrt{8^2+6^2}=10[\Omega]$

$V=IZ=5\times10=50[\mathrm{V}]$

試験問題へのアプローチ

$Z=\sqrt{R^2+X_L{}^2}=\sqrt{80^2+60^2}=100[\Omega]$

$V_L=IX_L=\dfrac{V}{Z}X_L=\dfrac{100}{100}\times60=60[\mathrm{V}]$

5 単相並列回路の計算

▶P.42

解答

❶ (1) 5A　(2) 10A

❷ (1) 15A　(2) 5A

アプローチ 20Ω

❶

(1) $I=\sqrt{I_R{}^2+I_L{}^2}=\sqrt{4^2+3^2}=5[\mathrm{A}]$

(2) $I_R=\dfrac{V}{R}=\dfrac{120}{20}=6[\mathrm{A}]$

$I_L=\dfrac{V}{X_L}=\dfrac{120}{15}=8[\mathrm{A}]$

$I=\sqrt{I_R{}^2+I_L{}^2}=\sqrt{6^2+8^2}=10[\mathrm{A}]$

❷

(1) $I=\sqrt{I_R{}^2+I_C{}^2}=\sqrt{9^2+12^2}=15[\mathrm{A}]$

(2) $I_R=\dfrac{V}{R}=\dfrac{120}{30}=4[\mathrm{A}]$

$I_C=\dfrac{V}{X_C}=\dfrac{120}{40}=3[\mathrm{A}]$

$I=\sqrt{I_R^2+I_C^2}=\sqrt{4^2+3^2}=5[\mathrm{A}]$

試験問題へのアプローチ

$I^2=I_R{}^2+I_L{}^2$を変形して，

$I_L{}^2=I^2-I_R{}^2$

$I_L=\sqrt{I^2-I_R^2}=\sqrt{10^2-8^2}=6[\mathrm{A}]$

$X_L=\dfrac{V}{I_L}=\dfrac{120}{6}=20[\Omega]$

6 単相交流回路の電力

▶P.44

解答

1 (1)皮相電力：2000VA,
力率：80%, 無効電力：1200var
(2)力率：80%, 電流：4A

2 80%

アプローチ 12.5A

1

(1) $S=VI=200\times10=2000[\mathrm{VA}]$

$\cos\theta=\dfrac{P}{S}=\dfrac{1600}{2000}=0.8\rightarrow80\%$

$\sin^2\theta+\cos^2\theta=1$より，

$\sin^2\theta=1-\cos^2\theta=1-0.8^2=0.36$

無効率$\sin\theta$は，$\sin\theta=0.6$

よって無効電力Qは，

$Q=VI\sin\theta=2000\times0.6=1200[\mathrm{var}]$

(2) $Z=\sqrt{R^2+X_L^2}=\sqrt{20^2+15^2}=25[\Omega]$

$\cos\theta=\dfrac{R}{Z}=\dfrac{20}{25}=0.8\rightarrow80\%$

$I=\dfrac{V}{Z}=\dfrac{100}{25}=4[\mathrm{A}]$

2

$P=VI\cos\theta$ を変形して，

$\cos\theta=\dfrac{P}{VI}=\dfrac{1200}{100\times15}=0.8\rightarrow80\%$

試験問題へのアプローチ

$P=VI\cos\theta$ を変形して，

$I=\dfrac{P}{V\cos\theta}=\dfrac{1500}{200\times0.6}=12.5[\mathrm{A}]$

7 三相交流回路の電力

▶P.46

解答

(1)3.46kVA, 2.77kW　(2)25A
(3)75%

アプローチ 4.8kW

(1) $S=\sqrt{3}\,VI=1.73\times200\times10$
$=3460[\mathrm{VA}]=3.46[\mathrm{kVA}]$

$P=\sqrt{3}\,VI\cos\theta=1.73\times200\times10\times0.8$
$=2768[\mathrm{W}]\fallingdotseq2.77[\mathrm{kW}]$

(2) $P=\sqrt{3}\,VI\cos\theta$を変形して，

$I=\dfrac{P}{\sqrt{3}\,V\cos\theta}=\dfrac{6920}{1.73\times200\times0.8}=25[\mathrm{A}]$

(3) $\cos\theta=\dfrac{P}{S}=\dfrac{P}{\sqrt{3}\,VI}=\dfrac{5190}{1.73\times200\times20}$
$=0.75\rightarrow75\%$

試験問題へのアプローチ

負荷のインピーダンスZと力率$\cos\theta$は，

$Z=\sqrt{R^2+X_L^2}=\sqrt{16^2+12^2}=20[\Omega]$

$\cos\theta=\dfrac{R}{Z}=\dfrac{16}{20}=0.8$

相電流I_Aは，オームの法則より，

$I_A=\dfrac{V}{Z}=\dfrac{200}{20}=10[\mathrm{A}]$

よって，全消費電力Pは，

$P=3V_AI_A\cos\theta=3\times200\times10\times0.8$
$=4800[\mathrm{W}]=4.8[\mathrm{kW}]$

8 電圧降下

▶P.48

解答

(1)104V　(2)103V　(3)3.46V

アプローチ 105V

(1) $e=2Ir=2\times10\times0.2=4[\mathrm{V}]$

よって，$e=V_s-V_r$を変形して，

$V_s=V_r+e=100+4=104[\mathrm{V}]$

(2)平衡負荷では，中性線の電圧降下は生じないので，

$e=Ir=10\times0.2=2[\mathrm{V}]$

よって，$e=V_s-V_r$を変形して，

$V_r=V_s-e=105-2=103$[V]

(3)$\sqrt{3}=1.73$として計算すると，

$e=\sqrt{3}Ir=1.73\times10\times0.2=3.46$[V]

試験問題へのアプローチ

aa′間の電圧は，cc′間の電圧に全体の電圧降下を加えた電圧になる。

ab間，a′b′間の電圧降下e_1は，

$e_1=2I_{ab}r=2(5+10)\times0.1=3$[V]

bc間，b′c′間の電圧降下e_2は，

$e_2=2I_{bc}r=2\times10\times0.1=2$[V]

よって，aa′間の電圧V_sは，

$V_s=100+e_1+e_2=100+3+2=105$[V]

9 電力損失

▶P.50

解答

(1)80W　(2)20W　(3)10W

アプローチ 80W

まず，電線を流れる電流の大きさを求める。

(1)$I=\dfrac{P}{V}=\dfrac{2000}{100}=20$[A]

よって，$P_\ell=2I^2r$

$=2\times20^2\times0.1=80$[W]

(2)$I=\dfrac{P}{V}=\dfrac{1000}{100}=10$[A]

よって，$P_\ell=2I^2r$

$=2\times10^2\times0.1=20$[W]

(3)電流$I=\dfrac{\text{負荷の消費電力}}{\sqrt{3}\times\text{負荷の端子電圧}}$より，

$I=\dfrac{2000}{\sqrt{3}\times200}=\dfrac{10}{\sqrt{3}}$[A]

よって，$P_\ell=3I^2r$

$=3\times\left(\dfrac{10}{\sqrt{3}}\right)^2\times0.1$

$=3\times\dfrac{100}{3}\times0.1=10$[W]

試験問題へのアプローチ

各抵抗負荷の電流は，$I=\dfrac{P}{V}$より，

100V 1kWは，$I=\dfrac{1000}{100}=10$[A]

200V 2kWは，$I=\dfrac{2000}{200}=10$[A]

- 100Vの部分は，負荷が平衡しているので，中性線に流れる電流は，0Aとなり，電力損失は生じない。
- 上下の線電流は，100V負荷と200V負荷の合計電流で$10+10=20$[A]
  よって，電力損失P_ℓは，
  $P_\ell=2I^2r=2\times20^2\times0.1=80$[W]

矢印の方向に引くと取り外せます